普通高等教育“十一五”国家级规划教材

“大国三农”系列规划教材

饲料加工工艺学

第2版

马永喜　王　恬　主编

中国农业大学出版社
·北京·

内 容 简 介

本书以饲料加工工艺学理论为纲，主要论述配合饲料的加工设备与加工工艺，兼顾饲料添加剂和添加剂预混合饲料加工技术，涵盖生产配合饲料的原料接收—清理—储存—输送—粉碎—配料—混合—成形—成品出厂等全流程生产工艺。本书反映了饲料加工工艺学在坚持技术先进和经济合理的原则下，通过科学加工实现体外预消化和体内助消化相结合，达到提升饲料加工安全性和提高养分利用率的目的。本书用系统的思维方式，从过程管理的角度体现饲料加工工艺学的要义，以启迪饲料加工的创新思维，这是兼顾农林人才培养与饲料行业技术人员特点的一个新尝试。本书适用于高等院校动物科学及相关专业本科生的教学，同时也可供高职高专、成人教育及饲料行业技术人员参考使用。

图书在版编目(CIP)数据

饲料加工工艺学 / 马永喜，王恬主编. —2 版. —北京：中国农业大学出版社，2020.11（2023.1 重印）

ISBN 978-7-5655-2465-3

Ⅰ. ①饲… Ⅱ. ①马… ②王… Ⅲ. ①饲料加工—工艺学—高等学校—教材 Ⅳ. ①S816.34

中国版本图书馆 CIP 数据核字(2020)第 217997 号

书　　名　饲料加工工艺学　第 2 版

作　　者　马永喜　王　恬　主编

策划编辑　张秀环　　**责任编辑**　石　华

封面设计　郑　川

出版发行　中国农业大学出版社

社　　址　北京市海淀区圆明园西路 2 号　　**邮政编码**　100193

电　　话　发行部 010-62733489，1190　　读者服务部 010-62732336

编辑部 010-62732617，2618　　出　版　部 010-62733440

网　　址　http://www.caupress.cn　　**E-mail** cbsszs@cau.edu.cn

经　　销　新华书店

印　　刷　北京溢漾印刷有限公司

版　　次　2021 年 7 月第 2 版　　2023 年 1 月第 2 次印刷

规　　格　787mm×1 092mm　　16 开本　　19.75 印张　　475 千字

定　　价　59.00 元

第2版编委会

主　编　马永喜（中国农业大学）

　　　　　王　恬（南京农业大学）

副主编　王春维（武汉轻工大学）

　　　　　周岩民（南京农业大学）

　　　　　张　帅（中国农业大学）

参　编　蔡传江（西北农林科技大学）

　　　　　杨　欣（西北农林科技大学）

　　　　　[姜建阳]（青岛农业大学）

　　　　　杨　刚（河南工业大学）

　　　　　施传信（商丘师范学院）

　　　　　姜淑贞（山东农业大学）

　　　　　马文峰（河南科技大学）

　　　　　冯志华（河北农业大学）

　　　　　陶琳丽（云南农业大学）

　　　　　段海涛（河南牧业经济学院）

　　　　　徐奇友（湖州师范学院）

　　　　　李常营（西南大学）

　　　　　王永昌（国家粮食和物资储备局无锡科学研究设计院）

　　　　　曹　康（上海易普工贸有限公司）

　　　　　邵建新（常州圣远粉碎设备有限公司）

　　　　　刘焕龙（哈尔滨普凡农牧有限公司）

　　　　　李建文（武汉轻工大学）

　　　　　祝爱侠（武汉轻工大学）

　　　　　范文海（丰尚农牧装备有限公司）

　　　　　俞信国（上海春谷机械制造有限公司）

　　　　　褚慎强（上海富朗特动物保健股份有限公司）

　　　　　牟永义（中国饲料工业协会）

审　稿　王卫国（河南工业大学）

　　　　　朱舒平（华中农业大学）

第1版编委会

主　编　龚利敏（中国农业大学）

王　恬（南京农业大学）

副主编　王春维（武汉工业学院）

金征宇（江南大学）

参　编　谢正军（江南大学）

周岩民（南京农业大学）

庄建桥（武汉工业学院）

李建文（武汉工业学院）

房桂兵（武汉工业学院）

杨在宾（山东农业大学）

陈　德（四川农业大学）

陈　勇（中国农业大学）

朴香淑（中国农业大学）

王凤来（中国农业大学）

尹靖东（中国农业大学）

臧建军（中国农业大学）

第2版前言

饲料加工是按照科学、精准的饲料配方设计，利用先进的加工设备和科学的工艺，经济有效地将饲料原料制造成饲料产品的生产过程。"饲料加工工艺学"是动物科学专业的专业课，也是"动物营养学"与"饲养学"的桥梁。

饲料加工工艺影响着饲料配方科学性的实现，与饲料生产的安全、畜牧生产的效率息息相关，直接关乎养殖动物的健康与畜产品的安全。随着现代化进程的发展，饲料工业已经成为与国计民生、食品安全、环境保护、动物福利等密切相关的行业。2011年，中国饲料产量跃居全球第一，中国正在由饲料大国向饲料强国转变。新的饲料行业法规、饲料质量安全管理规范、国家和行业标准相继出台。饲料企业的规模越来越大，新型饲料设备不断涌现，设备自动化、智能化程度加深。

《饲料加工工艺学》(第1版)脱胎于2003年出版的《配合饲料制造工艺与技术》，其在动物科学专业的人才培养中发挥了重要作用，且受到饲料行业技术人员的欢迎。但《饲料加工工艺学》(第1版)已落后于饲料行业的发展实际，为此，我们组织教学科研与饲料加工实践的专家对其进行修订。

《饲料加工工艺学》(第2版)以配合饲料加工工艺为主，兼顾饲料添加剂和添加剂预混合饲料的生产工艺。《饲料加工工艺学》(第2版)具有以下特色与创新：①体现了新农科建设的要求。基于饲料生产实际问题和学科技术前沿，我们将工科理念和技术融入其中。②突出强调了饲料质量的安全。本书补充了与饲料生产相关的法律法规、规范与标准等内容，以确保本教材中的名词术语与行业标准相一致。③在注重饲料加工工艺共性的同时，增加了不同畜禽饲料加工工艺比较学方面的内容。④强调动物营养学与饲料加工工艺学的结合。⑤增加了新型饲料加工机械与工艺方面的内容。⑥采用二维码等方式补充相关知识，满足课外拓展学习的需要。

《饲料加工工艺学》(第2版)从饲料加工工艺基本理论、基础知识与基本技能入手，帮助读者了解配合饲料从原料接收—清理—储存—输送—粉碎—配料—混合—成形—成品出厂等的全流程，了解粉碎机、混合机、制粒机等设备的构成、工作原理以及如何提高这些关键设备和工序的效率，围绕饲料加工行业与学科发展的前沿需求，将法律、标准、安全意识贯穿全程，培养读者将动物营养学知识与饲料加工工艺知识结合起来进行系统思考的习惯，注意加工工艺的细节与参数，让读者了解细节影响成效，创新来源于深耕细作与科学实践，以期为解决饲料生产实际问题提供理论和方法支持。为提高学习成效以及创新需要，读者应具备动物消化生理学、动物营养学、饲料学和饲料分析检测等方面的专业基础知识。

由于编者水平有限，书中不当之处，恳请读者批评指正。

编　者

2020年11月1日

第1版前言

上万年前，饲料概念在人类驯养动物的过程中就产生了，但最初的饲料只是天然的饲料原料及其混合物。随着人类对动物生长发育及饲料原料特性的认知，100多年前出现了传统意义上的配合饲料，即通过简单地粉碎和混合方式加工农副产品而形成的配合饲料产品。

直到20世纪40年代，人类在对维生素、必需矿物元素和必需氨基酸等营养素的生理功能有了更深的认识和了解后，才实现了可配制真正意义上的能发挥动物最大生产潜力的全价配合饲料，20世纪50年代初期，通过在配合饲料中使用营养性添加剂及抗生素类添加剂，动物的生产性能和健康状况得到了极大的改善。与此同时，饲料机械制造业的发展也极大地促进了饲料加工工艺的开发和应用。配合饲料的加工已由传统的简单粉碎延伸到对饲料原料进行脱壳、去皮、挤压、粉碎、碾压、轧片、膨化、焙烤、微波处理、湿压热爆或制粒、破碎等工艺。大家可根据原料特性和动物生理需要，选择相应的加工工艺，提高饲料养分消化利用率，缓减人畜争粮的压力。配合饲料加工已经不再是简单工艺的组合，而是更加专业化的流水作业。电脑智能化控制和大型成套设备的应用，严格的产品质量控制程序和完全现代意义的市场运作等形成了以配合饲料生产为核心的饲料原料生产、添加剂生产和饲料加工机械设备制造一整套产业链，饲料工业已经成为当前社会的重要支柱行业。

从20世纪50年代中期到20世纪70年代中期的20年是发达国家的饲料工业大发展的时期，20世纪80年代进入其平稳发展的时期。中国饲料工业发展起步较晚，它在20世纪70年代末期才开始现代意义上的配合饲料生产。但依靠国内市场潜力大、政策扶持力强和技术发展快的优势，历经近30年的成长和调整，中国饲料工业取得了举世瞩目的成就。2007年，中国饲料工业总产值达3 335亿元，产量达1.23亿t，其中配合饲料的产量为9 319万t。中国饲料工业的发展有力地推动了养殖业生产水平的提高，为我国农业产业结构调整、农村经济发展、农民就业和养殖种植增收做出了积极的贡献。然而，随着食品安全、资源节约和环境保护意识的增强，如何从食品的源头——饲料着手，生产安全、优质的动物性食品；如何从法律法规角度进一步规范配合饲料的生产和销售；如何加快中国饲料行业向资源节约型和环境友好型转变，从而走上可持续发展的道路是当前及今后政府、学术界和广大饲料企业面临的重要问题。另外，以生物技术与信息技术为代表的高新技术在饲料工业和养殖业中的广泛应用必定深刻影响配合饲料工业未来的发展。

本书从原料接收、储存开始，详述了配合饲料加工工艺和饲料产品品质控制，其对配合饲料的生产具有指导意义，可供高等院校师生、饲料厂和科研工作者参考。本书是教育部普通高等教育“十一五”国家级规划教材。限于编者水平及时间仓促，难免有不足之处，恳请读者批评指正。

编　者

2010 年 1 月 18 日

目 录

第一章 绪 论

学习目标

- 了解饲料加工工艺学的性质、任务、主要内容与发展历史;
- 掌握饲料加工工艺学的原则、目的与实现路径。

主题词:饲料加工工艺学;预消化;助消化

饲料是指能够提供动物所需的营养素,促进动物生长、生产和健康,合理使用的安全、有效的物质。《饲料和饲料添加剂管理条例》中所称的“饲料”是指经工业化加工、制作的供动物食用的产品,包括单一饲料、添加剂预混合饲料、浓缩饲料、配合饲料和精料补充料。饲料添加剂是指在饲料加工、制作、使用过程中添加的少量或者微量物质。这些饲料原料与饲料产品之间的关系如图 1-1 所示。

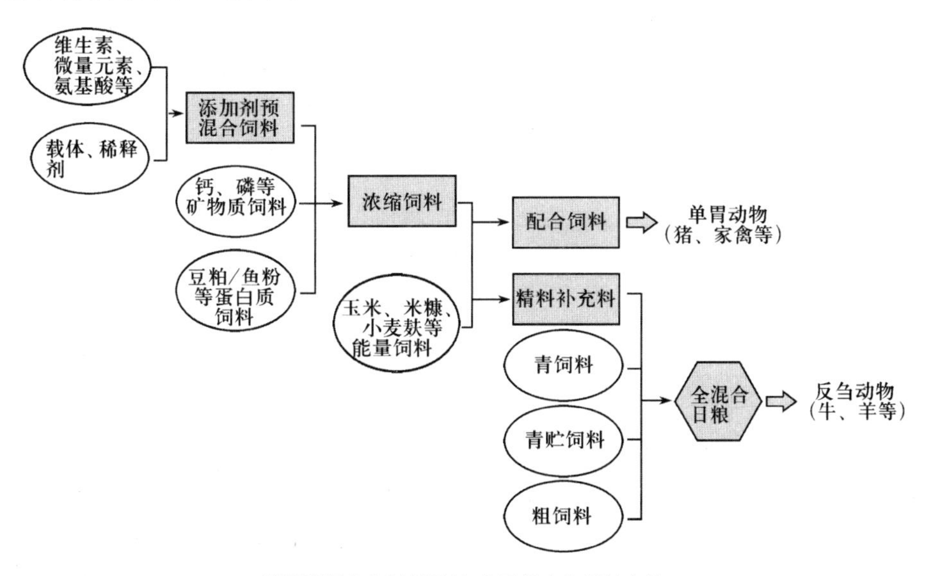

椭圆形框中为饲料原料;方形框中为饲料产品。

图 1-1 饲料原料、饲料产品及其相互关系

饲料加工是指用特定设备和工艺将饲料原料制成产品的过程。其中,工艺,又称加工工艺,是指利用各类生产工具和设备,将各种原料、材料、半成品加工为成品的方法与过程。如何配备生产设备,采用先进的生产工艺流程,将饲料原料安全、优质、高效地制造成饲料产品是饲料加工工艺学研究的主要内容。

第一节　饲料加工工艺学概述

一、饲料加工工艺学的性质、任务

饲料加工工艺学是利用化学、物理学、生物学、微生物学,尤其是饲料学、动物消化生理学、动物营养学、机械学等学科的知识,研究饲料从原料到产品的生产全过程中的各个工序对饲料的适口性、可利用性、质量和安全等方面的影响,以科学的态度开发和利用饲料资源,从而实现饲料工业生产安全化、科学化和现代化的一门课程。

饲料加工是在确定了饲料配方的前提下,利用加工设备和相应的加工技术与方法,按规定的配比将饲料原料制造成各种类型饲料产品的生产过程。它是连接动物营养学与饲养实践的桥梁。饲料在加工过程中会发生一系列物理、化学、生物学变化,从而影响饲料中各种营养成分的利用率和动物的生产性能。饲料加工工艺学是现代饲料工业发展的基础,也是高等院校动物科学专业的一门专业课。

饲料加工工艺学包括饲料原材料(单一饲料和饲料添加剂)生产工艺、后处理工艺以及饲料产品(添加剂预混合饲料、浓缩饲料、配合饲料、精料补充料和全混合日粮)生产工艺。考虑到行业需求且受课时数的影响,本书以配合饲料加工工艺为主,其原理与设备涵盖浓缩饲料和精料补充料的生产工艺,同时兼顾饲料添加剂和添加剂预混合饲料生产工艺。而用于饲养反刍动物用的全混合日粮多是在养殖现场配制完成,本书不做阐述。

(一)基本概念

1. 工序

工序也被称为作业单元,是劳动者在一个工作地对劳动对象连续进行生产活动的综合,也是组成生产过程的基本单元。根据性质和任务的不同,可分为加工工序、检验工序、运输工序等。工序是饲料加工最小单元。投料、筛分、磁选、称量、主混合、冷却等都是饲料加工中的工序。

2. 工段

工段是饲料加工子系统,如清理工段、粉碎工段、配料混合工段、制粒工段(从待制粒仓到分级筛)等,即工段由工序组合而成。

3. 流程

流程即工艺流程,是指从原料到制成品的各项工序/工段安排的顺序。由 2 个及以上工序的组合来实现一个完整的业务行为的过程,称之为流程。工艺流程是反映各种饲料原料通过加工后变成各种饲料产品的过程,表达了物料变成产品的加工顺序与物料流向。

4. 工艺流程图

工艺流程图是指用标准的图形符号来代表生产实践中的活动和动作,用以表明工艺流程所使用的机械设备及其相互联系的系统图。工艺流程图是用图来传递工厂工艺资料和信息的一种方式和用工艺与设备符号来描述工艺过程的一种方法，其目的是提高信息交流的效率。工艺流程图表达了从饲料原料到饲料产品的加工工序之间的相互关系以及物料的流动趋向。

工艺流程图的用途是饲料厂非工艺设计的设计依据，也是饲料厂基本建设的依据，用于饲料厂加工过程的控制和管理。

(二)饲料加工工艺流程图的表述方式

1. 工艺方框图

工艺方框图是由表示各道工序的文字方框和表示物料的流向组成的工艺流程简图(图1-2)。该图的特点是简单明了，不具备专业知识的人也能看懂，而且绘制简单，容易修改。

工艺方框图在方框中用文字表达各工序，然后用带箭头的线条将各方框按一定顺序连接起来，表示物料的流向。这类工艺简图无须包括具体的工艺资料与信息，如设备的型号、数量、功率与安装位置，通常只表达重要或关键的工序，一般性和辅助性的工序可以省略，如输送。

工艺方框图是工艺流程详图绘制的辅助工具和手段，不能作为具有法律效力的建设用图，其一般在工艺初步设计、教学以及对饲料厂建设的可行性进行研究时被采用。

2. 工艺流程图

工艺流程图采用专用的工艺与设备图形符号，将饲料加工过程中的各工序按先后顺序绘制出来的较详细的工艺图。饲料加工工艺与设备的图形符号是用图形或符号来代表饲料加工设备和设施，饲料行业现行的标准为GB/T 24352—2020《饲料加工设备图形符号》。它是饲料行业中统一的工程语言，工艺与设备图形符号是组成饲料生产工艺流程图的基本元素，其作用一是简化了工艺流程的绘制，减轻了制图的工作量；二是在图上传递了专业信息。与工艺方框图相比，工艺流程图有以下特点。

①工艺流程图能更精确地表示流程中所涉及的工艺信息。它将所有的作业单元组合起来，形成一份综合性的工艺流程图，其包括所有物料流向、加工设备种类和输送方式。

②工艺流程图所包含的信息不仅体现在该图本身，而且包括在与其相关的技术文件中，如设备明细表和工艺流程说明书或工艺流程简介。

③工艺流程图只表示各工序的加工设备、加工顺序和物料的流向。虽然它不反映加工设备的实际尺寸和所在车间的实际的长、宽、高以及所在的平面位置，但是它可以标出车间楼层的实际高度和工艺设备所在的楼层，以提高该图的适用性。

④工艺流程图可以作为合同附件，且具有法律效应(其他工艺设计图纸，如建筑功能图、供配电图等也同样具有法律效应)。

工艺流程图应包括的内容：①用工艺与设备图形符号绘制的工艺流程。②按一定规律在每个图形符号旁注明其顺序号。③标注产量、产品类型。④按上述顺序号，分工序编制设备明细表(序号、名称、型号、规格、数量、动力、产地、价格、备注等)。

(三)配合饲料加工工艺流程

配合饲料加工工艺是指从饲料原料接收到成品出厂的全部生产过程，包括原料接收与清理、粉碎、配料、混合、成型[制粒、膨胀、膨化、冷却(干燥)、破碎、筛分]、成品储运等主要工段和通风除尘、防爆降噪、除嗅、液体添加、压缩空气、蒸汽等辅助工序。以上生产工艺可以用工艺方框图描述,其先后的生产工序可以从左至右,也可从上至下,其表达的工艺详情如图 1-3 所示。

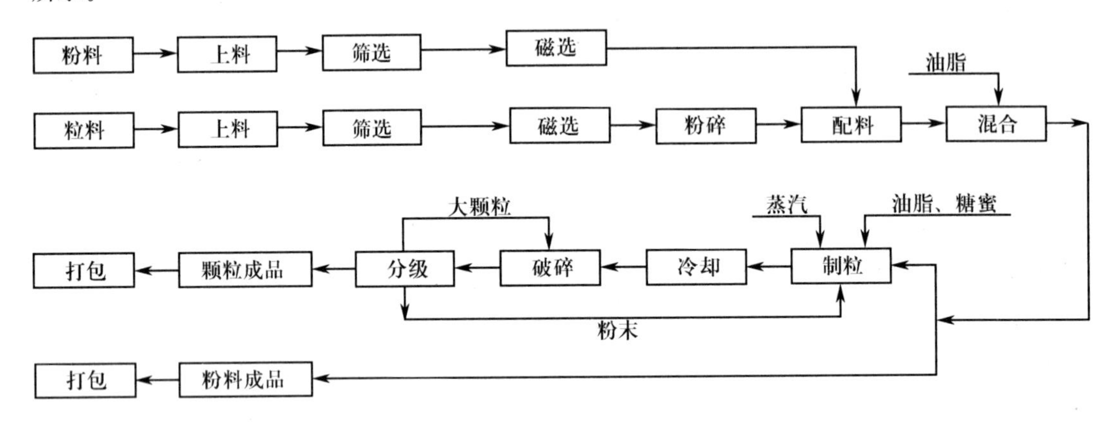

图 1-2 配合饲料加工工艺流程

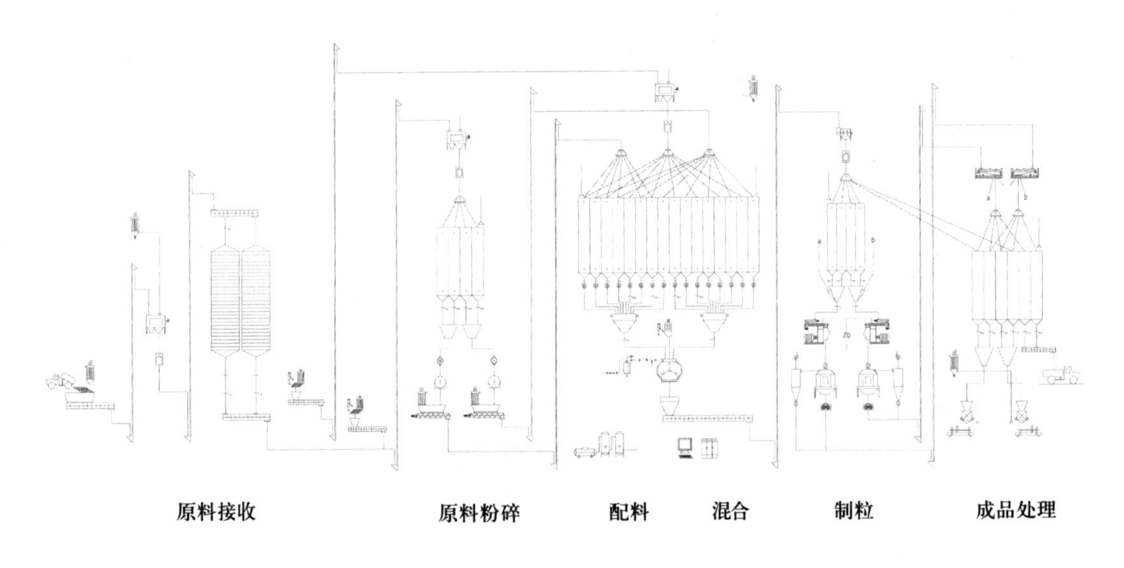

图 1-3 配合饲料生产工艺流程

二、饲料加工工艺学的内容

根据饲料加工工艺学的性质和任务,其研究和阐述的内容可归纳为以下 5 个方面。

①研究利用现有饲料资源和开辟新饲料资源的工艺路线与方法。

②研究饲料生产的安全性和规范化管理。

③研究生产组织、生产方法及生产工艺,以提高饲料质量和生产效益。

④探索在饲料原料、生产、销售和储存过程中饲料腐败变质的原因及其控制方法。

⑤研究并提出饲料加工工厂的资源综合利用和废弃物处理方案。

第二节 饲料加工工艺的发展

"牧以畜为体，畜以饲为天"。饲料出现于鸿蒙洪荒的石器时代，迄今已历经数万年。不论在刀耕火种的史前时期，还是在知识爆炸的数字经济时代，饲料加工工艺的研究从无到有，逐步发展，并在畜禽、水产养殖业中一直发挥着重要作用。

一、古代的发展

在古代劳动人民的智慧创造下，我国古代在饲料方面取得过一系列成就，在饲料资源的开发、加工技术、喂饲方法等方面，长期处于世界领先水平。

在西汉的《淮南万毕术》就记载："麻盐肥豚豕""取麻子三升，捣千余杵，煮以为羹，以盐一升著中，和以三斛，饲豕，则肥也"。

在北魏时期的《齐民要术》中就有"剉草麤，虽足豆穀，亦不肥充；細剉無節，篵去土而食之者，令马肥"，它简明扼要地叙述了适度粉碎与筛分可以促进马的育肥，与谚语"寸草铡三刀，无料也上膘"寓意相同。

在元代的《王祯农书·农桑通诀·畜养篇》中记载了一种发酵饲料的生产情况。"江北陆地，可种马齿，约量多寡，计其亩数种之，易活耐旱。割之，比终一亩，其初已茂。用之铡切，以泔糟等水浸于大槛中，令酸黄，或拌鼓糠杂饲之，特为省力，易得肥腯"。

在饲养畜禽的实践中，古代劳动人民了解到适度加工可以提高饲料的营养价值，并总结出10类饲料的调制方法：①剉、铡、削、切；②磨、碾、破、碎、捣、舂；③筛、簸、篵；④拌；⑤晒、曝；⑥浸、泡；⑦蒸、煮；⑧炒；⑨发酵；⑩发芽。

由此可见，古代劳动人民广泛开辟各种资源，通过针对性的加工和调制，根据动物的行为、习性进行饲喂，以期提高饲料的营养价值与利用率。这些浓缩了先人智慧的饲料和畜牧科学知识仍需要当代人加以系统、深入的研究，在经过科学总结后，同样具有推广和应用价值。

二、近现代的发展

(一)国外的发展

工业化的饲料加工设备是在蒸汽机和电动机等动力机械逐渐完善和推广后的产物。早期的饲料机械主要借鉴了粮食加工机械，欧洲和美国在20世纪初就有了工业化的饲料机械。近代西方饲料机械发展的主要事件有：1895年，改进后的锤片粉碎机获得专利；1909年，发明了卧式批次混合机；1911年，出现了商业化颗粒机；1931年，发明了环模制粒机；1941年，发明了颗粒饲料冷却器；1942年，发明了饲料散装车；1949年，实现了饲料生产过程自动化；1950年，发明了液体计量泵以及动物脂肪添加设备；1955年，发明了兼顾调质、喂料、液体应用的混合机；1962年，发明了测定颗粒饲料耐久性指数(pellet durability index，PDI)的粉化仪；1975年，出现了全程采用计算机控制的饲料厂。

20世纪80年代，国际上推出的饲料加工设备与工艺主要有微量配料系统、高温瞬间饲料调质工艺与设备、液体质量流量计、变频技术，饲料设备向大型化发展。进入20世纪90年代，微量组分精准添加技术、微量液体添加设备、制粒后喷涂设备、水产饲料用膨化系统和双螺杆膨化技术、膨胀器和膨胀工艺、双轴和双螺带式混合机、微粉碎机、加压调质器、远程在线调节制粒机压辊-环模间隙系统、可编程序逻辑控制器(programmable logic controller，PLC)等新型设备和工艺被引入饲料行业。2000年以后，出现了单轴桨叶式混合机，饲料加工设备与工艺向自动化、数字化、智能化方向发展，并且开始围绕特色饲料产品进行设备和工艺研发。

(二)中国的发展

中国饲料机械和加工工艺发展大致可以分为以下4个阶段。

1.1976—1984年：起步阶段

1976年，中国自行设计建造的北京市南苑配合饲料厂和采用匈牙利进口设备的北京东沙配合饲料厂的建成，标志着饲料业开始从养殖业中独立出来，即将驶入大发展的快速路。在饲料机械方面，研发制造出小型的粉碎机、混合机和制粒机以及饲料加工成套设备。

2.1985—1997年：饲料机械产业快速成长阶段

饲料生产机械化水平提高，部分设备实现计算机控制，先后建立了饲料粉碎粒度测定方法、混合均匀度测定方法、环模制粒机等饲料加工方面的国家标准和行业标准，饲料设备开始进入国际市场。1995年，开发出逆流式冷却器和双轴桨叶式高效混合机；1996年，出现"时产2 t、2.5 t、5 t、10 t的饲料加工成套设备"和高效挤压膨化机；1996年，振动筛片锤片式粉碎机获得美国技术发明专利(US6330982B1)。

3.1998—2010年：饲料机械产业快速、稳步增长阶段

饲料装备专业化快速发展，并达到国际先进水平，饲料行业质量标准体系日渐完善。1998年，开发出水滴王粉碎机、双螺杆挤压机；1999年，颗粒机和膨胀器出现；2007年，出现多腔组合粉碎室锤片式粉碎机；2008年，开发出轴端补风锤片式微粉碎机；2008年，全国饲料机械标准化委员会成立；2009年，振筛剪式锤片粉碎机获得美国技术发明专利(US8899503B2)。

4.2011年至今：饲料机械产业稳步调整与扩张阶段

饲料工业面临规模化与国际化竞争新格局，饲料机械的品质和安全性更受重视，进入制定标准层次的竞争。2011年，发明SZLH1068制粒机；2015年，国际标准化组织饲料机械技术委员会(ISO/TC 293)秘书处落户中国；2017年，"大型智能化饲料加工装备的创制及产业化"项目荣获国家科技进步二等奖；2019年，熟化软颗粒教槽料生产工艺获得欧洲专利(3251523)。

中国饲料工业起步于20世纪70年代中后期，经过10多年的艰苦创业，实现了"打好基础、创造条件"的目标。自1992年起，中国的饲料产品产量居世界第二位，2011年饲料产品产量居世界第一位，并开始向饲料强国迈进。中国饲料行业已经形成了包括饲料加工工业、饲料原料工业、饲料添加剂工业、饲料机械工业以及饲料科研教育、质量安全监测、信息统计等为支撑的完整工业体系。饲料加工设备和工艺经历了引进—消化—再创新—自主创新的发展历程，现已达到国际先进水平，但在饲料设备精细化、专业化以及设备的自动化、智能化等方面还有很大的发展与提升空间。

三、发展趋势

(一)饲料加工工艺学逐步完善

从学科发展角度来看,随着系统研究的深入和精益生产的要求,将逐步形成饲料加工工艺学体系,即遵循一个原则,达成两个目的,实现两个结合。

1. 一个原则

一个原则即技术先进、经济合理。其中技术先进包括工艺先进和设备先进。

(1)技术先进　要达到工艺先进,必须掌握工艺技术参数对饲料品质的影响。其实质就是要掌握加工条件与饲料生产中发生的物理学、化学、生物学变化之间的关系,掌握和利用不同加工产品的制造原理,将生产过程中饲料的理化变化和工艺技术参数联系起来,达到工艺控制上的高水准。设备先进包括设备本身的先进性和对工艺水平适应的程度。一般来说,先进的加工设备在很大程度上决定了产品的品质。它与先进的生产工艺相辅相成,在研究工艺技术的同时,必须首先考虑设备对工艺水平适应的可能性。这就需要了解和掌握有关单元操作的原理、饲料机械设备、机电一体化等相关知识,对设备的水平进行正确判断。

(2)经济合理　经济合理是要求投入和产出之间要有一个合理的比例关系。饲料加工工艺相关的生产与科研无论是设备选型、工序的设置,还是工艺参数优化,都必须考虑经济有效,以确保适度加工,避免出现加工过度或不足。

2. 两个目的

一是灭活、消除、削弱饲料中有毒有害物质(包括抗营养因子、毒素等);二是提高饲料养分消化率,包括切断原料中固有分子的连结,削弱化学键(揉搓、制粒、膨化、膨胀),增加比表面积(粉碎),加大消化液、内源酶、肠道微生物与营养成分的接触面积和程度(粉碎、调质、制粒、膨化、膨胀),保证饲料配方的真实性和时效性(混合、成型、不同养分的全价与同步到达),最终达到提高养殖业中的养分转化效率,降低养殖终产品(肉蛋奶等)的单位成本等饲料加工的终极目标。

3. 两个结合

根据饲料加工技术应用的位点,可以分为体内助消化和体外预消化。

(1)体内助消化　体内助消化指传统的饲料加工工艺和技术,其出发点围绕有利于养分在动物体内的消化、吸收展开,包括饲料原料清理—粉碎—混合—调质—制粒—膨化等工序(表 1-1)。

表 1-1　饲料加工与养分在动物体内消化的关系

工序	饲料加工层面	动物营养层面
清理	去除杂质,便于下道工序顺利进行	提高饲料安全性
粉碎	物料颗粒粒径变小,便于混合、制粒	促进养分消化吸收
混合	原料均匀分布	营养均衡
调质	蛋白质变性、淀粉糊化、杀灭有害细菌	提高养分消化吸收和饲料卫生标准
制粒	避免储运中产生分级	保证养分的均衡性
膨化	改变物料的组织结构、杀灭微生物	提高养分消化吸收和饲料卫生标准

(2)体外预消化　体外预消化是为了提高饲料养分的消化吸收，除粉碎、调质、膨化等加工工序可实现体外物理、化学预消化外，近年来运用现代生物技术手段(主要是微生物发酵和/或酶水解)，采用专门的设施与设备，创造出动物体内难以实现的温度、湿度、压力和酸碱度等条件，对特定的饲料原料或者原料组合进行降解，其过程类似于在动物体内的消化过程，因此，称之为预消化。

经过预消化处理后，原料中的蛋白质、脂肪、碳水化合物等营养物质得到一定程度的降解，抗营养因子和有毒有害物质得到较大程度的消除或降解，营养物质变得更容易消化和吸收，提高了饲料消化率，减少了粪污中有机质的排出，从而达到节能减排的效果。体外预消化是饲料加工走向科学化、精准化的有益探索。经过体外预消化的饲料产品主要用于养分需求相对较高，而消化能力弱且采食量又较低的动物，如幼小的畜禽和哺乳期的动物。发酵豆粕、乳化脂肪等是饲料原料体外预消化的代表。

(二)饲料加工工艺发展趋势

面临行业内外约束条件趋紧的挑战，饲料加工工艺升级势在必行。首先，国家标准对企业的约束逐步提高，包括防火 GB 50016—2014《建筑设计防火规范(2018 版)》、对内外环境的影响 GB 14554—1993《恶臭污染物排放标准》、GB 19081—2008《饲料加工系统粉尘防爆安全规程》、GB 12348—2008《工业企业厂界环境噪声排放标准》等。这些政策法规对工艺流程设计、饲料厂建造和运行水准提出了更高的要求，饲料加工企业需要采取相应的措施，如采用防爆电机，在工艺流程设计中考虑泄爆；提高脉冲除尘器的除尘效果，降低外排粉尘浓度，防止粉尘外溢；对外排粉尘(来自粉碎脉冲风机、烘干风机和冷却风机等)集中冷却，再经活性炭、臭氧等方式净化，达到国家标准后再排放。其次，随着以《饲料和饲料添加剂管理条例》为核心、配套规章和规范性文件为基础的饲料法规的逐步推进，饲料工业发展进入规范化轨道。其中，《饲料生产企业许可条件》(中华人民共和国农业部公告第 1849 号)对添加剂预混合饲料、浓缩饲料、配合饲料和精料补充料生产企业的设立给出了具体要求，涉及企业选址、厂区内的布局与设施，生产区总使用面积，生产设备的配置和自动化程度，关键设备的产能、性能参数都有明确要求。《饲料质量安全管理规范》(中华人民共和国农业部令 2014 年 第 1 号)涵盖了从原料采购与管理、生产过程控制、产品质量控制、产品储存与运输、产品投诉与召回到培训、卫生和记录管理要求企业实现从原料采购到产品销售的全程的质量安全控制，其中生产过程控制涉及本教材的大部分内容。所有这些法律、标准和有关全国饲料、饲料添加剂的监督管理的国务院农业行政主管部门的命令对饲料加工工艺都会产生影响。

自 2020 年 7 月 1 日起，在饲料中全面禁止添加促生长用的抗生素。饲料加工工艺流程及其相应参数也需要有科学合理的调整。食品产业链对安全的要求逐级传递到饲料加工企业，其焦点是能否通过适宜的加工手段、方法和工艺参数，将饲料原料中可能有的危害因素控制到安全水平。典型案例就是针对非洲猪瘟病毒在饲料原料中可以存活的情况，如何通过加工手段对其进行杀灭，以确保配合饲料中检测不到非洲猪瘟病毒，从而保障养猪生产的安全。

饲料行业与养殖业分工合作，融合式一体化发展。随着从业人员素质的提升，一条龙式的养殖企业的进一步发展对饲料质量和安全的要求将回归理性，对饲料产品颜色、气味等非理性要求降低，而更加重视影响饲料使用效果的指标。这就要求饲料加工生产线在设计之初就有一定的韧性，以利于在遇到饲料原料的组成和用量需要调整时能进行优化，从而使产品的饲喂效果保持稳定。

（三）饲料机械的发展趋势

1. 大型化、专业化与精细化

我国饲料行业集中度不断提升，饲料加工企业的集团化、大型化脚步加快，以饲料企业为中轴，连接上下游的食品产业链，加速融合发展。饲料加工设备大型化、规模化发展趋势加强；动物营养学研究与饲料加工工艺学研究的结合进一步加强，饲料加工设备继续向专业化方向发展；出现了专门用于生产某种产品的设备、专门的生产线和仅生产某类产品的饲料生产企业。目前存在的问题是针对不同加工工艺条件下的产品对动物生产性能的影响，我们研究得较多，但是每个试验的时间都较短，对生产实践的指导意义还不够，缺乏适合不同动物全生命周期的饲料加工工艺研究。

饲料加工工艺持续改进，精细化程度加强，饲料产品与配方要求的一致性提升。饲料原料清理工艺采用二级筛选＋风选＋磁选＋色选，以提升原料品质；饲料原料开发力度加大，采用膨化（膨胀）预处理技术，消除抗营养因子，提高养分利用率，增加了饲料产品的差异化需求；微量配料秤（可达 1 g 级别）提升配料自动化程度和精度；无残留、便于清洗的加工设备和输送设备，不同饲料产品采取独立的混合机系统和制粒系统，减少交叉污染；增加一级液体预混合工艺，将液体添加工艺移出主混合过程，提高混合效率，降低主混合机的交叉污染；粉碎机、制粒机、挤压膨化机、烘干机升级换代，自动控制等方面取得进展，设备能耗显著降低；密度控制技术解决了膨化机生产沉性和浮性膨化料问题；调质器采用电加热或蒸汽辅助加热，制粒后配备保持器（长时间高温保存），冷却风机采用专门的进风口，从生产工艺上就可以高温杀菌，以确保饲料安全。

2. 自动化与智能化

饲料生产企业的自动化水平持续提升，从原来的单机、单个工序自动化向全生产线、全厂自动化发展。能耗较高的超微粉碎机、制粒机、挤压膨化机、烘干机在单机自动控制方面取得了较大进展，多数设备可以实现一键开机。饲料加工成套生产线自动化程度继续提高。成套设备在整体布局、加工工艺设计、设备选型、建筑设计、安全规范等方面更加合理，从原料接收到成品包装发货全程自动控制水平普遍提高，实现产品加工质量和过程的有效控制。随着实时在线检测技术的应用，在粉碎、配料、混合、液体添加（后喷涂）等工序实现自动控制的基础上，逐步扩展到调质、制粒、微量组分配料、包装、码垛，特别是散装原料接收直接进筒仓，实现原料储存和进料的自动化，成品散装发送，袋装料全自动定量包装，全自动码垛，袋装料自助式包装发送。这些自动化工序的应用使整个饲料生产线全部自动化成为可能，大幅度提高生产效率，降低生产成本，减少用工量，降低劳动强度。

为提高整体的效率和竞争力，饲料厂需打通生产、技术、营销、服务、品管等整厂的数据平台，实现企业管理、运营、服务的一体化。智能化控制系统包括整厂物流和信息流智能化管控系统、智能化原料出入库系统、智能化生产车间、智能化成品入出库系统等，实现从原料入厂—采样检测—卸载—加工生产—成品打包—装车提货等各个环节高度智能化的生产运营。将工艺过程控制和工厂运营管理结合在一起，实现关键控制点的数字化和细化到点的实时监控,全程可查、可追溯,减少人力成本,提高生产效率、生产精度和产品质量品质,由此可见,智能化已成为饲料生产发展的趋势。

随着饲料行业和养殖业深度融合式的一体化发展,在关注饲养动物的营养需要的同时,加大新饲料资源的开发力度,加强饲料加工控制,提高生产效率,实现安全、高效生产,这是现代饲料加工业健康发展的必由之路。在技术先进、经济合理的原则指导下,饲料加工工艺学将围绕提高养分消化率和控制有毒、有害物质,通过体外预消化和体内助消化的结合,建设动物营养与饲料加工一体化平台,开发现代饲料加工品质控制、设备管理、生产过程的专家系统,通过知识积累和数据优化,为实现在线自动智能控制打下基础,融入现代企业管理精细化和精益生产的理念,最终实现企业活动的全面信息化,为解决人们日益增长的对美好生活的需要与发展不平衡、不充分之间的矛盾贡献力量。

本章小结

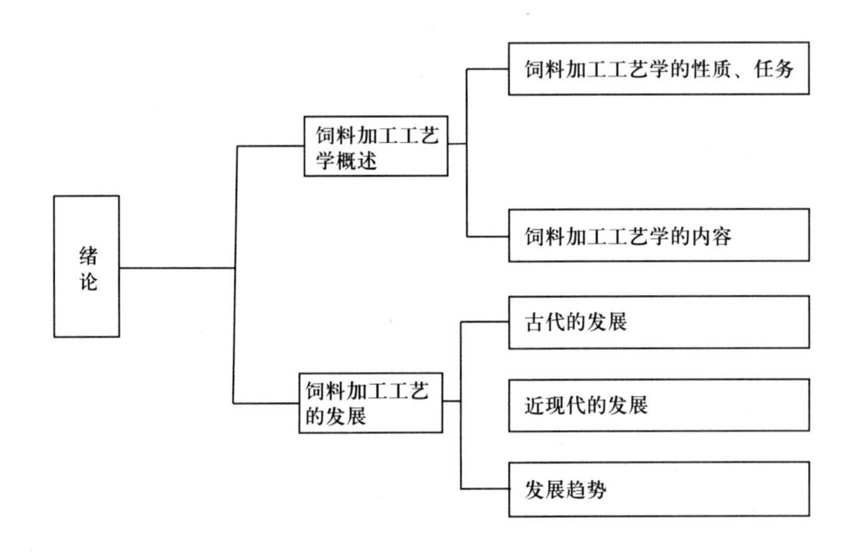

复习思考题

1. 饲料加工工艺学的主要研究内容有哪些?
2. 简述饲料加工的原则、目的与实现路径。

第二章　饲料原料接收、清理与储存

学习目标

- 了解饲料原料接收程序与不同类型饲料原料的储存；
- 了解饲料仓及其防结拱措施；
- 掌握饲料原料接收、清理与储存过程的工艺与技术规程。

主题词：接收工艺；清理设备；储存工艺

原料接收是饲料加工工艺流程中的第一道工序，快速、高效地接收各种类型的饲料原料，是保证饲料企业连续生产的基础。饲料企业应当建立原料采购验收制度和原料验收标准，逐批对采购的原料进行查验或者检验，填写并保存原料进货台账。有些饲料原料中存在杂质，必须将其清除出去。饲料清理是用筛选、风选、磁选或其他方法除去饲料中所含杂质的作业。

饲料储存是将饲料原料、产品以散粒体或定量包装袋、桶等形式存放在仓库内的作业。仓储管理直接影响饲料原料的品质和数量，企业应当建立原料仓储管理制度，填写并保存出入库记录。按照"一垛一卡"的原则对原料实施垛位标识卡管理，垛位标识卡应当标明原料名称、供应商简称或者代码、垛位总量、已用数量、检验状态等信息。

第一节　饲料原料接收工艺

原料接收是采用人工或者机械将经检验合格的饲料原料搬运到指定地点的作业，包括查验、检验、计量、初清、入库等。原料的接收能力一般为生产能力的3～5倍，采用先进的工艺与设备及时接收饲料原料，以达到减轻工人的劳动强度、节省能耗、降低生产成本和保护环境等目的。

一、饲料原料接收计划

饲料厂应按照原料使用计划和原料接收设备、储存设施的能力，制订原料接收管理计划，以确保饲料生产全过程的运转效率。在制订饲料原料接收管理计划时，应考虑这些因素:原料类型和特性;原料的运输方式、种类和数量;原料的预计用量和到货时间间隔等。其目的是保证原料库存相对稳定,确保生产的连续性。在接收工作完成后,需要填写原料进货台账,包括原料通用名称及商品名称、生产企业或者供货者名称、联系方式、产地、数量、生产日期、保质期、查验或者检验信息、进货日期、经办人等。进货台账保存期限不得少于2年。

二、饲料原料接收工艺

(一)陆路接收

1. 散装原料的接收

散装原料(多为谷物籽实及其加工副产品)经地中衡称重后卸入接料地坑。接料地坑应配置栅筛,栅筛的孔隙一般为40 mm×150 mm,这样既可保护工人的人身安全,又能除去原料中较大的杂质。原料卸入接料地坑后经水平输送机、斗式提升机、初清筛、磁选器送入立筒仓储存,或者送入待粉碎仓或配料仓。

2. 袋装原料的接收

袋装原料的接收分为人工接收和机械接收。人工接收是用人力将袋装原料从输送工具上搬入仓库、堆垛,这种方式劳动强度大,生产效率低、成本高。机械接收是汽车等运输工具将袋装原料运入厂内,由人工搬至带式输送机,由其运入仓库,由机械堆垛,或由机械(吊车或铲车等)从车等运输工具上将袋装原料卸下,再由带式输送机运入库内码垛,机械化接收方式生产效率高、劳动强度低,但设备一次性投资较大。

(二)水路接收

我国南方地区有纵横交错的水网和发达的水上运输体系。因其费用较低,水路接收是当地首选的运输形式。在这种条件下,饲料原料接收的方式是气力输送接收。气力输送装置由吸嘴、输料管、卸料器、关风器、除尘器、风机等组成。在风机负压风力作用下,吸料装置从船内将物料吸入,经由输送管路送入卸料器,分离出的物料再经后序的输送装置送入贮料仓。气力输送装置可分为移动式的气力输送装置和固定式的气力输送装置。一般大型饲料厂宜采用固定式的气力输送装置,小型厂可采用移动式的气力输送装置。气力输送装置的优点是吸料干净,卸料作业点粉尘少,结构简单,操作方便,劳动强度低,且可根据物料输送需求灵活布置,自动化程度高。其缺点是能耗较高。

(三)液体原料收储

依据生产要求,饲料厂使用的液体饲料原料包括油脂、糖蜜、液态胆碱、液态蛋氨酸等。液体原料以罐装或者桶装的方式进入饲料厂,在称重计量后,由接收泵将其泵入储罐,必要时在管路上配备过滤装置和除水装置。

1. 油脂的收储

油脂包括植物油和动物脂肪:植物油,如大豆油、花生油、菜籽油等在常温条件下为液态;动物脂肪,如牛脂、羊脂和猪脂等为固态。动物脂肪的熔点为29~48℃,闪点为160~

260℃,闪点温度低于150℃时予以拒收处理。通常脂肪熔化的温度为50℃,即使在短时间内加热到120℃,也不影响脂肪的质量。当环境温度在60℃以下时,脂肪的储存时间可以超过1周。当环境温度低于50℃时储存脂肪较为安全。脂肪的外观颜色从乳白色到深棕色,颜色越浅,表明脂肪品质越高。水分是导致储存罐产生酸渣和磨损的主要因素,当脂肪水分含量从0.5%增加到3.0%时,脂肪的质量下降,对低碳钢储存罐的腐蚀速度增加1倍。脂肪会含有少量异物,如碎骨、毛发、金属、肥皂,它们会聚集在罐底,成为酸渣。酸渣有时会破碎堵塞筛网和喷嘴。为及时清理脂肪储存过程中的酸渣、水、沙子等杂质,储存罐一般每隔6个月要清理一次。

油脂储罐有斜底和锥底2种类型(图2-1)。使用这两种类型的油脂储罐目的主要是集中沉积和清除在储存过程中形成的杂质。油脂储罐的排油出口高于斜底储罐底部15~30 cm;位于锥底储罐的锥体上方。油脂储罐的排水口要求设置在油脂储罐的底部。在必要时油脂储罐中可设加热蛇管,蛇管距罐底适宜高度为15 cm(图2-2)。蒸汽加热管道要定期进行泄漏检查,避免蒸汽直接进入油脂。

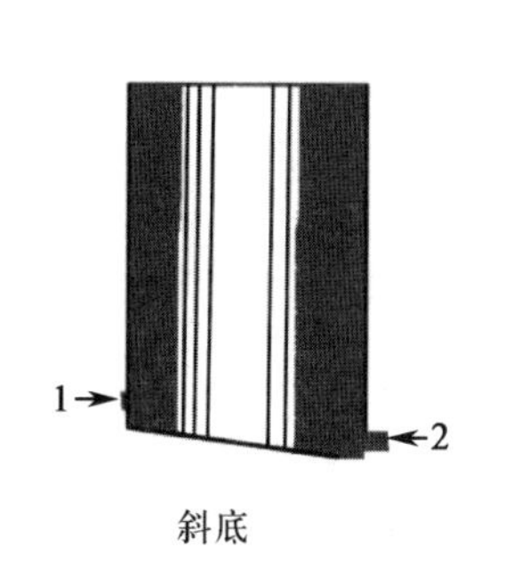

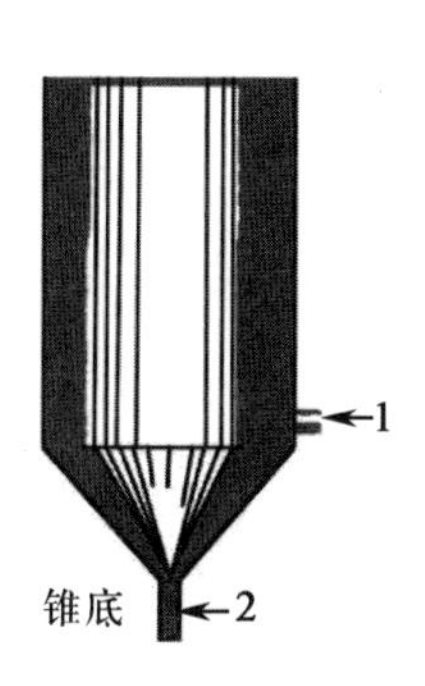

1.油脂出口;2.排水口。

图2-1 油脂储罐形式

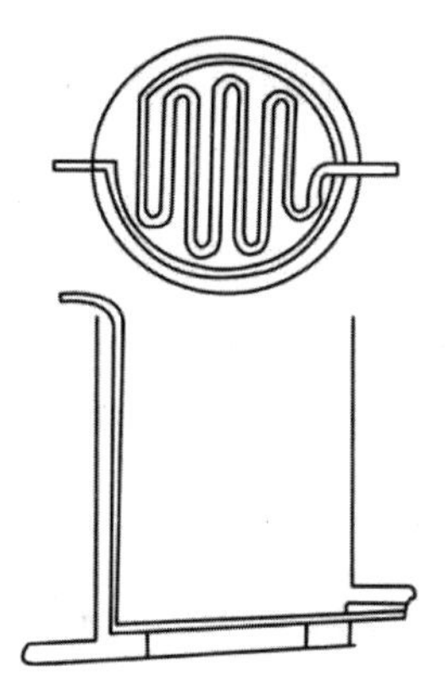

图2-2 油脂储罐的加热管配置

(资料来源:谷文英.配合饲料工艺学.北京:中国轻工业出版社,1999.)

2.糖蜜的储存

饲料厂通常将糖蜜储存在钢制、混凝土储罐内。无论在地上,还是在地下,普遍采用整体浇注混凝土罐或钢储罐。

如果是焊接结构的钢储罐,那么在储存糖蜜前,钢储罐必须进行泄漏检验和彻底清扫,绝不能使用先前被含铅汽油污染过的储罐储存糖蜜。糖蜜的pH为5.5以上,对钢铁材料仅有轻微的腐蚀作用,但是当储罐内壁有冷凝水时腐蚀程度会加强。混凝土罐应为钢筋整体浇筑结构,罐内壁应涂抹水泥、沙子和水配制的砂浆。然后施涂两层硅酸钠、一层塑料内衬或混凝土密封层,形成光滑表面。

所有糖蜜储罐均必须设置适当的通风口。在小型储罐上,应该至少设置2个直径为7.5 cm的通风口。入孔盖要松紧适当既可保证空气循环,又能防止谷物、粉尘或雨水漏入储罐。糖蜜储罐底部应设置凹槽,吸出泵的吸管置于凹槽的上面。糖蜜注入管应伸到接近罐底,以减少气泡产生并有助于防止沉淀聚集。在寒冷地区,糖蜜存储罐必须外包隔热材料或设在地下，以防御严寒。保温隔热材料可选用5 cm厚的玻璃纤维以及外包纸或布。加热糖蜜的温度不能高于46℃，否则会导致焦糖化，建议其温度控制在38℃以下，但当温度低于21℃时可能会给混合带来困难。一般饲料厂用热水或低压蒸汽作为热媒的盘管或夹层加热糖蜜。蒸汽压力不应超过1.05 kg/cm^2，如果只有高压蒸汽，就必须使用减压阀减压，然后再给糖蜜加热。

第二节　接收原料称重

饲料厂对全部接收原料进行称重检查是控制进厂数量和厂内损耗的一个重要步骤。在安排原料接收计划时，最好在厂内固定地点称重。

一、秤的类型

秤是所有饲料原料重量得以准确度量的必要保证，饲料厂称量原料用秤的类型很多，其中比较常见的为杠杆秤和电子秤。

(一)杠杆秤

杠杆秤是最简单的秤，它由悬置在中心支点上的杠杆和支点组成，杠杆的一端是挂砝码，其另一端是需称重的原料。当杠杆水平平衡时，其两边重量相等。某些较老式的卡车秤也是用杠杆系统和砝码来称重。

(二)电子秤

电子秤用负荷传感器检测重量，被测物料的重量作为一种压力或拉力施加在负荷传感器上，这种力使黏合在传感器上的应变片电阻值发生改变。重量值通常由电子数字显示器读出。电子秤分辨率高，操作简便，性价比好，称重结果可直接输入计算机等设备进行处理，便于饲料原料接收与库存管理。

二、秤的技术规格

秤的技术规格由秤的刻度、秤的量程和秤的感量等组成。秤的刻度是秤杆、刻度盘、打印器或数字显示装置的最小分度。秤的量程是给定秤的最大称重量。秤的感量是能造成秤杆、刻度盘或负荷传感器变动的最小重量，或者使秤在标明的区域失去平衡的重量变量。秤的精度是反映秤质量的重要指标。

三、秤的选型

(一)普通称重设备

适用于饲料原料接收的普通称重设备包括：①标准的卡车秤或火车秤，通常为钢结构或混凝土结构平台或轨道，旁边设有显示器。②标准的卡车秤有一个提升设备即卡车倾倒器可以将平台升起并倾斜一个角度，原料即可自动流入接收料斗。③具有特殊结构的杠杆系统或负荷传感器的卡车秤可允许原料通过秤平台中的栅格流入接收料斗。这种装置通常称为“谷物自卸秤”。

在所有的卡车秤和火车秤中，显示器包括称量秤杆、刻度盘或数字显示器。刻度盘或数字显示器可以装配打印机，以便记录时间和日期、连续号、毛重、皮重、净重等。

（二）选择秤的型号应注意的问题

在选择秤的型号时，需考虑以下几个方面的内容。

1. 秤的量度

秤的称量范围要适当，不要过大。如果预计到将来要扩大称量，选择型号和安装时应加以考虑。在选型时，还要考虑既能自动操作，也能人工操作。

2. 秤的安放位置

秤与已有的建筑物、邻近的提升机、楼板要有一定的间距。

3. 秤的安装

应备好正确的安装图纸，以便做好安装前的准备。

4. 掌握秤的有关资料

有关资料包括妥善保存使用说明书，以便安装、操作和维修人员熟悉秤的规格和性能。定期检查，以使秤保持允许误差和良好的工作状态。

第三节　饲料原料清理

杂质进入饲料生产过程会影响饲料产品质量，损坏生产设备，造成安全事故。例如，较大的铁性杂质进入锤片式粉碎机的粉碎室就可能会损坏锤片、筛片，甚至引起粉尘爆炸，如果进入制粒机的制粒室，则会损坏环模、压辊。某些杂质体积大，流动性差，在一定程度上会堵塞设备，影响正常生产，如麻绳、玉米芯等。

对安全生产、设备零部件的磨损和产品质量影响大的主要是玉米等谷物原料中的杂质，其次是麸皮、米糠、豆粕、菜粕等粉状原料中的杂质。按杂质大小分为大杂和小细杂：大杂是以秸穗、砖石、麻绳、木块、块状铁质和塑料制品等为主的杂物；小细杂是指细小的泥沙、铁粉和谷物细粉粒等。按杂质的性质分为有机杂质和无机杂质：有机杂质以秸穗、杂草、麻绳、壳皮为主；无机杂质以细的泥沙、砖石、铁质和塑料制品为主。

清理是饲料加工中不可缺少的工序，它在确保加工设备的正常运行和安全生产，保证饲料质量和减少零部件磨损等方面起关键作用。现行的清理工艺基本采用单层圆筒清理筛除去大杂和永磁筒除去铁质。由于原料的杂质情况较为复杂，需要进行优化，如在乳仔猪教槽料生产中出现了二级筛选＋风选＋磁选＋色选的清理工艺。饲料原料常见的清理流程分为进仓前清理和进仓后清理。

一、清理

饲料厂原料清理主要是利用原料与杂质在物理性质上的差异进行分选除杂，所以可采用3种方法：筛选、磁选和色选。筛选用以筛除大于及小于饲料原料的秸秆、泥沙等大杂质和小杂质;磁选主要用以去除各种磁性杂质;色选除掉发霉变色的原料。饲料厂主要使用筛选和磁选清理杂质。

(一)筛选设备

1. 圆筒初清筛

圆筒初清筛被广泛应用于饲料原料入库前或粉碎前的清理。圆筒初清筛主要清除粒状原料中的大杂质,如稻草、麦秆、麻绳、纸片、土块、玉米叶、玉米棒等。圆筒初清筛的结构见图 2-3 所示。

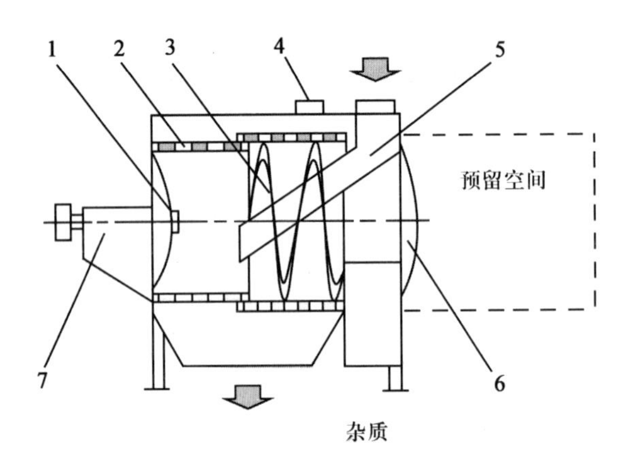

1. 悬臂支撑;2. 筛筒;3. 导向螺带;4. 吸风口;5. 进料管;6. 端盖;7. 传动机构。

图 2-3 圆筒初清筛

筛筒由正方形冲孔板筛面制成,由清理段和检查段焊接成一体,两段均为方形筛孔,筛孔沿筛筒圆周方向交错排列。清理段采用大孔,可使粒料较快过筛;靠近出杂口的检查段常用较小筛孔,以防止较大杂质穿过筛孔而混入谷物中。机壳上部设置吸风口,与吸风系统连接,防止尘土飞扬,也可以设置清理刷清理筛筒,防止筛孔堵塞。

在工作时,筛筒旋转,物料从进料管进入旋转筛筒内的清理段,与筛筒产生相对运动,大多数原料穿过筛孔落入出料口,大杂质和小杂质夹杂于其中的部分原料留在筛筒内,借助于检查段的导向螺旋向杂质出口处运动,原料经此筛程过筛,杂质从出杂口排出。清理段起主要的筛理作用,检查段在筛筒内壁设置导向螺带可以将夹杂在大杂中的原料分离出来,排出大杂废弃物。

2. 圆锥粉料清理筛

圆锥粉料清理筛由机体、转子、筛筒和传动装置等部分组成(图 2-4),主要用于饲料厂粉状原料,如米糠、小麦麸等原料的清理,可有效清理粉料中的秸秆、石块、纸片、结团物等杂物。该机也作为保险筛用于混合后的物料筛理,打碎和清除块状物料,以保证配合饲料的质量。

在工作时,主轴旋转,粉料由喂料螺旋强制喂入筛筒后,受旋转打板的打击,结团粉料被打碎,同时在倾斜打板的推动下,粉料与打板一同绕筛筒内表面做圆周运动。在离心力的作用下,粉料迅速过筛,排出机体,大杂或未被打碎的结块料被阻留于筛筒内,在倾斜打板的作用下向杂质出口推移,排出机外。

3. 双层圆筒初清筛

筛体为卧式双层圆筒，主要由机壳、门体、进料斗、筛筒、传动部件和调节结构等部分组成(图 2-5)。利用原料与杂质颗粒的大小不同，通过圆形筛筒不断旋转连续清理，将原料中的大小杂质予以清除。

在工作时，原料从进料斗进入与水平方向呈一定倾角的筛筒(筛筒倾角根据不同物料、不同清理要求，在 4°～8°范围内可调)，内筛筒孔径大于产品常规尺寸，所以产品与小细杂均为筛下物，筛上物为大杂流向大杂出口。外筛筒孔径小于产品常规尺寸，小细杂穿过筛孔落入小细杂口，筛上物为成品。成品出口处预留吸风口，配备风网后，可清除瘪谷、麸皮和尘土等轻杂，顶部吸风口用于除尘。

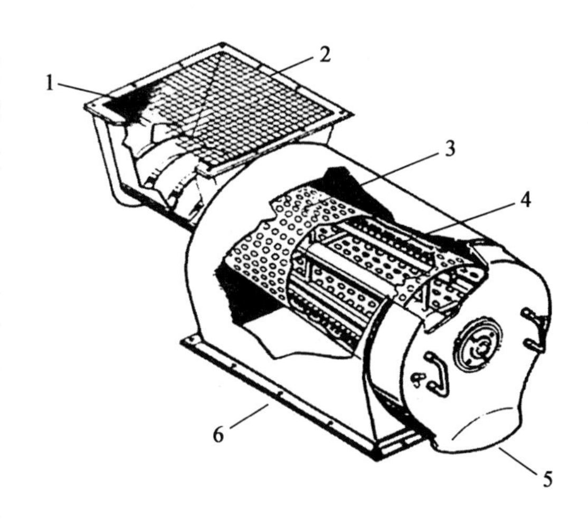

1. 喂料器；2. 进料口；3. 筛筒；4. 转子；5. 杂质出口；6. 净料出口。

图 2-4　圆锥粉料清理筛

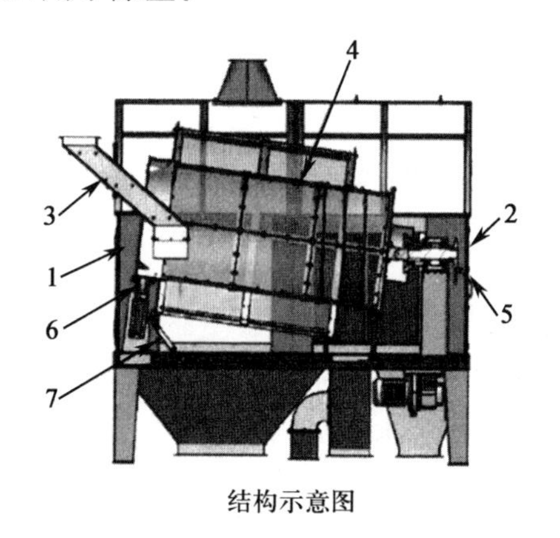

结构示意图

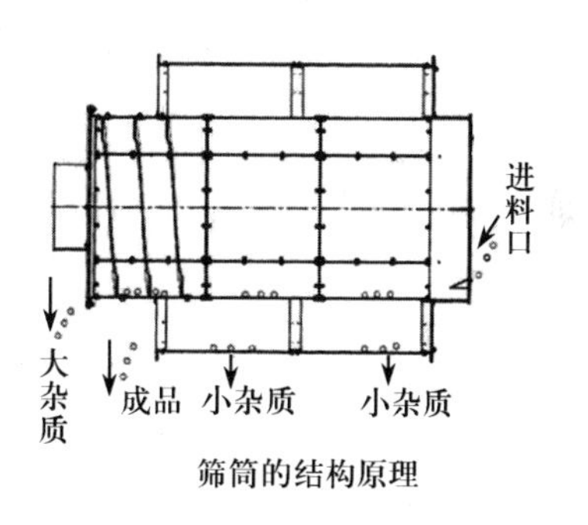

筛筒的结构原理

1. 机壳；2. 门体；3. 进料斗；4. 筛筒；5. 传动部件；6. 拖轮；7. 调节结构。

图 2-5　双层圆筒初清筛

4. 平面回转振动分级筛

平面回转振动分级筛主要用于饲料厂的粉状物料或颗粒饲料的分级，也可用于饲料厂原料的初清以及二次粉碎后中间产品的分级。平面回转振动分级筛主要由筛床、平衡驱动器、弹簧板、机架等组成(图 2-6)。倾斜的筛床为回转振动分级筛的主要工作部件，包含床壳、筛架和清理块等。床壳由盖板与壳体组成密封体。盖板上设进料口、吸尘口和观察窗。壳体内安放筛架、清理块及筛下物汇集板。打开盖板，可进行筛面更换与清理等工作。筛架分 2 层或 3 层，不同筛孔尺寸的筛面用辐条固定在各层筛架上。

在工作时，物料进入机内，沿筛宽方向均匀地分布，并自动分级，使料层下面的较小物料迅速过筛，料层上面粒度较大的物料向出料端运动。在此过程中，因物料无搅动和做垂直运动，所以较小粒度的物料始终贴近筛面，随时可过筛。出料端筛体的运动近似做往复直线运动,筛理作用逐渐减弱,大颗粒物料向出料口方向移动,排出机外,完成物料筛分。平面回转振动分级筛采用偏重平衡法,使筛体在运动过程中的水平方向的惯性力得到平衡,因而其振动小,噪音低。该机具有产量大、筛分效率高、能耗小、操作简单等特点。

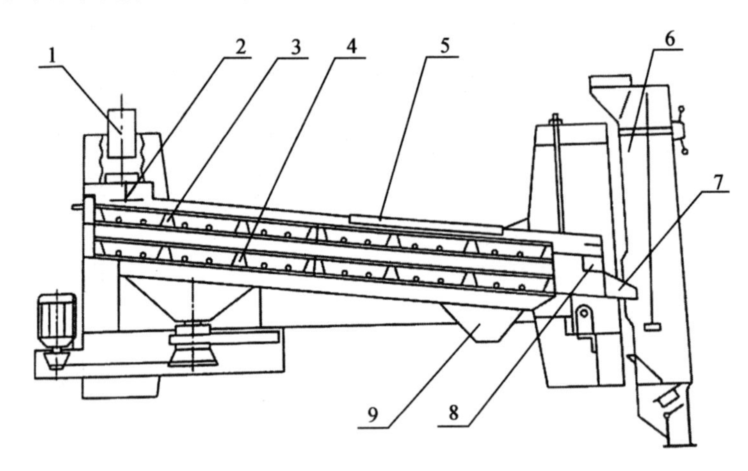

1. 物料进口;2. 可调分料淌板;3. 上层筛格;4. 下层筛格;5. 观察窗;6. 垂直吸风器;7. 净料出口;8. 大杂质出口;9. 小杂质出口。

图 2-6　回转振动分级筛

(二)磁选设备

在饲料生产中,原料中夹杂的磁性杂质,如铁、钴、镍等金属碎料以及铁沙等的清理,一般按强磁性杂质的要求选用磁选设备。饲料厂常用的磁选设备有永磁筒、永磁滚筒和栅式磁选器等。

1. 永磁筒

永磁筒由外筒和内筒组成。外筒通过上、下法兰连接在饲料输送管道上。内筒顶部为圆锥体,物料可以均匀分布下落。内筒的磁体由若干个永久磁铁和导磁板组装而成,从上至下,在较长的距离中都有磁场(图 2-7)。进入磁场中被磁化的铁杂质沿磁体表面下滑时,被吸附在内筒表面。内筒通过固定链接构件安装于外筒的可旋转的检修门上。清除磁体上吸

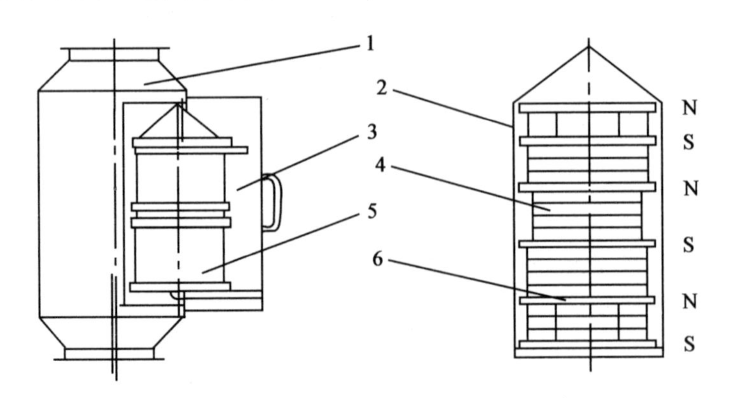

1. 外筒;2. 内筒;3. 不锈钢外罩;4. 外罩门;5. 磁铁块;6. 导磁板。

图 2-7　永磁筒

附铁磁杂质时，打开外筒的检修门，将内筒旋出，清理内筒表面吸附的杂质。

2. 永磁滚筒

永磁滚筒主要由不锈钢板制成的外滚筒和排列成近似半圆形的磁芯组成。外滚筒由电机驱动缓慢旋转，其表面装有3～4根驱铁条，以迫使被吸引的铁杂质随筒表面运动（图2-8）。磁芯为永久磁块，磁块和隔板间隔围成170°圆弧安装于固定轴上。在工作时，首先根据流量调整压力门配重，物料通过进料淌板均匀地进入机内，随滚筒一起运动至出口流出机外，其中的磁性杂质被吸附于滚筒表面，至无磁区后，失去磁力的吸引，落入磁性杂质出口处的收集盒内，从而实现对磁选杂质的清除。

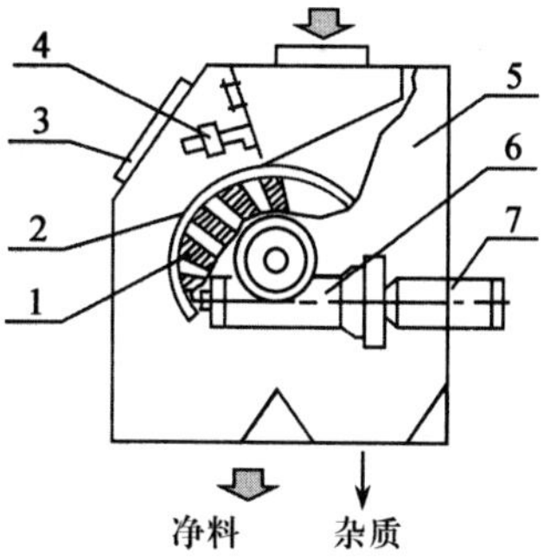

1. 磁体；2. 滚筒；3. 观察窗；4. 压力门；5. 机壳；6. 减速器；7. 电动机。

图2-8　永磁滚筒

3. 栅式磁选器

栅式磁选器结构简单，使用方便，可用于粉碎机、制粒机喂料器的进料口处，也可用于下料口（图2-9）。栅式磁选器由多根磁棒组成，磁棒由外管、磁块和隔离块组成。外管为硬质、耐磨、非磁性材料。在外管内间隔安放多个磁块及隔离块。磁块的磁力线穿过外管与相邻的磁棒一起形成磁场，吸出磁性金属杂质。清理出的金属杂质需人工定期清除。

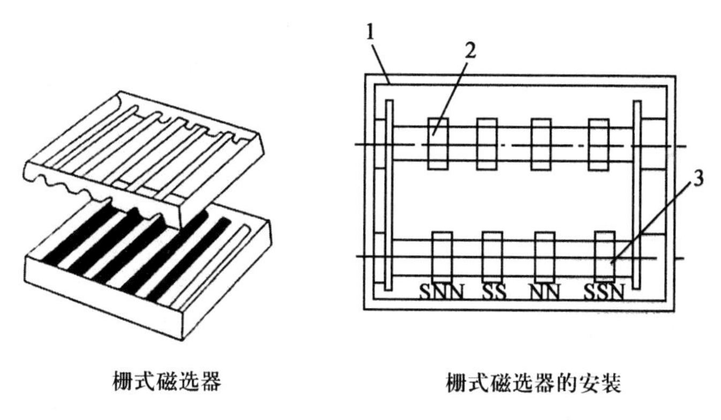

栅式磁选器　　　　栅式磁选器的安装

1. 外壳；2. 导流栅；3. 磁铁栅。

图2-9　栅式磁选器

二、使用清理设备的关键点

饲料原料一般从卸料坑进料，经螺旋输送机或刮板输送机，再进入斗式提升机，最后到立筒库。在生产加工时，饲料原料经出仓螺旋输送机到提升机进入振动筛、磁选机进行清理。这种清理是在饲料原料进仓之后进行，因此，清理的布置与规格应和主车间的配套设施结合起来。

（一）栅筛

栅筛一般设置在接料口处，它是清理工序的第一环节。栅筛设计应首先考虑选用合理的栅隙，其大小依接收物料的几何尺寸来制定。对于玉米、粉状副料及稻谷类而言，筛隙应在3 cm以内；对于油粕类而言，筛隙应以3～5 cm为宜，另外，要及时清除筛理出的杂物。

(二)水平输送机械

经过栅筛初步清理,物料中的许多较短的麻绳、较小的麻袋片及其他杂质很容易缠绕或卡住水平输送机械,轻则降低设备使用效率,重则烧毁电机,给饲料生产造成经济损失。因此,要及时清理输送设备上的杂物,同时尽快将物料送入清理设备,将杂物对饲料生产设备的影响降到最低。

(三)初清筛的工艺参数

选择合适的筛孔直径,通过在吸风口上方设置阀门调节除尘吸风量。筛筒的处理能力应比上段工序输送设备的运送能力高30%左右,以提高筛分效率。

(四)磁选器位置安排

磁选器在工艺流程中的位置应在初清筛后、粉碎机前,这样可防止大杂堵塞磁选机,造成意外停机,同时可保证除铁效率,保护后续设备;在制粒粉仓上部安置1台磁选器可有效地防止在生产中混入的金属杂质进入制粒机对压模造成损害;在打包秤上部安置磁选器,进一步去除饲料中的金属异物,以确保成品饲料的安全。

第四节 料 仓

料仓是指在饲料车间内设置的各种工作仓,用于储存饲料原料、半成品或者成品。料仓可根据仓体的截面形状分为圆形和矩形2类;根据建造材料可分为钢筋混凝土结构、钢结构和混合结构等。常见的料仓一般由热轧钢板制造,其优点是建造快,维修费用低、表面流动性好,成本较低;其缺点是不适于储存易吸潮物料和高水分物料。

料仓在使用中经常会出现物料结拱现象,当料仓内物料水分过高或物料流散性差时,出料口容易出现结拱现象,从而影响物料的流动,导致生产无法正常进行。

一、物料在料仓中的流动状态

物料在料仓中达到的流动状态是料仓结构设计合理与否的一个重要指标。料仓内物体的流动形式主要分为2种:整体流动和中心流动(图2-10)。

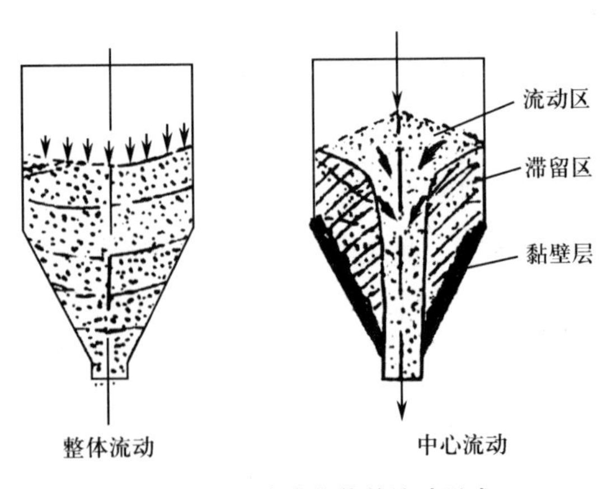

图2-10 料仓内物体的流动形式

(一)整体流动

整体流动是指所有物料在卸料时向卸料口流动,不存在"死区",料位均匀下降,卸料流动稳定均匀。理想的流动形式应为整体流动,这样保证了物料以先进先出的顺序均匀卸出。这种整体流动形式具有卸料速率稳定,密度均匀,仓内物料的储存时间基本一致等特点。

(二)中心流动

中心流动即在卸料开始时,只有位于仓中心的物料处于运动状态,位于四周的物料向中心滑动、下降,形成中心通道,这样一来,只有中心部位的物料向卸料口流动,在该“流动区”以外的部分为流动“死区”。中心流动的主要特点为:①先进后出的流动顺序。因为仓壁附近的物料可能不流动,所以先进仓的物料有可能后出来。②产生鼠洞。由于出现漏斗流,如果物料有足够的黏性,仓壁附近的物料就不会流出。③不均衡流动。在漏斗流料仓中,四周的物料是靠超过物体本身的休止角而塌落下来的,所以卸料不均衡,此外塌落料的冲击力可能会压实料仓出料口的物料并使之结拱。④涌流。如果所储存的物料粒度很细,在塌下来时会气化,从而使其流动性变好,并由料仓出口涌出。⑤分层。由于漏斗流料仓卸料时,中部和四周的物料不规则地交替流出,形成分层问题。

二、结拱类型及防拱措施

(一)结拱类型

物料堵塞出料口,以致不能卸料的现象称为结拱。造成结拱的因素主要有 3 点:①物料储存时间过长,水分增加导致物料结块;②物料与仓壁的黏着作用;③料仓的结构造型,局部因压力过大而结拱,导致物料无法顺利流出。料仓结拱的类型主要有 4 种:①压缩拱,粉体因受到压力的作用,使固结强度增加而导致结拱;②楔形拱,颗粒状物相互啮合达到力平衡状态所形成的料拱;③黏结黏附拱,黏结性强的物料在含水、吸潮或静电作用下而增强了物料与仓壁的黏附力形成的料拱;④压力平衡拱,料仓回转卸料器因气密性差,空气泻入料仓,当上、下气压达到平衡时所形成的料拱。其中又以压缩拱为最常见(图 2-11)。

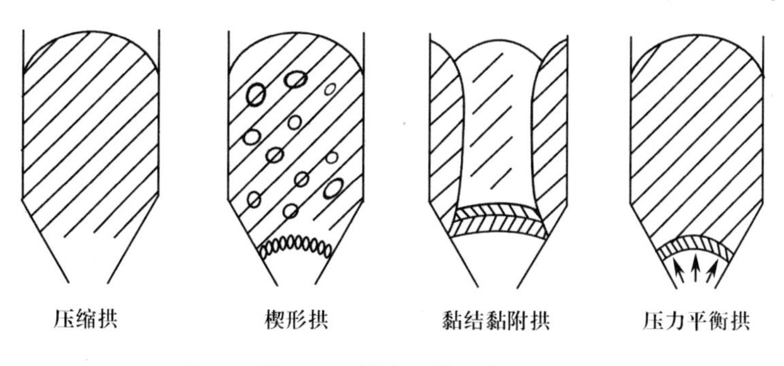

图 2-11　料仓结拱的类型

(二)防拱与破拱措施

为了防止结拱,改善料仓中物料的流动状态,可采取改变料仓结构,安装改流体,振动、充气流态化以及机械搅拌等措施。

1. 料仓结构

料仓由仓体与仓斗组成。仓斗及其卸料口的结构形状对保证物料整体流和防止物料结拱具有决定性意义。仓斗形状的影响主要体现在仓斗的倾角(仓斗壁与水平面夹角或者仓斗壁曲线各点切线与水平面的夹角)、仓斗大小和仓斗形状 3 个方面:仓斗的倾角大,物料流速较快,流动的形态主要是整体流;仓斗的倾角较小,料仓流出的速度较慢,尤其是靠近仓壁处速度可能为零,形成中心流动;仓斗的出料口越小,料仓内物料的流速也越小,并有可能结拱,料仓下部接近料斗处结拱也会越严重;料斗出口的形状也是影响物料流动的一个因素,圆形出口比长方形出口更容易结拱。除了可以采用加大出料口,加大料仓壁面的倾角以及改善仓壁面的光滑程度等方法(措施)外,还可将料仓制成如图 2-12 所示的各种形式,以达到助流的目的。

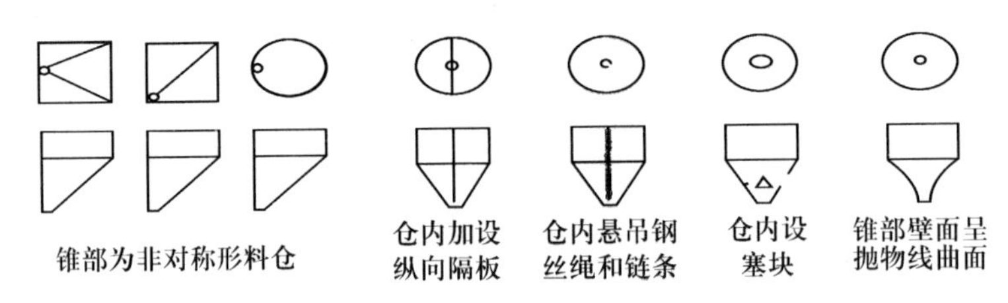

图 2-12　防止成拱的料仓形式

2. 改流体

针对一些储料量较大的料仓,通常在料斗中加改流体,降低物料对仓壁的压力,可改善物料的流动性。可把仓斗壁和改流体之间的环形面积看成一个条形卸料口。改流体的设置在仓体和仓斗的过渡区域附近,可造成粉体的整体流动。在卸料口上方嵌入的改流体,有利于消除结拱和抽心。常见的改流体形式如图 2-13 所示。

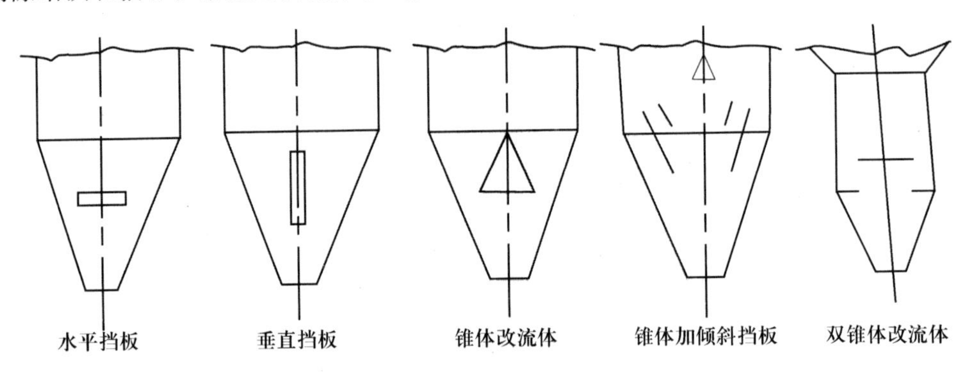

图 2-13　改流体的形式

在生产实践中,对改流体的尺寸与位置的要求非常严格,如果改流体过小,物料流动状况将不会得到改善;如果改流体太大,物料则可能完全不能流动,特别是对流动性差的粉状料要慎用改流体,否则更容易使物料堵塞在出料口处。

3. 振动助流

在振动情况下,可使料仓壁面摩擦系数降低,也可使物料内部摩擦阻力减小,因而可以采用以下 2 种振动方式对料仓助流。

(1)仓壁振动　仓壁振动就是将振动器安装在料仓锥体部分的仓壁上,对仓壁进行振动,达到防拱破拱及清仓的目的。采用的振动器要求来回振动,如气动活塞振动器、电磁振动器、偏心振动器等。其中,气动活塞振动器是用锤头振打仓壁的外表面;电磁振动器与其类似,两者均垂直于仓壁产生振动；回转偏心旋转振动器结构较为复杂，它是将高速旋转的偏心块产生的惯性力传递给仓壁使之产生振动。与其他类型振动器相比，其振幅小、频率高。用振动器对仓壁进行振动，对黏结性小的物料的助流较有效。振动器的安装部位选择在仓壁面的波腹处(图 2-14)比其他部位更为有效。如果安装不当，反而会助长结拱。

(2)料斗振动　采用料斗振动的方法可使多种流动性不好的干燥和半干松散物料顺利卸料。振动料斗应与料仓及其支撑结构隔开。其具体做法是在振动料斗和储存料仓的固定部分设置一个柔性连接部分，如图 2-15 所示。由于料斗的振动，料仓中的流动范围明显增大，其直径等于振动料斗的入口。振动料斗由 2 个主要组成部分：一个是漏斗状小卸料口(它从料仓活化部分向外卸料)；另一个是挡板(它承受储存物料的压力并把振动直接传递给在它上面的物料)。采用料斗振动可使物料按“先进先出”的整体流动方式卸料。

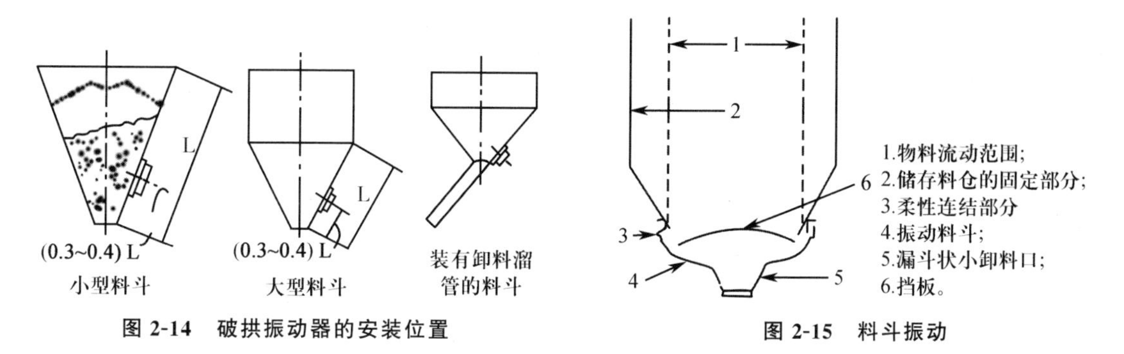

图 2-14　破拱振动器的安装位置　　**图 2-15　料斗振动**

4. 充气流态化

在容易结拱的部位，通过吹气管或流化板吹入压缩空气，使物料流态化，这也是一种助流的方法(图 2-16)。这种方式对含水量低的粉状物料尤为有效。在料仓的锥形部分内置流化板。流化板可以是由金属、塑料、陶瓷、多层金属编制的网、毡等，其尺寸和数量可根据实际情况选择。其工作原理是在物料排出时通气，物料在出料口附近被流态化以减少物料与仓内壁的摩擦作用，在排料时向料仓内通气，可以减少颗粒间的作用力和颗粒对仓内壁的影

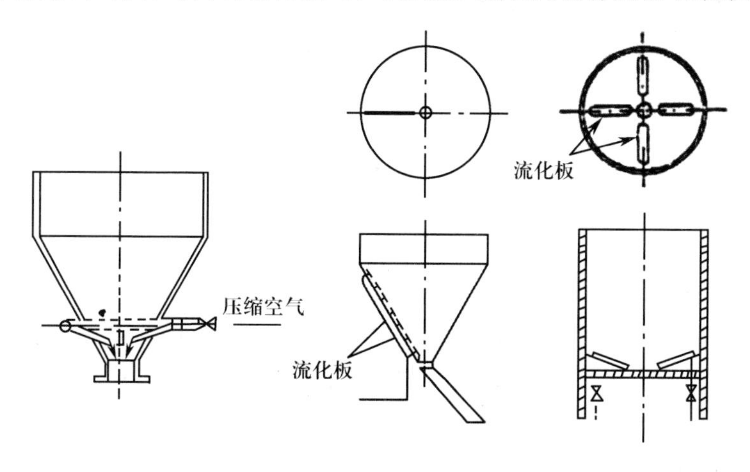

图 2-16　吹入压缩空气，防止成拱的方法

响，从而使物料的流动更顺畅。对不同的物料需设定不同的压缩空气压力和送气量。

三、料位指示器

料位指示器(简称料位器)是显示料仓内物料位置的一种监控传感元件。料位器一般安装在待粉碎仓、配料仓、待制粒仓、成品仓的顶部或侧面。当料仓即将装满时，上料位器发出信号，通知中控室的操作员(或自动)及时停止进料，避免料仓过满导致设备故障。当料仓即将卸空时，下料位器发出空仓信号，操作员(或自动)迅速采取加料或关闭后续设备的措施，保证生产正常运行。若上、下料位器与斗式提升机或其他进料机械用继电器相连，即可做到在空仓时自动控制进料，在满仓时自动停止进料。饲料工业当前使用的料位器有阻旋式、薄膜式、电容(阻)感应式等。

(一)阻旋式料位器

阻旋式料位器是一种电动机械式料位器，主要由同步电机、减速齿轮、弹性连接、旋叶等组成(图 2-17)。一般水平安装在仓壁上，旋叶在仓内，动力传动在仓外，旋叶上方 100 mm 的仓壁上安装有倾斜护板以避免旋叶受物料的直接冲击。在工作时，同步电机通过减速传动带动旋叶旋转，当物料升至旋叶处时，旋叶受阻，主轴与旋叶的弹性连接处(检测装置)使主轴相对旋叶轴做一个小角度的转动，从而通过一个斜面装置推动微动开关动作，电机停转，同时发出料位讯号。当料位下降，在旋叶不接触物料时，旋叶失去阻力，复位弹簧使旋叶相对主轴复位，同时微动开关复位，电机带动旋叶旋转。

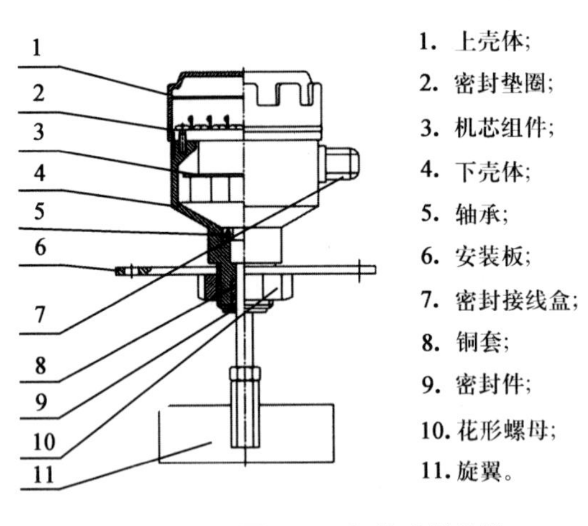

1. 上壳体;
2. 密封垫圈;
3. 机芯组件;
4. 下壳体;
5. 轴承;
6. 安装板;
7. 密封接线盒;
8. 铜套;
9. 密封件;
10. 花形螺母;
11. 旋翼。

图 2-17 阻旋式料位器

阻旋式料位器适用于上下料及任何中间料位的检测，但叶片伸入料仓，影响物料流动，易造成安装位置结拱，运动部件被粉尘黏结而不能转动，容易发生故障并烧毁电机。阻旋式料位器电压范围有 2 种：220 V 和 24 V。其优点是抗干扰能力强，使用寿命长，尤其是直流 24 V 阻旋式料位器。其缺点是价格偏高。

(二)薄膜式料位器

薄膜式料位器由塑料、橡皮或其他弹性材料制成的薄膜、杠杆及微动开关组成(图 2-18)。料位器安装在仓壁开孔处,成为仓壁的一部分,薄膜部分在料仓内壁。当物料充满并压迫薄膜,物料的侧压力使薄膜压动杠杆,微动开关动作,物料电源接通或断开,传出信号,当物料卸出不再挤压薄膜时,薄膜靠弹性恢复原状,微动开关讯号也相应撤除。薄膜式料位器结构简单,无须动力,但可靠性及反应速度受物料性质和环境温度的影响较大。在使用一段时间后,薄膜材料老化,易造成错误信号。

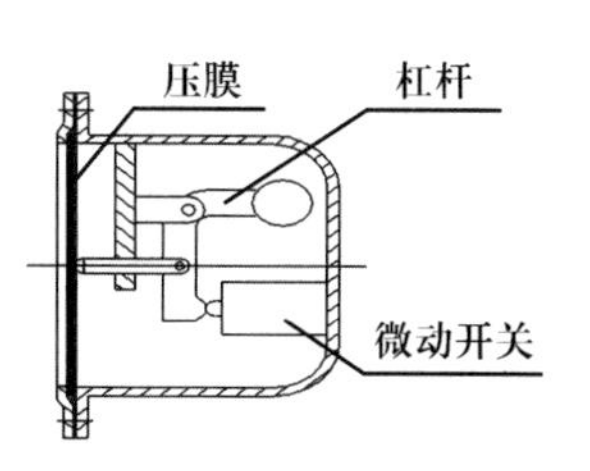

图 2-18　薄膜式料位器

(三)电容感应式料位器

电容感应式料位器(图 2-19)是一种集成电路产品,它借助电容接近开关的工作原理,由高频振荡器和放大器组成。它由料位器端面与大地间构成一个电容器,参与振荡回路工作。当仓内的物料接近料位器端面时,回路的电容量发生变化,高频振荡减弱或停振。振荡器的振荡与停振经整形,由放大器转换成开关信号,表示"有"料和"无"料。通过继电器触点可以给出信号指示及进入相关设备连锁。

电容感应式料位器具有电压范围宽、价格便宜和安装调试方便等优点。但其缺点是抗干扰能力弱,易受粉尘影响,错误动作较多。

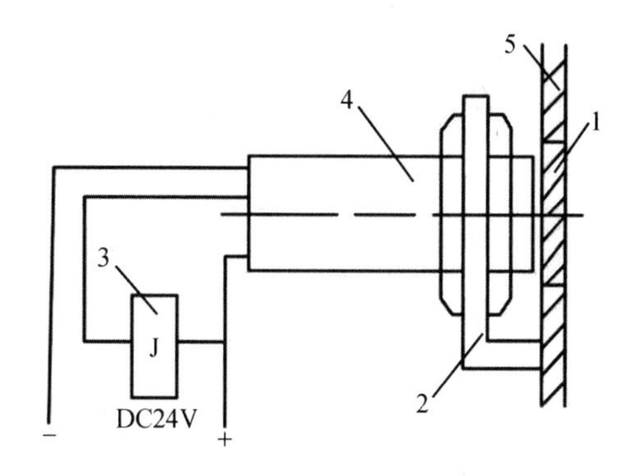

1.有机玻璃;2.支架;3.继电器;4.料位器;5.料仓壁。

图 2-19　直流 NPN 三线制电容感应式料位器

(资料来源:庞声海,饶应昌.饲料加工机械使用与维修.北京:中国农业出版社,2000.)

第五节　饲料原料的储存

饲料厂会根据原料价格、供货周期、生产状况及行业政策,储存一定数量的饲料原料,以保证生产的连续性,获得相应的经济效益。饲料原料在储存期间应放置在厂内固定的设施内,采取有效的措施避免饲料变质、养分损失。

一、分类储存

(一)谷物饲料原料储存

谷物原料在饲料厂储存几周或数月。为保持储存期间原料的品质,饲料厂必须了解在原料储存过程中可能发生的各种问题,利用已有设施条件,采取有效的储存技术和管理方法,应对各种可能损害饲料原料品质的问题。影响饲料原料品质的因素包括谷物水分、储存环境温湿度、异物杂质、昆虫和霉菌以及储存设施条件等因素。

1. 储存温度

谷物原料是有生命活动的活籽实，其自身在储存过程中可以产生热、二氧化碳和水分。谷物的呼吸作用与含水量有关，干燥和清洁的谷物呼吸速率低，湿度大而且脏的谷物呼吸速率高。因此，清洁度差、湿度高的谷物易产生大量热量和水分，降低原料品质。

谷物原料颗粒间热传递的方式有传导、辐射和对流。其中谷物颗粒间的接触是热传导有效方式；辐射发生在谷物颗粒的内部空间；对流方式自然地存在于储存谷物内部或谷物与其周围空气之间，以温度梯度为前提条件。在饲料谷物产热并出现饲料原料恶化变质的情况下，这些自然发生的散热方式不足以满足热量散失的需要，必须采取辅助措施降温。

2. 储存湿度

长期储存的谷物原料必须严格限制其湿度。当湿度高时，霉菌会快速繁殖，产生大量霉菌毒素，损坏饲料品质，因此，饲料原料库湿度应控制在 65%及以下。谷物原料在储存前需通过自然干燥或人工干燥方式处理，使其水分含量达到储存要求。即使如此，在高湿环境下无论袋装，还是散装原料，都必须限定储存时间，以避免高湿环境对储存原料带来的损害。在储存高水分谷物原料时，应采取特殊的措施，如可控环境储存等，但投入成本较高。

当储存环境昼夜温度变化较大时，谷物原料在储存过程中排出的水蒸气会在仓顶形成冷凝水，滴落到仓内谷物上。为此，除要采取隔热处理外，金属仓的仓顶还必须采取通风降温措施，以有效消除仓顶内侧的冷凝现象。

储存环境的湿度和温度共同影响原料质量。如果谷物原料的湿度和温度同时升高，原料损害会快速发生并蔓延。在湿度一定时，原料的储存时间将随温度的下降而延长。当谷物饲料含水量维持 15%以下，温度低于 20℃时，原料的品质容易保持。

3. 昆虫与霉菌

一旦有适宜的温度和湿度，饲料中的昆虫和微生物将结束休眠状态，开始生长繁衍，消化饲料中的养分还可能产生毒素，加速产热，并产生系列相关问题，最终产生热破坏位点。当温度继续升高时，昆虫和霉菌则被高温杀灭。昆虫受热死亡的温度为 40～45℃，霉菌受热死亡的温度为 60～70℃。在这种高温条件下如果不加以干预，谷物本身的作用使温度不断升高，并同时增加自身的损害程度，从而可能导致饲料原料自燃。

在储存谷物的表层内，受热的谷物经常会出现一个或多个受热位点，其所产生的热空气一旦遇到冷空气或上层谷物，就会导致出现冷凝现象，从而使谷物进一步潮湿。这些潮湿的谷物将引发霉菌的活动，其结果是受热位点迅速蔓延。研究表明，当谷物温度大于 20℃，相对湿度超过 20%时，即使储存时间少于 20 d，谷物原料中出现的一个或多个受热位点足以证明已经出现由昆虫和霉菌导致的对饲料的损害。化学处理可以消除或减少昆虫危害。谷物在储存过程中可采用熏蒸剂处理，把昆虫数量控制在危害水平以下。通常原料水分在 13%以下，可抑制大部分微生物的生长，原料水分在 10%以下，可减少昆虫的产生。

4. 异物杂质

仓储谷物原料中含有一定量的异物杂质，这些杂质包括谷壳、草籽、玉米芯片等，它们在储存过程中趋于集中，更易产生发热现象。通常谷物中的异物杂质比谷物颗粒小，容易填充谷物颗粒间的空间和细缝，阻塞谷物的自然和机械通风路径，影响通风效果。当异物杂质的水分含量高于谷物原料时，引发昆虫和霉菌会生长繁衍等现象，因此，必须在储存前清除谷物中的异物杂质，以避免这些物质诱发的储存损失。

5.储存设施防雨

雨水渗漏是储存原料受潮的一个原因。造成雨水渗漏的主要因素是储存设施的造型和安装。原料储存设施需与当地气候条件相适应。如金属预制板筒仓适用于温带气候条件的原料储存，其通风换气设备必须能够抵御雨水的冲击和渗漏。在热带多雨气候地区购置安装预制板筒仓时应匹配专门的防雨辅助设备。金属预制板筒仓使用大量的螺栓，相应地形成潜在的雨水渗漏点。因此，在组装预制件筒仓时，应特别注意螺栓等连接点的雨水渗漏。可采用非硬化胶合辅料填充预制件之间以及螺栓连接处，防止雨水渗漏。雨水渗漏的另一关注点是料仓底部的水泥地基。渗漏问题主要出现在金属预制板筒仓与建筑基础的结合部位，因此，必须采取措施密封筒仓的金属预制板与水泥基础界面。规则界面采用非硬化胶合辅料填充密封，不规则界面先用非皱缩性薄胶泥内外固定金属仓板，然后在其上方再用非硬化胶合辅料填充封闭。此外，筒仓外侧的水泥基础建造为外向坡度，这样可以使沿料仓壁外侧流下的雨水尽快排离筒仓所在区域，以提高筒仓金属预制板与水泥基础界面的防渗漏效果。

6.饲料原料破损

破损的谷物原料在储存过程中更易受潮湿、昆虫和霉菌的影响而变质。原料的机械破损程度受原料湿度和转运过程影响。干燥的饲料有利于储存，但容易被转运机械破损。储存的设备和机械操作不当都会导致原料破损。带式、斗式和螺旋式原料输送设备的输送量和运转速度直接影响所输送原料的破损程度。以螺旋式输送机为例，正确的运转速度和满负荷的载运量可使原料的机械破损程度降至最低。当载运量仅为满负荷的25%时，原料的破损程度比正常情况的破损程度增加17倍；当输送速度提高3倍时，原料的破损程度将增加5倍。另外，谷物原料自由下落到硬质地面的距离和高度也影响破碎程度，落差越大，谷物的破损程度越大。其落差为30 m时，谷物的破损程度是落差为2 m时谷物破损程度的3.3倍。

7.饲料原料降温处理措施

一旦发现仓储原料温度升高，应立即采取措施把温度降至允许范围。常用措施有原料倒仓和原料通风。

(1)原料倒仓　把受热的原料从原来的储存仓转移到另一个储存仓。在原料的转存过程中，原料的热量得以充分散失，使原料温度降至允许的储存温度范围。运输速度应相对较慢，以允许原料有足够的时间散发热量。必要时，应采用带鼓风装置的原料初清机辅助降温，这样在快速降温的同时还可以清除因霉菌感染或因受热形成的谷物团块。经过降温处理的原料应转运到新料仓储存。在通过初清机的降温过程中可混合一定比例且干燥的新原料，新的干燥原料吸收已有原料的部分水分，使整体谷物原料的湿度控制在储存标准要求的水平。

(2)原料通风　原料通风降温是把定向的自然风或冷风送入并穿过受热原料，从而实现原料散热降温的一种方式。原料通风降温的设备系统主要包括风机和设在地面下或埋在谷物中的通风管道。通风方向一般为由下向上或自上而下。通风方式的选择取决于当地的气候条件和通风设施设备。由下向上的通风方式为进气温度低，上层排出的气体温度高，热气由防雨排气口排出。自上而下的通风方式在实现储存原料通风降温的同时，通风管道的通气孔处经常会有冷凝水产生，在一定程度上会影响通风效果。当原料仓上方有新原料进入时，自上而下的通风管道的通气孔处的冷凝水对新加入的原料的湿度会产生一定的影响，而由下向上的通风方式对上层新添入的原料几乎无干扰，而且上层新加入原料品质的任何变化都容易被及时勘察和监测。从原料降温的实际需要考虑，双向通风机更具实际应用价值。

通风机只有在外界环境温度低于仓内温度，且空气相对湿度等于或低于谷物水分含量情况下才能开启运转。当饲料厂实行安全通风时，其空气的相对湿度一般应低于75%，当谷物的水分含量为13%，其通风时的空气的相对湿度应小于70%。

仓储谷物的通风速度为0.30～0.60 m^3/min，速度的大小取决于通风方式和通风距离。当储存仓采用地下通风管道系统，仓内通风距离较长时，需要的通风速度高。风机的压力依据谷物类型和通风速度而定，一般采用离心式风机。其特点是通风量大、压力高。

储存仓通风系统一般针对一种谷物原料设计，如果一个原料仓的通风系统用于储存一系列不同类型原料，在通风系统中则需设置风机调节风门，以调控因谷物类型带来的阻力。通风系统管道的安装位置可选择在仓底部地面上，也可嵌入地面。通风系统管道的通气孔开口应向原料仓上方辐射，典型的管道内空气流速应设计为7.5 m/s。高热、高湿地区的地下通风管道易感染昆虫或受潮，在设计和施工时应考虑通风管道的清理措施。

8. 饲料原料储存仓

饲料厂选择饲料原料储存仓时需综合考虑储存谷物的种类、储存数量、储存成本、建筑材料和运输方法等因素。

目前饲料厂最普遍采用的储存方式是圆形预制件拴固钢板筒仓。仓壁有波纹或平面2种。单个钢板仓的容量为25～10 000 t，其高度和直径可在一定的容量下依场地情况调整。相对容量大的钢板仓便于饲料厂储存及以后的加工生产工艺和操作。为维护和保证钢板仓的储存效率和效果，必须十分重视钢板仓的设计和建造，尤其是混凝土地基的建造以及混凝土与钢板间界面的防水渗漏密封处理，而且每块预制钢板连接处都要用密封材料和适宜的螺栓固定处置，防止谷物在储存期间渗入雨水。

为维护钢板仓结构、质量和延长使用寿命，必须严格按规定要求使用钢板仓。在装谷物过程中，不适宜的操作很容易造成仓壁受力不均匀，使仓壁扭曲变形，因而在原料进出仓时，必须保证从仓的中心部位开始。在清仓后的空闲时间里，应检查预制钢板间封闭状况，螺栓的松紧程度，并进行维护保养，有效地防止雨水渗漏。

饲料厂常见的圆形钢板仓的储存能力为400～500 t/个，这种钢板仓结构简单，适用范围广泛，仓中的原料经管道螺旋输送机直接把原料从仓内提出，并转送到饲料加工环节。在这种工艺流程中，钢板仓自身的储存功能自然成为饲料加工整体工艺的组成部分。

当生产上要求每一个储仓的容量大于1 000 t时，水泥则成为建造筒仓的最佳材料。水泥筒仓的高度可达30～40 m，这一高度能保证筒仓具备相对较大储存能力的同时，占地面积最小并获得最佳投资效益。

饲料原料储存仓的仓底结构分2种类型：一种是平坦的仓底；另一种是漏斗式仓底。平坦的仓底使用广泛，漏斗式仓底使用独特。漏斗式仓底适用于快速彻底清仓或快速原料周转的仓储工艺。漏斗式仓底的水平坡度一般为37°～45°，坡度越大清仓卸料的效果越好。漏斗的高度和大小应根据随后的加工工艺要求设计建造。近年来，液压或电动双向螺旋清扫输送机广泛应用于平底料仓的定期清仓，其特点是省时、省力，但清扫不十分彻底。为在下批原料进仓前实现彻底清理，有时需要人工辅助清仓，以避免上批原料残留物影响下批原料。

谷物原料的正确储存操作也非常重要。仓储管理人员必须针对地理及气候条件明确所原料的储存指标，制订并执行这些规定，以确储存质量。

(二)微量原料的储存

企业应对维生素、微生物和酶制剂等热敏物质的储存温度进行监控，填写并保存温度监控记录。监控记录应包括设定温度、实际温度、监控时间、记录人等信息。按危险化学品管理的亚硒酸钠等饲料添加剂的储存间或者储存柜应设立清晰的警示标识，采用双人双锁管理。

企业应根据原料种类、库存时间、保质期、气候变化等因素建立长期库存原料质量监控制度，填写并保存监控记录。

1. 微量原料的储存

饲料厂必须设专门的地方或划分的专储区域储存微量原料。这些储存物按存放保存时间可以分为 2 大类，即依据生产计划界定为近期使用的原料以及将来要使用的原料。在储存微量原料时，除了要有一个单独的房间用来储存微量原料外，储存区还应尽可能地远离日常加工操作路线并在正常的环境下储存。储存区对人员流动的控制相对严格，只有直接使用微量原料的人员才能进入这一区域。

当即使用的微量原料必须存放在有清楚标记的容器中。在管理过程中只能在固定存放同一种原料的容器盖上贴上原料标签。如果容器不是固定存放某种原料，则应该在容器盖和容器外侧壁贴上标识，以免造成原料的混淆和交叉污染。在存储另一种不同原料以前，容器应去除或彻底抹掉容器盖上的旧标签。微量原料的管理必须同时注意原料生产日期和有效期，以确保最早生产的原料被最先使用，即先进先出原则。

2. 防止交叉污染

微量原料的储存必须注意防止容器之间的交叉污染。所有的容器都应该有盖子或采取其他措施以避免意外的交叉污染。只有那些正在使用的容器才能被打开。在称取所需数量的微量原料后，容器的盖子应立即放回原处。每个容器使用各自的勺子。微量原料的储存和使用操作必须小心谨慎，以避免抛撒。

3. 健康保护与废弃物的处理

长期接触微量原料的工作人员在工作期间应一直使用带过滤装置的口罩和手套。此外，如果可能会接触带刺激性的化学物质，就必须佩戴护目镜。化学物质超过储存期限，或因掺假，其物理性状改变或其他原因而需要废弃时，必须由饲料厂技术部门或质量控制部门的人员做最后的处理。由于废弃的化学物质对人或动物可能会产生有毒害作用，所以必须使用生产厂商推荐的安全方法进行处理。

二、损失与对策

饲料厂储存饲料过程中发生的损失表现在 3 个方面，即重量的损失、质量的损失和经济损失。这些损失多源于昆虫、微生物、啮齿类动物造成的危害，储存过程不当的操作，以及物理和化学环境因素的变化等，所有这些因素相互叠加，加重损失程度。饲料储存过程中发生的重量损失、质量损失及由此可能造成的对畜禽健康的危害，最终表现为经济损失，因此需要对储存过程进行检测和控制。源于昆虫、微生物、啮齿类动物的活动危害及控制对策详见本书第十二章，本节主要介绍饲料原料储存过程中自身发生的损失与对策。

(一)饲料原料储存的损失

大多数原料在经历化学变化后，其味道和营养价值相应改变，这些使饲料变质的化学反应包括氧化反应、水解反应和酮化反应等，其中水解反应和酮化反应对饲料酸败的影响相对较小，而氧化反应是引发饲料酸败的主要方式。

1.脂肪的氧化

脂肪氧化是导致饲料酸败的主要原因，有些饲料原料中含有大量的脂肪，而且多数脂肪由不饱和脂肪酸构成，这些不饱和脂肪很容易氧化变质，如米糠和鱼粉。脂肪的氧化始于自动的氧分子水解氧化，如果再进一步发生氧化或酮化(水解氧化后脱水)作用等大量的过氧化反应，则形成水解氧化的分解反应，产生羰基和氢氧根。羰基和氢氧根将参与其他反应并形成新产物。这些脂肪再次氧化的产物造成原有味道损失，同时产生伴随酸败的有毒物质，随后醛的水解氧化分解反应产生的羰基可与赖氨酸的氨基发生化学反应，降低饲料中蛋白质的营养价值。

2.影响脂肪氧化的因素

在饲料储存过程中，增强脂肪氧化的因素有以下几种：①酶。如脂肪氧化酶和其他酶的参与加快脂肪氧化。②过氧化物。脂肪自动氧化产物本身催化脂肪的氧化反应。③光。特别是极度强光参与脂肪氧化的光解作用。④高温。温度越高，脂肪的氧化分解作用越强烈。⑤微量金属元素催化作用。铁和铜通过直接转递电子的氧化还原反应起催化作用，锌则水解过氧化产生大量自由基。脂肪的氧化可以通过添加一些抗氧化剂来抑制，常见的两种抗氧化剂包括乙氧基喹啉和二丁基羟基甲苯，它们在氧化过程中以自由基形式起作用。一些谷物籽实本身含有天然的抗氧化成分维生素 E，只要籽实的核仁不被害虫破坏，维生素 E 就可以为脂肪的稳定提供重要的保障。⑥碳链长度。鱼油的脂肪酸碳链不仅长，而且在碳链上含有的大量不饱和键非常容易被氧化，导致鱼粉不易储存。鱼粉中的脂肪不断地发生氧化反应产热可引发鱼粉燃烧。氧化所产生的热还能促进氨基与糖的羟基反应，使蛋白质消化率降低。因此，鱼粉在储运中要添加抗氧化剂。因油脂含量高而易发生氧化的谷物及其副产品饲料原料有米糠、椰子饼和棕榈仁饼等。

(二)延长饲料原料储存时间的对策

1.控制水分，低温储存

在饲料储存过程中的高温、高湿环境是引起饲料发热霉变的主要原因。高温、高湿环境下不仅可以激发脂肪酶、淀粉酶、蛋白酶等水解酶的活性，加快饲料中营养成分的分解速度，而且还能促进有害生物生长，产生大量的湿热，导致饲料发热霉变。经实验证明，当温度为15℃以下时，害虫呈不活动状态，高温性和中温性微生物的生长受抑制；当温度低于 8 ℃时，害虫呈麻痹状态，很少有微生物生长。在饲料的含水量降至13%及以下时，即使在较高的温度下储存也鲜有虫霉滋生。因此，在常温仓房内储存饲料一般要求相对湿度为70%及以下，饲料的水分含量不应超过12.5%；如果把环境温度控制在15℃以下，当相对湿度为80%及以下时，饲料可以长期储存。

2. 加强管理

定期清洁加工车间，舍弃霉变饲料原料或成品，仓库要做好通风设置，控制好温湿度等外界条件，防止虫害、鼠害。成品料与原料要分开放置，摆放整齐，防止交叉污染。

3. 合理使用抗氧化剂和防霉剂

通过阻止氧气不良影响，捕获并中和自由基，抗氧化剂能防止或延缓氧化，延长饲料原料储存期。防霉剂能通过霉菌孢子的细胞膜进入细胞内，阻止孢子发芽或消灭孢子，从而抑制霉菌生长繁殖，抑制毒素产生，延长饲料的保质期。使用此类添加剂要严防畜禽发生中毒、癌变等不良反应，同时不能影响饲料适口性。

本章小结

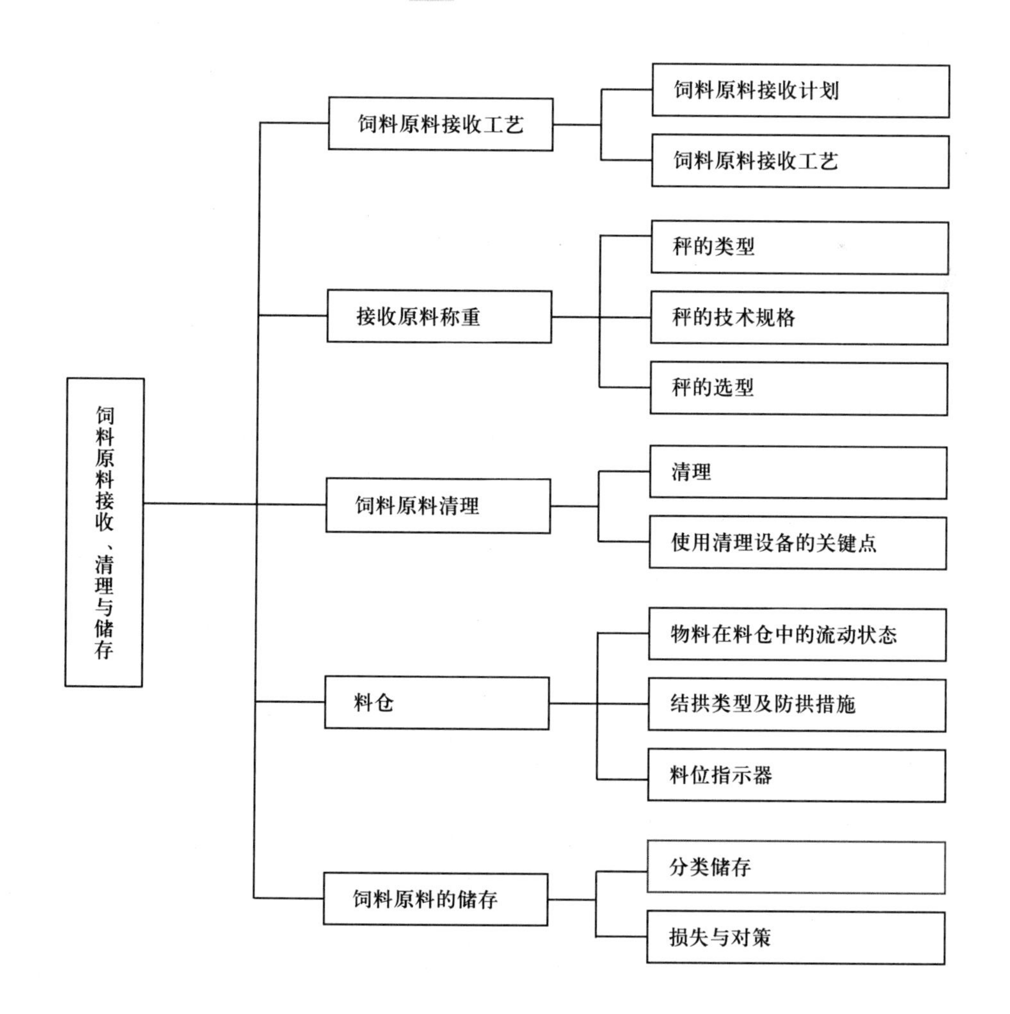

复习思考题

1. 饲料原料接收程序有哪些?
2. 简述饲料原料清理的重要性与工艺。
3. 不同类型饲料原料的储存各有什么特点?
4. 简述饲料原料储存损失与对策。
5. 通过哪些措施可以防止料仓结拱?

第三章　饲料输送和出厂

学习目标

- 掌握饲料输送设备及其特点；
- 了解饲料产品包装与散装的优缺点；
- 熟悉饲料包装工艺流程及设备。

主题词：输送设备；包装；散装

第一节　输送设备

在饲料厂，除部分依靠物料自流外，从原料到成品的生产过程中的各个工序都需采用不同类型的输送设备来完成输送工作，以保证饲料生产连续进行。常用的输送设备包括螺旋输送机、带式输送机、刮板输送机、斗式提升机、气力输送设备以及溜管、分配器、风机和关风器等辅助设备。其中，螺旋输送机、带式输送机、刮板输送机属于水平输送设备，斗式提升机属于垂直输送设备。

一、螺旋输送机

（一）工作原理与构造

螺旋输送机常被称为绞龙，它是一种利用螺旋叶片的旋转推动物料沿着料槽移动而完成水平、倾斜或垂直的输送任务。其工作原理是叶片在料槽内旋转推动物料克服重力、对料槽的摩擦力等阻力而沿着料槽向前或向上移动。螺旋输送机构造主要由螺旋轴、螺旋叶片、机壳、轴承、进出料口和驱动装置等组成，如图 3-1 所示。螺旋输送机适用于短距离输送各种流动性较好的粉状或小块状物料。潮湿料、易碎料不能采用螺旋输送机输送。一般水平输送距离不超过 15 m，垂直输送高度不超过 5 m，输送能力不宜过大，一般不超过 100 t/h。

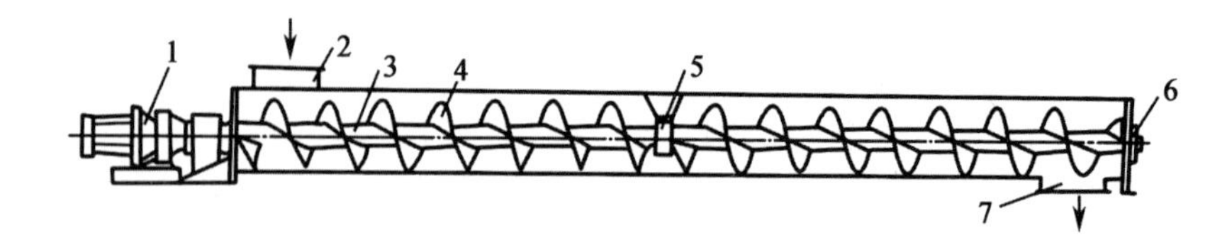

1.驱动装置;2.进料口;3.螺旋轴;4.螺旋叶片;5.中间轴承;6.端轴承;7.出料口。

图 3-1　螺旋输送机

(资料来源:张裕中.食品加工技术装备.北京:中国轻工业出版社,2000.)

螺旋输送机可分为水平固定式螺旋输送机和垂直式螺旋输送机。水平固定式螺旋输送机是最常用的一种形式;垂直式螺旋输送机主要用于短距离提升物料。在水平螺旋输送机工作时,其带有螺旋叶片的螺旋轴在料槽内旋转,进入料槽的物料在重力、螺旋叶片的推力及摩擦力作用下,产生搅拌、翻滚并沿料槽长度方向移动,最后从出料口卸出,完成水平或倾斜度不大的物料的输送,如图 3-2a 所示。当垂直或倾斜度较大的螺旋输送机工作时,它借助转速较高的螺旋轴,推动物料旋转,并产生较大的离心力压向机壳壁,在机壳壁对物料的摩擦阻力及螺旋叶片的轴向推力作用下,物料克服了各种摩擦阻力及下滑力而沿螺旋叶片的轨迹方向上升,完成物料的向上输送,如图 3-2b 所示。使物料获得上升运动的螺旋轴最低转速被称为临界转速,低于临界转速物料则不能上升。

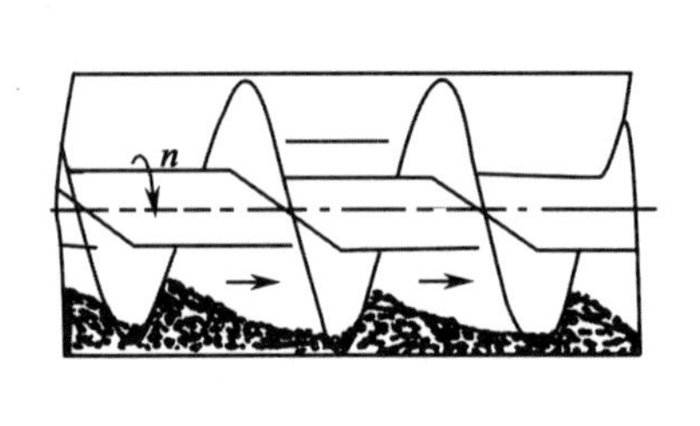

a.水平螺旋输送　　b.垂直螺旋输送

图 3-2　螺旋输送机的工作原理

(资料来源:张裕中.食品加工技术装备.北京:中国轻工业出版社,2000.)

(二)螺旋输送机的特点

螺旋输送机的主要优点是适用于不易碎的颗粒料和各种粉料的输送;结构紧凑,占用位置小;构造简单,旋转构件和轴承较少,成本较低;适应性好,可以多点进料和卸料;密封好,物料不易外扬;在输送过程中,对物料有搅拌、混合作用。其主要缺点是由于物料与叶片、机壳有摩擦,动力消耗较大;搅拌和挤压对易碎物料有破碎作用;对过载反应敏感;当有机杂质(秸秆、线绳)较多时,易造成堵塞。

二、带式输送机

(一)工作原理与构造

带式输送机是以输送带作为承载输送物料的主要构件，它可输送粉状物料、粒状物料、块状物料和袋装物料。带式输送机的基本构造如图 3-3 所示，其主要由输送带、驱动滚筒、支承装置、进料和卸料装置、驱动装置和张紧装置等组成。在工作时，输送带张紧在两滚筒上，对滚筒产生正压力，输送带获得一张紧力。当电动机通过传动装置带动驱动滚筒转动时，驱动滚筒靠输送带与滚筒之间的摩擦力，带动输送带运动，置放于输送带上的物料也随之一起运动，完成物料的输送。带式输送机的类型很多，饲料厂主要利用带式平形输送机和 V 形托辊输送机来完成散装原料、袋装原料或成品的输送。

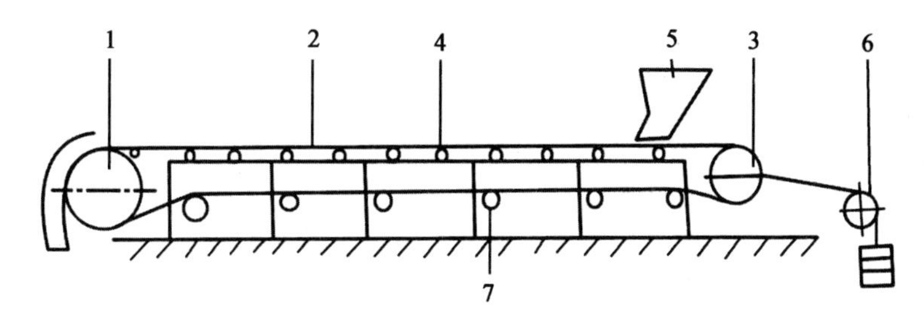

1. 驱动滚筒；2. 输送带；3. 张紧轮；4. 上托辊；5. 进料斗；6. 张紧装置；7. 下托辊。

图 3-3　带式输送机

(资料来源：张裕中. 食品加工技术装备. 北京：中国轻工业出版社，2000.)

(二)带式输送机的特点

带式输送机的主要优点是在输送过程中不损伤物料；输送能力大，输送距离长；物料残留量少；结构简单，自重轻，便于制造，操作方便；容易维修和管理；各主要部件的摩擦阻力小；工作时的噪声小，动力消耗低。其主要缺点是靠摩擦传力，输送带易磨损，且输送带成本高；输送机占地面积大；在中途卸料时必须增加卸料小车；难以密封，在输送粉料时易扬尘。

三、刮板输送机

(一)工作原理与构造

刮板输送机是利用安装于牵引构件上的刮板的推动力，使散粒物料沿着固定的料槽移动的连续输送设备。它主要由牵引构件链条或胶带、刮板、料槽、进料口、出料口以及驱动装置组成，如图 3-4 所示。在工作时，物料由进料口流入输送机料槽，电动机通过减速装置带动驱动轮转动，套在驱动轮上的牵引构件依靠链轮齿和链槽口的啮合关系或摩擦力产生移动，固定在牵引构件上的刮板在运动中将物料推移至出料口，卸出。它适合长距离输送大小均匀的块状物料、粒状物料和粉状物料。

刮板输送机的输送方式包括水平型输送方式、倾斜型输送方式和水平倾斜型输送方式3种。在饲料加工中主要采用水平型输送方式。这种方式用于原料向立筒库、主车间的输送，一般输送距离不超过50～60 m，输送能力不大于150～200 t/h。按刮板料槽的形状又分为平槽和U形槽2种：前者主要用于输送粒料，后者为一种残留物自清式连续输送设备，主要用于配合饲料厂和预混合饲料厂输送粉料。

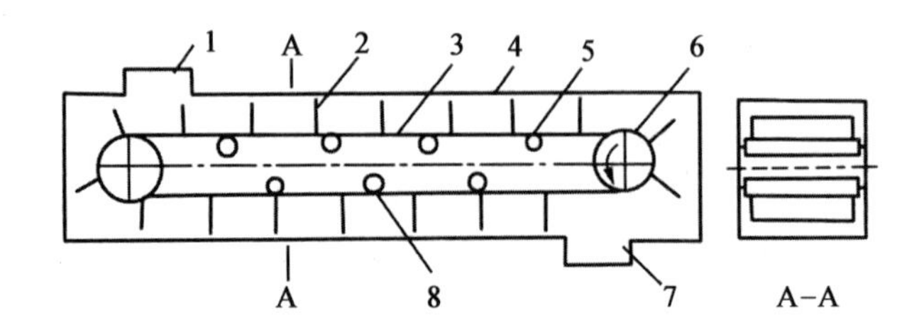

1. 进料口；2. 刮板；3. 牵引构件；4. 机壳；5. 托辊；6. 驱动轮；7. 出料口；8. 压辊。

图3-4 刮板输送机

（资料来源：张裕中. 食品加工技术装备. 北京：中国轻工业出版社，2000.）

(二)刮板输送机的特点

刮板输送机的主要优点是结构简单；在输送长度上可以任意点进料；工艺设置较为灵活；密封性好，料槽封闭，可防止粉尘外扬，物料损耗少；不需要众多的滚动轴承和昂贵的橡胶带；制造、安装和使用维护较为方便。其主要缺点是在运送过程中颗粒料易被挤碎；把粉料压实成块，引起浮链；物料与刮板和料槽间摩擦较大，机件易磨损；当空载和欠载时，牵引件下垂，加剧磨损；工作效率低于带式输送机和斗式提升机。

四、斗式提升机

(一)工作原理与构造

斗式提升机，简称为斗提机，是一种垂直或大倾角倾斜向上输送物料的连续输送机械。饲料厂广泛用其提升粉状、粒状或小块状的饲料。斗式提升机的种类较多，按牵引构件不同可分为带式和链式；按安装方式可分为固定式和移动式；按进料方式可分为逆向进料和顺向进料；按料斗形状可分为深料斗式、浅斗料式和圆形料斗式；按卸料方式可分成离心卸料、重力卸料和混合卸料等。饲料厂主要使用固定胶带斗式提升机。容重较大的籽粒状谷物、豆类宜采用逆向进料、深畚斗、离心式卸料；容重小的粉状物料宜采用浅畚斗、重力式卸料；容重界于两者之间的物料宜采用中深畚斗、混合式卸料。在工作时，斗式提升机的电动机通过传动系统驱动头轮转动，张紧在头轮上的胶带随之运转，悬挂在胶带上的料斗从底座进料口装料，垂直提升，绕过头轮，在重力和离心力的共同作用下，从出料口卸下，完成物料的垂直输送。

斗式提升机的基本构造如图3-5所示。它可分3部分：上部分为机头，包括驱动装置、卸料口和头轮等；下部分为机座，包括进料口、张紧装置和尾轮等；中部分为机筒，机筒内装有牵引胶带，料斗固定在胶带上，整个斗式提升机被外壳封闭为一个循环空间。在这个循环空间里，斗式提升机完成装料、提升及卸料，这样就可以防止斗式提升机中的粉尘飞扬。

(二)工作过程

斗式提升机的整个工作过程可分为3个阶段:装料阶段、升运阶段和卸料阶段。在饲料加工中,斗式提升机的运行速度不高,一般采用深斗逆向进料方式可减轻摩擦阻力,提高料斗的装满系数和斗式提升机的生产率。在料斗的升运阶段,要求牵引胶带不打滑,不跑偏且运行平稳。在卸料时,由于胶带带动料斗在头轮上做等速圆周运动,料斗内的物料受到自身重力和离心力的综合作用而向外倾倒物料。当重力大于离心力时,物料沿料斗内壁滑移,卸出,称之为重力式卸料。当离心力大于重力时,物料沿料斗外壁滑移,抛出,称之为离心式卸料。当离心力等于重力时,物料的卸出介于上述两者之间,称之为混合卸料。斗式提升机的粒料牵引带线速度一般为1～2 m/s,粉料牵引带线速度为0.6～0.8 m/s。

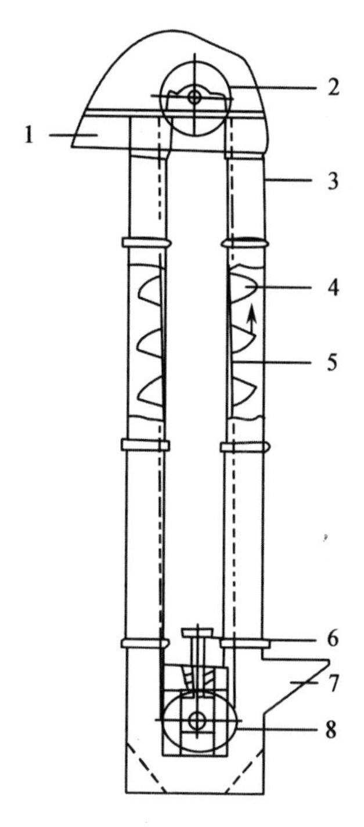

1. 卸料口;2. 头轮;3. 机筒;4. 料斗;5. 牵引带;6. 张紧装置;7. 进料口;8. 尾轮。

图 3-5　斗式提升机

(资料来源:张裕中. 食品加工技术装备. 北京:中国轻工业出版社,2000.)

五、气力输送装置

(一)工作原理与类型

气力输送,又被称为气流输送,它是利用风机在管道内形成气流的能量在密闭管道内沿气流方向输送散粒物料,是一种流态化技术的具体应用。利用流动的空气流作为介质将散粒物料沿一定的管路从一处输送到另一处。气力输送可以应用于港口、粮食加工和饲料加工等行业。气力输送分为吸送式、压送式和混合式3种类型,如图3-6所示。

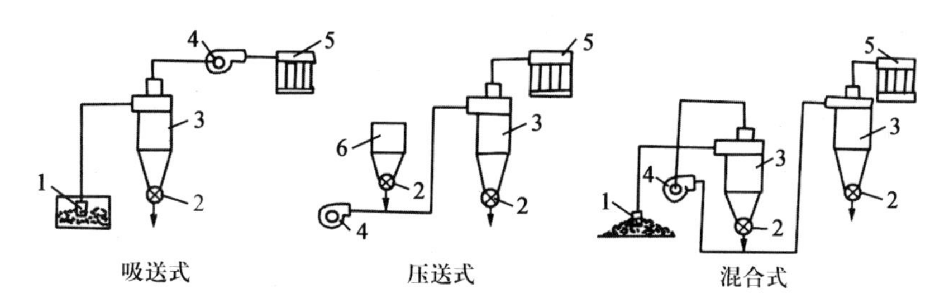

1. 吸嘴;2. 关风器;3. 卸料器;4. 风机;5. 袋式除尘器;6. 喂料器。

图 3-6　气力输送装置类型

(资料来源:张裕中. 食品加工技术装备. 北京:中国轻工业出版社,2000.)

(二)气力输送的特点

与机械输送相比,气力输送的主要优点是系统结构简单,设备费用低,工艺布置灵活,易实现自动化，占地面积少；输送系统具有密封性，可避免粉尘外扬；输送过程无残留，物料损失少，环境污染少；装卸料方便，输送效率高，输送距离可长可短，最长可达 2～3 km；被输送的物料不易吸湿、污损和污染。其主要缺点是动力消耗大，能耗高；被输送的物料的粒度和湿度受到一定限制；不易输送成块黏结和易破碎物料；管道及构件与物料接触位置易磨损；风机工作时的噪声大，需要采取消音措施。

六、分配器

当因工艺需要将原料分成 2 路及 2 路以上或将不同原料送往不同料仓、设备时，可采用分配器。分配器是利用可旋转或可摆动的导向料管将物料分配给不同料仓或设备的装置。饲料厂常用的分配器有旋转分配器、三通阀、四通分配器、五通分配器、摆动式分配器。

(一)旋转分配器

1. 工作原理与构造

旋转分配器是一种自动调位、自动定位并利用自流将物料分配到预定仓位的装置。经常与提升机配套使用，将提升的物料按需求送向各配料仓或原料立筒仓中。旋转分配器主要由机体、旋转管、传动箱、定位器、限位机构、电动机等组成(图 3-7)。从提升机输送来的物料，通过旋转分配器的旋转溜管，连接到相关料仓的固定溜管将物料送往目标料仓。

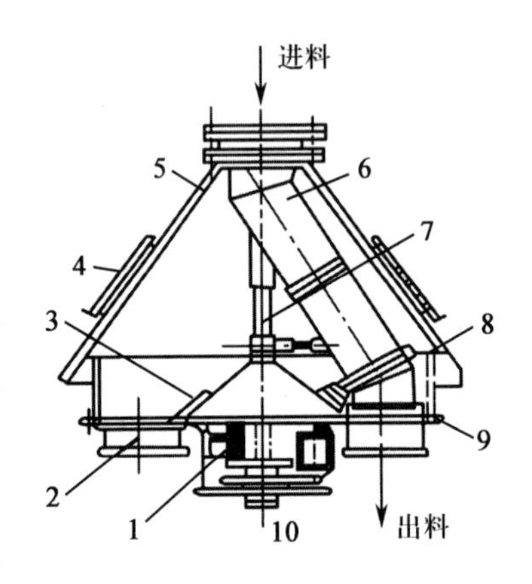

1. 自动定位机构；2. 固定溜管接头；3. 限位机构；4. 检查窗；5. 外壳；6. 旋转溜管；7. 传动机构；8. 磁铁；9. 筒体；10. 电机。

图 3-7 旋转分配器

(资料来源：庞声海，饶应昌. 饲料加工机械使用与维修. 北京：中国农业出版社，2000.)

2. 特点

旋转分配器的主要优点是结构紧凑；定位准确；稳定可靠；重复性好；自动化程度高；工艺流程控制系统简洁；输送物料无残留并节省劳动力。根据工艺需要可做成 4 工位至 16 工位的分配器。适应性好，多用于多行排列的配料仓。其缺点是需要较大的高度空间，旋转分配器必须安装在配料仓群中心的上方，并保证有足够的溜管倾斜角。根据物料品种不同，这种分配器的倾斜角为 45°～60°。

(二)三通阀

三通阀可将输送来的物料自流下落至 2 个配料仓中的任一个仓体内。它分为人字形和卜形 2 种，都是一进二出式分流，如图 3-8 所示。2 根溜管间的夹角为 60°或 45°。在分配器的分叉处有一转轴，内固定一挡板，转动转轴就可使挡板的位置改变，从而改变物料的流向。转轴的操控有手动、电动和气动 3 种方式，图 3-8 为电动操控方式。电动三通阀是由电机经减速器带动阀门板及撞块转动，转至预定角度后由撞块控制行程开关，电机停转。变换阀门板的位置就改变了物料流动的方向。阀门板可做正、反 2 个方向的转动。

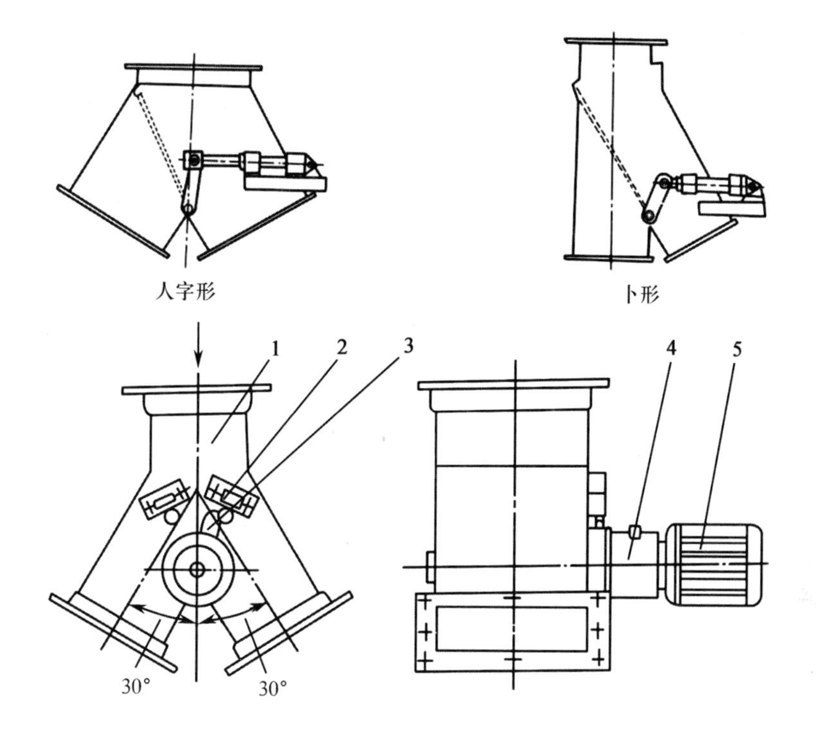

1.壳体;2.行程开关;3.撞块;4.减速器;5.电机。

图 3-8　电动三通阀

(资料来源:庞声海,饶应昌.饲料加工机械使用与维修.北京:中国农业出版社,2000.)

(三)四通分配器、五通分配器

四通分配器为一进三出式分配器,五通分配器为一进四出式分配器。其结构如图 3-9a 和图 3-9b 所示。一进三出有 2 根转轴,一进四出有 3 根转轴,它们均由压缩空气来操控转动,结构较为复杂。

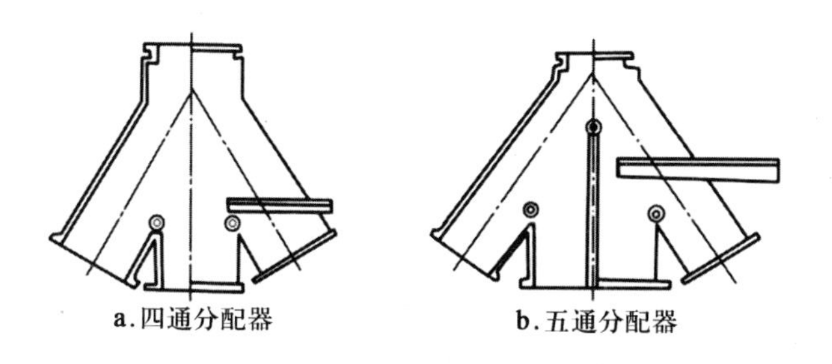

图 3-9　分配器

(资料来源:庞声海,饶应昌.饲料加工机械使用与维修.北京:中国农业出版社,2000.)

(四)摆动式分配器

摆动式分配器(图 3-10)采用电动推杆与连杆等构成的四杆机构,带动分配管(活动溜管)运动。当分配管到达预定的仓号位置时,分配管上的磁铁使相应位置上的干簧管信号线路接通,指令电动推杆停转,从而实现了分配管定位于预定仓位的固定溜管上。摆动式分配器的优点是既可垂直安装,也可倾斜安装,用于一行排列的配料仓比较方便;无触点式的干簧管做限位开关,控制可靠。其缺点是受物料自流角的限制,一般只能做到 6 个工位,有些设备可以做到 10 个工位。

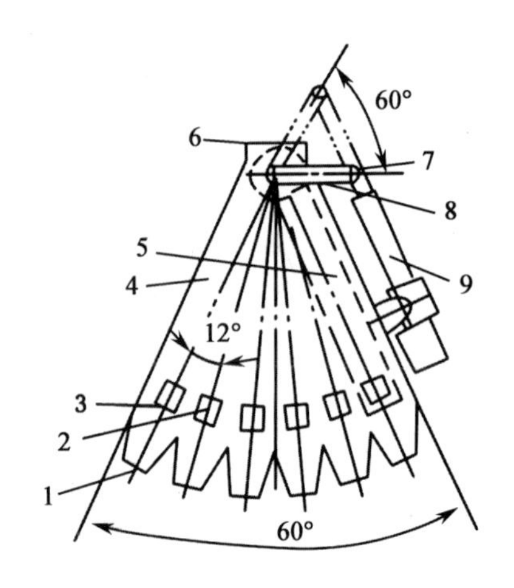

1. 出口;2. 干簧管;3. 观察门;4. 壳体;5. 分配管;6. 进口;7. 连杆;8. 轴;9. 电动推杆。

图 3-10 摆动式分配器

(资料来源:门伟刚. 饲料厂自动控制技术. 北京:中国农业出版社,1998.)

七、溜管、溜槽

从一定高度向下输送物料,可采用溜管或溜槽来降运。溜管用来输送散粒物料,溜槽用来降运袋装物料,如图 3-11 所示。

(一)溜管

溜管用薄钢板焊接而成,其断面形状有圆形或矩形 2 种。物料在溜管内靠自身重力下降,无需动力驱动。溜管内物料的降运速度可通过溜管的倾角来控制(图 3-11)。为保证正常输送,不发生堵塞,溜管的最小倾角应大于物料与管壁的摩擦角。溜管的输料量由物料下滑速度和溜管直径确定。溜管直径一般为 250~750 mm。为保证溜管有一定的耐磨寿命,制作溜管钢板的厚为 0.8~1.5 mm。在输送粉料时,选小值;在输送粒料时,选大值。

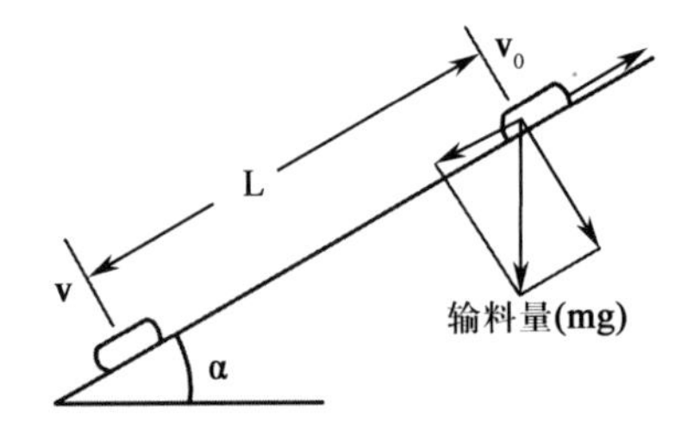

图 3-11 溜管、溜槽的工作原理

(资料来源:饶应昌. 饲料加工工艺与设备. 北京:中国农业出版社,1996.)

(二)溜槽

溜槽分为平溜槽与螺旋溜槽 2 种,常用木板制成,槽宽大于袋包宽 100 mm 左右,两侧有挡板,侧挡板高度为袋包厚度的 1/2 以上。平溜槽结构简单,但占地面积较大。平溜槽的倾斜角度应控制好,以使袋包下滑的终速度小于 1.5 m/s。如安装空间受限,可采用缓冲溜槽,即在溜槽侧挡板上对称配置弹簧缓冲器或曲向导板,也可在溜槽底部配置突脊,以通过增大袋包与溜槽的摩擦阻力来减缓下滑速度,如图 3-12 所示。螺旋溜槽用于垂直降运袋包饲料可用薄钢板或木板制成,其结构如图 3-13 所示。螺旋溜槽的螺旋槽升角要大于袋包与槽面的摩擦角。控制溜槽的螺旋升角与螺旋半径可使袋包等速降运。

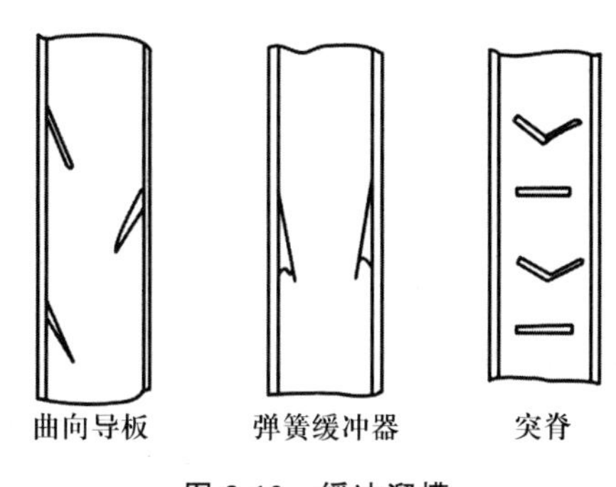

图 3-12　缓冲溜槽

(资料来源:饶应昌.饲料加工工艺与设备.北京:中国农业出版社,1993.)

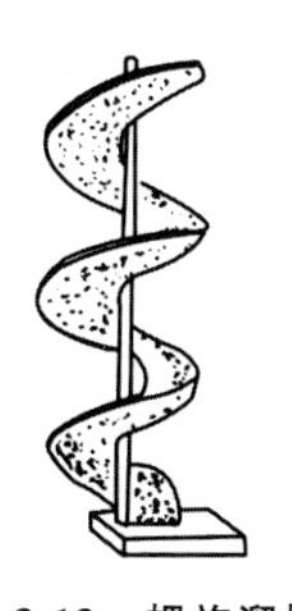

图 3-13　螺旋溜槽

(资料来源:饶应昌.饲料加工工艺与设备.北京:中国农业出版社,1993.)

八、料流控制装置

料流控制装置主要用于控制物料的流向和流量,常用的设备有闸门和蝶阀。

(一)闸门

料仓、料斗及输送机的进、出料口的启、闭常用闸门来完成。闸门的操作方式有手动、气动和电动 3 种。图 3-14 是气动闸门的结构。在工作时,压缩空气,推动气缸活塞运动,活塞的外伸端带动闸门移动,完成仓口的开启和关闭。闸门下方由滑轮支承,闸门上方与锥形料口接触。这种闸门阻力小,移动自如,既不会卡死,也不会漏料。闸门对料流的控制特点是只要关闭闸板即截断料流。

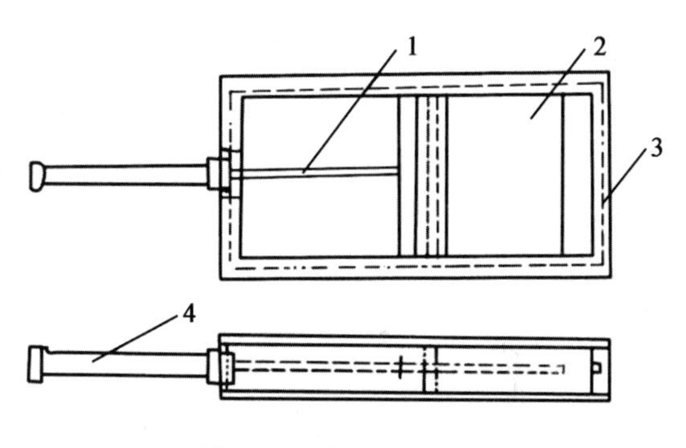

1.活塞杆;2.闸门;3.门框;4.气缸。

图 3-14　气动闸门

(二)蝶阀

蝶阀用于圆形输送管路中物料流向的控制。在工作时,料流只能进入任何一个分流路中,其他分流路关闭,无法截断料流,只能控制物料流向。将物料流分成两路的为三通蝶阀,分成三路的为四通蝶阀,依此类推。蝶阀按驱动方式分为手动和自动,而自动蝶阀按动力源不同可分为电动式和气动式。现多采用电动蝶阀,以实现自动化控制。三通蝶阀由电动机经少齿差减速器带动阀板及撞块转动,转至一定角度后由撞块碰触行程开关,电动机停止转动,以达到改变物料流向的目的。阀门板可做正、反 2 个方向旋转。出料管的夹角可分为 45°、60°。

第二节　饲料产品包装

对饲料进行包装可以保证饲料的品质和安全,方便用户使用,同时还可突出饲料产品的外表、标志和品牌，提高饲料产品的商品价值。在储存、输送过程中，饲料常会因储存环境潮湿、高温、虫害、鼠害等因素造成饲料发霉、氧化及污染。采用适宜的包装材料和技术措施可以防止饲料发生因以上原因引起的变质。

包装袋要求严密无缝，无破损。包装袋的大小要适宜，以便于填充装料和封口。包装工艺要保证包装质量和包装效率。在选择包装材质时，饲料生产企业应充分考虑产品的性质，选择合适的包装材质进行产品包装。配合饲料多使用塑料编织袋包装。随着现代包装工艺的发展，各种具有不同阻隔性的编织袋被用于饲料包装，如带有内膜的编织袋、覆膜编织袋、多层复合袋等。在预混合饲料中，内用塑料薄膜袋单独密封，外层用纤维与牛皮纸的复合袋。在浓缩饲料中，多用内衬塑料薄膜的编织袋或内衬塑料薄膜纤维与牛皮纸的复合袋。

一、饲料包装设备

饲料加工中的包装系统主要由自动计量灌包系统和封包系统组成。自动计量灌包系统主要由喂料、称量、卸料、套袋和控制组成；封包系统主要由缝包、热封、输送和控制组成。目前自动计量灌包系统和封包系统逐步由人工套袋、人工封包向自动套袋、自动封包以及全自动包装方向发展。

（一）定量包装秤

定量包装秤是能够按照设定的包装规格完成称量、灌包的设备，主要采用机械定量包装秤和电子定量包装秤。

机械定量包装秤主要由机体、给料系统、杠杆系统、称量斗、打包筒、电磁计数器、电器以及气动控制等组成（图 3-15）。当秤安装调整就绪后，先将横梁两侧游砣移至“0”位，进行试称，待各部动作正常后，连续取 5 包，用校验秤、感量砝码称重，记取 5 包数值算术的平均值，把这些平均值作为称得物料的实际重量减去额定称重（如 20 kg 标准包装），即得出空中料柱量，然后将游砣向称量方向移动一定距离，以抵消空中料柱重量。若更换配方或批次，容重被改变时，按以上步骤进行空中料柱重量的测定和校正，每个班次需进行复查。

电子定量包装秤是以自动称量方式将散状物料按预定重量进行等量分装的称量装置，通过电子称量与自动控制相结合，自动完成称量和定量程序控制。电子定量包装秤主要由秤体和电子称量控制系统组成。秤体部分由缓冲料斗、给料门、称量斗以及卸料门组成。电子称量控制系统则由称量传感器、称量控制仪表和动作执行元件组成（图 3-16）。电子定量包装秤结构简单，调整方便，可自动记录生产数据，使用日趋普遍。

（二）缝口机

缝口机由底座、机架、丝杆、立柱、回转架、缝纫机头和锥形转子电机等组成（图 3-17）。在工作前，应调整好机头高度，缝口针距和行程开关位置，这样就可使机头工作时按序完成启动、缝口、割线和停止的封口过程。缝包机是将缝纫机头安装在一个立式可调整机头高低的机座上，其中立柱由无缝钢管制成（图 3-18），立柱上有固定齿条，由手动调节缝包机的高低。缝包机内设 8 个滑轮，滑轮能使缝包机沿立柱上下移动，防止其左右摆动。

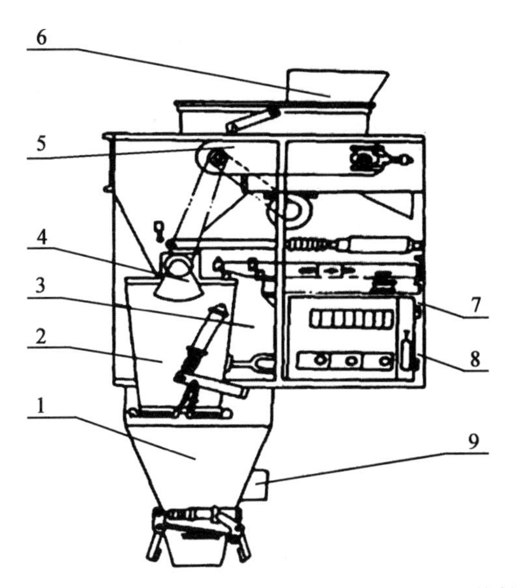

1. 打包筒；2. 称量斗；3. 杠杆系统；4. 喂料斗及门；5. 给料系统；6. 储料斗；7. 电器控制；8. 气动控制；9. 电磁计数器。

图 3-15　机械定量包装秤

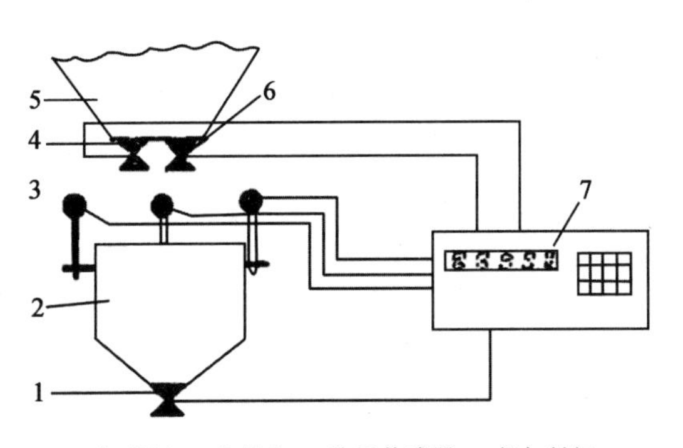

1. 卸料门；2. 称量斗；3. 称重传感器；4. 粗加料门；5. 缓冲料斗；6. 细加料门；7. 称量控制仪表。

图 3-16　电子定量包装秤

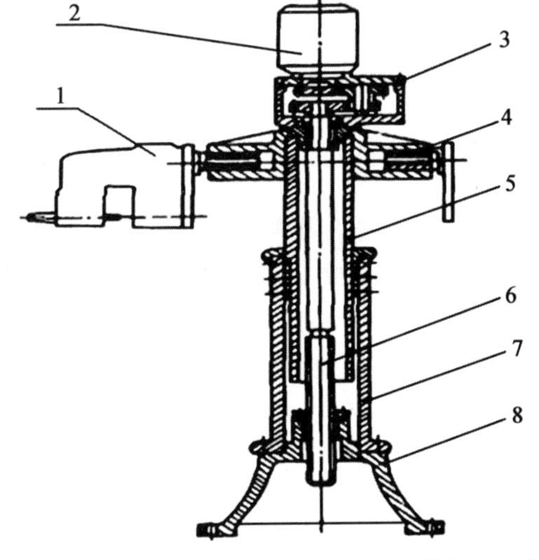

1. 缝纫机头；2. 锥形转子电机；3. 减速器；4. 回转架；5. 立柱；6. 丝杆；7. 机架；8. 底座。

图 3-17　缝口机

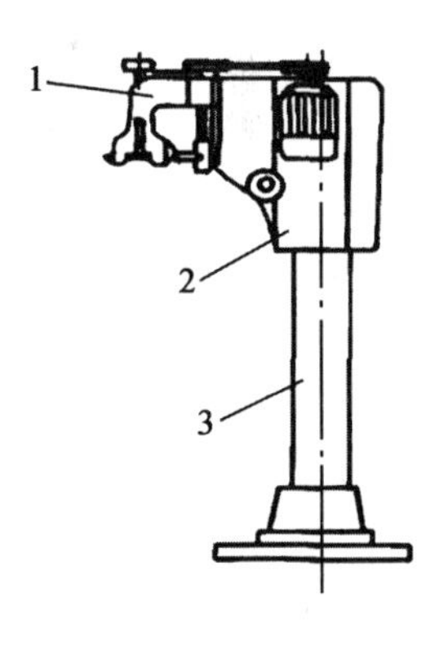

1. 缝包机；2. 升降机；3. 立柱。

图 3-18　缝包机

(三)袋包输送机

缝口机一般固定在袋包输送机上。袋包输送机一般由驱动滚筒、从动滚筒、输送带、传动链及电机等组成(图 3-19)。在工作时，输送带将过秤的装满的袋子稳定地通过缝口机处进行缝口，袋子被缝口后再运到机尾，卸下。输送机的输送速度与缝口机的缝口速度必须协调一致。

袋包输送机可用平胶带输送机、V形胶带输送机等。V形胶带输送机由2条输送带构成V形沟槽，其中2条胶带要保持线速度一致以使充料包装袋能直立通过缝包机，其结构较复杂。平胶带输送机结构简单，成本较低。V形胶带输送机可使袋子保持直立，有利于操作和保持缝口质量。

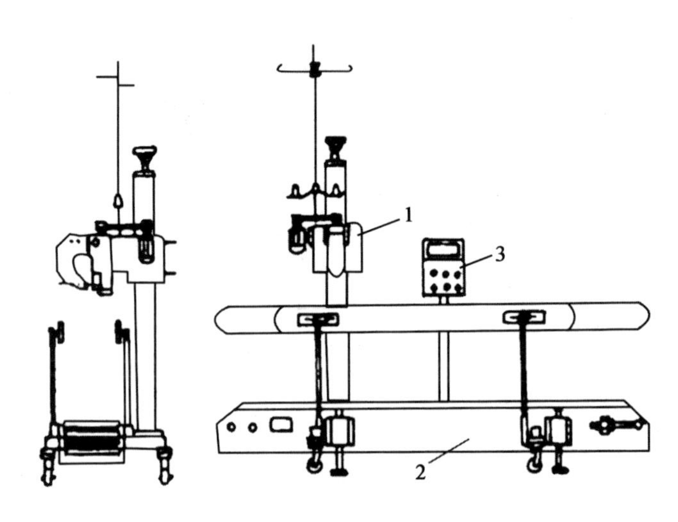

1. 缝包机；2. 输送机；3. 电控箱。

图 3-19 袋包输送机

（四）饲料码包机

袋装货物码放是企业生产组织的一个重要环节。由于生产规模大，产品堆放、库存、转运、出库等环节非常重要。尤其是在进行技术改造时，如果企业做好产品的仓储码放设计，就可以显著降低成本，提高生产效率。目前，机械码垛工具已逐步代替人工码垛。机械化饲料码包机主要由PLC控制＋触摸屏＋伺服电机控制，采用占用空间少的框架式结构。其主要优点是生产能力大；码垛的方式可以采用示教式编程；电脑能够储存100套以上的码垛方案；码垛能力最大可达900包/h。

二、饲料包装自动化

目前，现代国际饲料工业已发展至饲料包装作业自动化，包括全自动包装线和堆码线等。其按功能可划分为自动包装系统、倒带系统、输送系统、整形设备、喂料设备、识别系统、码垛机器人、自动供托盘系统、安全防护系统以及电控系统。

（一）全自动包装系统

采用自动化包装生产线可以最大限度地减轻工人的劳动强度，提高劳动生产率，降低生产成本。自动化作业通过自动套袋装置、自动称重装置、自动封口装置和自动码垛装置的组合实现。自动套袋装置可以完成从袋仓取袋并将其套在装袋机的出料口上的任务（图3-20）。

自动称重装置可完成进料、称重和卸料的任务。自动封口装置可完成整理袋口、缝口和插入饲料标签的任务。饲料成品自动灌装工艺流程如图 3-21 所示。

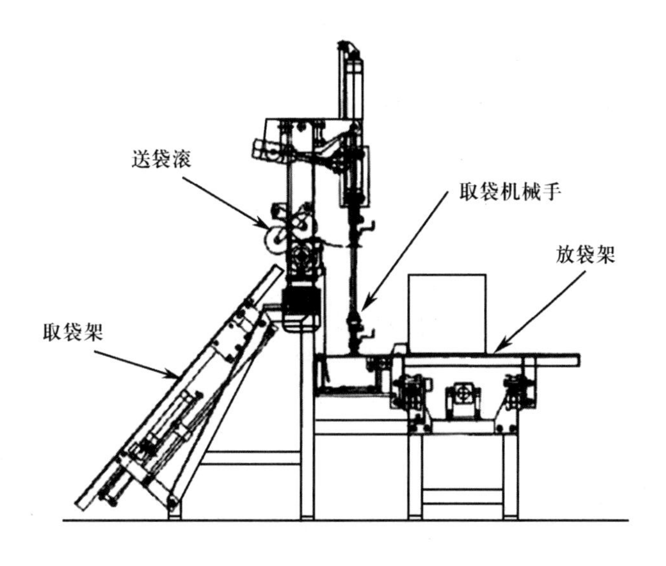

图 3-20 自动套袋装置

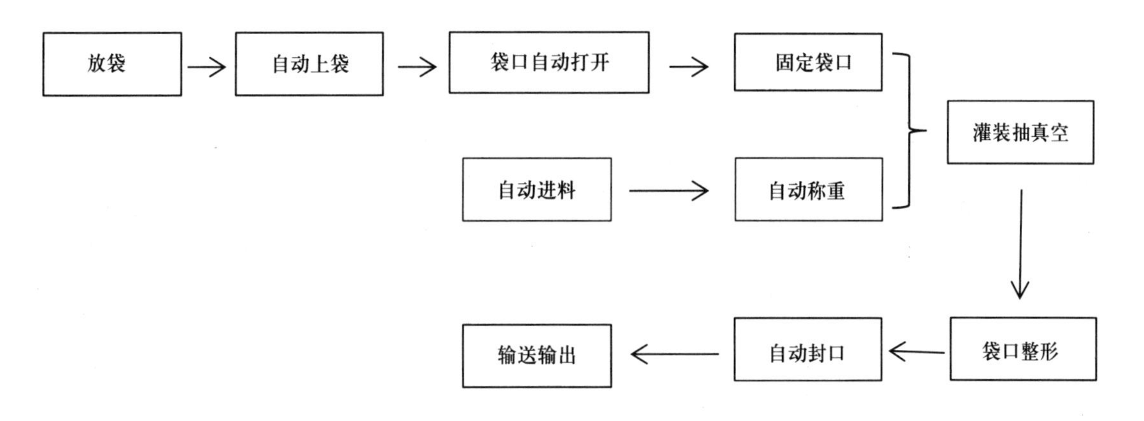

图 3-21 自动灌装工艺流程

(二)自动堆码线

由皮带输送机接收从配合饲料全自动包装线输出的饲料包,先进行倒包动作,使饲料包朝同一方向倾倒,然后在输送中进行饲料包整形、金属检测、复秤、分选,之后进行堆码,最后由叉车将码好的饲料包送走。

码垛方法有 2 种:一是利用码垛机进行全自动堆码(图 3-22);二是利用码垛机械手进行堆码(图 3-23)。利用码垛机速度快,可对应 2 条自动包装线,但利用码垛机码垛需要对饲料包进行提升,且码垛机占用空间大;码垛机械手速度相对较低,占地面积小。

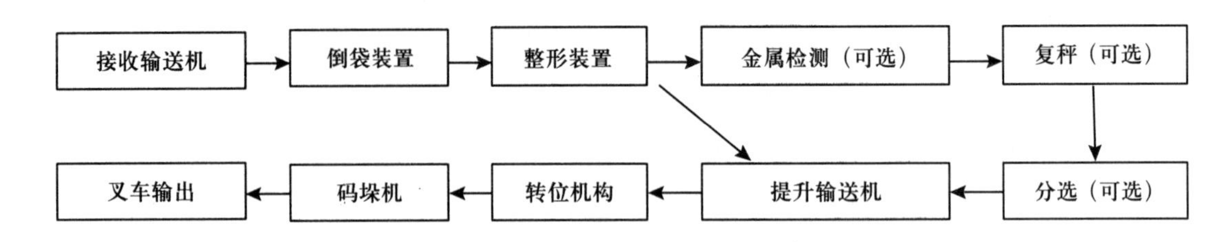

图 3-22 码垛机全自动堆码线

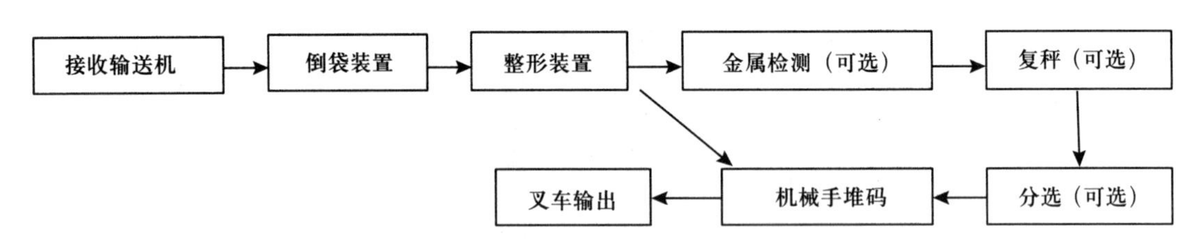

图 3-23 码垛机械手堆码线

(三)码垛机器人

采用码垛机器人(图 3-24)可以合理利用空间,提高工作效率。在使用前,需要考虑以下几方面因素:作业对象的包装类型;作业对象的包装规格,主要包装尺寸和质量;每种作业对象的产量;托盘尺寸的大小;每个托盘的堆码高度或包数。

码垛机器人的夹具,又被称为机械抓手,其形式包括单抓手、双抓手、抓箱抓手和真空吸盘抓手等(图 3-25)。这些不同的抓手适合不同类型的包装和场合。

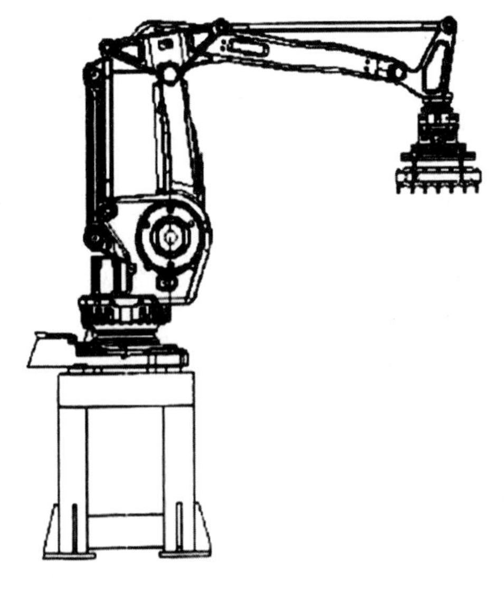

图 3-24 码垛机器人

(四)搬运与堆包设备

1. 人力车和手推车

(1)人力车　在钢制或木制车身的一端安装 2 个车轮,在另一端装上 2 个手把(图 3-26)。人力车多用于饲料厂,特别是小型饲料厂和机组的短距离袋包搬运和投料。这种车结构最简单,价格便宜,载货量一般为 100 kg 以下。

(2)手推车　工厂、仓库、市场和医院最常用的搬运车。手推车装有 3～4 个铁轮胎或实心橡胶轮胎,车身的一端或两端装有手把(图 3-27)。铁轮的最大载重量为 800 kg,行驶阻力约为载重量的 3%;实心橡胶轮胎的最大载重量为 500 kg,行驶阻力(装有轴承)约为载重量的 5%。

单抓手

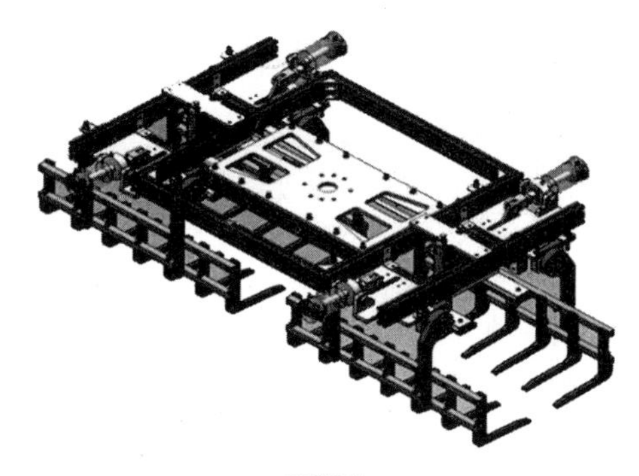

双抓手

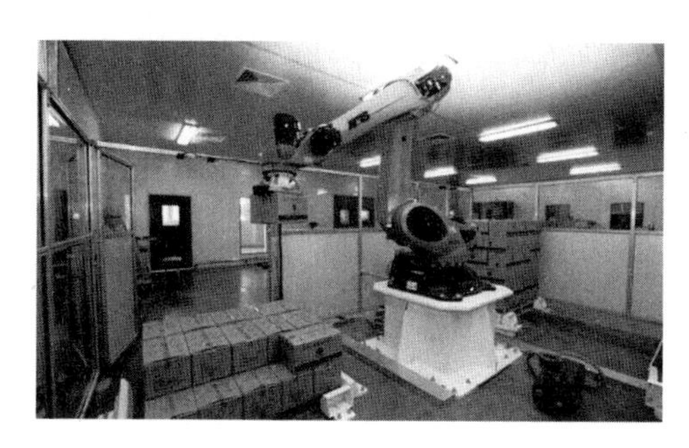

抓箱抓手

真空吸盘抓手

图 3-25　码垛机器人的抓手类型

图 3-26　人力车

图 3-27　手推车

2. 叉车

近年来，使用叉车搬运成品的饲料厂越来越多。使用叉车搬运对提高装卸效率，降低运输成本起着重要作用。车体前方安装可以前后倾斜的门架和沿门架升降的货叉（图 3-28）。在使用时，利用专用托盘承托货物。货叉插入托盘的插口，升起货叉即可运输。在运货时，门架后倾，以增大货物的稳定性。在堆垛货物时，将门架

图 3-28　叉车

前倾,即可把货物垛在上面,然后货叉下降、退出。搬运货物不需辅助人员,且能堆垛和拆垛,装卸效率高,运输成本低。

第三节 饲料散装

随着饲料工业的发展,散装饲料运输已成为亟待解决的问题。自 20 世纪 60 年代起,国外就开始发展散装饲料运输。目前我国商品饲料主要采用袋装方式进行包装和运输。散装饲料运输和储存技术逐步普及。20 世纪 70 年代,我国开始研制散装饲料运输车,已研制出 7LSC 系列散装运输车,现在已有运输量超过 20 t 的散装运输车。

使用散装饲料运输车的主要优点是节约包装材料和包装费用;减少运输途中由于包装袋的破损造成的饲料损失和污染;提高运输效率;减少人工搬运费用;降低运输成本;机械自动化程度高。饲料直接由成品仓通过输送设备输送到散装运输车中,运往养殖场,直接卸入畜舍旁的料塔,养殖场自动饲喂的机械化水平也得以提高。其主要缺点是需要增加专门的散装料仓和散装运输车;容易造成产品分级等。

一、散装饲料运输车的结构

散装饲料运输车是将汽车底盘进行改制,由底盘、料箱、动力输出轴、传动系统、卸料系统、卸料绞龙升降系统、回转机构和转速监视仪等组成(图 3-29)。目前国外已有气力输送式的散装饲料运输车,其输送能力强,无残留,装载能力大,运输半径大。散装饲料运输车多为单行程运输,其输送的最佳半径范围为 25 km 左右。

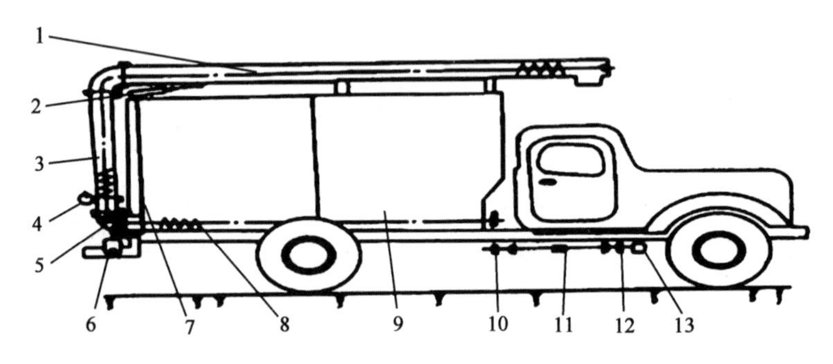

1. 活动绞龙;2. 液缸;3. 垂直绞龙;4. 回转机构;5. 锥形齿轮;6. 卸料绞龙升降系统;7. 液压油管;8. 水平绞龙;9. 料箱;10. 链轮;11. 万向节;12. 离合器;13. 动力输出轴。

图 3-29 散装饲料运输车

在工作时,操纵位于驾驶室内的动力输出轴手柄可以让输出轴中的输出齿轮与汽车变速箱中的动力齿轮啮合,即可输出动力。在卸料时,驱动水平绞龙将料箱中的粉粒状饲料喂送给垂直绞龙,然后经活动绞龙卸到要求的地点。活动绞龙可在 0°~60°范围内升降,摇动回转机构手柄使活动绞龙绕垂直绞龙轴线做 360°旋转,两者配合可实现规定空间范围内的任意定点卸料。

二、散装饲料的储存和运输

散装饲料的储存和运输需要注意卫生和有害生物的防控。散装成品仓需要经常检查和清扫。如果饲料产品在储存中出现结团和发霉现象，则要加强料仓的通风和除湿。在清扫时，要腾空料仓，清理仓壁和仓顶。在必要时，对料仓进行熏蒸除虫。在散装饲料运输车装料前，应进行检查，自有车辆要定期进行清扫。这样可避免在运输过程中出现交叉污染和虫害污染等。

散装饲料运输车的发展方向为大型、高速、低损耗。散装饲料运输车的设计要求为在运输和装卸过程中不能损坏饲料的均匀性；足够的卸料能力；残留满足标准规定；卸料与运送能力匹配，避免发生饲料堵塞；罐体有足够的强度、刚度和耐磨性。

本章小结

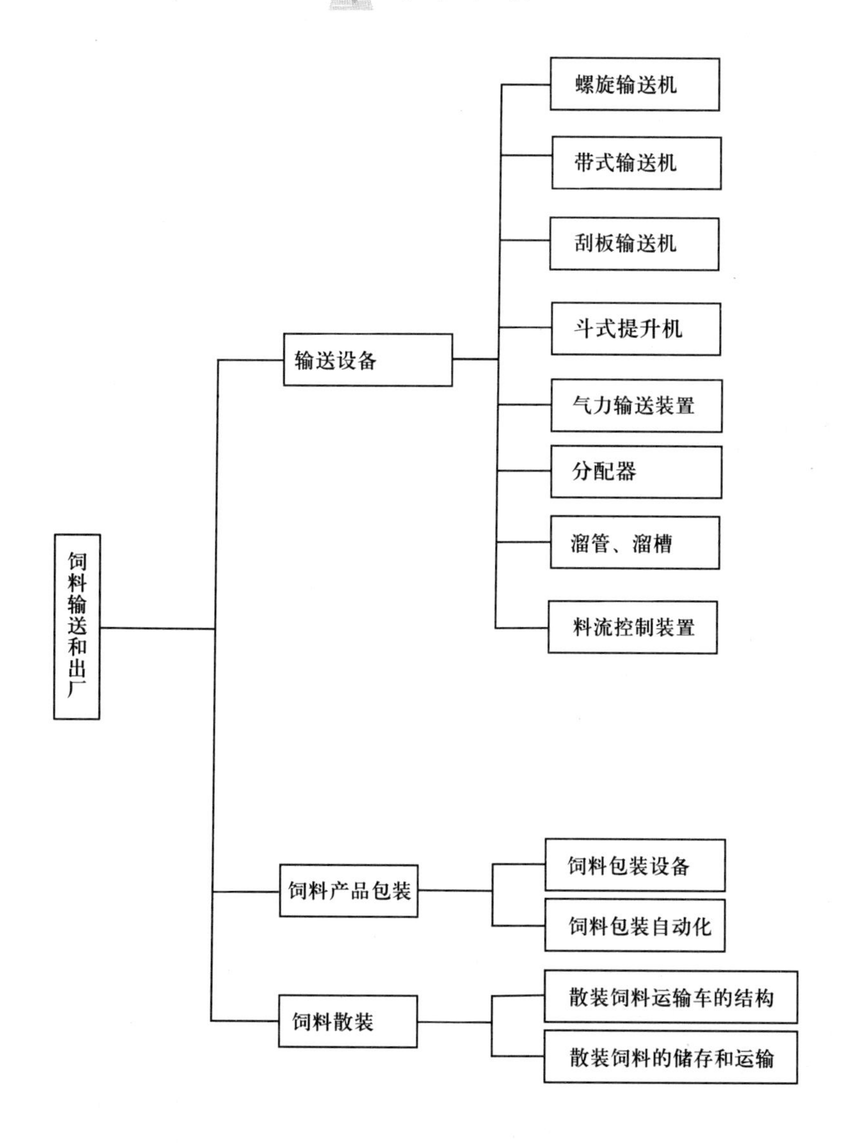

复习思考题

1. 简述常用水平输送设备的特点。
2. 简述斗式提升机的装料与卸料过程。
3. 简述旋转分配器的工作原理。
4. 饲料包装设备主要由哪些组成?
5. 简述定量包装秤的结构及特点。
6. 简述散装饲料运输车的结构及优点。

第四章　饲料粉碎

学习目标

- 熟悉粉碎目的、粉碎和粉碎粒度的概念；了解粒度测定方法；
- 熟悉普通锤片式粉碎机、对辊式粉碎机、立轴超微粉碎机的结构、工作原理及影响粉碎效果的因素；
- 了解常见饲料粉碎工艺；掌握粉碎工艺的关键点。

主题词：粉碎；锤片式粉碎机；超微粉碎机；粉碎工艺

第一节　粉碎基础理论

粉碎是一种将固体物料体积变小的操作。粉碎机是用于减小物料尺寸的设备。粉碎直接影响饲料质量、产量和成本。常规粉碎系统的动力配备占饲料厂总功率配备的 1/3；微粉碎系统的动力配备可达到总功率配备的 60％左右。

一、粉碎目的

(一)满足动物消化对饲料粒度的要求

粉碎后的饲料原料的粒度变小，与原有表面积相比，粉碎后的饲料原料粒度增加了和消化液接触的面积。适度粉碎有利于动物的消化和吸收，提高了养分的消化率，改善了动物的生产性能，提高了养殖经济效益。

(二)改善和提高后续工序的加工质量和效率

粉碎后的原料有利于达到混合、调质、制粒、膨化等后续加工的工艺效果和产品质量，满足了客户对产品的感官要求。

二、粉碎粒度

(一)粒度

粒度就是物料颗粒的大小,用于表征粉碎程度。在饲料行业,一般用物料的粒径来表示粒度。球形颗粒的直径即为粒度;非球形颗粒的粒度有以面积、体积或质量为基准的各种粒度的表述方法。

(二)粒度分布

粉碎后的固体颗粒形状和大小不一致。一般采用在全部颗粒中粒度小于 d 的所有颗粒的粒数、表面积和体积占全部颗粒的粒数、表面积和体积的百分数,它们分别被称为粒数、表面积与体积的累积分布函数,以符号 $A(d)$表示之。如将累积分布函数对粒度 d 微分,即得频率分布函数 $f(d)$为:

$$f(d)=\frac{dA(d)}{d(d)} \tag{4-1}$$

频率分布函数也有粒数 $f(N)$、表面积 $f(S)$ 和体积 $f(V)$ 3 种,分别表示粒度为 d 的颗粒数目、表面积和体积所占的百分比。为了科学地表述粒度分布,需要用一定的数学方法计算,找出其所适应的分布规律,常用的分布规律有正态分布、对数正态分布和罗森-拉姆勒分布(Rosion-Rammar)。常见的粒度正态分布曲线如图 4-1 所示。

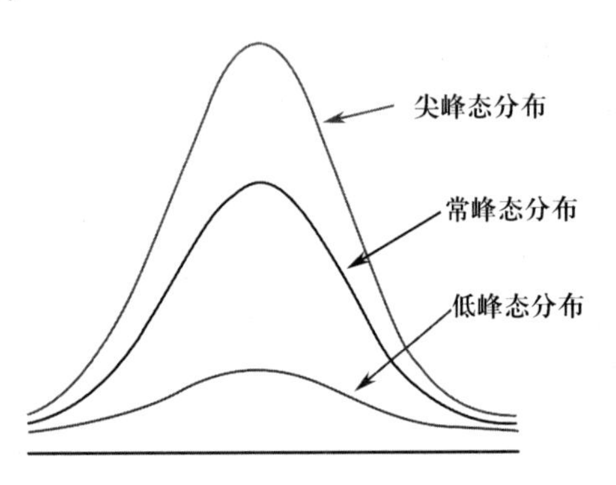

图 4-1 粉碎粒度正态分布曲线

(三)粉碎比

物料粉碎前后的粒度比值,被称为粉碎比或粉碎度。粉碎前后的粒度变化反映了粉碎设备的粉碎能力,即一般粉碎设备的粉碎比为 3～30,微粉碎和超微粉碎比达到 300～1 000。粉碎比是确定粉碎程度、选择设备类型和尺寸的主要依据之一。

(四)最佳粉碎粒度

最佳粉碎粒度是指饲养动物对饲料有最大利用率或最佳生产性能,而且不影响动物健康,加工成本上又经济的几何平均粒度。不同的饲养动物、不同的饲养阶段有不同的与其相对应的最佳粉碎粒度。适宜的粉碎粒度可提高动物的采食量,有利于肠道健康,提高养分的消化吸收,减少粪尿中氮、磷等养分的排出量。通常家禽、猪和水产动物的适宜粉碎粒度依次为 800～1 200 μm、400～600 μm 和 200～300 μm。

二维码 4-1 饲料粉碎粒度对后续工序的影响

三、粒度测定

饲料常用筛分法测定粒度。筛分法的筛孔以国际标准化组织 ISO 系列为标准,以 45 μm 为起点,以$\sqrt{2}$为筛比递增。

常用“目数”表示筛孔大小。“目”是每英寸(25.4 mm)内有编丝的根数(也有指筛孔的数目)。即使采用同一系列标准生产出的标准筛,编丝的直径不同,相同“目数”的筛孔尺寸也会有少许的差别。目数常用计算公式为:25.4/(丝径+孔径)=目数

随着饲料粒度越来越微细化,显微镜法、干湿法图像粒度粒形分析系统(测试范围:干法为30～10 000 μm;湿法为2～3 500 μm)、智能激光粒度仪(测量范围为0.1～1 000 μm)也逐渐开始使用。筛分法测定饲料产品粒度有两层筛筛分法、四层筛法、八层筛法和十五层筛法等。简要介绍如下2种方法。

(一)两层筛筛分法

GB/T 5917.1—2008《饲料粉碎粒度测定　两层筛筛分法》适用于标准编织筛测定饲料粉碎粒度。两层筛筛分法是将2个标准试验筛和盲筛按筛孔尺寸由大到小,上下叠放,从试样中称取试料(100.0±0.1) g,放入顶层筛内,将装有试料的组合试验筛放入电动振筛机上,连续振筛10 min。在无电振筛机的条件下,可用手工筛理5 min。在筛理时,应使试验筛做平面回转运动,振幅为25～50 mm,振动频率为120～180次/min。电动振筛机筛分法为仲裁法。在筛分完后,将各层筛上物分别收集、称重(精确到0.1 g),并记录结果。

$$\text{该层筛上物留存百分率}=\text{该层筛上物留存质量}\div\text{试样质量}\times100\% \tag{4-2}$$

每个试料平行测定2次,以2次测定结果的算术平均值表示,保留至小数点后1位。在筛分时,若发现有未经粉碎的谷粒、种子及其他大型杂质,应加以称重并记入实验报告。要求试料过筛的总质量损失不得超过1%,第2层筛筛下物质量的2次平行测定值的相对误差不超过2%。该方法的优点是与饲料产品的国家或者行业标准要求一致。其缺点是比较粗放,多见于配合饲料生产。

(二)十五层筛法

十五层筛法也称对数几何平均粒径法,是用对数正态概率表示粒度分布的方法。在GB/T 6971—2007《饲料粉碎机试验方法》中粉碎产品粒度测定采用该方法。十五层筛法与美国农业工程师协会标准ASAE S319用筛分法测定和表示饲料粒度的方法几乎相同,其概率统计理论基础是假定被测粉体的质量分布是对数正态分布。

用一套直径为8英寸的十五层钢丝编织标准筛,筛网编号自上而下依次为4目、6目、8目、12目、16目、20目、30目、40目、50目、70目、100目、140目、200目、270目和底筛。筛丝的直径与美国的筛丝直径不同,因此,对应的筛孔尺寸略有差异,但其筛比都为$\sqrt{2}$。

取试料100 g,放在振筛机最上层筛的筛面上。开动振筛机,先筛分10 min,以后每隔5 min检查称重一次,直到最小筛孔筛的筛上物质量前后称重的变化为试料重的0.2%以下,即认为筛理完成。称量各层筛上物的质量。粒度大小以质量几何平均直径d_{gw}表示,粒度分布状况以质量几何标准差S_{gw}表示。其计算公式为:

$$d_{gw}=\log^{-1}\left[\frac{\sum_{i=1}^{n}(W_i\log\overline{d_i})}{\sum_{i=1}^{n}W_i}\right] \tag{4-3}$$

$$S_{\log}=\left[\frac{\sum_{i=1}^{n}W_i(\log\overline{d_i}-\log d_{gw})^2}{\sum_{i=1}^{n}W_i}\right]^{1/2}=\frac{S_{\ln}}{2.3} \qquad (4\text{-}4)$$

$$S_{gw}\approx\frac{1}{2}d_{gw}\left[\log^{-1}S_{\log}-(\log^{-1}S_{\log})^{-1}\right] \qquad (4\text{-}5)$$

式中：d_i 为由下向上，第 i 层筛的标称筛孔尺寸（μm）；d_{gw} 为粉碎产品的重量几何平均直径（μm）；$\overline{d_i}$ 为第 i 层筛上物的几何平均直径（μm），$\overline{d_i}=(d_i\times d_{i+1})^{1/2}$；$S_{\log}$ 为以 10 为底的对数正态分布的质量几何标准差，无量纲；$S_{\ln}$ 为以自然对数 e 为底的对数正态分布的质量几何标准差，无量纲；W_i 为第 i 层筛上物的质量，(g)；n 为试验筛的数量+1(底筛)。

十五层筛法是在假设粉体均为球体的基础上进行的。这种测定和计算都比较麻烦，但却能比较准确地反映颗粒尺寸及其分布状况，在研究及学术交流中多用此方法。

四、粉碎理论

在饲料加工中，粉碎机械通常使用以下几种力学方式(图 4-2)。

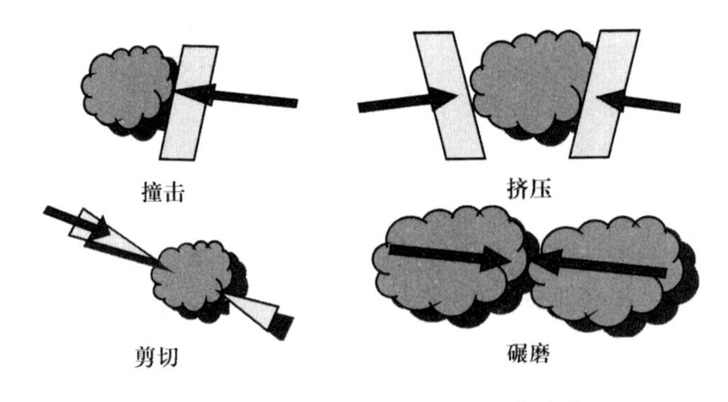

图 4-2 粉碎机械使用的几种力学方式

(一)粉碎原理

1. 撞击力

利用安装在粉碎室内高速旋转的构件，对饲料撞击而进行粉碎的作用力被称为撞击力。这种方法适应性广，生产效率高，应用广泛。利用撞击力粉碎原理进行粉碎的粉碎机包括锤片式粉碎机、超微粉碎机和爪式粉碎机等。

2. 挤压力

挤压力为一对相向力。加工物料受到挤压而被粉碎的作用力被称为挤压力。利用挤压力粉碎原理进行粉碎的粉碎机包括低剪切对辊粉碎机、单辊破碎机、双辊齿式破碎机、颚式粉碎机、盘式粉碎机和锥式粉碎机等。

3. 剪切力

表面有齿或刃的粉碎物体使饲料受到一对平行相向力而被剪碎，这种作用力被称为剪切力。利用剪切力粉碎原理进行粉碎的粉碎机包括对辊粉碎机、破碎机、破饼机和切碎机等。

4. 碾磨力

用表面粗糙的磨盘做相对运动，对饲料进行切削、摩擦和粉碎的作用力被称为碾磨力。利用碾磨力粉碎原理进行粉碎的粉碎机包括盘式磨等。

在粉碎作业中，物料所受的粉碎力由上述几种力结合而成，有时还附带弯曲、撕裂等作用力。选择粉碎方法的重要依据是物料的物理性质，重点是硬度和破裂性。坚而不韧的物料采用撞击和挤压较为有效；韧性物料采用剪切比较好；脆性物料以撞击为宜。在饲料加工过程中，谷物原料的粉碎一般用锤片式粉碎机，以撞击粉碎作用为主。含纤维较多的原料以挤压、剪切、碾磨粉碎作用为主，如砻糠等宜采用盘式磨。粉碎需要大量的机械能，选择正确的粉碎方法会给饲料加工带来很大的经济效益。

(二)粉碎理论公式

研究粉碎理论的目的是确定用外力破碎物料时所做的功、消耗的能量和粉碎效率来指导设计和评价粉碎机。粉碎所消耗的功一部分使破碎的物料变形，并以热的形式散失，另一部分则用于形成新表面，变成固体物料的自由表面能。

物料被粉碎前后的颗粒直径的算术平均值分别用 D 和 d 表示，物料的粉碎比(度)是两者之比，它是检查粉碎效果的一个重要指标，其计算公式为：

$$n=\frac{D}{d} \tag{4-6}$$

经过粗粉碎后的粉碎度 n 为 2～6，中碎或细碎后的粉碎度为 6～50，磨碎的粉碎度一般大于 50。

1. 粉碎理论和公式

(1)列宾捷尔公式　物料破碎的总功 A 等于作用在破碎物料变形体积上的变形功 A_1 和生成新表面所做功 A_2 的总和。其计算公式为：

$$A=A_1+A_2=K\Delta V+\sigma\Delta S \tag{4-7}$$

式中：ΔV 为破碎物料的变形体积(cm^3)；ΔS 为新生表面积大小(cm^2)；K 为比例系数($kg\cdot m/cm^3$)；σ 为比例系数($kg\cdot m/cm^2$)①。

(2)体积理论(魁克定律)　常被称为第一理论。该理论是当粉碎大块物料时，粉碎比就很小，即新产生面积不大，可将增加总面积耗功不计，则公式(4-7)变为：

$$A=A_1=K\Delta V=K_kD^3=K_oG \tag{4-8}$$

式中：D 为被破碎物料的直径(cm)；G 为被破碎物料的质量(kg)；K_k、K_o 为比例系数。公式(4-8)表明，破碎功耗与被破碎物料的体积或质量成正比。

(3)表面理论(雷廷格定律)　又称第二理论。若粉碎后的物料极细，粉碎比就很大。物体变形功耗与生产新表面的功耗相比，变形功耗很少，可忽略不计，则计算公式为：

$$A=A_2=\sigma\Delta S=\sigma\times4\pi D^2(n-1)=K_RD^2 \tag{4-9}$$

式中：K_R 为比例系数；n、D 为含义同前。

(4)邦德定律　又称第三理论。即假设每一物料粉碎所需的功与物料体积及表面积的

① 功的单位现统一为 J，面积单位为 m^2，体积单位为 m^3。由于历史原因，仍保留原公式的写法。

几何平均值成正比，则据公式(4-9)，其计算公式为：

$$A = A_1 + A_2 = K_B\sqrt{D^3D^2} = K_BD^{2.5} \tag{4-10}$$

式中：K_B 为比例系数。

邦德定律与魁克定律、雷廷格定律的区别主要体现在比例系数和破碎物料直径的指数上。如果将三者统一起来，则当粉碎比一定时，粉碎物料所需的功可用以下公式表示。

$$A = K_PD^m \tag{4-11}$$

根据以上3种定律建立的公式可以得出粉碎功与粉碎比及原料粒度之间的关系，但还不能做定量计算。因为其比例系数为未知数，所以这些公式只能用于粉碎过程的定性研究，确定其功耗的相对值。

2. 粉碎谷物饲料的功耗

(1)Jacobson 公式　其计算公式为：

$$J = \frac{G}{Pd} \tag{4-12}$$

式中：J 为J因素[kg/(kW・h・mm)]；G 为粉碎机的产量(kg/h)；P 为输入功率(kW)；d 为筛片孔径(mm)。

不同物料试验得出不同的 G、J，就很方便地比较两台粉碎机的粉碎效率和功耗。

(2)比功耗 A 和千瓦时产量 W

①比功耗。其计算公式为：

$$A = a + \frac{b}{d_{gw}} \tag{4-13}$$

式中：A 为比功耗(J/kg)；a 为系数(大麦、玉米相应为−2.173、−1.690)；b 为系数(大麦、玉米相应为11.054、4.200)；d_{gw} 为粉碎产品的质量几何平均直径(μm)。

从公式(4-13)可知，a、b 系数愈小，则比功耗 A 愈低。物料不同，则 a、b 系数不同，比功耗 A 各异。玉米易粉碎，其比功耗小；大麦难粉碎，其比功耗大。

②千瓦时产量 W。其计算公式为：

$$W = a + bd \tag{4-14}$$

式中：W 为千瓦时产量[kg/(kW・h)]；d 为筛孔直径(mm)；a 为系数(玉米、大豆相应为58.2、−0.54)；b 为系数(玉米、大豆相应为30.4、27.94)。

同机型、同物料、不同筛片的粉碎机，则根据公式(4-14)可得：

$$\frac{W_1}{W_2} = \frac{a + bd_1}{a + bd_2} \tag{4-15}$$

根据公式(4-15)可测算粉碎机的产量或电耗。

(3)功耗经验公式　其计算公式为：

$$N = (6.4 \sim 10.5)Q \tag{4-16}$$

式中：N 为功耗(kW)；Q 为粉碎机额定生产率(t/h)；6.4～10.5为系数。粗粉碎取小值，细粉碎取大值。

第二节　粉碎设备

现代饲料工业常用粉碎机的种类众多，按结构特点和工作原理大概分为6类：锤片式粉碎机、磨盘式粉碎机、压碎机、辊磨式粉碎机、爪式粉碎机、辊刀式粉碎机，如图 4-3 所示。根据产品粒度分类可以分为粗粉碎机、细粉碎机、微粉碎机、超微粉碎机；根据工作部件的运转速度可以分为低速(<70 r/min)、中速(70～900 r/min)、高速(>900 r/min)；按粉碎机进料方式分为切向喂料式、轴向喂料式和径向喂料式 3 种；按筛板的形式分为有筛式粉碎机、振筛式粉碎机、无筛式粉碎机与水滴形粉碎室粉碎机。

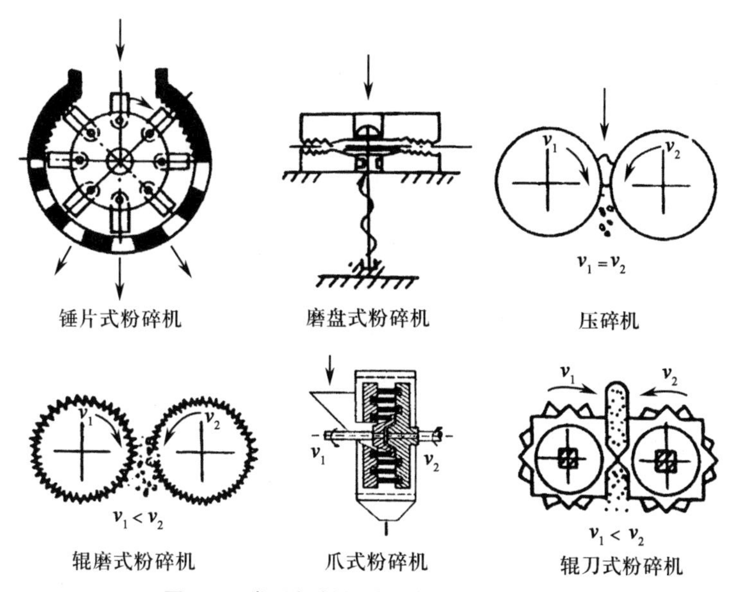

图 4-3　常用饲料粉碎设备结构原理分类

二维码 4-2　粉碎设备的发展

二维码视频 4-3　锤片式粉碎机

一、锤片式粉碎机

利用高速旋转的锤片撞击物料使其产品破碎，采用筛网来控制产品的粒度。合格的物料穿过筛孔，不合格的继续粉碎，以满足饲料对粒度的要求。锤片式粉碎机适应性广，在饲料行业应用广泛。在技术创新后，锤片式粉碎机几乎可粉碎所有饲料原料，包括高水分谷物，含油较高的油籽，含纤维较高的果壳、秸秆等。

(一)主要类型与结构

现有的锤片式粉碎机型号的标示方法有 2 类：一类是原机电部的规定。如 9FQ-60 型，其中 9 表示畜牧机械的分类代号；F 指粉碎机；Q 指切向喂入方式；60 表示转子直径大小的厘米数。Z、J 则分别表示轴向喂料式和径向喂料方式。另一类是原商业部标准 LS 91-85《粮油机械产品型号编制和管理办法》。如 SFSP 138×75 型饲料粉碎机，其中 S 表示专业名称为饲料加工机械的“饲”字的字头；FS 表示“粉碎”二字的字头；P 为型号代号，锤片的“片”字的字头；138×

75 表示转子直径的厘米数×粉碎室宽度的厘米数。随着行业规范化发展的要求,饲料机械产品型号的编制应按国家标准 GB/T 26968—2011《饲料机械　产品型号编制方法》和 JB/T 11683—2013《锤片式工业饲料粉碎机》的规定执行。锤片式粉碎机主要由导料机构、机体、转子、筛片和传动装置等组成,如图 4-4 所示。

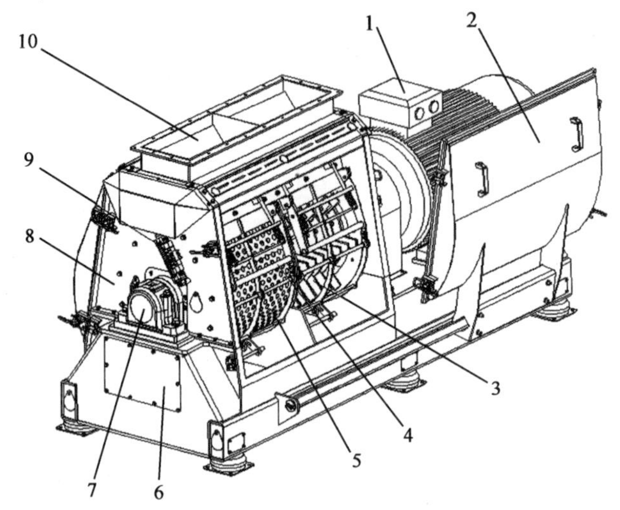

1. 主驱动电机;2. 操作门;3. 转子;4. 筛架;5. 筛网;6. 机体;7. 轴承组件;8. 机体;9. 导料驱动;10. 导料机构。

图 4-4　锤片式粉碎机的结构

1. 导料机构

导料机构的作用是使物料能均衡地进入粉碎机,按进料方向可分为切向、径向和轴向进料(图 4-5)。切向进料锤片式粉碎机大多用半圆形底筛,在小型粉碎机中采用较多。轴向进料可在最大范围内安装筛板,以利于及时排出粉碎的细物料。径向进料锤片式粉碎机适用于加工谷物、饼粕或其他颗粒不大的原料,这是产量较大的一类粉碎机。进料挡板可以调节进料方向,转子可做正反旋转。当锤片的一个边角磨损后,就可以将转子反转,用锤片的另一个边角锤击物料,以减少更换锤片的次数。

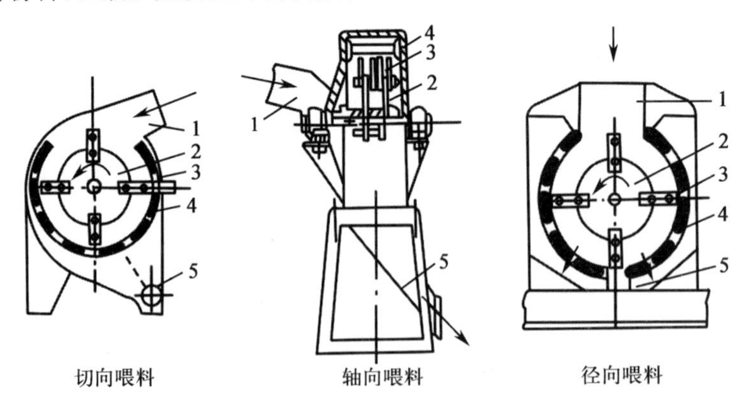

1. 进料口;2. 转子;3. 锤片;4. 筛片;5. 出料口。

图 4-5　不同进料方式的导料机构

(资料来源:谷文英. 配合饲料工艺学. 北京:中国轻工业出版社,1999.)

2. 机体

粉碎机的机体采用钢板或铸铁制造，有整体式和上下分体式。机体的主要作用是支撑转子平稳工作，固定工作部件。在机体的内腔装有筛片，筛片可分全筛和半筛（上半部分齿板、下半部为筛片），以保证物料顺利进出粉碎室。粉碎机的机体有宽窄之分，宽体式的转子直径与粉碎室宽度之比为 0.5～2.5（切向进料与径向进料选用较多），实际应用中的宽度已超出传统的经验值。窄体式的转子直径与粉碎室宽度之比为 4.5～8.5（轴向进料选用）。

3. 转子

转子是锤片式粉碎机的核心部件，包括锤片、销轴、锤片架与中心轴等。锤片通过销轴连接在锤片架上，锤片架由主轴带动高速旋转，进而使锤片获得很高的线速度，在锤片的高速撞击下，物料被粉碎。

转子的质量大且转速很高，工作时的转动惯性很大，所以要求转子具有很好的动静平衡性能。在装配粉碎机时，未安装锤片的转子必需先进行动静平衡试验和调整。JB/T 9822.1—2018《锤片式饲料粉碎机　第 1 部分：技术条件》规定，粉碎机的转子应按 GB/T 9239.1—2006《机械振动　恒态（刚性）转子平衡品质要求　第 1 部分：规范与平衡允差的检验》选择动静平衡试验，平衡精度等级为 G16。

4. 筛片

筛片包在转子外面，其所包围的空间被称为粉碎室。物料在粉碎室内被锤片击碎后，细的粒子通过筛孔排出。筛片主要起着控制粉碎粒度的作用，同时，筛片在粉碎工作中也对物料起搓擦、剪切作用。筛片所包围的粉碎室对应的圆心角被称为包角，包角是筛片的主要参数之一，筛片也是易损主要部件之一。

（二）主要工作部件

1. 锤片

锤片是锤片式粉碎机最重要、最易损耗的工作部件，锤片借助销轴连接在锤架板上。形状尺寸、工作密度与排列方式、材料材质与制造工艺等对锤片的粉碎效率和工作质量均有较大的影响。

（1）锤片的类型与制造要求　锤片的形状很多（图 4-6），其中矩形锤片因通用性好、形状简单、易制造和节约原料而应用最广。它有 2 个销孔，可轮换 4 个角来工作。阶梯形锤片的耐磨性能差，多角形锤片与尖角形相似。其他锤片粉碎效果好，使用寿命长，但制造复杂，生产成本高。

①锤片的主要结构形式：锤片式与尺寸要符合 JB/T 9822.2—2018《锤片式饲料粉碎机　第 2 部分：锤片》的规定，标准锤片的外形如图 4-7 所示。3 种规格都是矩形双孔锤片（表 4-1），其中Ⅰ型适用于小型粉碎机。

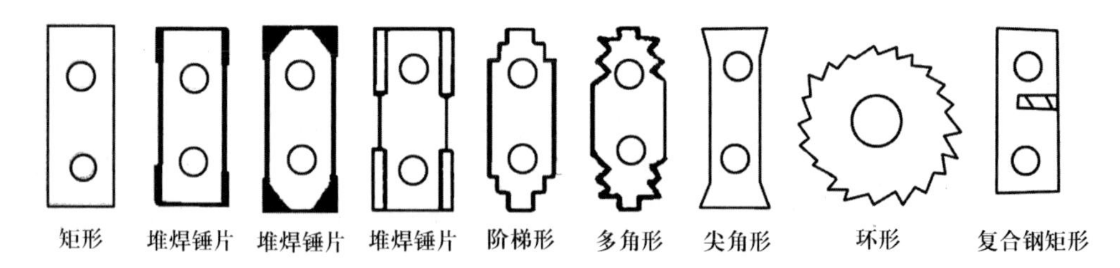

图 4-6 锤片的种类

（资料来源：谷文英. 配合饲料工艺学. 北京：中国轻工业出版社，1999.）

表 4-1 矩形双孔锤片规格 cm

型号		锤片规格				
		l	h	b	d	δ
Ⅰ	A	120	90±0.3	40	16.5	2
	B					8
Ⅱ	A	180	140±0.3	50	20.5	5
	B					8
Ⅲ	A	140	100±0.3	60	30.5	5
	B					8

资料来源：庞声海，郝波. 饲料加工设备与技术. 北京：科学技术出版社，2001.

随着饲料工业的发展和饲料生产的需要，饲料工业的生产也出现了多种新型的锤片，包括开刃锤片（ZL201510422388.9，ZL201520521831.3）用于提高粉碎效率；爪式锤片（ZL201610714936.X，ZL201610714973.0）用于粉碎高水分物料；圆头锤片（ZL201910620725.3，ZL201910620508.4）有利于延长锤片使用寿命。

②锤片的材质与热处理要求：JB/T 9822.2—2008《锤片式饲料粉碎机 第 2 部分：锤片》规定，制造锤片材料采用化学成分符合 GB/T 699—2018《优质碳素结构钢》的 10 号优质碳素钢、20 号优质碳素钢与 65 号锰钢，其中 10 号优质碳素钢、20 号碳素钢应进行渗碳处理。在锤片的工作棱角上堆焊碳化钨，焊层厚度为 1～3 mm 的锤片，使用寿命比 65 号锰钢整体淬火锤片提高 7～8 倍。

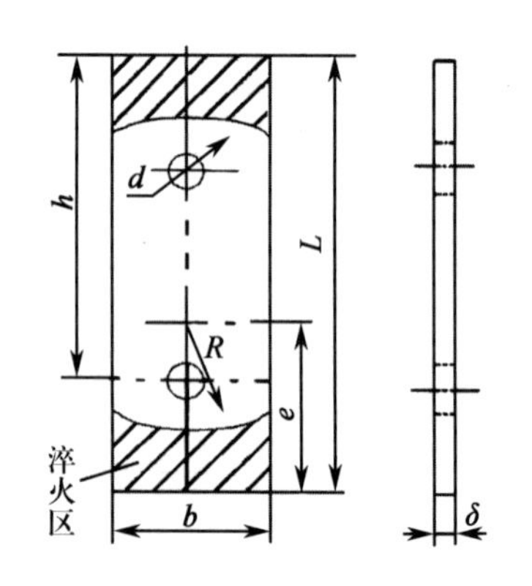

图 4-7 标准锤片

（资料来源：庞声海，郝波. 饲料加工设备与技术. 北京：科学技术出版社，2001.）

③锤片长度：据国外的研究表明，锤片的合理长度取决于转子的直径。转速为 1 500 r/min 的转子，通常取转子直径为 965～1 118 mm，锤片的长度为 214～267 mm，销轴直径为 32 mm。转速为 3 600 r/min 的转子，通常取其直径为 457～610 mm，锤片的长度为 114～191 mm，销轴直径应为 19 mm。

④锤片厚度：当转子高速旋转工作时，锤片过厚，与物料撞击接触面大，不利于粉碎，锤片运动所消耗的能量大。锤片薄，粉碎效率最高，但易磨损。国内大中型粉碎机大多采用厚度为5～8 mm的锤片。

(2)锤片的排列　锤片装在转子4根销轴上的位置被称为排列方式。它关系到转子平衡、物料在粉碎室内的分布、锤片磨损的均匀程度。对锤片排列的要求是锤片的运动轨迹不重复，沿粉碎室宽度锤片运动轨迹分布均匀，物料不被推向一侧，并有利于转子的平衡。常用的锤片排列方式有4种(图4-8)，以粉碎机转子平面展开布置，其中Ⅰ、Ⅱ、Ⅲ、Ⅳ表示锤片销轴的位置。

①螺旋线排列：单螺旋线与双螺旋线。其优点是排列方式简单、轨迹均匀而不重复。其缺点是作业时物料将顺螺旋线的一侧推移，使此侧锤片磨损加剧，粉碎室沿轴向负荷不均匀。销轴Ⅰ和销轴Ⅲ(或销轴Ⅱ或销轴Ⅳ)上离心力的合力 F_1 和 F_3(或 F_2 和 F_4)的作用线相距 $e>0$，两力不能平衡。当转子旋转时，会出现不平衡力矩，使机器产生震动。螺旋线排列方式目前应用渐少。

②对称排列：对称轴Ⅰ和对称轴Ⅲ、对称轴Ⅱ和对称轴Ⅳ上的锤片对称安装。对称排列的锤片运动轨迹重复，在相同轨迹密度下，需用较多锤片。优点是对称销轴的离心力合力作用线重合 $e=0$，且大小相等，因此，可以相互平衡，转子运行平稳，物料也无侧移现象，锤片磨损比较均匀，对称排列应用最广。

③交错排列：单片与双片。图4-8c为双片交错排列。其优点是锤片轨迹均匀而不重复，对称轴上离心力、合力可相互平衡，转子运转平衡。其缺点是作业时物料略有推移，销轴间隔套的规格较多，更换锤片时较繁杂。

④对称交错排列：轨迹均匀而不重复，锤片排列左右对称，4根销轴的离心合力作用在同一平面上，对称轴相互平衡，故平衡性好，也是应用较广的一种锤片排列方式。

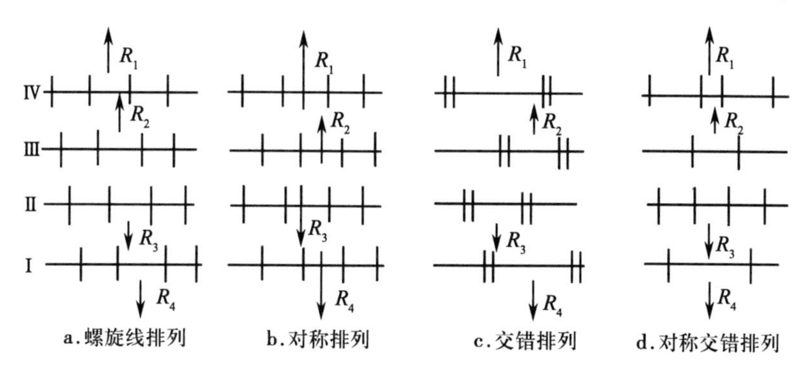

图4-8　锤片的排列方式

(资料来源：庞声海，郝波. 饲料加工设备与技术. 北京：科学技术文献出版社，2001.)

2. 筛片与齿板

(1)筛片　筛片装在转子的外侧，安装形式有侧筛与环筛。筛片包角与进料位置有关，对于切向进料粉碎机，筛片包角为180°，对径向进料粉碎机，筛片包角约为300°。立式锤片粉碎机筛网为360°环筛和侧筛组合型，粉碎效率较高。在粉碎室宽度相同的情况下，加大筛片包角能增大筛理面积，有效提高度电产量。国内锤片式粉碎机以采用美国式水滴形筛片为主流，仅在牧草等少数粉碎机上选用圆周形筛片。欧洲锤片式粉碎机以采用圆周形筛片为主流，目前趋于水滴型筛片。常见的几种环筛片如图 4-9 所示。

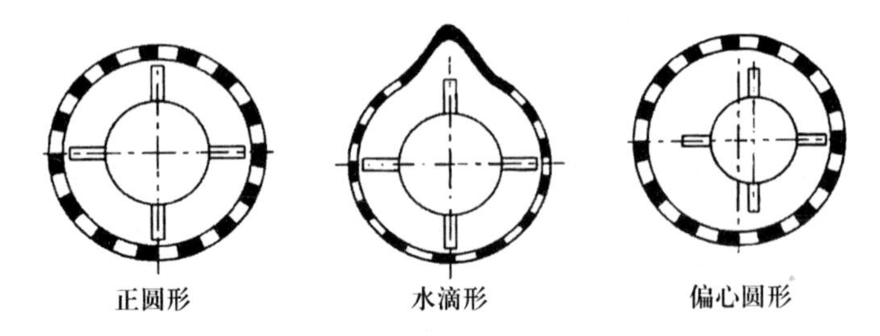

图 4-9　常见的几种环筛片

筛片的种类有冲孔筛片、圆锥孔筛片和鱼鳞形筛片等。应用最广的是结构简单、制造方便的圆柱冲孔筛。通常采用圆孔，呈正三角形排列。孔间距(t)与筛片厚度(δ)的关系，一般为$t/\delta>1.1$。这种筛面制造方便，应用最广。也有采用鱼鳞筛片的排列方式，经试验，其产量比平板圆孔筛片高出 20%～30%，但是使用寿命短。标准圆孔冲孔筛片如图 4-10 所示；鱼鳞形筛片如图 4-11 所示。

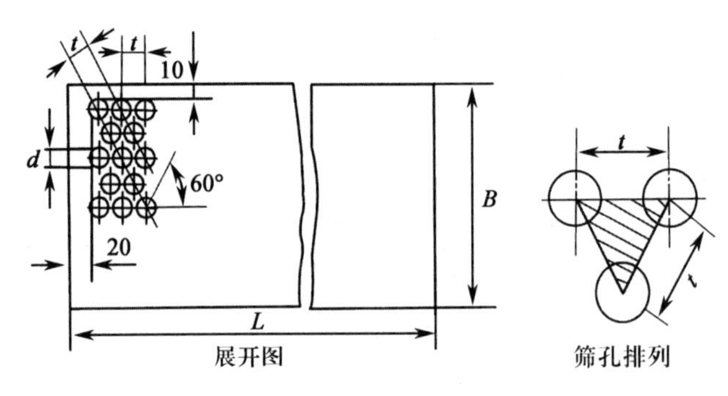

L. 筛片长度；B. 宽度；d. 孔径；t. 相邻孔间孔中心距离。

图 4-10　标准圆孔冲孔筛片(单位：mm)

(资料来源：庞声海，郝波. 饲料加工设备与技术. 北京：科学技术文献出版社，2001)

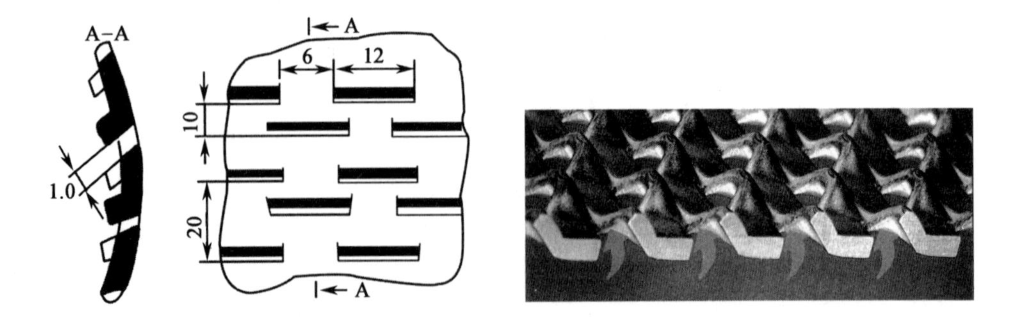

图 4-11　鱼鳞形筛片(单位：mm)

(资料来源：谷文英. 配合饲料工艺学. 北京：中国轻工业出版社，1999)

筛片开孔率 K，即筛片上筛孔总面积占整个筛面有效筛理面积的百分率。开孔率增加，粉碎效率提高。K 值可按下列公式计算：

$$K=\frac{\pi d^2}{2\sqrt{3}\cdot t^2}=0.907\left(\frac{d}{t}\right)^2\times100\% \tag{4-17}$$

式中：d 为筛孔直径(mm)；t 为筛孔中心距(mm)。

筛孔直径与生产效率呈直线关系；物料颗粒以一定的倾角通过筛孔，在切向速度较大时，筛片越厚越不易通过。筛片单位面积和配套功率的关系(我国选用的标准接近美国)，如表 4-2 所列。

表 4-2 筛片单位面积的配套功率 kW/m²

常规	国外			国内	
	美国	丹麦	欧洲	9FQ	SFSP
95	55～116	100～145	64～169	42～87	45～120

(2)齿板 齿板通常装在进料口的两侧，用铸铁制造，表面激冷成白口，增强耐磨性。其作用是阻碍物料在粉碎室内运动，并加强对物料的碰撞、搓撕、剪切。对于纤维多、韧性大、水分高的物料而言，其作用更加明显。齿板的安装位置如图 4-12 所示，齿板的种类和形状如图 4-13 所示。

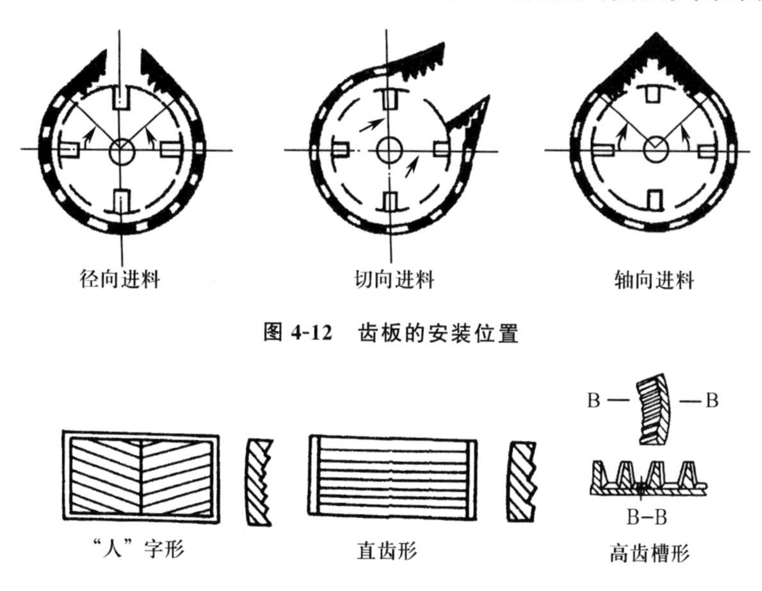

图 4-12 齿板的安装位置

图 4-13 齿板的种类和形状

(三)工作机理

锤片式粉碎机包括卧式粉碎机、立式粉碎机和有筛粉碎机、无筛粉碎机。现以主流的卧式有筛锤片粉碎机为例做介绍。待粉碎饲料原料由粉碎机顶部靠重力自流进入粉碎机进料口，在转子的上方受到锤片的第一次打击，在初始破碎区，由于原料与锤片端部的速度差极大，大部分的料流被粉碎或破裂。在这个粉碎区域内，唯一的料流与筛面呈几何垂直。这个区域也是利用筛孔整个直径的筛分能力的区域。随后，料流被锤片加速，形成了沿着筛片表面运动的环流层。其中环流层的速度略低于锤片末端的速度。越贴近筛面的料层速度越低，靠近锤片末端的料层速度较高，该区域被称为加速区。被粉碎的物料通过筛孔排出的速度应达到与筛面垂直的排出速度。贴近筛面的粉碎物料受到筛面摩擦作用而降低环流速度，并受筛面垂直的离心力、压力和气流作用而被排出筛外。

环流层沿筛面的运动速度很高，受离心力作用，大颗粒贴近筛面，细颗粒不能及时排出，造成锤片磨损、料温升高以及过度粉碎。物料在粉碎室会受到撞击粉碎（包括正撞击和偏心撞击）和摩擦粉碎。经过改良后，有些粉碎机还具有剪切等功能，其效率更高。

二维码 4-4 锤片式粉碎机的粉碎原理

（四）主要工作参数

通常认为影响锤片粉碎机效率的因素为筛片孔型与开孔率占 37.5%，锤片末端线速度占 35.5%，锤片密度占 15%，锤筛间隙占 10%，其他占 2%。当然，物料的结构、强度、纤维含量、含水量等特性也影响粉碎效率。当含水量提高时，同种物料在粉碎时的产量会降低（表 4-3）。在粉碎室内，同种物料易堵塞筛孔，并降低了有效筛理面积，设备容易被腐蚀生锈。

表 4-3 原料含水量对粉碎产量的影响 %

水分增加	1	2	3	4	5
产量下降	6	8	10	12.5	15

资料来源：毛新成. 饲料加工工艺与设备. 北京：中国财政经济出版社，1998。

注：本表是以含水量 14% 为基础。

1. 锤片末端线速度

锤片末端线速度是影响粉碎机工作性能的重要参数。一般来说，在一定范围内提高锤片末端线速度可使单位时间内对物料的打击次数增加，增强对物料的冲击粉碎能力，提高粉碎机生产率，降低电耗。但当它的速度过高时，一方面会使粉碎机空载功率、电耗增加，另一方面随着锤片运动物料环流层的运动速度加快，降低物料通过筛孔的能力，反而使生产率下降。锤片末端线速度与粉碎粒度的关系如图 4-14 所示。不同物料的物理性质不同，与其对应的最佳锤片末端线速度也各不相同（表 4-4）。

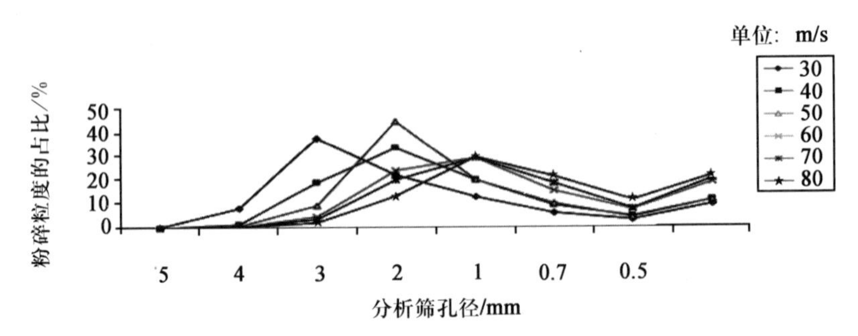

图 4-14 不同锤片末端线速度下分析筛孔径与粉碎粒度占比的关系

表 4-4 粉碎不同原料的锤片末端线速度 m/s

原料名称	高粱	玉米	小麦	黑麦	大麦	燕麦	麸皮	燕麦壳
锤片末端线速度	48	52	65	75	88	105	110	115

2. 锤片厚度与密度

锤片厚度不同，所产生的打击力和接触面积不同，粉碎机产量随着锤片厚度减薄而增加。锤片过厚，则效率下降，但过薄又易磨损。锤片厚度与度电产量的关系如图 4-15 所示。

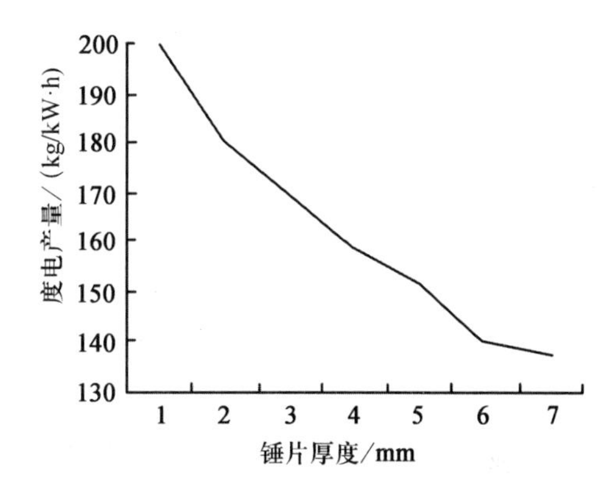

图 4-15 锤片厚度与度电产量的关系（粉碎玉米）

（资料来源：权伍荣，崔福顺，金光哲，等. 锤片式粉碎机主要参数对粉碎效率的影响. 延边大学农学学报. 2000(4)：293-296.）

转子上锤片数目的多少对粉碎效率和粉碎粒度都有较大的影响。锤片数量多，空耗功率高，有效功率相对减少，对物料正面打击的次数增多，产品粒度变细，导致度电产量降低。目前粉碎机锤片数量有减少的趋势。锤片数目的多少也决定了每个锤片所负担的工作区域。不同型号粉碎机的锤片数目差异较大，所以就引出锤片密度系数 ε 作为确定锤片数目的设计依据。锤片密度系数是在一定锤片线速度条件下产生的。其实质是平衡锤片式粉碎机的产量与粉碎效率（图 4-16）。ε 的计算方法为：

$$\varepsilon = \frac{BD}{Z\delta} \tag{4-18}$$

式中：B 为粉碎室宽度(mm)；D 为转子直径(mm)；Z 为锤片数；δ 为每个锤片厚度(mm)。我国现有粉碎机的锤片密度系数 $\varepsilon=1.0\sim3.0$。

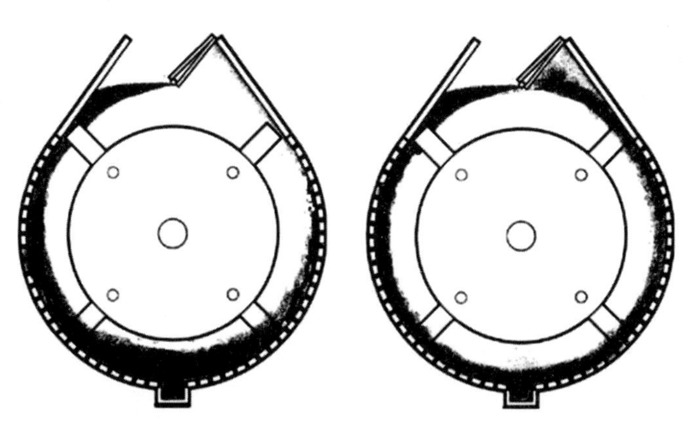

图 4-16 锤片密度系数对锤片式粉碎机产量与粉碎效率的影响

当锤片数量少或采用薄锤片时，物料下沉在粉碎机内腔底部。在旋转打击时，可以获得较高的锤片与物料的锤击速度差，这样粉碎效率就高。但当工作锤片数量小或者锤片薄时，总锤击量就小，粉碎机产量也低；反之，采用厚锤片或者增加锤片数量，锤击量大，产量会增加，但物料被锤片带起，锤片与物料的锤击速度差小，其粉碎效率就低。国内典型锤片与功率配置参数，见表 4-5。

表 4-5　国内典型锤片与功率配置

型号	转子直径 /mm	转子转速 /(m/s)	锤片长度 /mm	锤片宽度 /mm	锤片厚度 /mm	动力与锤片数比 /(kW/片)
SFSP138×100E	1 380	1 480	140～250	60～65	5～6	1.32～1.45
SFSP72×100E	720	2 970	140～180	50～60	3.5～5	0.68～0.83
SWFP66×125C	660	2 970	140～180	50～60	4～5	1.25～1.56
SFSP968-Ⅴ	1 320	1 480	245	60～65	6	2.02～2.86
XG60	600	2 950	180	50	5	0.51～1.11
XG130×100	1 300	1 450	255	65	8	1.25～1.46
SFSP69×100G	690	2 980	140～180	50～60	3.5～5	1.25～1.88

3. 锤片销轴

粉碎机锤片通过销轴安装在锤架上，后者与主轴相连。销轴的数量与耐磨性直接影响粉碎机运行的稳定性和安全性，同时对粉碎机的生产效率也有一定的影响。销轴一般要求表面硬度达到 HRC32 以上，具有一定的耐磨性。销轴的数量根据粉碎机转子直径、粉碎的粒度要求不同来进行调整。目前国内外新型粉碎机的销轴配置数量为 4～12 根，对称布置。

4. 筛片

(1)筛孔直径　在保证产品粒度合格的前提下，采用较大直径筛孔的筛片可以提高粉碎机的产量与效率，其粉碎产品粒度均一性好，且温升低。饲料粉碎粒度可采用下列公式计算：

$$M=\left(\frac{1}{4}\sim\frac{1}{3}\right)\cdot d \qquad (4\text{-}19)$$

式中：M 为成品平均粒度(mm)；d 为筛孔直径(mm)。

(2)筛片面积及开孔面积　锤片式粉碎机的生产率受物料通过筛板能力的制约，可通过下列公式计算：

$$G=vF\rho \qquad (4\text{-}20)$$

式中：G 为生产率(t/h)；v 为气流产品通过筛孔时的平均速度(m/s)；F 为筛板的有效筛理面积(m^2)；ρ 为气流产品通过筛板时的容重(t/m^3)。因此，加大筛板面积、提高筛板的开孔率(增大有效筛理面积)，可提高粉碎机的生产率。

当筛片宽度一定时，加大筛片包角能增大筛理面积，能有效提高度电产量。目前粉碎机使用的筛片包角分为 180°、300°、360°，筛片包角越大，粉碎效率越高。筛片包角增加，粉碎效率并非呈线性增加，在 90°～180°内增加的幅度大，在 180°～360°内增加的幅度较小。筛孔直径越小，筛片包角对度电产量影响越大。当粉碎机所用的筛孔直径小时，应尽量选择大的筛片包角。当筛片包角一定、转子直径一定时，增加筛片宽度，也可以提高粉碎机的生产率，所以近年来宽体式粉碎机得到了较大的发展。

(3)筛片结构和筛孔形状　筛片有冲孔筛片、圆锥形孔筛片和鱼鳞形筛片等。筛片的结构、形状与筛孔排列对粉碎效率都有影响。应用最广的是结构简单、制造方便的圆柱冲孔筛片。采用鱼鳞形筛片的产量比采用平板圆孔筛片的产量高出20%～30%。采用波纹板圆孔筛片的产量比采用平板圆孔筛片的产量高出25%。

筛片越薄，物料排出筛片时的脱筛速度也越快，有利于提高生产效率；筛片作为易损件，需要经常更换。为了延长筛片的使用寿命，可以把一种铁梳(ZL201711033899.7)安装在粉碎机的进料口的两侧。当粉碎机工作时，锤片能够从齿缝中穿过，大颗粒和异形物料受梳齿的阻挡后，不直接冲向筛网，从而起到保护筛片，延长使用寿命的作用。

(4)筛网面积和电机功率比　美国CPM Roskamp Champion公司推荐粉碎机筛网面积与电机功率比为85～170 cm^2/kW，易粉碎的原料采用120～140 cm^2/kW，不易粉碎的原料采用140～170 cm^2/kW。

5. 锤筛间隙

锤筛间隙是指在转子旋转时锤片末端与筛片表面之间的距离，习惯上用ΔR表示。当锤筛间隙较大时，物料层太厚，外层稍大的颗粒不易与锤片接触，受锤片打击的机会少，内层细料受到重复撞击，粉碎效率下降，度电产量下降。当间隙大到一定程度时，筛面上的物料径向运动速度过慢，甚至堵塞筛孔。当锤筛间隙过小时，外圈饲料受锤片打击机会多，饲料层切向运动速度快，不易穿过筛孔，加剧筛片磨损，受到摩擦粉碎作用也增大，将饲料粉碎得过细，浪费动力，因而度电产量也不高。

间隙的大小主要取决于筛孔直径和被粉碎物料的品种。对于一定物料和筛孔而言，一般都有最佳的锤筛间隙，且粉碎室内上下、左右不同，最佳锤筛间隙需要通过试验确定。我国通用型粉碎机的锤筛间隙为12 mm，粉碎谷物推荐为4～8 mm。粉碎牧草、秸秆推荐为10～14 mm。有技术人员提出锤筛间隙在一定范围内的无级调整的技术(ZL96116579.0，ZL201410218515.9)可以适应不同的原料颗粒直径和不同的筛孔直径的需要，从而可以提高粉碎效率。

6. 轴功率、粉碎室宽度和转子直径之间的关系

三者之间的关系由下列公式确定：

$$K=\frac{N}{BD} \tag{4-21}$$

式中：N为轴功率(kW)；B为粉碎室宽度(mm)；D为转子直径(mm)；K为关系系数(kW/mm^2)。

为提高产量，采用加大D或加宽B来降低K。由于B值、D值较大，在同功率的情况下，粉碎机的筛理面积增大，从而减少重复打击，降低能耗，提高生产率。同时当转子加大后，在保持锤片末端线速度相同情况下，可降低主轴转速。

7. 粉碎机生产效率的计算

国际上常用J_{kw}系数(粉碎机特性系数)计算粉碎机的生产效率。根据不同的物料、水分和密度，在筛片开孔率为40%、锤片末端线速度90 m/s时，水滴形锤片式粉碎机的J_{kw}系数

推荐值见表4-6。其生产效率的计算公式：

$$Q = PdJ_{kw} \tag{4-22}$$

式中：Q 为产量(kg/h)；P 为电机功率(kW)；d 为筛网工作孔径(mm)；J_{kw} 为粉碎机特性系数。

表4-6 水滴形锤片式粉碎机的 J_{kw} 系数推荐值

原料名称	水分含量/%	物料密度/(t/m^3)	J_{kw} 系数
豆粕	12	0.6	70
花生粕	12	0.6	70
椰子粕	12	0.6	70
玉米	12	0.7	55
小麦	14	0.7	40
大麦	12	0.7	27
燕麦	12	0.7	14
碎米	12	0.7	49
黑麦	14	0.7	16
次粉	13	0.55	12
小麦麸	13	0.3	33
木薯粒	10	0.6	85
高粱	11	0.7	55
干草原料	12	0.3	9
肉粉	8	0.6	50

资料来源：曹康，郝波.中国现代饲料工程学.上海：上海科学技术文献出版社，2014.

(五)辅助系统

粉碎系统由喂料装置、排料风网系统、粉碎机3个部分组成，这三个部分科学协调的匹配直接影响粉碎质量和粉碎效率。保持物料流量的稳定才能使粉碎机一直维持在最佳工作状态，并提高生产率，降低能耗。采用机械输送(加负压吸风)排料可以让粉碎机工作在负压状态，促使粉碎室内的合格物料及时离开环流层，迅速通过筛孔，减少过度粉碎，提高粉碎效率。随着粉碎技术的系统化，粉碎机的通风量也是影响粉碎效率的一个重要因素(影响程度>10%)，如果是微细粉碎，通风量的重要性占比更高。

1.喂料装置

粉碎机的进料方式包括重力进料和强制进料2种。其中，强制进料又分为人工进料、负压进料和机械进料3种方式。

(1)重力进料　在粉碎机上方设置具有一定容量的料斗，通过底部的手动闸门来控制进料量。它的结构简单，但难以准确及时调节，多为小型粉碎机采用。

(2)强制进料

①人工进料：位于粉碎机进口处设置一个倾斜槽，并借助人手喂入粒状、块状和秸秆状物料。切向进料或轴向进料的通用式小型粉碎机常采用这种进料方式。其缺点是喂料不均匀。

②负压进料：粉碎机自带风机或粉碎机外部配有专用风机，机内和送风管道内形成足够负压(或用带有吸嘴的管道)向粉碎机喂料，这种进料方式被称为负压进料。自带风机和吸

嘴的装置适合小型粉碎机，使用方便可靠，但功耗有所增加。

③机械进料：粉碎机对喂入量的大小很敏感，要求均匀连续地喂料，以保证粉碎机在额定负荷下稳定工作。大型粉碎机通常采用机械喂料，以保证粉碎机的工作能力得到充分发挥。常用的机械喂料装置有螺旋喂料器、叶轮喂料器、皮带式喂料器等。

A. 螺旋喂料器：水平螺旋喂料器和倾斜螺旋喂料器。它将待粉碎料斗内的物料，按照额定的喂料量输送给粉碎机的进料口。通过调节电机转速来实现喂料量的改变，一般有变频调速和电磁调速2种。此种供料器一般运用于中小型粉碎机（图4-17）。

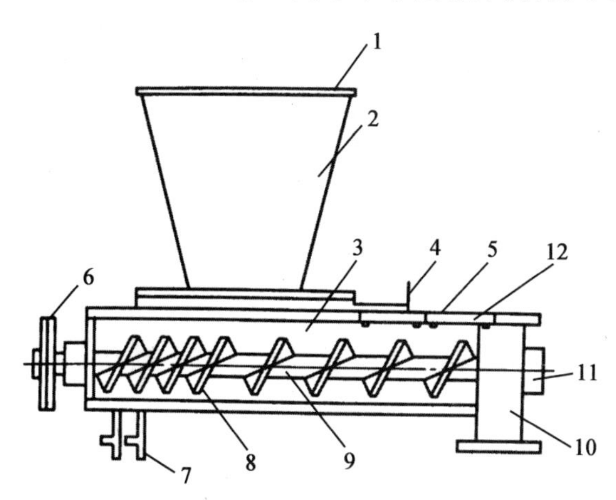

1. 进料口；2. 料斗；3. 输送槽；4. 闸门；5. 检查门；6. 链轮；7. 电机机座；8. 螺旋体；9. 管轴；10. 出料口；11. 轴承；12. 盖板。

图4-17　螺旋喂料器

B. 叶轮喂料器：叶轮喂料器由自清式磁选机构、出料口、叶轮传动装置、叶轮、壳体和调风板等组成（图4-18）。叶轮由电动机、传动装置带动，一般采用变频调速控制。物料通过进料口到叶轮处，然后经自清式磁选机构去除铁杂后，进入粉碎机。叶轮喂料器进料平稳，调节精度高、方便可靠，可在不停机状态下清除铁杂质。

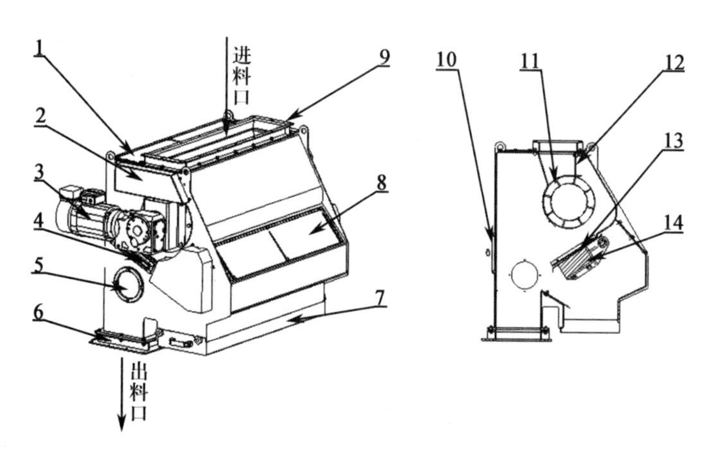

1. 进风口Ⅰ；2. 喂料开度自动调节机构；3. 变频减速驱动电机；4. 自清式除铁驱动气缸；5. 观察视镜；6. 出口过渡连接件；7. 接杂槽；8. 进风口Ⅱ；9. 进口过渡连接件；10. 调节检修门；11. 喂料叶轮；12. 喂料开度挡板；13. 淌板；14. 平板永磁铁。

图4-18　SWLY系列叶轮喂料器

C. 皮带式喂料器:皮带式喂料器通过皮带输送物料,主动轮是永磁滚筒,能在工作状态下自动去除附着在皮带上的铁杂质(图 4-19)。通过调节皮带轮的转速,实现喂料量的改变。皮带式喂料器的结构稍复杂。但其流量易控,供料均匀平稳,自动去除铁杂质,适用范围广,粉料、粒料均可。

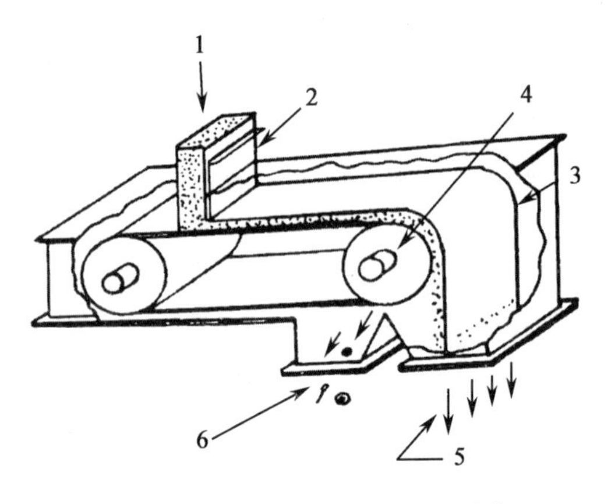

1. 进料口;2. 调节门;3. 皮带;4. 永磁滚筒;5. 出料口;6. 排杂口。

图 4-19 皮带式喂料器

2. 排料风网系统

粉碎机排料方式对粉碎性能有很大影响。排料风网系统有助于及时排出符合粒度要求的物料,保证粉碎机生产的高效率和连续作业。目前粉碎机的排料方式有 3 种:自重落料、气力输送(负压吸送)、机械输送(加负压吸风)。

(1)自重落料 该方式结构简单、造价低廉。但粉碎成品的消风、除尘、输送等问题不好解决。多用于小型粉碎机,常在室外场地使用。

(2)气力输送(负压吸送) 这是一种完全用风把物料从粉碎机吸出并输送的排料方式,特别适用于微细粉碎。该方式的优点是通过提高筛片的筛理能力可以提升粉碎机 15%~25%的生产能力;粉尘全部得到有效控制;输送高度灵活;冷却成品和粉碎机本身,成品温升降低 5~10℃,利于储存;对高水分原料能有效降水。其缺点是气力输送功耗大,设备昂贵(图 4-20)。

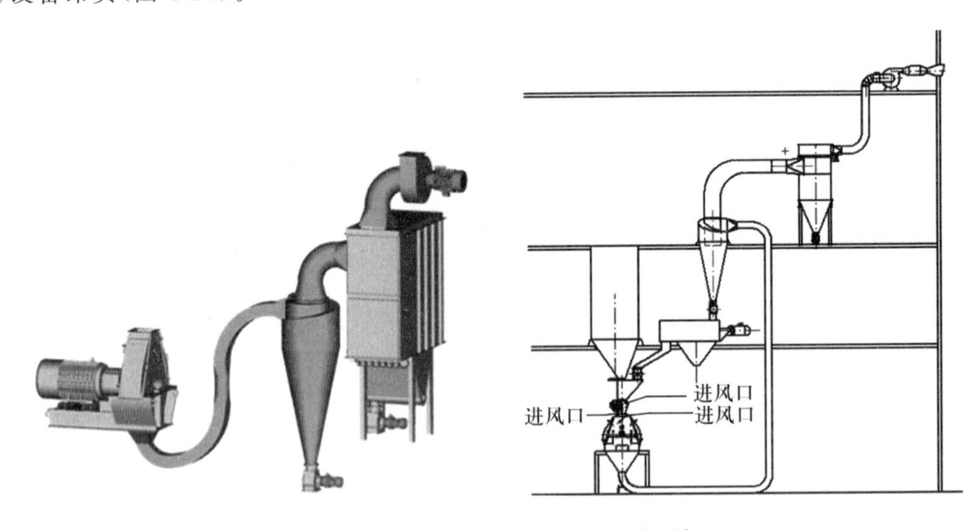

图 4-20 气力输送(负压吸送)排料系统

(3)机械输送(加负压吸风)排料 大部分饲料厂采用此种方式。粉碎的物料先落入缓冲斗,少部分物料随风进入脉冲除尘器,在压缩空气的喷吹下落进缓冲斗,闭风绞龙将缓冲斗的物料送入关风器,关风器再把物料输送进提升机。风网系统让粉碎机、缓冲斗处于负压状态，一是能提升粉碎效率，二是可以控制粉尘，三是可以降料温(图 4-21)。

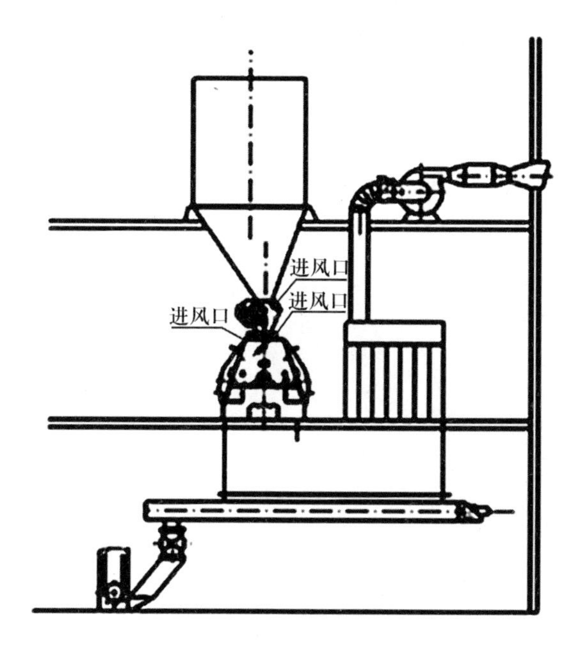

图 4-21 机械输送(加负压吸风)排料系统

粉碎机通风量指通过粉碎机粉碎室的空气量。通过吸风使粉碎室内外形成压力差，提高粉碎物料通过筛孔的能力。通风量的大小也会对粉碎室内物料运动与颗粒撞击筛面的方式产生影响，通风量过大、过小对粉碎机的生产效率、能耗、粒度分布、粉碎物料温升、水分损失都有影响，从而影响粉碎效率。

最佳吸风量与粉碎机结构、筛片尺寸、筛孔直径、筛片开孔率、锤片线速度、锤片厚度等有关。风量取得过小，效率改善不明显；过大，反而会降低效率。一般可按单位时间内通过粉碎机筛板单位面积的风量为 3 000～4 000 $m^3/(h \cdot m^2)$选配。辅助吸风系统的风量、风压应能根据粉碎物料品种及粒度的不同进行调节，用手动风门调节较难取得最佳值，最好采用调节风机转速的方法来获取所需的风量及风压。

二维码 4-5
典型锤片式粉碎机

二、立轴式超微粉碎机

微粉碎机和超微粉碎机形式有振动磨碎机、涡流磨、球磨机、轮碾机、雷蒙磨、气流粉碎机等。国产雷蒙磨的产品粒度可达 44～125 μm，有些饲料添加剂厂使用此设备。使用最广泛的是以冲击作用为主、气流粉碎为辅并采用气流分级的立轴式超微粉碎机。国产 SWFL 系列立轴式超微粉碎机是一种立轴式、无筛网、机内气流分级的微粉碎设备，其外形如图 4-22 所示。

(一)结构

立轴式超微粉碎机主要由机架、粉碎系统、分级系统、喂料系统、液压开启机构、粉碎主机传动和分级电机传动等组成。分级电机与喂料电机采用变频调速控制。其结构与主要部件如图 4-23 所示。

二维码视频 4-6
超微粉碎机

图 4-22 SWFL 系列立轴式超微粉碎机

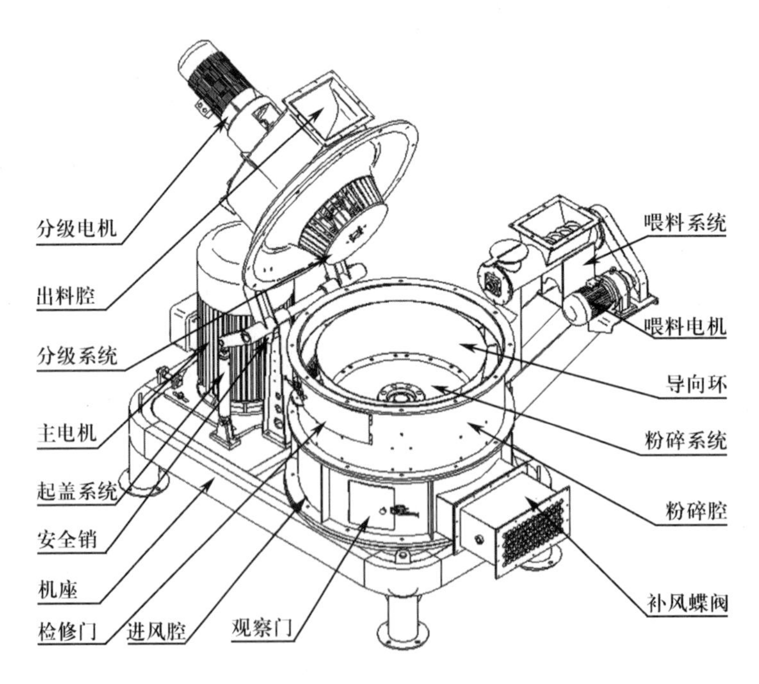

图 4-23 SWFL 系列立轴式超微粉碎机

机架由型钢与电机座等焊接而成，主要起支撑整个机体的作用；粉碎系统由主轴、粉碎盘、齿圈与粉碎室构成；分级系统由分级轮轴、分级轮、凸形罩与出料室等组成；喂料系统由喂料螺旋、破拱装置、传动系统、支架等组成；液压开启机构由转座、转臂、转轴与液压系统等组成。

（二）工作机理

经过预先粉碎的物料（粒度≤1 mm）由螺旋喂料器输送进入粉碎室。物料经装在高速旋转粉碎盘上锤头（刀）的撞击而粉碎，在离心力作用下，又被极高速度旋飞到周围的齿圈上，锤刀与齿圈间隙很小，锤刀与齿圈间的气流因齿形的变化而形成突变气流。物料在此间隙中受到突变气流应力的反复作用而进一步粉碎。粉碎后的物料被从粉碎盘下进入的气流带到内壁与分流罩之间，然后进入分级室，通过旋转的分级轮，在风力和离心力的作用下进行分级。分离出的粗料从分流罩的内腔再回到粉碎室重新粉碎，细的物料（达到粒度要求的成品）被吸入分级叶轮内，进入出料室，从排料口进入粉料收集系统，经收集进入下一道工序。粉碎粒度可以在 60～200 目之间调节。其工作机理如图 4-24 所示。

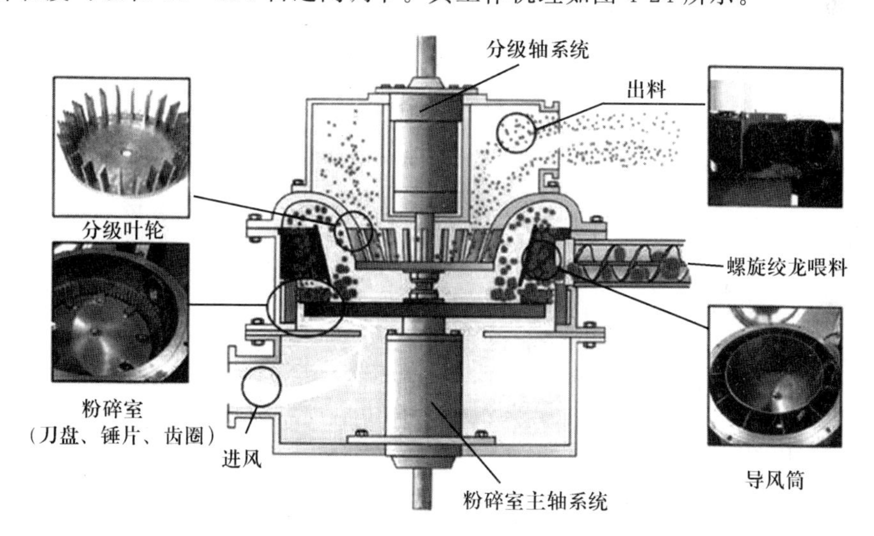

图 4-24 SWFL 系列立轴式超微粉碎机的工作机理

（三）工作性能

立轴式超微粉碎机的主要工作性能指标为粉碎粒度和产量。这两个指标相互关联、相互制约。立轴式超微粉碎机的操作也以这两个指标为主，并可以通过调节喂料量、分级轮转速、风机风量和风压来实现。

通过调节风机的输出风量、分级轮的转速来调节成品粒度。风机的输出风量大，成品粒度粗，产量高；风量小，成品粒度细，产量低。成品粒度被改变，喂料量也随之改变。提高分级叶轮的转速或减小风量，成品粒度细，可使机内的待粉碎物滞流量增加，粉碎电机和风机电机的电流值增加，反之减小，所以喂料量也应随之减少或增加。

在生产过程中，必须保证在粉碎电机和风机电机的电流不超载的情况下，调节成品粒度和产量。

(四)风网系统

风网系统是立轴式超微粉碎机的必需配置，一般由刹克龙(离心除尘器)、脉冲除尘器、关风器、高压风机等组成。风机的功率配备由最大产量和提升高度决定。风网系统有助于降低主电机电耗，提高产量，降低物料温升，控制粒度、粉尘和调节机内压力。SWFL 立轴式超微粉碎机风网系统如图 4-25 所示。

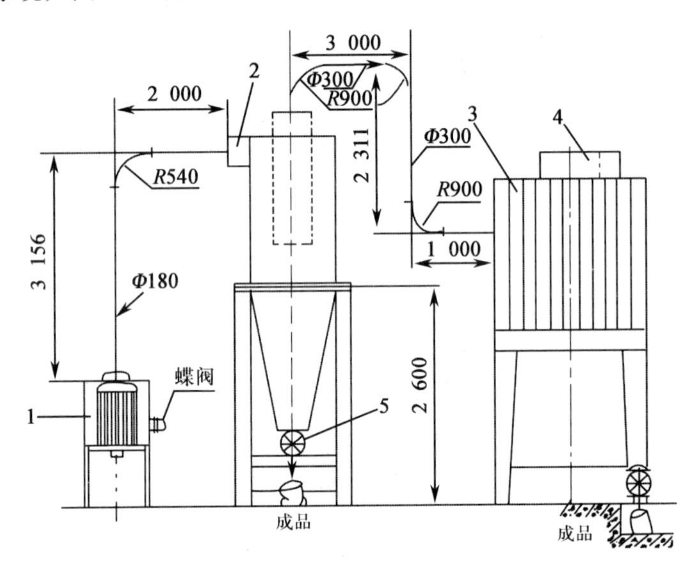

1. 立轴式超微粉碎机；2. 刹克龙；3. 脉冲除尘器；4. 风机；5. 关风机。

图 4-25 SWFL 立轴式超微粉碎机风网系统(单位：mm)

(资料来源：庞声海，郝波. 饲料加工设备与技术. 北京：科学技术文献出版社，2001.)

三、爪式粉碎机

爪式粉碎机，又称齿爪式粉碎机，由于其主轴转速高达 3 000～6 000 r/min，故又被称为高速粉碎机。它的工作转速高，粉碎粒度细，对物料适应性较广，常用作二次粉碎工艺的第二级粉碎机。

(一)结构

爪式粉碎机由磁选喂料器、机壳、转子、定子、筛网及动力系统等组成。磁选喂料器主要用于除去原料中混入的磁性杂质，同时为主机提供稳定、均匀的原料喂入；机壳采用铸造或者钣焊工艺制作而成；转子是由回转盘上安装 2～4 圈冲击柱构成；定子则由 1～3 圈的冲击碾磨齿圈构成；筛网及动力系统使用 360°环形筛框，其外形和结构如图 4-26 所示。一般动齿爪长度为粉碎室宽度的 75%～85%，最外圈为扁齿爪，内圈均为圆齿，其线速度为 80～100 m/s，齿与环筛的间隙为 5～20 mm，齿爪内圈间隙为 25～45 mm，外圈间隙为 6～20 mm。

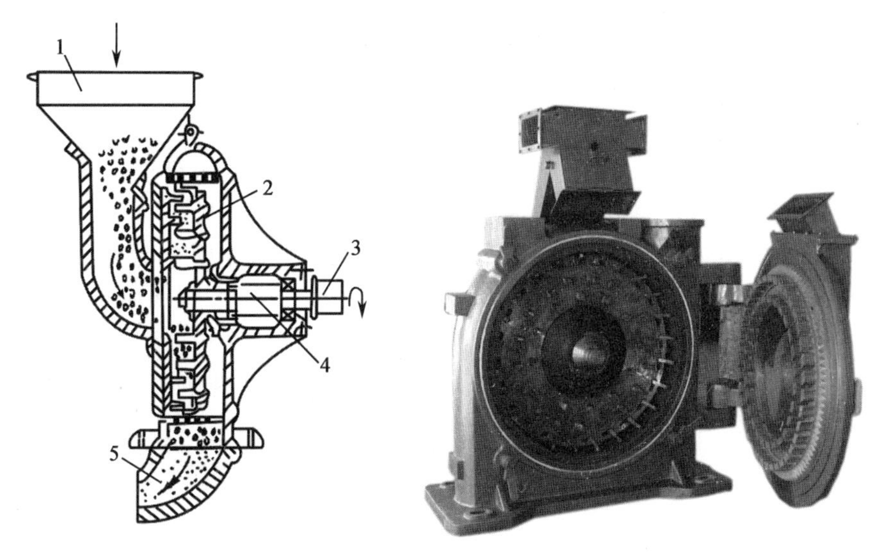

1. 料斗；2. 动齿盘；3. 皮带轮；4. 主轴；5. 出料口。

图 4-26 爪式粉碎机的外形和结构

(二)工作机理

原料混同空气从进料口流入粉碎室后，受到转子的打击并在离心力和风力作用下向齿圈处分散，物料在冲击柱和齿圈间经历多次碰撞、碾磨、揉搓、剪切后，到达外圈环形筛板处，在高速旋转的转子形成的“风机效应”下，达到细度的物料被高压气流快速带出筛板，而未达到细度的物料在和筛板的摩擦和碰撞后，重新卷入粉碎室继续粉碎。

(三)工作性能

爪式粉碎机适应面广泛，在工作性能上也有独特之处，具体如表 4-7 所列。

表 4-7 爪式粉碎机的性能和特点

设计理念	粉碎现象	达到效果	具体指标
“正压排风”：转子附带的风压，将物料吹过筛孔	粉碎腔“正压”，物料见缝就钻	小筛孔正常粉碎	小筛孔可配 0.6 mm＞Φ＞0.4 mm
	“物料环”消减，筛面呈现流化状态	产品粒度均匀	均匀度可达 S_{gw}：1.1～1.3
“转子＋定子”：定子形成有效“支承”，提高粉碎效率	物料在转子和定子间经历多次撞击	粉碎品粒度更细	粉碎粒度可达 D_{gw}：100 μm
	齿圈形成“粉碎支承”，能“碾磨”	有效粉碎纤维质物料	纤维粒度通常为 20 目/40 目/60 目/80 目

四、辊式粉碎机

辊式粉碎机，又称对辊磨粉机。在饲料生产中则用于谷物饲料的原料粉碎(多用于二次粉碎工艺的第一道粉碎工序)、油饼粕饲料的粉碎以及颗粒饲料破碎成小碎粒。

(一)结构

辊式粉碎机的结构类型按每台配置的辊数可分为单式、复式或更多。单式粉碎机只有一对辊筒,复式则有两对辊筒,以此类推。辊式粉碎机由铸铁机架、喂入辊、两个镍铬钢磨辊、清洁刷及其调节机构、传动机构等组成。上辊为快辊,其轴承固定安装;下辊为慢辊,同清洁刷调节机构相连,其轴承可移动,以调节两辊的间隙(轧距)。辊式粉碎机装有减震器,以保证轧距的稳定。辊可根据用途制成各种齿辊(含光辊)。辊径、辊长、齿形及其尺寸对粉碎机的工作性能有很大影响,均需由粉碎工艺要求而定,其外形和结构如图 4-27 所示。

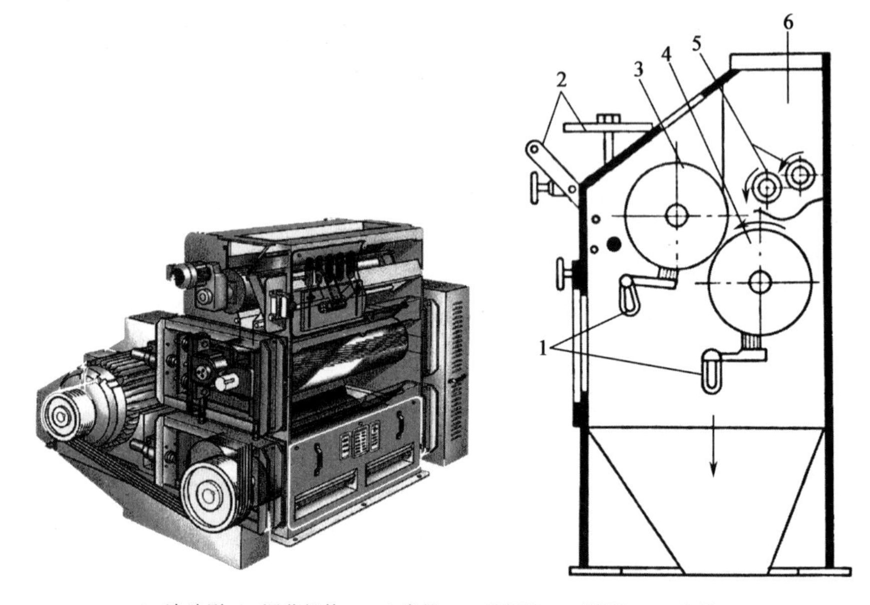

1. 清洁刷;2. 调节机构;3. 上磨辊;4. 下磨辊;5. 喂料辊;6. 进料口。

图 4-27 辊式粉碎机的外形和结构

(二)工作机理

原料连续地从料斗进入经喂料辊形成薄层,导向两个工作辊的工作间隙,原料在一对呈反向回转的辊筒作用下进行粉碎。被粉碎后的物料落入机器下方被排出机外(图 4-28)。

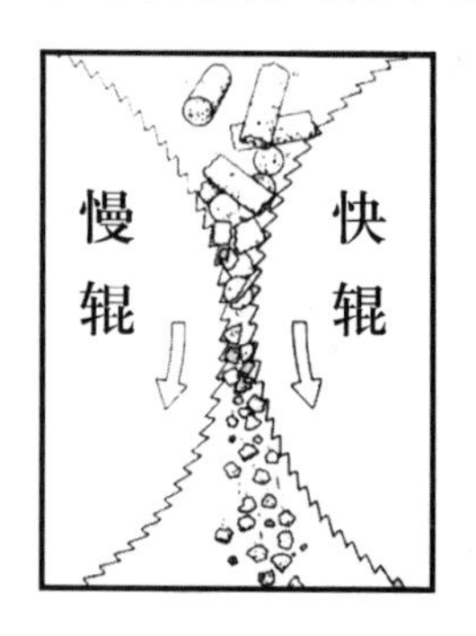

图 4-28 辊式粉碎机的工作机理

(三)工作性能

辊式粉碎机与锤片式粉碎机相比,两者各具特点,具体有如下几点。

①由于两者粉碎原理不同,辊式粉碎机主要是碾压、剪切、有支承的粉碎。在粗粉碎的情况下,锤片式粉碎机是辊式粉碎机耗电量的 3～7 倍。在细粉碎的情况下,锤片式粉碎机略微占优势;辊式粉碎机获得的物料的均一性要好于锤片式粉碎机;辊式粉碎机由于没有筛片,无法避免产生大于要求粒度的物料。

②粉尘少、粒度均匀、噪声小。辊外表面的线速度一般只有 8～9 m/s,而锤片末端线速度达 80～120 m/s,二者相差 10 多倍,因此,前者不像后者那样易出现过度粉碎,产生大量微细粉末和大的噪声。

③温升低,水分损失少。辊式粉碎机温升一般为 1～2℃,水分损耗很少;而锤片式粉碎机温升较大(5～10℃),水分损失较大(0.5%～1.5%),这些水分的蒸发均需从动力源摄取能量。

④辊式粉碎机日常运行维护频繁,几乎每班生产都要调节轧距,而且对物料的杂质清理度和均匀性要求高。锤片式粉碎机除了更换锤片、筛片外,日常维护较少。

⑤辊式粉碎机的一次性投资要大于锤片式粉碎机。

2 种粉碎机各有优势,锤片式粉碎机在我国饲料工业应用较多,辊式粉碎机在家禽饲料生产上有优势,随着谷物原料生产标准化提升和清理工艺升级,辊式粉碎机会逐渐被重视,特别是与锤片式粉碎机配合,作二次粉碎工艺的使用。

五、破饼机

破饼机是用来破(粉)碎油饼的专门设备。目前常用的有锤片式破饼机和辊式破饼机 2 类。

(一)锤片式破饼机

由动锤(片)和定锤(片)组合而成(图 4-29),可对整块饼料进行粗粉碎,可以做正、反旋转工作。其特点是进料口宽而扁长,利于饼料的喂入;饼块靠自重和转子的拖拽力喂入粉碎室;支撑粉碎;转子线速度较低,一般为 25～60 m/s,筛片包角一般为 180°。

图 4-29 锤片式破饼机

(二)辊式破饼机

1. 单辊破饼机

单辊破饼机由喂入板、轧碎辊、齿板、击碎辊、圆孔筛片等组成(图 4-30)。当饼块从喂入板进入粉碎室,即受到转速为 90 r/min 的轧辊上单螺旋排列刀齿的切割、挤压而破成小块,随后在击碎室内由转速为 1 750 r/min 的击碎辊进一步击碎,并通过筛孔排出。

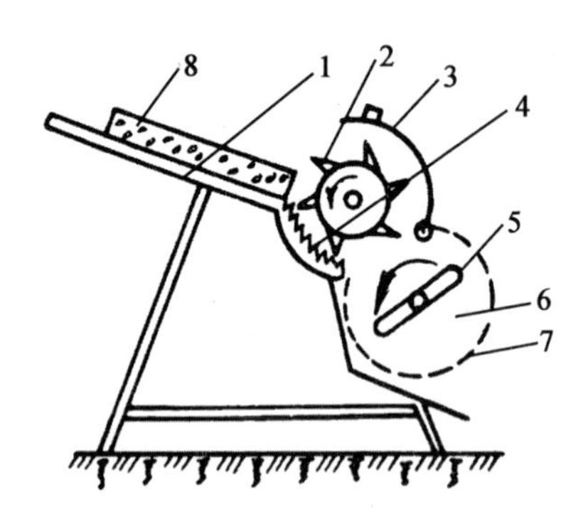

1. 喂入板;2. 轧碎辊;3. 机罩;4. 齿板;5. 击碎辊;6. 粉碎室;7. 圆孔筛片;8. 油饼。

图 4-30 单辊破饼机

2. 双辊破饼机

双辊破饼机(图 4-31)主要工作部件是一对异步反向的齿辊,主动辊圆周线速为 5.6~8.2 m/s,动慢辊的转速为 3.7~5.4 m/s;许多星形刀盘(厚为 5 mm)和间隔套交替地套在方轴上,一辊的刀盘恰好对着另一间隔套。当工作时,饼块从顶部喂入,受到有转速差的对辊盘的剪切、打击、挤压而碎成小于 60 mm 的碎块。

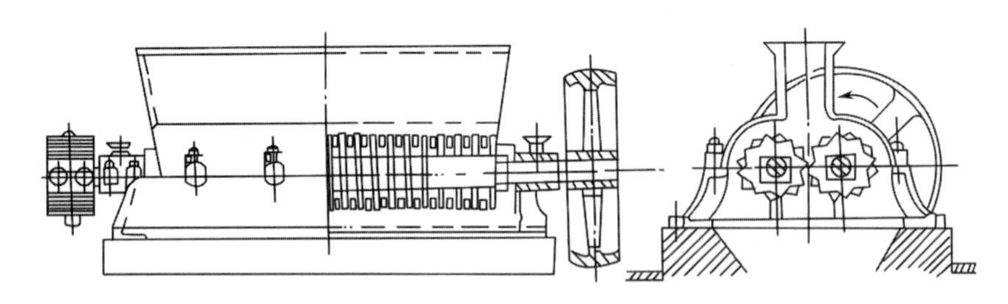

图 4-31 双辊破饼机

第三节 粉 碎 工 艺

粉碎工艺与配料工艺有着密切的联系。按其组合形式可分为先配料后粉碎(简称"先配后粉")和先粉碎后配料(简称"先粉后配");按原料粉碎次数又可分为一次粉碎工艺和二次粉碎工艺以及多级粉碎工艺;根据粉碎工艺独立流程又可分为闭路粉碎工艺、预先分级开路粉碎工艺等。粉碎工艺不同,粉碎效率、单产能耗、粉碎质量控制难易程度均不同,所以粉碎工艺的选择非常重要,选择合适的粉碎工艺可以达到事半功倍的效果。

一、一次粉碎工艺与二次粉碎工艺

粉碎工艺主要分为一次粉碎工艺和二次粉碎工艺。一次粉碎工艺的优点是工艺设备简单,操作方便,投资少;其缺点是易损件耗量大。二次粉碎工艺的优点是易损件耗量小;其缺点是投资多。

(一)一次粉碎工艺

一次粉碎工艺就是用粉碎机将粒料一次性粉碎成粉料,如图 4-32 所示。该工艺的主要缺点是成品粒度均一性差,生产效率低,能耗较高。我国大多数饲料企业采用的都是一次粉碎工艺。但随着养殖技术的发展,对饲料品质要求越来越高,一次粉碎的物料粒度将不能满足养殖的需要。

(二)二次粉碎工艺

二次粉碎工艺是指对物料采用 2 次粉碎作业,以满足产品粒度要求的工艺。该工艺可分为循环二次粉碎工艺、组合二次粉碎工艺。与一次粉碎工艺相比,二次粉碎工艺粉碎效率被提高,单产能耗被降低,同时粉碎粒度的均一性也被提高,但需要增加粉碎机、分级筛等设备。

1. 循环二次粉碎工艺

循环二次粉碎工艺是指用在连续作业过程中,1 台粉碎机将出机物料经分级筛筛分,筛上物送回原粉碎机再次粉碎的工艺(图 4-33)。循环粉碎工艺的特点是减少能耗,提高产量。在

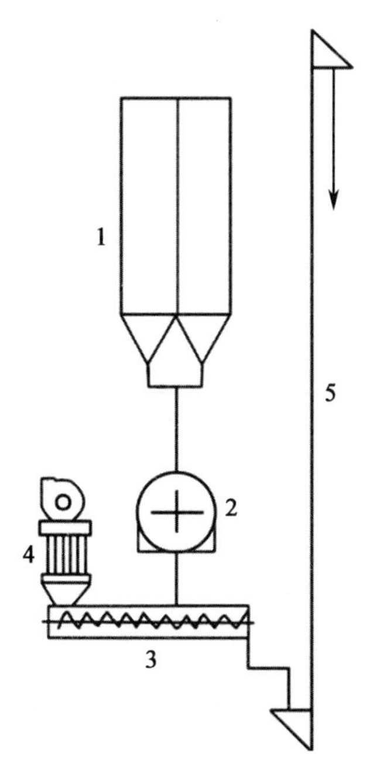

1. 待粉碎仓;2. 粉碎机;3. 螺旋输送机;4. 除尘器(辅助吸风);5. 斗式提升机。

图 4-32 一次粉碎工艺

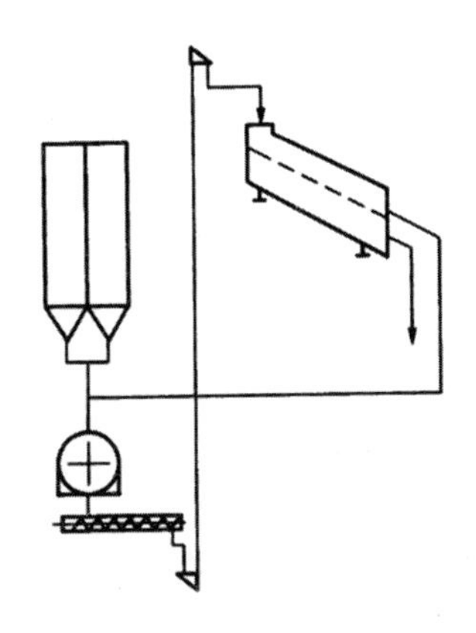

图 4-33 循环二次粉碎工艺

循环粉碎工艺中，产品粒度由分级筛控制，所以可增大筛板的孔径。如在普通粉碎工艺中采用Φ2.5 mm 的筛孔和Φ3.0 mm 的筛孔，在循环粉碎工艺中粉碎机则可采用Φ6.0 mm 的筛孔或Φ6.5 mm 的筛孔，但分级筛还是采用Φ2.5 mm 的筛孔和 Φ3.0 mm 的筛孔。由于粉碎机内避免了过度粉碎，使得粉碎后的成品均匀度提高了，同时粉碎效率也提高了。由理论分析和实际测量证实，循环粉碎工艺可以节电 30%以上，产量提高 30%～40%。

2. 组合二次粉碎工艺

组合二次粉碎工艺是指由 2 台粉碎设备组合起来进行粉碎，这 2 种粉碎设备可以是同一类型的粉碎机，也可以是不同类型的粉碎机。

(1)辊式＋锤片式组合二次粉碎工艺　饲料经对辊式粉碎机初粉碎后，将出机物料中不达标的大颗粒筛出，送入锤片式粉碎机进行二次粉碎(图 4-34)。该工艺的特点为对辊式粉碎机粉碎时间短、温升低、产量大、能耗低；对高纤维物料破碎性能差的缺陷由后续的锤片式粉碎机弥补。

(2)锤片式＋锤片式组合二次粉碎工艺　采用 2 台锤片式粉碎机作业。饲料经第 1 台粉碎机初粉碎，将出机物料中不达标的大颗粒筛出，送入第 2 台粉碎机进行二次粉碎(图 4-35)。该工艺同样能达到粉碎生产率高、能耗低、物料温升低、粉碎粒度均匀等效果，并且对物料的适应性强。

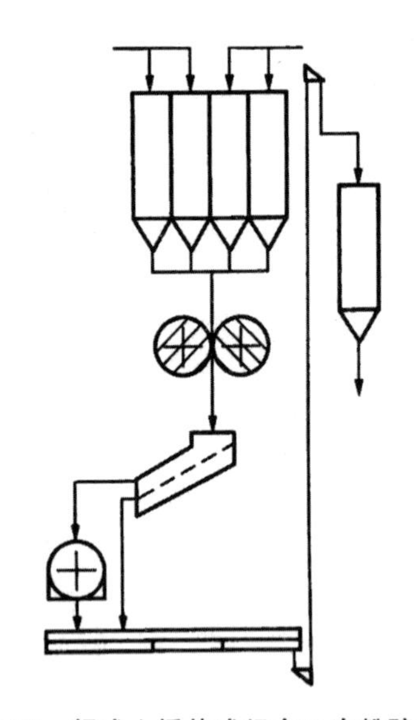

图 4-34　辊式＋锤片式组合二次粉碎工艺

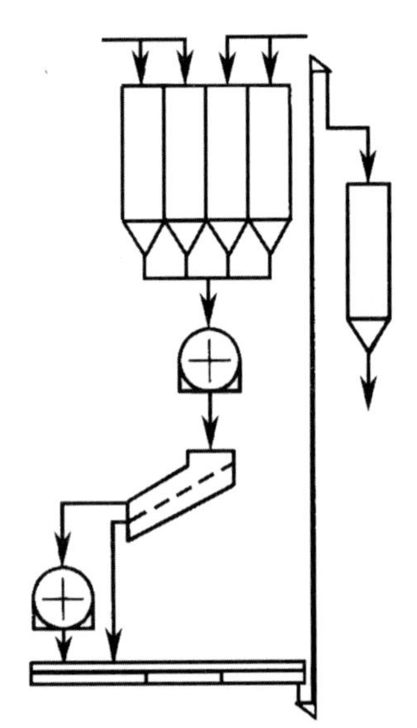

图 4-35　锤片式＋锤片式组合二次粉碎工艺

二、其他粉碎工艺

其他粉碎工艺还可分为闭路粉碎工艺和开路粉碎工艺。闭路是指所有物料都通过粉碎机，开路是指有一部分物料不通过粉碎机。随着粉碎技术的发展，预先分级开路粉碎工艺和多道粉碎工艺也得到了应用。其中多道粉碎工艺的粉碎次数可以达到 3～4 次，甚至更多。

(一)预先分级开路粉碎工艺

预先分级开路粉碎工艺是在粉碎的前道配置分级筛，将需粉碎的原料预先分级，符合要求的粒度的原料直接进入下道工艺，避免重复粉碎而增加能耗(图 4-36)。

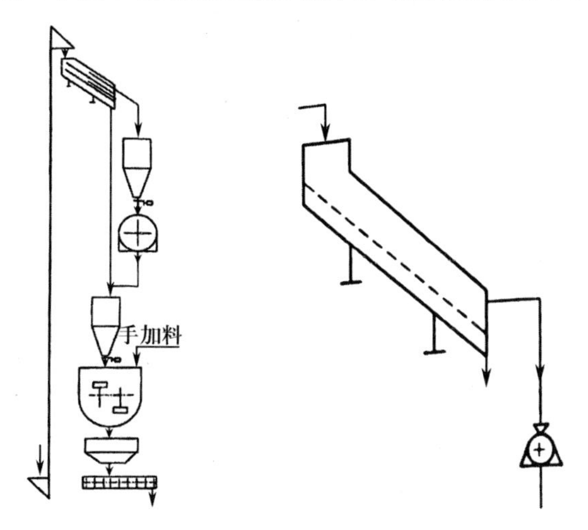

图 4-36 预先分级开路粉碎工艺

(二)多道粉碎工艺

多道粉碎工艺是采用多台粉碎设备，进行排列组合，闭路、开路共用的一种粉碎工艺。多道粉碎工艺在微细粉碎方面的应用可以达到粉碎生产效率高、能耗低、物料温升低、投资省、粉碎粒度均一性好等效果。如图 4-37 所示，它是一种具有代表性的多道粉碎工艺。

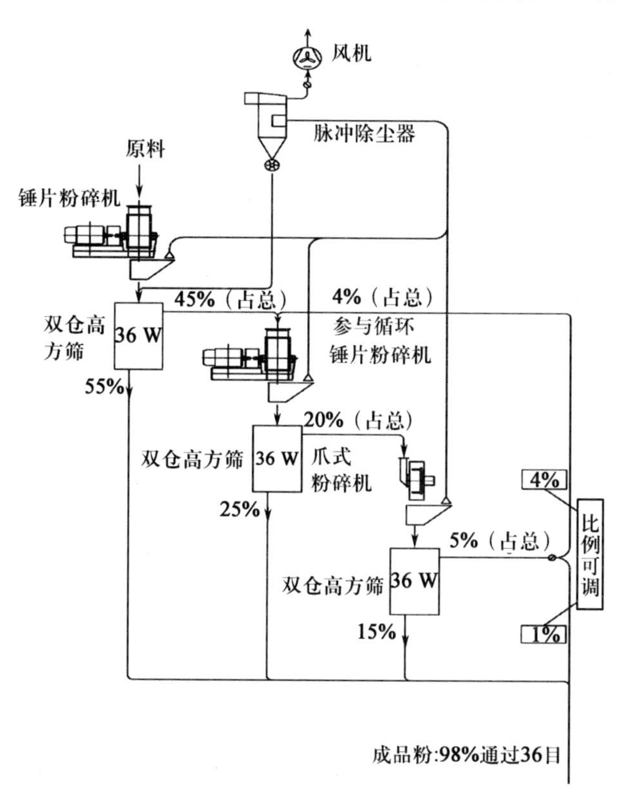

图 4-37 多道粉碎工艺

第四节　粉碎机的评定与选用

一、粉碎机的评定

GB/T 6971—2007《饲料粉碎机　试验方法》规定了饲料粉碎机试验条件和要求、试验的准备、试验项目及方法，适用于各种饲料粉碎机。粉碎机的性能要求（生产率 t/h，吨料耗电量 kW·h/t，轴承温升和饲料温升以及工作区内粉尘浓度等）需满足 NY/T 1554—2007《饲料粉碎机质量评价技术规范》和 JB/T 9822.1—2008《锤片式饲料粉碎机　第 1 部分：技术条件》规定的指标。结合国家标准和在实际生产中的应用，下面这些指标是评定粉碎机品质的重要依据。

（一）粉碎粒度

粉碎粒度、粒度的均一性和粒度分布曲线是粉碎质量评价的重要指标。

（二）生产率

粉碎机的实际产量通过实测得到。纯工作时间的生产率采用下列公式计算：

$$E_c = \frac{Q_c}{T_c} \tag{4-23}$$

式中：E_c 为纯工作小时生产率（t/h）；Q_c 为纯工作时间产量（t）；T_c 为纯工作时间（h）。

（三）电耗

电耗常用“度电产量”和“吨电耗”2 项指标来表示。

（1）度电产量（q）　其公式为：

$$q = \frac{W}{E_f} \tag{4-24}$$

式中：q 为度电产量[kg/（kW·h）]；W 为工作时间内的作业量（kg）；E_f 为纯工作时间耗电量（kW·h）。

（2）吨料电耗（E）　其公式为：

$$E = \frac{1\ 000 E_f}{W} \tag{4-25}$$

式中：E 为吨料电耗（kw·h/t）；E_f 为纯工作时间电耗量（kW·h）

（四）负荷程度

负荷程度是指粉碎机工作时所耗功率 N_f 与粉碎机配套电机额定功率之比值。

$$\eta = \frac{N_f}{N_e} \times 100\% \tag{4-26}$$

式中：η 为负荷程度（%）；N_e 为电动机额定功率（kW）；N_f 为工作时所耗功率（kW）。

粉碎机负荷程度应控制在 100%之内，在特殊情况下，最高不应超过额定功率的 10%。粉碎机既要发挥粉碎机效率，也要安全运行。

(五)出品率

普通锤片粉碎机出品率应不低于99%。

(六)料温

用温度计在粉碎机出料口处测定物料温度。粉碎后物料温度应正常,升温不超过25℃。

(七)粉尘与噪声

粉碎机工作区的粉尘浓度不得超过8 mg/m^3。在评定时,粉碎机的噪声应不大于93 dB。

(八)其他评定

使用可靠性评定(工作时间≥400 h);操作、保养的方便性,体现人性化设计;自动化程度、安保可靠性。

二、粉碎机的选用

选择粉碎机的关键是对各种类型的粉碎机有充分的了解,各种类型的粉碎机都有各自的特长,以下是选择粉碎机的常规步骤。

(一)以粉碎原料为出发点

根据粉碎原料选用粉碎机,如粉碎谷物原料应选用锤片式粉碎机;粉碎纤维含量高的原料可选用爪式粉碎机;粉碎蛋鸡料的玉米可选用辊式粉碎机;粉碎菜籽饼、花生饼、芝麻饼可选用破饼机等。

(二)饲料成品对粉碎粒度的要求

粉碎粒度要求决定选用普通粉碎机,还是微粉碎机或超微粉碎机;选用一次粉碎,还是二次粉碎,甚至多次粉碎。

(三)需考虑生产工艺

“先粉碎后配料”,还是“先配料后粉碎”,这两种工艺对粉碎机的选择又不相同。

(四)选择粉碎机的功率

按常规配置,粉碎机的产能一般是整条生产线产能的1.2~1.5倍。如果考虑采用多条粉碎线,粉碎机产能的配备会更大,甚至达到1.8以上。

(五)从发展的角度来考虑

随着饲料技术的不断发展,对粉碎细度的要求越来越高,所以在选择粉碎机时,要着重考虑其是否能适当放大产能。在筛片孔径减小的情况下,粉碎机依然能满足产能的要求。

(六)其他

根据设备投资预算来选择粉碎机。如果投资宽裕,可以选择采用多次粉碎工艺,以节省吨料电耗,或增加粉碎生产线,将各种原料用专业的粉碎设备来加工,提升粉碎品质和效率。

本章小结

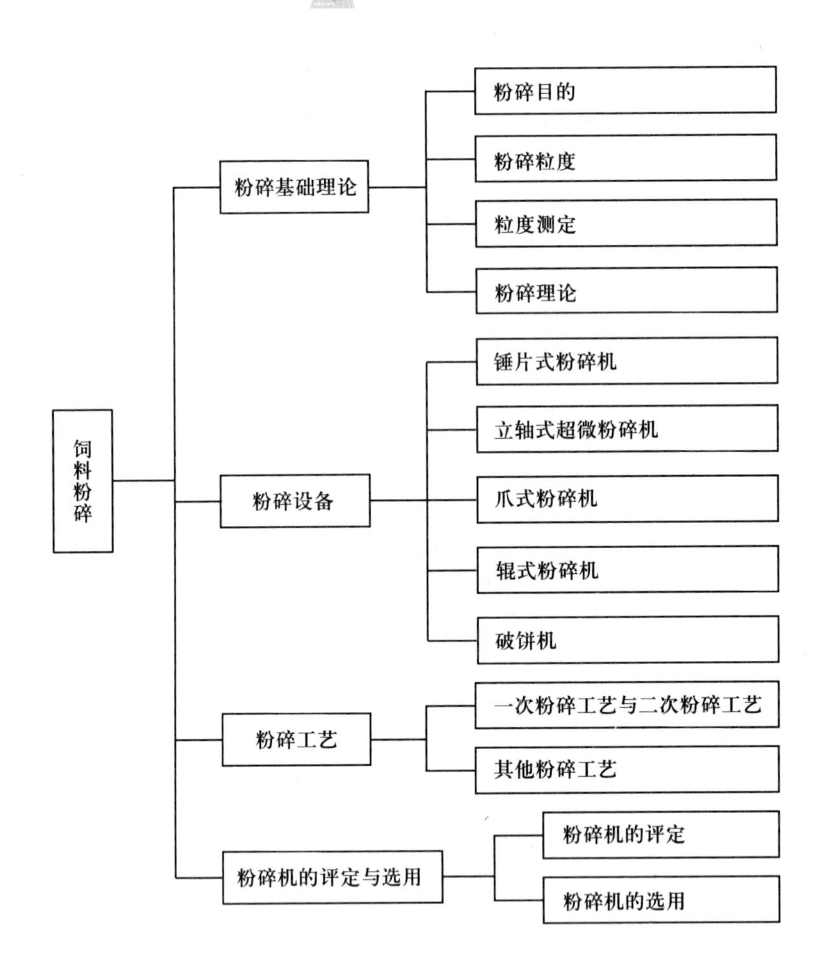

复习思考题

1. 简述粉碎粒度的测定方法。
2. 简述锤片式粉碎机的组成与工作参数。
3. 比较一次粉碎和二次粉碎的优点和缺点。
4. 简述影响粉碎效果的因素。

第五章　饲料配料

学习目标

- 了解配料系统的组成及配料基本要求；
- 掌握电子配料秤的结构及工作特点；
- 掌握引起配料误差的原因及控制配料误差的方法。

主题词：配料；配料准确度；配料误差；电子配料秤

第一节　配料系统组成与要求

配料是根据饲料配方规定的配比，将2种及以上的饲料原料依次计量后，堆积在一起或置于同一容器中。配料和混合均是配合饲料生产中的限制性工序，直接影响饲料厂的生产效率、制造成本和产品质量。

饲料配料由配料系统完成。配料系统由计算机控制系统、配料仓、给料器、配料秤和卸料机构等组成。配料系统是实现物料供给、称量及排料的循环系统。根据饲料生产规模、原料特性、产品品种、自动化程度等的不同，配料系统的组成也有所不同。现代饲料生产要求使用高精度、多功能的自动化配料系统，电子配料秤是现代饲料企业中最典型的配料设备。

一、配料要求

(一)配料系统的要求

为提高饲料配料的准确度和精度，保证饲料产品的质量，必须对配料系统和配料秤做相应的性能要求。配料系统应满足下列要求。

①具有足够的配料准确度及精度，满足饲料配方所提出的精确配料要求。

②配料秤具有良好的稳定性与不变性，实现快速、稳定、持续、准确地配料计量，以保证正常连续生产。

③具有良好的适应性，可适应饲料品种和配方的变化，且配方变更方便。

④可适应工艺的变化和不同环境的需要，具有优良的抗干扰性。

⑤便于实现生产过程的实时监控和生产管理自动化。

⑥在保证配料准确度和精度的前提下，配料系统应具有结构简单、价格低廉、耐用可靠、维护方便的特点。

（二）配料秤的性能和要求

配料秤是配料系统中的核心设备，配料秤性能的优劣直接影响着配料质量。配料秤性能主要包括正确性、灵敏性、稳定性、不变性、准确度、精密度和配料精度。

1.正确性

正确性是指配料秤上平衡指示器的刻度值与所称量的负荷重量比例的固定程度。正确性通常依据称量时的误差大小来评定。

2.灵敏性

灵敏性是指配料秤上的平衡指示器的线位移或角位移与引起位移的被称量值变动量的比值。比值越大，配料秤能称量出的最小重量越小，配料秤越灵敏。

3.稳定性

稳定性是指当配料秤的示值部分的静止平衡位置被破坏后，能否迅速恢复的性能。

4.不变性

不变性是指配料秤对某一被称重物进行连续重复的称量，称量值之间的接近程度，用来描述称量值的不变性。在称量时，随机误差越大，则多次重复称量同一被称量物时所得的各次称量值之间的偏离也越大，越分散，即表明称量值的不变性差。实际上，重复进行多次称量，各次称量所得的结果是不可能达到完全一致的。只要各次称量结果之间的最大误差不超过许可范围，即被认为符合要求。

5.准确度

准确度是指被称重物的称量值与其真值的接近程度。准确度反映的是称量值的系统误差。准确度高，不一定精密度高，即称量值的系统误差小，不一定其随机误差就小。准确度通常代表称重准确度，而配料准确度是指配料秤斗中的被称重原料的实际质量与所配料的预定质量的差值。配料系统的称重准确度通常为最大称量值的±（0.1%～0.3%）。在《饲料生产企业许可条件》中明确要求配合饲料生产中的配料动态精度不大于0.3%，静态精度不大于0.1%。

6.精密度

精密度是指在相同条件下对被称重物进行多次反复称量，称量值之间的一致程度。精密度所反映的是配料秤的不变性，即称量值的随机误差。精密度高，不一定准确度高，也即称量值的随机误差小，其系统误差不一定也小。

7.配料精度

配料精度包括了正确性和不变性。配料精度描述了对同一称重值做多次重复称重时，所有称量值对其真值的接近程度和各称量值之间的接近程度。只有当系统误差和随机误差都很小时，才表示其配料精度高。

二、配料设备的形式

饲料配料设备可根据不同的方式进行分类：①根据其工作原理可以分为容积式与重量式。容积式配料计量装置是按照计量物料容积的比例大小进行计量配料。它易受物料特性、配料仓流动特性等影响。其量的变化而导致计量准确度与稳定性差，现已不再采用。②按其工作过程可以分为连续式与分批式（间歇式）。容积连续式配料计量装置因其配料准确度和精度不高，目前已被淘汰；重量连续式配料计量装置则因其称量准确度和精度达不到配料工艺要求，目前在饲料厂中尚未被采用。重量分批式配料计量装置以机械或电子配料秤为核心，以机械杠杆的平衡性或电子传感器示值的变化来反映重量的变化，以重量变化来控制物料的流量，达到分批称重的目的。重量分批式配料计量装置的配料准确度和自动化程度较高，物料适应性好。③按其用途可分为配合饲料配料计量装置、预混合饲料配料计量装置和液体配料计量装置。配合饲料配料计量装置和预混合饲料配料计量装置主要采用重量式电子秤。液体配料计量装置可采用容积式计量、流量计计量或称重式计量。但前 2 种方式的准确度和精度不高。液体质量计量电子秤是今后发展的重点。

目前，饲料厂还有极少量的机械式字盘秤和机电结合式机电秤。机械式字盘秤是一种纯机械式杠杆秤，也是我国最早应用于饲料生产的一种自动配料秤。其缺点主要是杠杆传力系统的刀口与刀承易磨损，从而导致称量准确度和精度降低。在字盘秤基础上改造成的机电秤在杠杆系统的末级连杆上串接一只拉式电阻应变片传感器，重量信号转换成电信号输出，由称重显示仪表进行数字显示，因而具有电子秤的部分优点。其缺点仍然是传感器前级的杠杆系统易磨损。以上 2 种秤在饲料生产中已不多见。现代饲料企业均采用计算机技术来控制饲料生产过程中，特别是在配料混合过程中，电子配料秤正是适应这一需求的配料计量装置。因此，自 20 世纪 90 年代以来，电子配料秤迅速取代了其他形式的配料计量装置。

第二节　电子配料秤

电子配料秤以称重传感器为核心，过去通常通过信号放大和微处理器进行 A/D（模/数）转换，并自动显示示值，将重量值变成电信号输出，应用计算机进行数据处理。电子配料秤现已发展为由计算机和传感器进行数据交换，通过计算机和 PLC（可编程逻辑控制器）模块对接对物料进行精准的重量控制。电子配料秤采用高精度的传感器，响应速度快，分辨率高，其配料准确度和精密度完全能满足现代饲料配方的生产要求；电子配料秤结构简单，安装调试及使用方便，无机械磨损，稳定性好，适合在恶劣环境下工作；采用电子配料秤还可以提高劳动生产率，减轻劳动强度，保证饲料产品质量，降低生产成本，提高企业管理水平。因此，我国现代饲料企业均采用以电子配料秤为核心的配料系统。

一、电子配料秤的组成

（一）电子配料秤的特点

随着电子技术以及自动控制技术的发展，以称重传感器为基础的电子配料秤得到了普及，电子配料秤在饲料配料中得到了广泛应用。与传统机械秤和机电秤相比，电子配料秤具有以下特点：①称重速度快，准确度和精度高。②体积小、重量轻，结构简单。③称重信号可以远距离传送，并可用计算机进行数据处理，自动记录和显示称重结果，同时可给出各种控制信号，实现生产过程自动化。④环境适应性强，称重传感器的密封性好，具有优良的防尘、防潮和防腐蚀性能。⑤使用和维修方便，寿命长。电子配料秤可以实现连续称重、自动配料，这对保证饲料产品质量，提高劳动生产率和管理水平具有重要意义。

(二)电子配料秤的组成

电子配料秤主要由载荷接受器(秤斗)、连接件、称重传感器、控制系统(计算机、PLC 模块等)、称重显示系统及打印装置等组成(图 5-1a)。

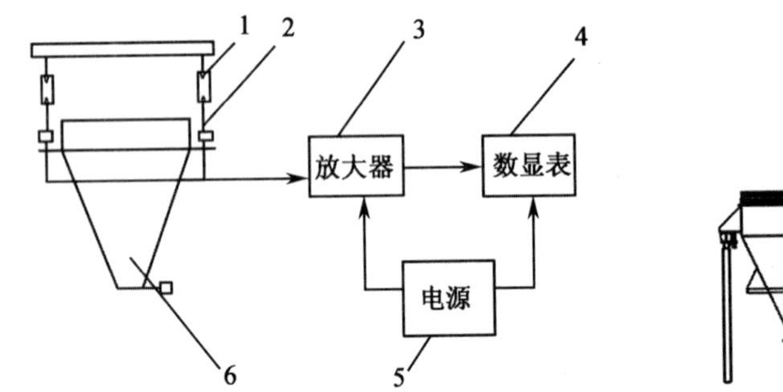

1. 连接件；2. 称重传感器；3. 放大器；4. 数显表；5. 电源；6. 秤斗。

1. 秤斗；2. 称重传感器；3. 显示表；4. 计算机；5. 控制系统；6. 打印机。

图 5-1 电子配料秤的组成

(资料来源：门伟刚. 饲料厂自动控制技术. 北京：中国农业出版社，1998.)

1. 连接件

连接件是用来连接秤斗与传感器的吊装式或者压式结构件，并配有调节环，以便在安装时调整秤斗的位置和传感器的受力状况。称重传感器、数显表(重量显示仪表)和计算机是电子配料秤的核心部分，其性能参数直接影响电子配料秤的工作质量。放大器用来将传感器的输出信号进行放大，并传送给数显表。电源为电子秤稳定供电，以保证传感器、放大器和数显表等电子器件的正常工作。计算机通过对传感器输入数据进行处理，反馈给 PLC 模块，通过 PLC 模块内置程序控制配料秤的给料机构，从而保证配料秤的正常工作。

2. 秤斗

秤斗是用来承受待称量物料重量并将其传递给传感器的箱形部件。它由秤体和秤门组成。秤体由钢板制成圆形、方形或矩形。秤体一般为圆形，其刚性好，传感器布置方便。圆形秤体上部为圆柱体，下部为倒锥体，并在圆柱体部分设置吊耳或压板以连接传感器。在秤体上通常设有验秤时放置砝码用的砝码架，砝码架沿秤体周边设置，以便在秤体周边各个点都可以放置砝码。秤斗容积一般按照饲料容重(常取 $0.5\ t/m^3$)计算，并留有 10%～20%的容积余量。如称量为 500 kg 的秤斗，秤斗容积应为 $1.1\sim1.2\ m^3$。秤门按动力形式可分为电动秤门和气动秤门；按机构形式则可分为水平插板式秤门与垂直翻板式秤门。为使秤斗独立承重，秤体上部与给料器、秤门下部与混合机的连接部分应采用软连接。软连接体可选择棉布或其他柔软织物，并在安装时注意使软连接体处于非受力状态，以免影响称量准确度，并保持密封，避免粉尘外溢。

3. 称重传感器

称重传感器是一种将非电的物料量（如温度、重量等）转换成电量（电压、电流、电阻或电容）的转换元件。称重传感器包括电阻应变片式、电容式、压磁式和谐振式等几种，其中以电阻应变片式称重传感器应用最广。

电阻应变片式称重传感器是将电阻应变片粘贴在弹性敏感元件（弹性体）上，然后以适当方式组成电桥。弹性体可将被称量的重量转换成弹性体的应变值，再由作为传感元件的电阻应变片将弹性体的应变同步转换为电阻值变化，实现非电量转换成电量输出。图 5-2 是圆柱形电阻应变片式称重传感器的工作原理。在钢制圆柱形弹性体上成对地在纵向和横向粘贴上 $R_1 \sim R_4$ 共 4 个应变片，当弹性体受重量 F 的作用时，纵向压缩而横向拉伸，粘贴其上的应变片也随之同步变形而改变其电阻值。应变电阻的变化会引起电桥的不平衡，从而输出信号，该信号与所受外力（重量 F）成正比。当 A、B 两端供给稳定的直流电源（电压 U）时，若弹性体无负载，则电桥平衡（$R_1R_3=R_2R_4$）；若弹性体有负载，则电桥不平衡（$R_1R_3 \neq R_2R_4$）。此时，在电路 C、D 两端将会有微电压 U_0 输出，U_0 的大小就可以表征被称物料重量的大小。称重传感器也称为一次变换元件（仪表）。

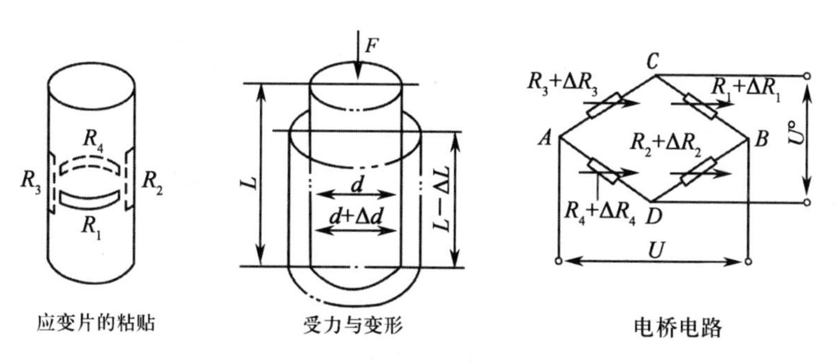

图 5-2　圆柱形电阻应变片式称重传感器的工作原理

（资料来源：门伟刚. 饲料厂自动控制技术. 北京：中国农业出版社，1998.）

称重传感器的性能通常由非线性误差、滞后、重复性误差、额定载荷下的输出灵敏度、抗侧向力大小、耐过载能力、温度变化对输出灵敏度和零点的影响、蠕变等指标衡量。称重传感器必须由专业生产厂商制造，并应在产品出厂前测试上述主要性能指标。这些主要性能指标合格后应标记在产品合格证书上，以供用户选用。选用称重传感器的原则是良好的线性度，较高的输出灵敏度，长期稳定性能好，抗侧向能力强，结构简单，易于安装和调整。

电子配料秤的称重传感器数量一般为 3～4 个。不在一条直线上的 3 个点决定一个平面，故选用 3 个称重传感器时，调整其受力大小更简便。自 20 世纪 90 年代中期之后，我国大多数采用 3 个称重传感器的圆形秤斗，称重传感器处在同一水平面上呈 120°对称分布，采用滚珠支撑形式，称重传感器采用压式剪切梁式结构。在这种支撑称重方式下，秤斗处于基本固定状态。其优点是占用空间小，结构简单，无残留物料。其缺点是对地面振动的影响较为敏感。配料系统的称量值越接近传感器的额定量程，配料准确度则越高。电子配料秤称重传感器的量程可据下列公式选定：

$$C=R\frac{W_1+W_2}{N} \tag{5-1}$$

式中：C 为称重传感器量程(kg)；R 为余量系数，一般取 1.1～1.4；W_1 为秤斗自重(kg)；W_2 为被称物料的最大称量(kg)；N 为传感器个数。

称重传感器的组合方式有串联、并联和串并联混用 3 种方式，其中以并联应用最广。称重传感器的并联工作方式是使各个称重传感器的输入端并联(图 5-3)，使用一个共用电源供桥压，输出也以并联的方式连接。设单个称重传感器的输出电压为 U_s，桥臂电阻均为 R，总输出信号(电压)为 U_0，总输出阻抗为 R_0，当 n 个相同的称重传感器并联工作时有：$U_0=U_s$，$R_0=R/n$。故其输出与单个称重传感器相同，而输出阻抗仅为 $1/n$。此方式的优点是供桥稳压电源只需 1 个，仪表硬件简单；输出阻抗小，抗干扰能力提高。其主要缺点是要求显示仪表分辨率高，对同组称重传感器的性能一致性要求较高。总之，在多数情况下，当需要使用多个称重传感器组成一个系统时，并联组合方式将成为主流。

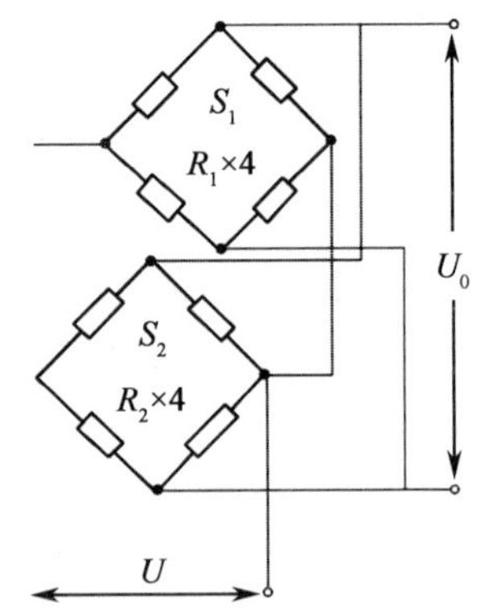

图 5-3　称重传感器的并联

(资料来源：门伟刚．饲料厂自动控制技术．北京：中国农业出版社，1998．)

4．称重显示仪表

电子称重显示仪表的作用是将称重传感器的称量结果用模拟形式或数字形式显示出来。称重显示仪表随着称重传感器及集成电路的进步而发展，由模拟式到数字化，由分立元件到集成电路，再到电脑化、智能化。称重显示仪表是电子配料秤的重要组成部分，又被称为二次仪表。图 5-4 是称重显示仪表的结构。称重传感器将重量线性变换成直流电压，一般为 0～20 mV(传感器的并联方式)。而 A/D 转换器的输入电压一般为 0.25～10 V，所以要求用放大器将传感器输出电压放大。常见的称重显示仪表用的放大器多为高精度、低漂移型。滤波器的作用是将叠加在称重电压信号上面的无用干扰信号去掉。干扰主要来自秤斗振动和电磁干扰。模数转换器(ADC)的作用是把电压信号线性变换成单片微处理器接收与处理的数字信号。

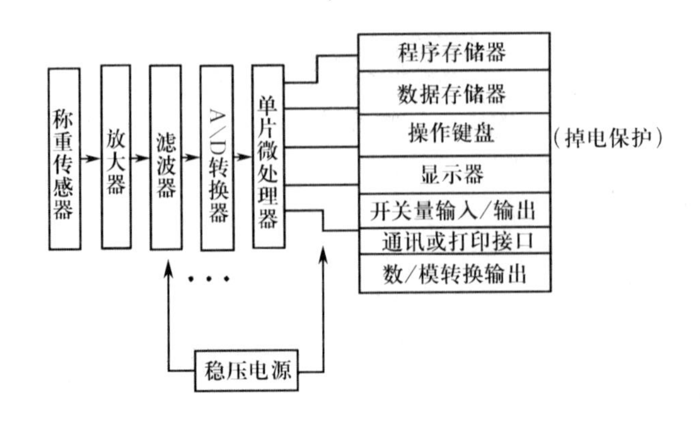

图 5-4　称重显示仪表

(资料来源：庞声海，郝波．饲料加工设备与技术．北京：科学技术文献出版社，2001．)

模数转换器的种类很多：以转换速度分为低速、中速和高速；以工作原理分为逐次比较型、双积分型和Σ-Δ型；以分辨率分为4位、8位、12位、18位、24位。工业用称重显示仪表要求ADC的转换速度大于50次/s，分辨率大于12位。商业用称重仪表的转换速度可以慢一些，但分辨率要求高一些。单片微处理器的作用是以ADC采样得到的数据信号经过软件滤波和量纲处理，将重量值实时、精确地传送到显示器，并通过通信接口传输至上位管理机或经打印机将重量报表打印出来。如果称重显示仪表具有控制功能，单片微处理器还将通过开关量的I/O自动控制设备的工作流程。此外，为了使用方便，还可设置其他功能，如键盘设定、统计数据显示、零位跟踪、自动去皮、静态准确度软件校验、自检自测等功能。除可保证称重计量性能要求外，现代电子称重显示仪表还配有为用户进行多种服务而设置的服务功能。

(1)称重显示仪表的主要计量功能

①最大量程设定功能：用户可以根据自己的要求对称重显示仪表进行最大量程设定，其中包括对显示分辨率(0.01%～0.1%)以及小数点的设定，使传感器与称重仪表的量程相匹配。

②置零及零点自动跟踪功能：置零功能是指以下状态下所应实现的功能。第一种是置零以后可以实现显示净重、准确读数和静态准确度校验；第二种是电子秤在开始运行前对空秤重量的自动置零；第三种是置零后对空秤重量(皮重)实现保护，当判断出皮重异常(如秤斗上有外力作用)时称重仪表应停止工作并发出故障信号。零点自动跟踪功能主要是消除传感器和称重仪表的温度、时间漂移对示值准确度所产生的误差。

③空中量(料柱)自动修正功能：目的是消除因空中料柱的变化而引起的配料误差，提高配料秤的配料准确度和精密度。

④数字滤波设定功能：数字滤波值越大，影响量对称重显示仪表显示值的影响越小。这一功能可确保在现场出现秤台振动、秤斗摆动或3级以上风力的不利条件下，称重仪表显示值仍有较好的稳定性。

⑤超载报警功能：当载荷超出传感器的最大量程时，称重显示仪表应报警，以免损坏传感器。

(2)称重显示仪表的主要服务功能

①报表数据统计与掉电保护功能：对所需的报表数据如批次、包数、原料消耗、产量等应能显示打印和掉电保护。

②统计数据远传功能：称重显示仪表应能把统计数据及当前实时重量通过通信接口远程传送给上位管理计算机，以实现计算机联网定量管理。

③自动控制功能：根据称重设备的要求，完成自身设备时序的自动控制以及对上下相关设备的工艺连锁。配料秤由配料控制器实现自动控制功能。

④静态准确度软件自校验功能：简化静态准确度校验工作量，提高准确度校验的精确性。

⑤自检及故障自动提示报警功能。

5.配料控制器的模式

电子配料秤的计量性能、控制和实现功能都是由配料控制器来完成。目前最先进的配料控制器的模式是由称重显示仪表和工业控制机组成的配料控制器。其称重显示仪表采用国产或进口的产品，只作称重及显示用。而作为控制与管理的上位机，则采用抗干扰性极强的工业控制机。

二、电子配料秤的系统

(一)结构与配置

以SPLG系列电子配料秤系统为例，SPLG型号含义：S-饲料企业、PL-配料秤、G-工控机。该系列产品有一机一秤、一机两秤和一机三秤3种形式，可为年单班生产0.5万t、1万t、2万t、3万t、4万t、6万t、8万t、10万t、12万t配合饲料厂配套使用。电子配料秤系统(图5-5)由配料仓、给料器、电机、传感器安装架、称重传感器、秤斗、秤斗门及其软连接以及称重显示仪表、打印机、电控柜和工业控制计算机等显示控制系统组成。

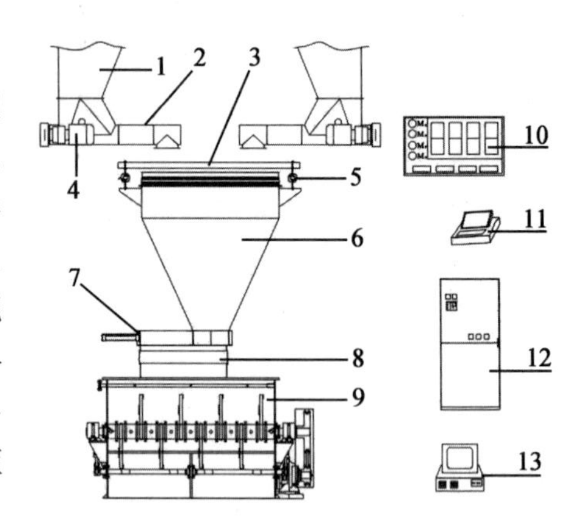

1.配料仓；2.给料器；3.传感器安装架；4.电机；5.称重传感器；6.秤斗；7.秤斗门汽缸；8.软连接；9.混合机；10.称重显示仪表；11.打印机；12.电控柜；13.工业控制计算机。

图5-5 电子配料秤的结构

SPLG电子配料秤系统是以一台计算机同时控制两秤或三秤工作，能对24种物料的给料器、混合机(混合时间和排料时间)以及人工投料和油脂添加等实施控制。它的控制系统配置见图5-6。系统的一次元件是称重传感器，其信号由称重显示仪表显示；称重显示仪表中的模数转换速度达300次/min；仪表与工控机之间的通信由EIA-RS232C来实现。工控机按重量的变化来实现对现场控制点的控制，并根据现场检测点来判断配料是否在进行。现场控制点包括各配料仓电机、人工投料报警、油脂添加、人工投料口开关、秤门开关、混合机门开关。现场检测点包括秤门开关信号、混合机门开关信号、人工投料信号、人工投料口料位信号、配料工段后工序暂停请求信号等。

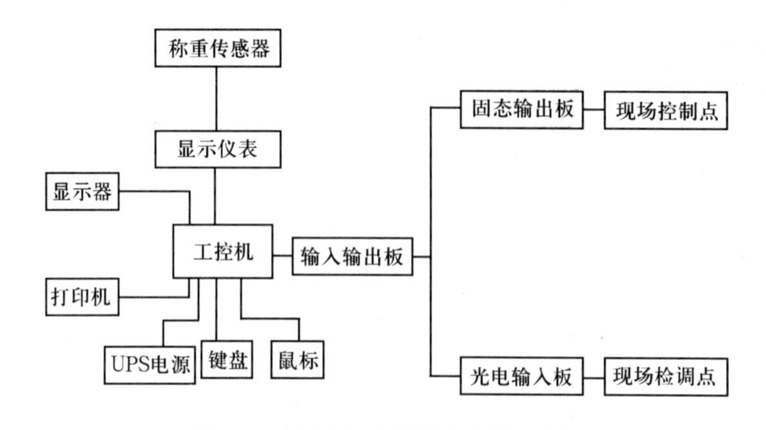

图5-6 电子配料秤的控制系统的配置

(资料来源：庞声海，郝波．饲料加工设备与技术．北京：科学技术文献出版社，2001.)

(二)主要技术参数

1.最大称量

最大称量是指电子配料秤具有自动称量最大不连续载荷的能力,即每批或每秤斗的称量能力(kg)。最大称量不包括电子配料秤的皮重。饲料厂使用的电子配料秤的最大称量有250 kg、500 kg、1 000 kg、2 000 kg 和 3 000 kg 等规格。它们可为不同生产能力的饲料厂配备依次是 0.5 万 t/年、1 万 t/年、2 万 t/年、4 万 t/年和 6 万 t/年单班产量。

2.最小称量

最小称量是指电子配料秤具有自动称量最小不连续载荷的能力。当载荷小于该值时,称量结果可能产生过大的相对误差。

3.最小累计载荷

最小累计载荷是指电子配料秤在自动称量的首次检定中的最大允许误差和累计分度值相等的载荷值,或者与最小累计载荷相等的载荷值在首次检定中的最大允许误差应小于累计分度值。累计分度值是指电子配料秤上主要累计指示装置的标尺间隙。累计分度值应当不小于最大称量的 0.01%,而且不大于最大称量的 0.2%。主要累计指示装置是电子配料秤上指示所有被称量物料注入接料容器内的物料总和的装置。

4.检定分度值

检定分度值是指在对衡器划分准确度等级和进行检定时使用的以质量单位表示的值。相对于实际分度值而言的,检定分度值是在检定时为了确定衡器的绝对误差值而设定的。

5.量程

量程是指秤的称量范围上限与下限的差值。称量范围是最小称量与最大称量之间的范围。

6.配料周期

配料周期是指配料秤完成从给料、称量的多次操作直至秤斗卸料完毕,秤门关闭的一批次操作过程的时间。电子配料秤的配料周期一般为 3～5 min。

7.影响量

影响量是指不属于被称量对象,但却影响被称量值或衡器示值的量。电子配料秤的影响量主要是温度和电源电压。电子配料秤的温度为－10～40℃、显示系统的温度为 0～40℃,其称量准确度应满足相应要求;交流电源电压在额定电压的－15%～10%内变动,电子配料秤应能正常工作。

(三)主要功能

①电子配料秤能配置一机一秤、一机两秤或一机三秤。在秤斗与混合机之间可设置缓冲斗,并能实行控制。

②配料顺序应先配大配比料,后配小配比料,以提高动态称量准确度。

③配料秤系统应能采用双仓给料或变频调速器控制给料,以缩短配料周期和提高动态称量准确度。当使用无变频调速器时,电子配料秤的动态称量准确度为 0.3%,当使用变频调速器时,电子配料秤的动态称量的准确度可提高至 0.1%～0.2%。

④配料控制器应能根据秤体现场振动大小而设置不同数字的滤波器,以使重量显示稳

定，从而提高配料系统的配料准确度和精密度。

⑤电子配料秤系统应配有开关输入量，使秤门、缓冲斗门、人工投料口和混合机门的开关状况置于系统的监控之下，完成设备动作的检测与连锁，保证配料过程的正常和产品质量。

⑥电子配料秤系统应具有掉电保护功能。当配料过程突然停电时，系统应能保护现场。待有电后，能从掉电前的工作点继续。

⑦应具有储存、调用和修改配方以及储存、显示和打印生产统计报表（报表内容包括原料消耗量、生产配方号、产量、总累计量、批次等）等功能。电子配料秤应具有串行通信接口，以便与上位管理机联网，实现定量管理。

⑧电子配料秤系统应具有自身检测功能，包括开关量 I/O、传感器信号、显示等，并可对故障、配料超差等情况实行声光报警。

⑨应具有手动、自动去皮重功能，屏幕显示配料秤毛重和净重，显示配料过程。

⑩输出部分全部采用消火花装置，防火防爆，确保配料安全。

（四）配料工作过程

配料工作过程是一种多品种物料依次连续和累计称量、示值停顿显示、分批周期作业、自动控制操作的复杂动态过程。

1. 电子配料秤在工作前的准备

（1）称量校对　首先，进行零位校对，即秤斗重量为皮重，去皮后显示的重量应为零；其次，进行称重校对，即用标准砝码加在秤斗上，使仪表显示的重量与加上的砝码重量一致，并要求分度值重量以及最大量程都要在允许误差内。新秤或修理后的秤必须进行称量校对。

（2）确定生产参数　包括秤数、料仓数、首号仓及下料顺序等。

（3）确定饲料配方　向计算机输入所选用的配方号，显示料仓号与料名，向配料仓输入配料原料，并将混合时间、放料时间等工艺参数输入计算机。

2. 电子配料秤工作

电子配料秤在工作时将每批（每秤）被称物料按品种（或料仓）排列成一份份不连续的序列，依次称重（可实时显示单次称量和累计称量结果），将示值累加，得出累计称量结果，得出该批物料的总重量。在完成一个配料周期之后，由配料混合控制系统发出指令，再进入下一个配料周期，称量第二批次。如此配料，生产得以连续协调地进行。

电子配料秤在工作时由 3 个称重传感器作为秤体的支承点，将物料重量转换成电信号输出，并输入数显表，经电压放大、模/数转换，由数码管显示称量结果。同时经译码电路输出二进制码（BCD），经输入输出接口（PIO）传输给工控机。由工控机对输入的重量信号与给定值进行比较后，输出控制信号由 PIO 输出，经光电耦合器控制继电器动作，以控制给料器等的运转。

3. 配料自动控制

配料自动控制同其他工段控制一起，由总控室操作人员根据工艺流程模拟屏或计算机屏幕中工艺流程图上显示的信号，监视与判断设备的运行状况。在计算机等进入配料程序后，操作人员应根据显示屏的提示，输入配料生产参数（配方、落料差调整、置入混合时间和混合机门打开时间等），同时应掌握计算机系统以及数据存储、调用、修改、传送和打印等内容与技巧，并能在配料过程中及时排除故障。在称重超差、空仓、秤斗门和混合机门开闭不符合生产要求时，迅速查明原因并予以消除。

电子配料秤的典型工作顺序为接通电源给出启动信号，此后整个配料过程即全自动运行。首先，一号仓开始给料，当给料量达到设定料量时，转为慢给料，当仅剩空中料量时，停止慢加料；其次，第二号仓开始给料……如此顺序操作，直到所有料仓给料完毕；最后，检测混合机中是否有料、混合机门是否关闭到位，如无料且料门关闭到位，则打开秤斗门，物料进入混合机。当电子配料秤的卸料门开门达到延时限值时，会自动关门，随后电子配料秤会开始下一批配料作业。当电子配料秤中的物料卸入混合机后，如需人工向混合机投入小料或特殊原料，则需在报警提示后加入，当加完后，人工给一个信号，人工投料口关上。根据秤斗门关闭或人工投料口关闭信号，计算混合时间。在秤斗门关闭后，下一批物料的配料周期开始。当第一批物料的混合时间达到时，混合机开门放料，当放料完毕后，混合机门关闭，随后开始下一批物料的混合。

三、电子配料秤的检验

电子配料秤为非连续累计自动衡器，在使用过程中，需要进行必要的检验，以确定电子配料秤的称量准确性，保证配料的准确度和精密度。电子配料秤的检验按 GB/T 28013—2011《非连续累计自动衡器》的规定进行。检验项目主要包括外观检查、空秤、偏载、称量性能、重复性、物料试验和安全性。

四、电子配料秤的应用

电子配料秤使用过程中的核心是保证其配料准确度和精密度。其中静态误差是准确度的基础性性能指标。不论何种状况，配料秤的动态准确度都不可能高于其静态准确度。即使在配料时显示的配料误差为零，也是存在其静态误差前提下的零误差。但是电子配料秤是在动态状况下工作，所以其动态准确度是电子配料秤的主要性能指标。

（一）配料误差分析

配料误差主要来源于称量误差和给料误差。

1. 称量误差

称量误差是指示值与标准砝码量值之间的绝对误差。电子配料秤在静态检验时得到的称量误差可表征电子配料秤的正确性与不变性（精密度）。称量误差主要由称重传感器、数显表、控制器以及称重连接件等系统误差所导致。称量误差可以被预测和控制，但只能在静态检验中被测出，不能在物料试验或生产中被检出。

2. 给料误差

给料误差是指示值与配方给定值之间的绝对误差。它可以由计算机比较识别，并显示打印出来。电子配料秤在动态称量时获得的给料误差可表征电子配料秤的稳定性与重复性。给料误差主要由给料、电源与电网干扰、机械干扰等外部因素的随机误差构成。给料误差是时间的函数，一般无法预知其量值，但可根据经验做出方向性判断。给料器的工作质量是主要影响因素，然后是外部条件的变化。给料误差可用“单次称量相对误差（稳定性）”和“单一物料累计称量相对误差(重复性)”等指标来表示。此2项指标均可在动态检验下得到。

称量误差与给料误差在动态称量时综合作用的结果就是配料误差(kg)。在实际生产中,由于称量误差无法反映,常将给料误差当作配料误差来处理,忽视了称量误差(或静态误差),而掩盖了产品的质量问题。如有的饲料厂计算机统计的生产量与打包口的实际生产量不符主要是由忽略了称量误差而导致的。

(二)给料误差控制

1.计算机算出的补偿值不准确

一般是因计算机控制软件的自适应功能不完善所致。在生产中,计算机检查每批料的配料结果,并进行前后比较,随配料批次增加,配料误差的下降速度应比较快。目前,市场上不少软件的自适应功能没有用于单品种配料误差控制,在选购时应注意比较。此外,应注意防止病毒侵害,用于生产控制的计算机严禁使用来路不明的软件,中控室计算机最好不用作其他用途。

2.崩塌具有不确定性

当螺旋给料器停转时,出口物料可能会发生崩塌。崩塌具有不确定性,可能是计算机判断错误而将一批物料的误差带入下一批物料。减少物料崩塌的方法:①给料器出料口的一段螺旋采用双头叶片;②将螺旋给料器出口提高,安装仰角为3°～5°;③在给料器出料口的断面用钢丝条按“井”字形焊接,可阻断崩塌。

3.空中料柱

空中料柱是指由给料器出料口下落到秤斗内的物料前的不能被称量的物料。空中料柱所导致的落料误差不可能完全消除。计算机控制软件自适应功能可通过补偿降低落料误差,但空中料柱的量值也存在随机性和不确定性,故不可能完全消除。减少空中料柱的方法通常是将给料器出口与秤斗进口的距离缩短至100 mm以内;先配用大组分的物料,后配用小组分的物料。

4.给料速度

给料速度应考虑对配比大、密度小、价格低的物料(玉米等)高速给料,石粉、鱼粉等可以慢速给料。实行快慢二次给料是行之有效的给料方式。给料器电机使用变频调速技术简便易行,电机由工频50 Hz的工况在接近给定值时自动切换至低频(如10 Hz)工况运行,给料器降低至慢速(如1/5),可使配料误差不大于0.2%,甚至可以接近其允许称量误差。

5.电子配料秤的稳定性要好

在检定时,电子配料秤已进行了零点(空秤)稳定性试验。如果稳定性差,较长时间不能得出称量结果,必定使给料器不能适时运行,增加配料误差。在使用中,应使电子配料秤远离振动源(如风机、粉碎机和制粒机等)。如车间为钢架结构,应将电子配料秤安装平台与主钢架分开建造。采用稳定性与重复性好的电子配料秤以提高配料系统的抗干扰能力,改善电子配料秤外部环境。

(三)配料误差控制

由电子配料秤产生的称量误差在生产中难以发现,需用四等砝码进行静态检验方可得出，称量误差控制的注意事项有如下几个方面。

1. 称重传感器质量和量程

称重传感器由专业生产厂专门制造，其质量取决于其受力与信号输出呈线性关系的程度。称重传感器量程的选择以其工作在该传感器量程约70%为适宜。称重传感器在出厂时对其主要性能指标进行了测试，并记载于产品合格证上，供用户选用。其主要性能包括量程、非线性误差、滞后、重复性误差、额定载荷下的输出灵敏度、抗侧向力、耐过载能力、温度影响、蠕变等。称重传感器不允许过载使用，因电子配料秤是多点加料，故应注意其偏载误差。同一台秤上使用的称重传感器其量程规格应相同，并严格选配灵敏度一致的传感器。当电子配料秤年检时应注意偏载性能结果，并排除误差。在安装称重传感器时，应避免横向载荷作用于弹性体，横向载荷不得大于额定载荷的6%，选用防震抗冲击能力强的称重传感器。因出厂时的称重传感器同连接电缆一起进行过标定，故不允许接长或减短电缆，否则将使线阻变化而导致称量误差增大。应选用较好的屏蔽电缆并正确接地。在安装时，应使其远离交流电源、动力线等干扰源，称重传感器和电缆均应远离热源。

目前，由于传统拉式称重传感器容易受震动干扰，而压式称重传感器抗干扰能力更强，所以现代配料称重传感器一般都采用压式称重传感器，在配方要求严苛时则采用平衡性更好的模块式称重传感器。

2. 称重传感器要均衡受力

在实际应用中，每组3～4个称重传感器受力不均衡的情况时有发生。一是支承点分布不均，使本组各个称重传感器受力不均。二是秤斗在一侧受力大，另一侧受力小，造成秤斗严重偏斜。其解决方法为在设计配料仓给料器及秤斗进料方案时，将配比大的原料给料器位置错开，使秤斗各个方向进料均匀。当玉米在配合饲料中的配比大于50%时，可设置2个玉米配料仓，并对称向秤斗进料。

3. 测量电路误差

虽然测量电路仪器的精密度、灵敏度均较高，但是元件老化、环境变化等都会导致测量误差。零点漂移是常见问题，应定期校正，消除误差。

4. 秤斗安装不正确

常见的是秤斗与各传感器的接触点不在同一平面，这会使传感器受力不均、受力方向偏移轴线，称重传感器受到了侧向作用力而造成称量误差。此外，秤斗上下软连接安装不当，会引起力的传递，也会造成称量误差。

（四）电子配料秤的抗干扰措施

电子配料秤的干扰源来自电源电压波动和电磁干扰。在验秤时，抗干扰试验是一项重要内容。在安装时，则应采取一系列抗干扰措施，以保证配料秤的准确度与稳定性。

1. 抗静电干扰

物料在给料和卸料过程中与料斗壁等的摩擦会产生静电，故秤体应接地，以释放高压静电。

2. 抗工频噪声干扰

当输电线与电子配料秤信号线平行走线时，工频交变磁场就会在信号线上激发电动势而引起噪声。变压器和电动机也会产生漏磁磁通，使信号线产生电磁感应噪声。为此，在安装时,应使信号线避开动力线,如不能避开,应在信号线外加套金属防护管,并将防护管接地。此外,采用传感器并联的工作方式可降低系统的输出阻抗,也可降低静电耦合对信号线的干扰电压。

3. 抗射频和放电干扰

电子配料秤的信号线对空间存在的射频电磁场(如广播、电视、通讯、雷达和高频淬火等设施设备),相当于一根接收天线对"天线"引入的感应电压通过低通滤波器可将其高频分量滤掉,但低频分量仍可对电子配料秤的信号产生干扰。电焊、电加工机床、汽车点火装置和雷电都会产生火花放电,会对电子配料秤产生干扰。正确使用屏蔽接地技术对此类干扰具有抑制作用。

第三节　配料工艺与辅助设备

一、配料工艺

设计合理的配料工艺流程在于选定正确的配料计量装置的规格、数量,并使其与配料给料设备、混合机等设备充分协调。优化的配料工艺流程可提高配料准确度和精密度,缩短配料周期,这样就有利于实现配料生产过程的自动化和生产管理的科学化。常见的配料工艺流程有一仓一秤、多仓一秤和多仓数秤(2～4 个配料秤)等几种形式。

(一)一仓一秤配料工艺

一仓一秤工艺应用于 8～10 个配料仓的小型饲料加工机组中,每个配料仓下配置一台重量式台秤。各台秤的称量可以不同,在作业时,各台秤独立完成进料、称量和卸料的配料周期动作。这种工艺的优点是配料周期短,准确度高。其缺点是设备多,投资大,使用维护也较复杂。该配料工艺目前已不多见。

(二)多仓一秤配料工艺

多仓一秤工艺应用于 6～10 个配料仓的小型饲料加工厂中,全部配料仓下仅配置一台电子配料秤。各配料仓依次称量配料,配料周期相对较长。配料仓过多容易产生配料周期比混合周期长从而降低生产效率的问题。更重要的是,小配比(5%～20%)的原料在称量时误差很大,会降低产品质量和增加生产成本,故这种配料工艺目前应用较少。

(三)多仓数秤配料工艺

应用较多的饲料配料工艺是多仓双秤与多仓三秤。图 5-7 是多仓双秤配料工艺流程,多仓三秤配料是在此基础上增加一台预混合饲料及人工投料复核秤,如图 5-8 所示。在配料时,由给料器分别依次将原料送至秤斗中。大配比(≥20%)的原料送至大秤斗,小配比(5%～20%)的原料则被送至小秤斗称量。每种原料的定量由配料控制器控制给料器的给料,即通过给料器的开关依设定顺序与时间来实现。当全部料仓的物料按设定的配方要求称量配料完毕,达到规定累计重量(每批料量)时,秤斗门打开,将秤斗内物料放入混合机中进行混合。混合机在达到预定混合时间,即混合均匀度达到要求时,打开卸料门卸料至缓冲仓,落入成品螺旋式输送机或刮板式输送机,至下一工序。

多仓数秤配料工艺适用于有 12～16 个配料仓的中型饲料厂或有 16～32 个配料仓的大型饲料厂。其优点是大配比的原料用大秤,小配比的原料用小秤,所以可提高配料准确度,同时也增加可直接配料的原料品种和数量(因为小秤的最大称量比大秤的 25%小许多,例如,大秤 500 kg,小秤 100 kg,那么许可直接参加配料的原料的最小称量:大秤为 25 kg,小秤为 5 kg)。此外,大小秤同时配料可缩短配料周期。有的配料系统不仅可同时向大小数个秤给料,也可由 2 个给料器同时向一个秤斗给料(如大配比原料玉米可双仓或多仓给料),均可缩短配料周期。复核秤可以避免人工添加而出现的失误。震动器、气动蝶阀能减少料仓内的物料残留,提高配料准确度和精度。无动力脉冲和气流释放脉冲能有效消除物料流动过程中产生的气流波动。现代饲料厂的配料周期已由过去的 5 min 左右缩短至 3 min 左右,并适应了普遍应用双轴桨叶式混合机等高速高效混合机的要求,成倍提高了饲料生产效率与设备利用率。

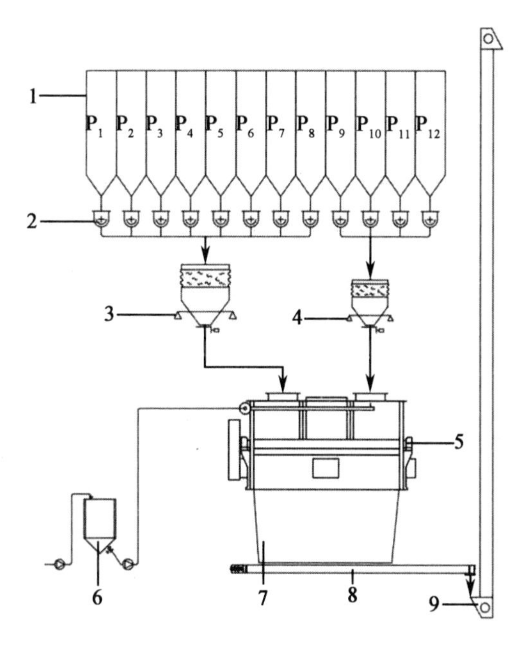

1. 配料仓;2. 给料器;3. 大秤斗;4. 小秤斗;5. 混合机;6. 液体添加装置;7. 缓冲仓;8. 成品输送机;9. 成品提升机。

图 5-7 多仓双秤配料工艺流程

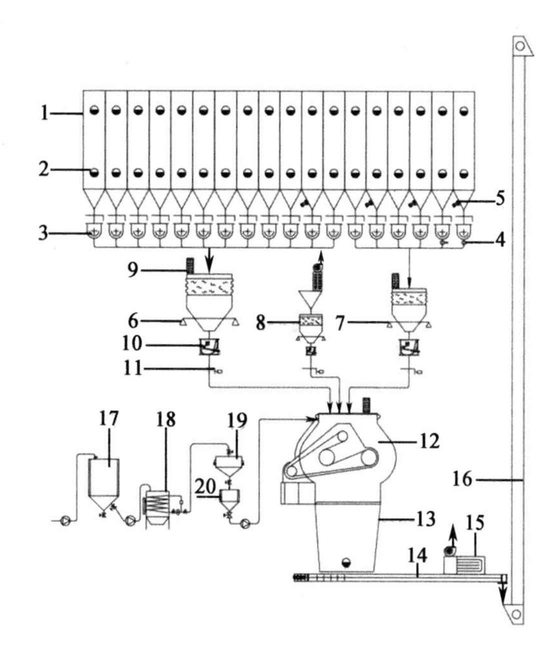

1. 配料仓;2. 料位器;3. 给料器;4. 震动器;5. 气动蝶阀;6. 大秤斗;7. 小秤斗;8. 复核秤;9. 无动力脉冲;10. 气动翻板阀;11. 气流控制阀;12. 混合机;13. 缓冲斗;14. 成品输送机;15. 气流释放脉冲;16. 成品提升机;17. 储油罐;18. 油脂保温罐;19. 油脂称重秤;20. 油脂添加仓。

图 5-8 多仓三秤配料工艺流程

二、配料仓

配料仓的功能是储存各种饲料原料的中间料仓,保证配合饲料的生产协调、连续地进行。配料仓的容积应根据保证配料可正常、连续、协调地进行而定。仓容过小,会造成生产混乱或中断；仓容过大，则会使设备和基建投资增加，料仓结拱的风险增大。对配料仓的总仓容的计算，通常大中型饲料厂按工作 6～8 h 的储存量计，小型饲料厂则按工作 4 h 的储存量计。配料仓的个数依配料品种数而定，并应增设一些备用仓。一般年单班产 5 000 t 的饲料厂设 8～10 个配料仓，年单班产 1 万 t 的饲料厂设 10～12 个配料仓，年单班产 2 万 t 的饲料厂设 12～16 个配料仓，年单班产 4 万 t 的饲料厂设 20～24 个配料仓等。为将不同的饲料原料分配到指定的配料仓，通常需配备分配设备，常用的有螺旋输送机和三通阀、摆动分配器及旋转分配器等。配料仓均需配备料位指示器，以显示仓内物料位置。

三、配料给料器

由配料仓卸料或向配料秤秤斗给料需采用给料器。饲料工厂中常用的配料给料器为螺旋式给料器(图 5-9)。螺旋式给料器由动力传动装置、进料口、料槽、螺旋体、出料口及机壳等构成。动力传动装置一般采用三角皮带传动、链条传动或直联传动，采用双速电机、变频电机传动进行控制。动力传动装置要求可变速以实现快慢速给料，制动迅速，以提高给料量的精确性，并且结构紧凑，便于自动控制。因此，现代饲料厂多采用链条传动的变频电机控制以提高配料准确度。

螺旋体的螺旋叶片可根据进料和输料的工艺要求在进料口下方的进料段上，采用叶片直径由小到大的形式(称变径螺旋)，或螺距由小到大的形式(称变距螺旋)，使进料口均匀落料，避免堵塞或架空。螺旋体的输送段则仍采用等距、等径的螺旋，但其输送能力应不低于进料段末端的输送能力。为了防止配料仓内物料自动流经给料器而进入秤斗，螺旋输送段的长度不得小于螺距的 1.5 倍。

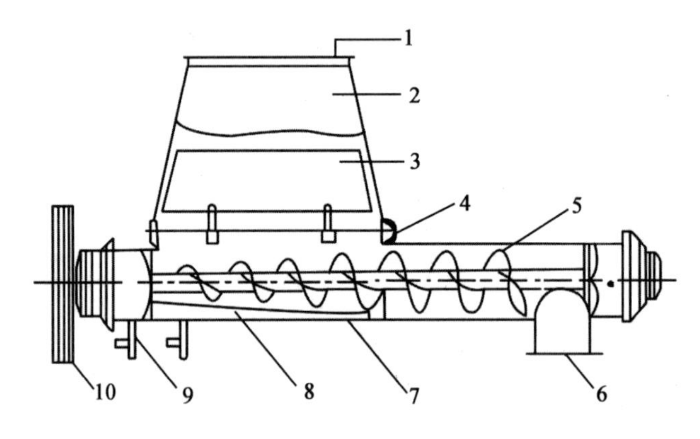

1. 进料口；2. 连接管；3. 减压板；4. 机壳(槽)；5. 螺旋体；6. 出料口；
7. 检查门；8. 衬板；9. 电机架；10. 三角带轮。

图 5-9　螺旋式给料器

(资料来源：庞声海，饶应昌. 饲料加工机械使用与维修. 北京：中国农业出版社，2000.)

本章小结

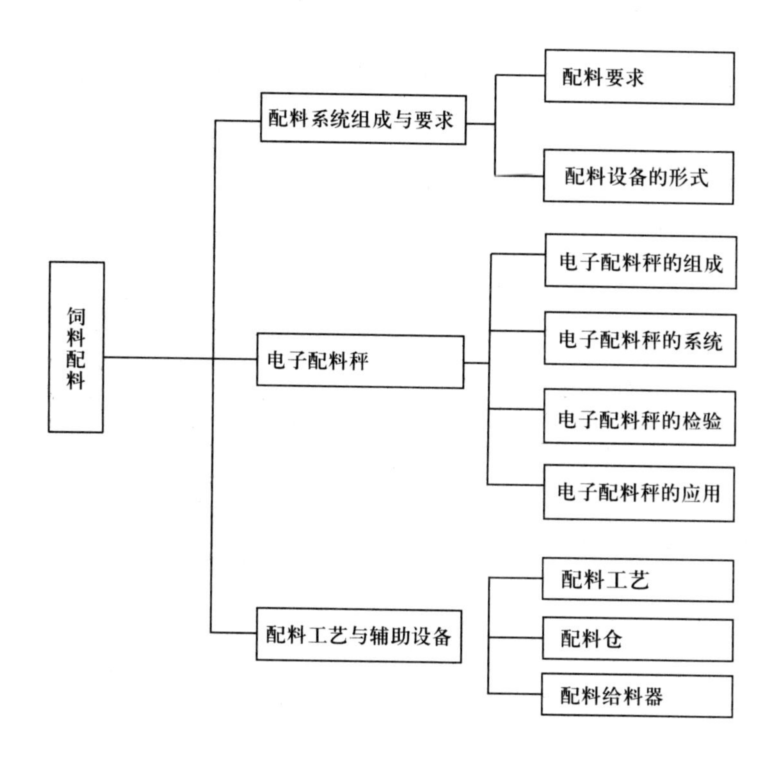

复习思考题

1. 饲料生产对配料系统和电子配料秤有哪些基本要求？
2. 试述电子配料秤的组成及其特点。
3. 试述电阻应变式称重传感器的工作原理。
4. 简述电子配料秤的工作过程。
5. 引起配料系统的配料误差因素有哪些？如何控制配料误差？
6. 试述多仓双秤配料工艺的工作过程。

第六章　饲料混合

学习目标

- 了解混合原理、混合工艺、常用混合机的工作参数及特点；
- 掌握混合质量评定及影响混合工艺效果的因素。

主题词：混合工艺；混合机械

第一节　饲料混合概述

混合是将 2 种或 2 种以上的饲料组分拌和在一起，使之达到特定的均匀度的过程。饲料混合均匀是动物采食到符合配方比例要求的饲粮的前提，它直接影响配合饲料的加工质量和饲料转化效率。混合机则是将 2 种或 2 种以上物料混合均匀的设备。混合机是配合饲料厂的关键设备之一，其生产能力决定饲料厂的生产规模。

一、混合机理

根据混合机的形式、操作条件以及粒子的物性等，混合机理主要有以下 5 种混合方式。

（一）对流混合

对流混合，又称体积混合，许多成团的物料在混合过程中从一处移向另一处，相互之间形成对流，从而使物料产生混合作用。对流混合决定混合速度。

（二）扩散混合

扩散混合是指在机械搅拌作用下，混合物料的颗粒以单个粒子向四周移动、扩散，类似于分子扩散过程。特别是微粒物料（粉尘）在振动下或流动状态下的扩散作用明显。

（三）剪切混合

剪切混合是指粒子相互滑动、旋转以及冲撞等而产生的局部移动，使物料彼此形成剪切面而产生的混合作用。

(四)冲击混合

当物料与混合机壁壳、混合机构碰击时，造成单个物料颗粒的分散，称为冲击混合。

(五)粉碎混合

粉碎混合是指在混合过程中因物料颗粒被粉碎，造成更多的小颗粒被分散而产生的混合作用。

总体而言，这5种混合方式同时起作用，不过以前3种为主。在不同类型的混合机中，每种混合方式所占比重不同。旋转滚筒式混合机和V形混合机以扩散混合为主体。螺带式混合机、桨叶式混合机和行星式混合机以对流混合占支配地位。糖蜜混合机和快速混合机以剪切混合为主。

二、混合分类

按混合过程的连续性，混合工艺可分为分批混合(或称批量混合)和连续混合。

(一)分批混合

分批混合是将各种饲料原料根据配方比例配合在一起，并将它们送入周期性工作的"批量混合机"进行的混合作业。混合一个周期，即生产出一个批次成品。这种混合方式改换配方方便，容易控制交叉污染，这是普遍应用的一种混合工艺。分批混合的每个周期包括混合机装载、混合、混合机卸载及空转时间。分批混合的循环时间包括以上每个操作时间的总和，混合机的生产率可按下列公式计算：

$$Q=\frac{60\nu\,\Phi\gamma}{\sum t} \tag{6-1}$$

式中：Q 为混合机产量(kg/h)；ν 为混合机容积(m^3)；Φ 为物料充满系数，一般取 $\Phi=0.80\sim0.85$；γ 为物料容重 kg/m^3，一般实测，畜禽配合饲料参考值为 $400\sim500\ kg/m^3$；$\sum t$ 为混合周期需要总时间(min)，包括进料时间、混合时间、卸料时间及空转时间。

在混合作业中，由于物料在配方中的比例、容重、特性不同，需要对用量少，或者不易混合均匀的物料进行预处理。《饲料质量安全管理规范》规定，企业应当对生产配方中添加比例小于0.2%的原料进行预混合。企业可以将这些微量成分制成预混合饲料，或者用配方中用量较大的组分(如豆粕、玉米等)对其进行稀释，以满足法规要求，使用量不同的组分都能够混合均匀。

(二)连续混合

连续混合是将各种饲料组分同时分别连续计量，并按比例配合成一股含有各种组分的料流，当这股料流进入连续混合机后，则连续混合而成一股均匀的料流。其工艺流程如图6-1所示。

连续混合由配料器、集料输送、连续混合机3部分组成。配料器使每种物料连续地按配方比例由集料输送机均匀地输送到连续混合机，完成连续混合操作。这种工艺的优点是可以连续地进行；容易与粉碎及制粒等连续操作的工序相衔接；在生产时不需要频繁地操作。

其缺点是该工艺流程的配料精度较低;在更换配方时,流量的调节比较麻烦,而且输送和混合设备中的物料残留较多,交叉污染严重。由于配料误差大,混合均匀度低,连续混合在配合饲料生产中很少见。

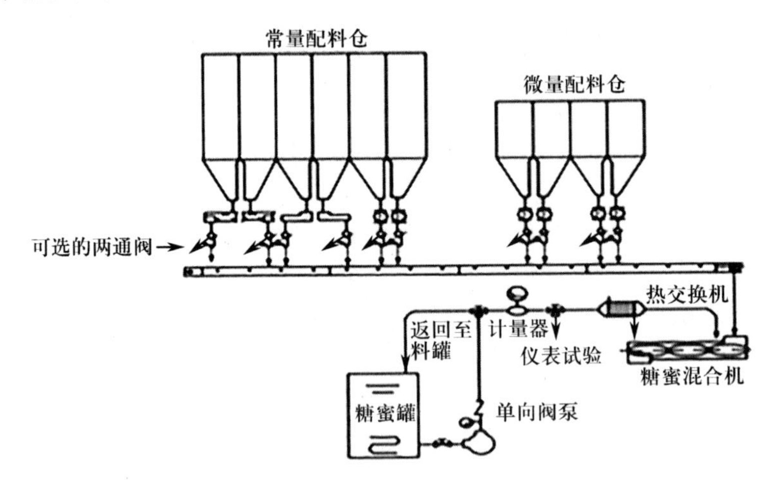

图 6-1 连续混合工艺流程

(资料来源:Robert R. McEllhiney. 饲料制造工艺学. 4 版. 沈再春,等译. 北京:中国农业出版社,1996.)

三、混合过程与效果

(一)混合曲线

混合曲线以混合时间为横坐标,以物料的混合均匀度变异系数 CV(%)为纵坐标,通过测定不同混合时间的 CV 值的大小来表示物料混合的均匀程度,图 6-2 为卧式双螺带混合机的混合曲线。

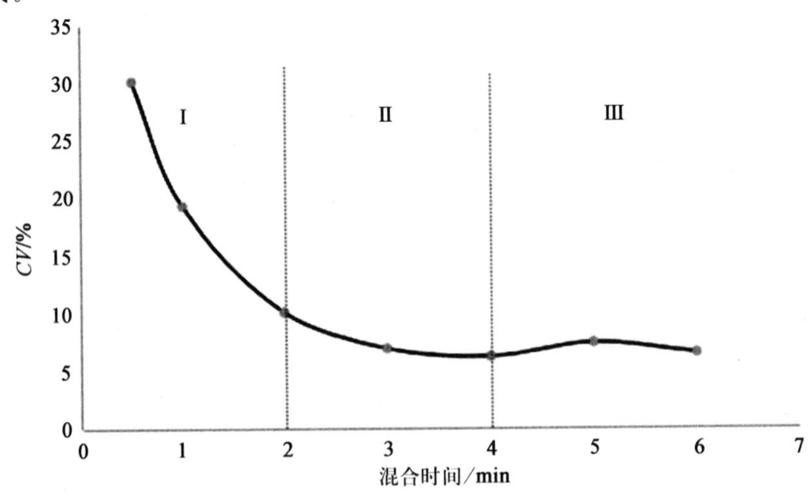

Ⅰ. 开始阶段;Ⅱ. 过渡阶段;Ⅲ. 动平衡阶段。

图 6-2 卧式双螺带混合机的混合曲线

(二)混合过程

以卧式双螺带混合机为例，整个混合过程可以分为 3 个阶段。

Ⅰ阶段：开始阶段　混合作用>>分离作用

混合均匀度随着混合时间的增加而提高，这一阶段主要是对流混合起作用。颗粒成团地由一个部位向另一个部位渗透、滑移，使原来分离的各种组分能迅速得到粗略的混合，混合速度快，在混合曲线上的斜率很大。虽然这一过程也存在分离作用，但它不起主要作用。

Ⅱ阶段：过渡阶段　混合作用>分离作用

随着对流混合达到一定程度，伴随而来的扩散、剪切等为主的混合作用进一步提高混合均匀度。随着混合时间延长，由颗粒的自动分级等原因而产生的离析作用相对加强，所以这一阶段的混合速度要比第Ⅰ阶段缓慢。

Ⅲ阶段：动平衡阶段　混合作用=分离作用

随着混合时间的进一步延长，混合均匀度变异系数降低的速度进一步减慢，而分离作用相对加剧，最后混合与分离作用几乎达到了平衡。如果继续混合，其均匀度就出现不规则的波动。到了此阶段，继续混合就已失去了现实意义。

(三)混合状态

混合状态是指经混合后，物料的均匀度应在允许的范围内。假设物理特性完全相同的黑白 2 种物料微粒经混合后，2 种微粒混合均匀，排列整齐，相互之间有最大的接触面积。此时从任何位点取任意大小的样品，黑白两种物料的微粒数均完全相等($CV=0$)，此状态被称为“理想完全混合”(图 6-3a)。但在实际中，物料微粒在混合过程中常以微粒群的形式做无定向运动，因而混合后的物料只能达到一定数量的容积均一($CV>0$)，此状态被称为“统计完全混合”(图 6-3b)，这是实际生产中混合后的理想状态。

图 6-3　混合状态

(资料来源：李德发. 中国饲料大全. 北京：中国农业出版社，2001.)

(四)混合效果

随着混合时间延长，混合均匀度迅速增加，达到最佳混合均匀状态，通常称之为“动力学平衡”状态。若再延长混合时间，混合均匀度反而降低，这种现象为过度混合。混合越充分，则潜在的分离性越大，所以应在达到最佳混合后将混合物从混合机内排出，并应减少在后续的输送过程中出现的分离现象。

四、混合质量评价

(一)混合质量的评价原理

把各种组分的混合物完全混合均匀，这好像是要把各种组分的每一个粒子均匀地按比例地镶嵌成有规律的结构体，也就是说在混合物的任何一个部位截取一个很小容积的样品，在其中也应该按比例地包容每一个组分的物料。实际上，这种理想完全混合状态是不存在的。混合物不同部位的各个小容器中所含各组分的比例往往与规定的标准值有一定的差异。因此，对混合均匀度的评定只能是在统计分析方法的基础上进行。

由于多组分混合是一个多变量的概率系统，其在数学运算中显得过于复杂，所以在实践中不采用这种系统，而是把多组分的混合简化为 2 种组分的混合：一种是准备作为定量统计的组分，即检测组分；另一种是把其他所有的组分都看成一个均匀的同一组分，即基本组分。在实践中，常以检测组分在基本组分中的分布情况来代表所有组分的混合情况，这样就可以用概率和统计的方法来解决这个实际问题。

把参加混合的 2 种组分都看成是以颗粒参加混合，并假设混合组分的所有颗粒的形状、大小相同。当物料的粒子随意地分布在混合机的整个空间时，根据数学分析，这些粒子在某个特定的空间的分布将是一种泊松分布。其计算公式为：

$$f(x)=\frac{m^{x}\mathrm{e}^{-m}}{xL} \tag{6-2}$$

式中：$f(x)$为在多个子空间内发现 x 个粒子的概率；x 为某个子空间中含有检测组分的粒子数；m 为全部子空间内的检测组分粒子的平均数；L 为子空间混合物料所占的整个容积中的某一个(取样的)小容积。公式(6-2)计算繁杂，而且必须使用大数量的粒子数，才能防止每个抽样的偏差过大。所以在应用中采用计算比较方便的正态分布来解决这一问题。当 $m\geqslant 20$ 时，泊松分布便接近于正态分布而不致有太大的误差，因此，可改用正态分布。其计算公式如下：

$$f(x)=\frac{1}{2\pi m}\mathrm{e}^{\frac{-(x-m)^2}{2m}} \tag{6-3}$$

一般混合均匀度的评定方法是在混合机内若干指定的位置或是在混合机出口(或成品仓进口)以一定的时间间隔截取若干个一定数量的样品，分别测得每个样品所含检测成分的含量。然后，用统计学上的变异系数作为表示混合均匀度的一种指标。其计算公式如下：

$$m=\frac{x_1+x_2+\cdots+x_i}{n}=\sum_{i=1}^{n}\frac{x_i}{n} \tag{6-4}$$

式中：m 为测定的平均值；x_i 为测得第 i 个样品中检测的组分量；n 为测定的样品数。

$$S=\sqrt{\frac{(x_1-m)^2+(x_2-m)^2+\cdots+(x_n-m)^2}{n-1}}=\sqrt{\frac{\sum_{i=1}^{n}(x_i-m)^2}{n-1}} \tag{6-5}$$

式中：S 为标准值；m 为平均值；x_i 为第 i 个样品中检测组分的测定值。

$$变异系数\ CV = \frac{S}{m} \times 100\% \tag{6-6}$$

式中：CV 为变异系数；S 为标准差；m 为测定的平均值。

(二)混合均匀度的测定

混合均匀度指混合机混合饲料能达到的均匀程度，一般用变异系数来表示。饲料的变异系数越小，说明饲料混合越均匀。混合均匀度的测定方法按 GB/T 5918—2008《饲料产品混合均匀度的测定》的规定执行。该方法包括氯离子选择电极法和甲基紫法，对原理、试剂、仪器、采样、试样制备、分析步骤、结果计算等有详细的规定，其中氯离子选择电极法是仲裁法。通常抽取 10 个有代表性的原始样品，用“四分法”缩样，送化验室分析计算。

例如，每次测定值为 $x_1, x_2, x_3, \cdots, x_{10}$，其平均值为 $\bar{x}$，标准差为 S，变异系数为 CV，按下列公式计算：

$$\bar{x} = \frac{x_1 + x_2 + \cdots + x_{10}}{10} \tag{6-7}$$

$$S = \sqrt{\frac{(x_1 - \bar{x})^2 + (x_2 - \bar{x})^2 + \cdots + (x_{10} - \bar{x})^2}{10 - 1}} \tag{6-8}$$

由平均值与标准差 S 计算变异系数 CV

$$CV = S/\bar{x} \times 100\% \tag{6-9}$$

我国饲料标准规定在混合含量十万分之一的指示剂时，配合饲料和浓缩饲料的混合均匀度变异系数 $CV \leqslant 10\%$，预混合饲料混合均匀度变异系数 $CV \leqslant 5\%$ 或 7%，与国外规定基本一致，前者称为“合格混合”，后者称为“优良混合”。国内有专家提出特种水产配合饲料的混合均匀度变异系数 $CV \leqslant 7\%$。

第二节　饲料混合设备

根据容器在混合过程中的状态可将混合机分为：①容器固定型混合机。在固定的容器内装有转动的搅拌结构。螺带混合机、桨叶式混合机、立式螺旋混合机、行星式混合机等属于这种类型。②容器旋转型混合机。通过容器旋转使内部物料混合，如 V 形混合机和滚筒式混合机等。

根据物料流动状态可将混合机分为：①分批式混合机。分批、反复进行混合的形式。②连续式混合机。混合操作不间断地连续进行的形式。

根据机器主轴设置可分为：①卧式混合机。混合机工作主轴为水平设置，机器内的螺旋带或桨叶旋转以对流混合作用为主。②立式混合机。混合机工作主轴为立式，通过机内立式螺旋输送机的转动，使物料达到混合的目的。混合机混合作业性能应符合 NY/T 1024—2006《饲料混合机质量评价技术规范》的规定（表 6-1），涂层质量应符合 JB/T 5673—2015《农林拖拉机及机具涂漆　通用技术条件》中的规定（表 6-2）。

表 6-1 混合机作业性能指标

序号	项目	指标
1	生产率/(kg/h)	不低于设计要求
2	吨料电耗/(kW·h/t)	≤1.5
3	物料自然残留率/%	≤1(0.8)*
4	密封性	无漏粉
5	轴承温升/℃	≤30
6	混合均匀度/%	≥90(95)*
7	噪声/dB(A)	≤85
8	粉尘浓度/(mg/m³)	≤10

注：* 括号内数值适用于预混合饲料用混合机。

表 6-2 混合机涂层质量指标

序号	项目	指标
1	表面质量	色泽均匀、平整光滑，无露底、起泡、起皱
2	涂层附着力	检查 3 处，全部达到Ⅱ级及以上

一、容器固定型混合机

(一)分批卧式螺带混合机

在我国饲料工业发展初期，分批卧式螺带混合机是配合饲料厂的主流混合机。该机有单轴式和双轴式 2 种。单轴式的混合机多为 U 形，也有 O 形；双轴式则为 W 形。其中 O 形适用于预混合饲料，也可用于小型配合饲料加工厂；U 形是最普通的卧式螺带混合机，也是配合饲料厂曾应用广泛的一种机型；W 形则使用较少，用于大型饲料厂。U 形 SLHY 卧式单轴双螺带混合机的结构外形见图 6-4，其中转子结构与物料在混合区的混合原理见图 6-5。

卧式单轴双螺带混合机的外形

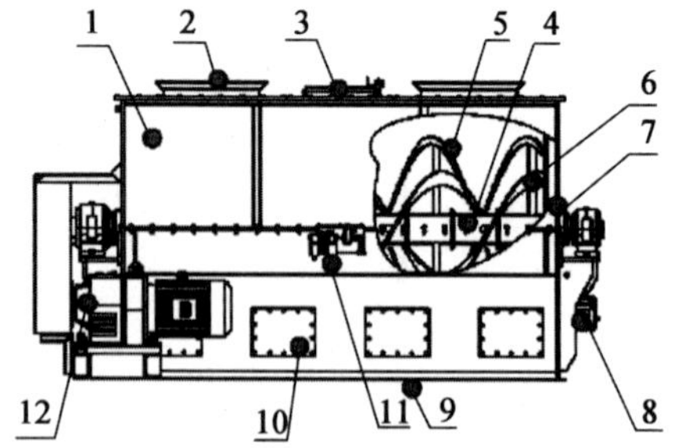

卧式单轴双螺带混合机的结构

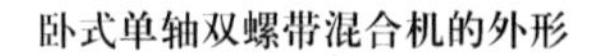

1. 机体；2. 双进料口；3. 人工加料与人孔；4. 主轴与支杆；5. 外螺带；6. 内螺带；7. 回风通道；8. 大开门机构；9. 出料口；10. 检修与观察门；11. 气动控制元件；12. 减速器。

图 6-4 卧式单轴双螺带混合机

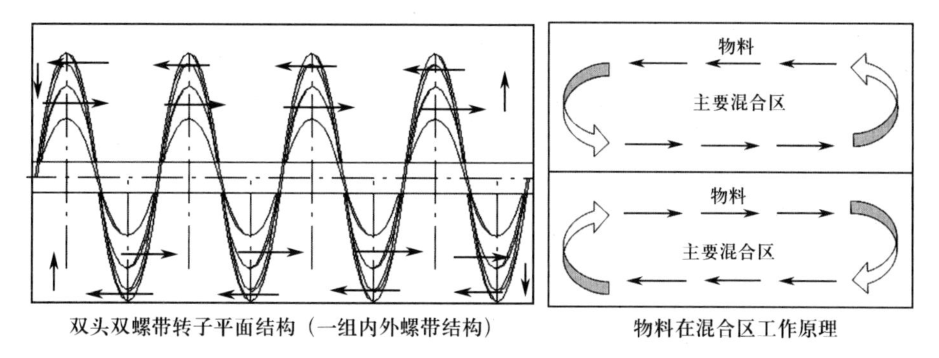

双头双螺带转子平面结构（一组内外螺带结构）　　物料在混合区工作原理

图 6-5 螺带混合机转子结构与物料的混合原理

在卧式单轴双螺带混合机的顶部，一般有1～4个进料口。转子是在一根水平转轴上装有几套带状螺旋带的部件。为了加强混合作用，多数混合机采用双层螺带。内外圈螺带分别按左旋和右旋设置，按照内外螺带的输送能力相等的原则设计内外螺带的宽度。内外螺带的排列形式也有2种：一种是外螺带将物料从两端往中间推送，内螺带将物料从中间往两端推送，或外螺带将物料从中间往两端推送，内螺带将物料从两端往中间推进；另一种是外螺带将物料由一端向另一端推送，而内螺带推送物料的方向与其相反。螺带有单螺头和双螺头2种。外圈螺带与机壳之间的间隔为5～10 mm，有的混合机的间隔为2 mm。在使用这种间隙小的混合机时，每批混合2 t物料，机内的残留量只有50 g，所以间隙小的混合机有利于减少交叉污染，提高混合质量。

出料口在机体下部，小型混合机出料活门多用手动控制，大型混合机多用机械控制。排料门的形式有全长排料、端头排料或中部排料。在混合机的下面装有缓冲仓，缓冲仓的容积应大于一批料的容积。传动部分由电动机、减速器等组成。它们通过机架直接安装在机体上，由减速器通过联轴器直接带动螺旋轴，也可由减速器经过链轮减速，带动螺旋轴，电动机安装在机体下部或上部。

在工作时，物料在螺带的推送下按逆流原理进行充分混合，外圈螺带若使物料沿螺旋轴的一个方向流动，内圈螺带则使物料沿着相反方向流动，物料在混合机内不断翻滚、对流，从而达到均匀一致的混合物料。混合时间一般是每批4 min，通常的混合时间为2～6 min，其包括进料、混合、卸料3个过程。螺旋轴的转速一般为25～60 r/min，也有时转速可高达100～200 r/min，这主要取决于机型的大小和机械结构。通常小容量的混合机转速较高，大容量的混合机转速较低，此外，可设置自动控制装置。SLHY系列螺带混合机主要技术参数如表6-3所示。当盖板在开启的情况下，混合机不能启动以确保安全生产。

卧式螺带混合机的优点是混合速度较快，混合质量好，卸料时间短，物料在机内的残留量少。其缺点是占地面积大、动力消耗大。由于混合时间短，故其单位产品的能量消耗优于立式混合机的能量消耗。

表 6-3　SLHY 系列螺带混合机的主要技术参数

型号	有效容积/m^3	转子直径/mm	混合室长度/mm	动力配备/kW
SLHY0.4	0.4	600	1 600	5.5
SLHY0.6	0.6	650	1 800	7.5
SLHY1.0	1.0	900	2 000	11
SLHY2.5	2.5	1 100	2 600	18.5
SLHY5.0	5.0	1 300	3 400	30
SLHY7.5	7.5	1 500	3 800	37
SLHY10.0	10.0	1 700	4 100	45
SLHY 12.5	12.5	1 800	4 800	55
SLHY 15.0	15.0	1 900	6 000	75

注：①每批混合时间为 3～6 min；②混合均匀度为 $CV \leqslant 10\%$；③转速为 30～40 r/min；④传动方式采用链传动或轴装式减速器传动；⑤转子直径与混合室长度为参考值。

(二)单轴桨叶式混合机

单轴桨叶式混合机的总体结构如图 6-6 所示。混合机由转子、机体、机壳、减速电机、上盖、液体添加装置、清理门等部件组成。转子通过两端的带座轴承安装在机体上，由减速电机通过减速机输出空心轴与转子连接驱动。在机壳下部安装出料门，出料门由气缸根据混合周期自动控制开关；机壳上设有清理门，上盖板上有 2 个进料口，供主料和添加剂加入。在上盖与下机体上装有回风管道，用于平衡料仓内的气压。

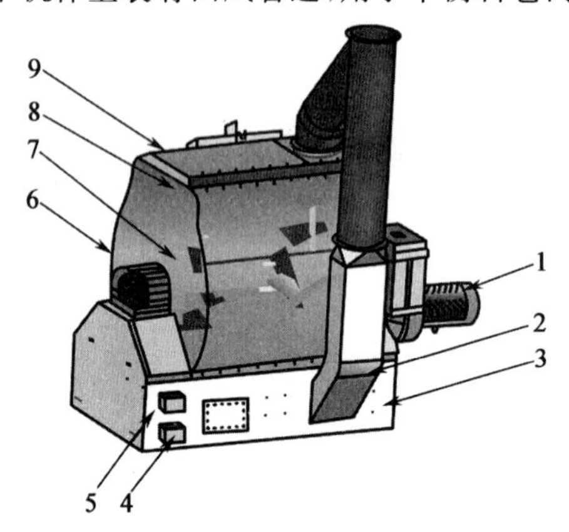

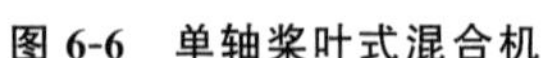

1. 减速电机；2. 回风管道；3. 下机体；4. 气动装置；
5. 电气接线盒；6. 下机体；7. 转子；8. 清理门；9. 上盖。

图 6-6　单轴桨叶式混合机

二维码视频 6-1
单轴桨叶式混合机

目前饲料行业中广泛使用的是 SJHS 系列单轴双层桨叶式混合机。该混合机属于双层高效混合机，被用于粉状、粒状物料的混合。混合机转子上有内外 2 层桨叶（图 6-7），外层的大桨叶带动物料在快流区左右翻动，在机槽内全方位连续循环运动，实现物料强烈的对流混合；内层小桨叶的特殊角度带动物料在漫流区内实施对流混合。该混合机混合均匀度高，混合速度快，物料在 60～90 s 内混合均匀度为 $CV \leqslant 5\%$，该系列混合机的主要技术参数见表

6-4。混合机装填系数可变范围大(0.4～1),特别适用于物料容重、粒度等差别大的浓缩料、预混料、维生素等要求混合均匀度比较高的产品的混合。单轴桨叶式混合机的能效等级见表6-5。

表 6-4 SJHS 系列单轴双层桨叶式混合机的主要技术参数

型号	有效容积/m^3	转子直径/mm	混合室长度/mm	桨叶配置	动力配备/kW
SSHJ0.2	0.2	800	800	4	2.2(3)
SSHJ0.5	0.5	950	950	4	5.5(7.5)
SSHJ1	1	1 300	1 300	4	11(15)
SSHJ2	2	1 500	1 500	4	18.5(22)
SSHJ3	3	1 900	1 900	4	30(37)
SSHJ4	4	2 000	2 000	4	37(45)
SSHJ6	6	2 500	2 500	6	55
SSHJ8	8	2 700	2 700	6	2×37

注:①混合时间为60～90 s,混合均匀度变异系数为≤5%,主机转速为20～40 r/min;②混合机动力配备根据混合原料和液体添加量变化调整;③转子直径与混合室长度为参考值。

表 6-5 单轴桨叶式混合机的能效等级

类别	混合机主电动机功率/kW	3级		2级		1级	
		试验吨料电耗/kW·h/t	净混合时间/S	试验吨料电耗/kW·h/t	净混合时间/S	试验吨料电耗/kW·h/t	净混合时间/s
单轴桨叶式	混合机主电动机功率≤15	0.8	150	0.65	90	0.5	60
	15＜混合机主电动机功率≤30	0.7		0.55		0.4	
	混合机主电动机功率＞30	0.6		0.45		0.3	

资料来源:JB/T 11694—2013《桨叶式饲料混合机能效限值和能效等级》。

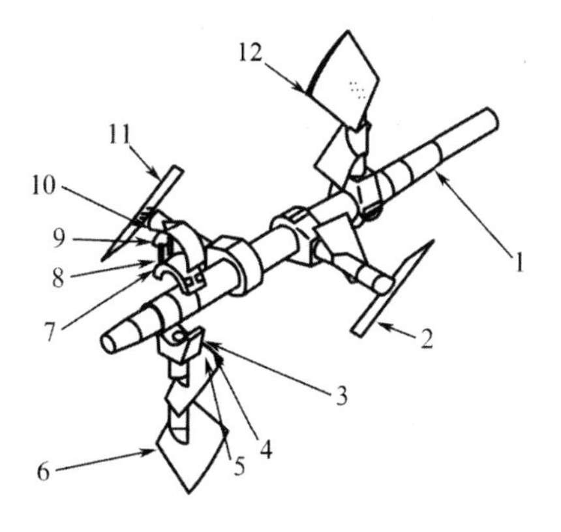

结构示意图

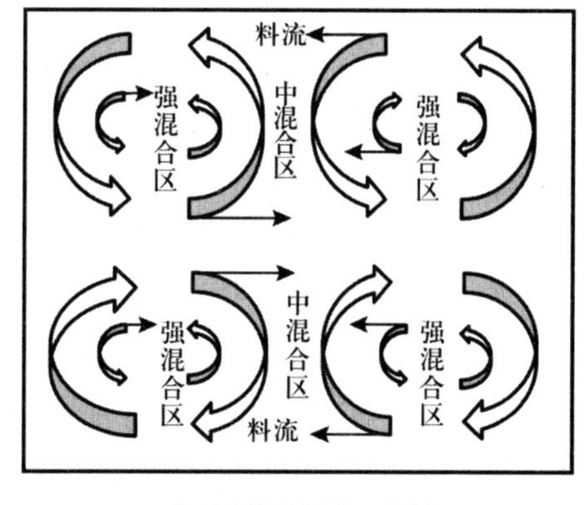

物料在混合区的工作原理

1.主轴;2.转子焊件三;3.弹垫;4.平垫;5.螺栓;6.转子焊件一;7.压盖;8.弹垫;9.螺钉;10.不锈钢皮;11.转子焊件二;12.转子焊件四。

图 6-7 单轴双层桨叶式混合机

单轴桨叶式混合机的特点之一是采用气动双开门出料，出料门开启和关闭迅速，保证物料迅速卸出，门框周围装有密封件，保证出料门关闭时不漏料。出料门由气缸、摇臂、联动轴、行程开关等组成。出料门装在联动轴上，联动轴与摇臂连接在一起，气缸的往复运动，通过摇臂、联动轴转动。从而带动底部的出料门开启和关闭。其详细结构和工作原理如图 6-8 和图 6-9 所示，出料门由 2 个气缸带动 2 个摇臂，保证了出料门的迅速开启和关闭，中间还设置了一根锁轴，以确保在门关闭的状态下，出现停电、断气等意外情况时，出料门不会自己打开，从而保障安全。

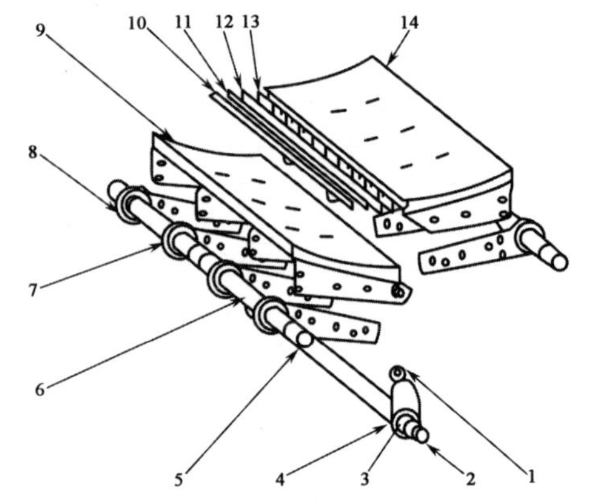

1. 滚轮；2. 锁轴 1；3. 键；4. 锁杆；5. 联动轴；6. 固定块；7. 键；8. 托臂；9. 出料门体一；10. 中间密封条；11. 密封嵌条；12. 密封条压板一；13. 中间密封垫片；14. 出料门体二。

图 6-8 单轴桨叶式混合机出料门的结构

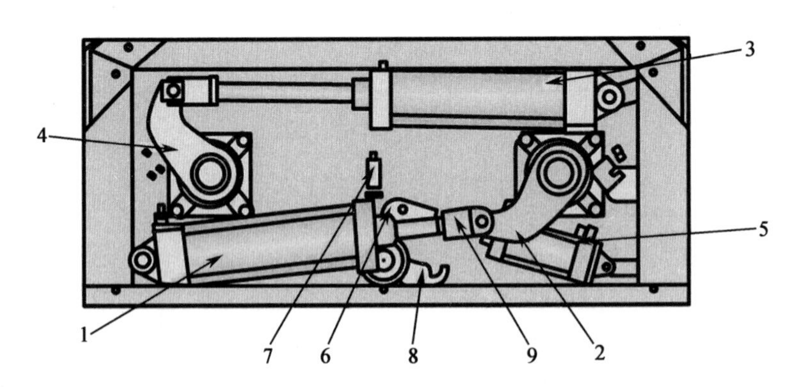

1. 1 号气缸；2. 摇臂 1；3. 2 号气缸；4. 摇臂 2；5. 3 号气缸；6. 摇臂 3；7. 行程开关；8. 机控阀；9. 气缸接头。

图 6-9 单轴桨叶式混合机出料门的工作原理

(三) 双轴桨叶式混合机

双轴桨叶式混合机属于混合精度较高的机型，其结构和工作原理如图 6-10 和图 6-11 所示。其主要结构由传动机构、卧式筒体、双搅拌轴、液体添加装置和出料门及控制装置 6 个部分组成。其工作原理是电机通过减速器、链条（或齿轮）带动 2 根主轴以一定的速度做等速反向转动，以一定角度安装在主轴上的桨叶将物料抛撒在整个容器空间，物料在失重的状态下形成流动层混合，物料被桨叶搅动做轴向和径向运动，形成复合循环（图 6-12）。因此，在极短的时间达到均匀混合。在进行固-液混合时，液体由装在顶端的喷嘴雾化喷入，筒体上部的分散棒可将结固的松散物料打散。

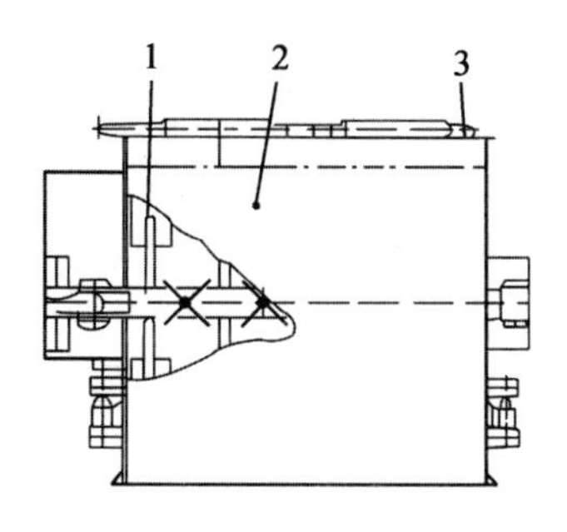

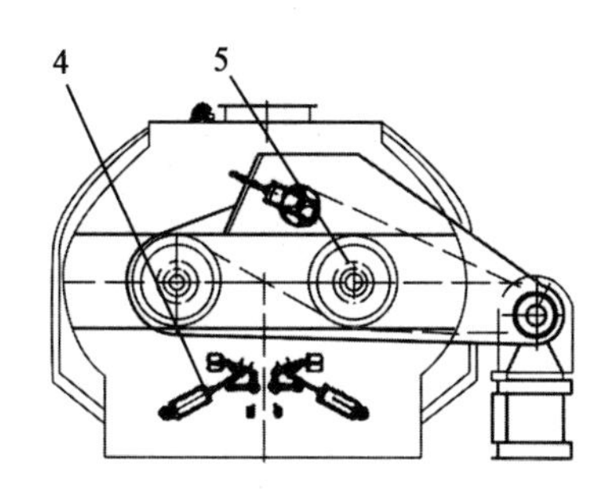

1.转子;2.机体;3.喷油系统;4.出料系统;5.传动系统。

图 6-10 双轴桨叶式混合机的结构

(资料来源:庞声海,郝波.饲料加工设备与技术.北京:科学技术文献出版社,2001.)

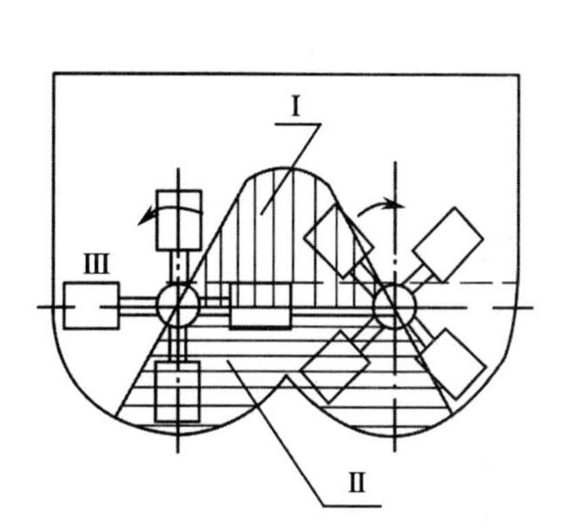

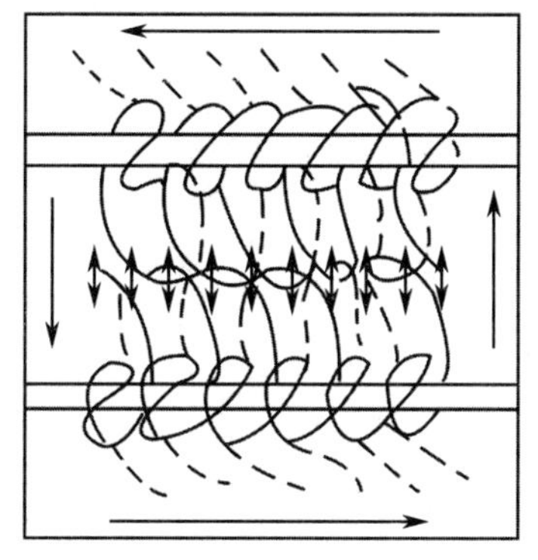

二维码视频 6-2
双轴桨叶式混合机

图 6-11 双轴桨叶式混合机的工作原理

(资料来源:庞声海,郝波.饲料加工设备与技术.北京:科学技术文献出版社,2001.)

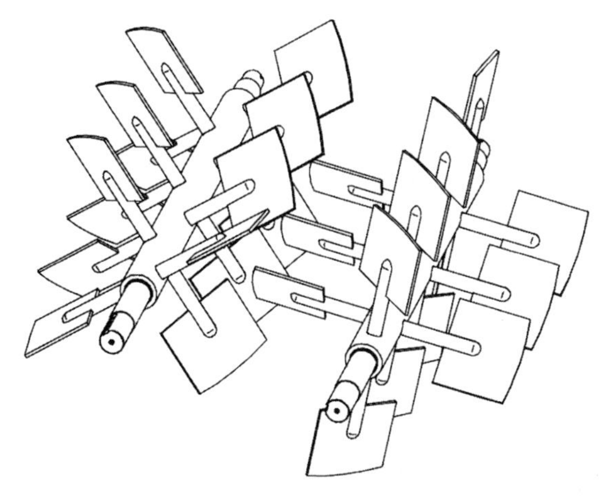

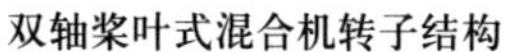

双轴桨叶式混合机转子结构

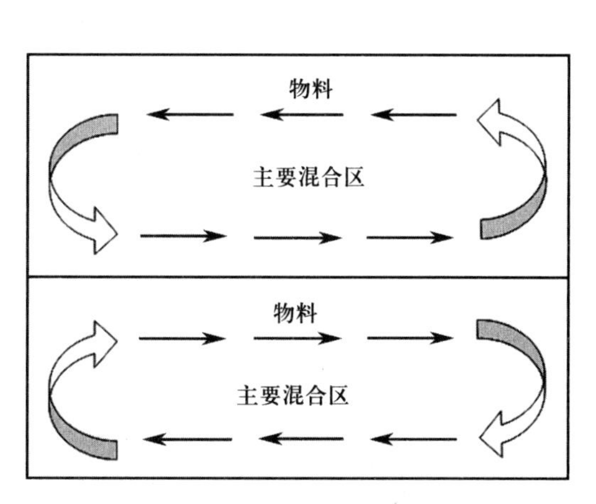

物料在混合区的工作原理

图 6-12 混合机转子结构与物料的混合原理

双轴桨叶式混合机的主要技术参数见表 6-6。该混合机的特点：①可进行固-固(粉体和粉体)混合、固-液(粉体和液体)混合；能在一定的真空度下进行混合、干燥作业，也可用作反应釜。②物料在机内受机械作用而处于瞬间失重状态，广泛交错产生对流、扩散混合，从而达到均匀混合。对被混合的物料适用范围广，尤其对容重、粒度等物理特性差异较大的物料混合时不产生偏差，而获得均匀的混合物。③混合精度高。当固-固混合为 1∶1 000 配比时，标准偏差为 0.003%～0.008%，含量波动误差<2%(变异因子)。④混合速度快。一般粉体的净混合时间只需 1 min 左右。⑤混合过程温和，不破坏物料的原始状态。⑥能耗低。双轴桨叶式混合机的能效等级见表 6-7。⑦可密闭操作，运转平稳可靠，维修方便。

表 6-6 双轴桨叶混合机的主要技术参数

型号	有效容积/m^3	转子直径/mm	混合室长度/mm	动力配备/kW
SSHJ0.06	0.06	600	600	1.1
SSHJ0.1	0.1	800	800	2.2(3)
SSHJ0.2	0.2	800	900	3(4)
SSHJ0.35	0.35	800	1000	4
SSHJ0.5	0.5	800	1 200	5.5(7.5)
SSHJ1	1.0	900	1 600	11(15)
SSHJ2	2.0	1 100	1 800	15(18.5)
SSHJ3	3.0	1 100	1 800	22
SSHJ4	4.0	1 400	2 100	22(30)
SSHJ6	6.0	1 500	2 300	37(45)
SSHJ7	7.0	1 600	2 300	2×22
SSHJ8	8.0	1 600	2 500	2×22(55)
SSHJ10	10.0	1 800	2 600	2×30
SSHJ12	12.0	2 000	3 000	2～37

注：①混合时间为 30～120 s，混合均匀度变异系数 *CV*≤5%，主机转速为 20～40 r/min；②混合机动力配备根据混合原料和液体添加量变化调整；③传动方式采用链传动或轴装式减速器传动；④转子直径与混合室长度为参考值。

表 6-7 双轴桨叶式混合机的能效等级

类别	混合机主电动机功率/kW	3 级		2 级		1 级	
		试验吨料电耗 kW·h/t	净混合时间/s	试验吨料电耗 kW·h/t	净混合时间/s	试验吨料电耗 kW·h/t	净混合时间/s
双轴桨叶式	混合机主电动机功率≤15	0.6	120	0.45	90	0.3	60
	15<混合机主电动机功率≤30	0.5		0.38		0.25	
	混合机主电动机功率> 30	0.4		0.3		0.2	

资料来源：JB/T 11694—2013《桨叶式饲料混合机能效限值和能效等级》。

(四)立式螺旋混合机

立式螺旋混合机,又叫立式绞龙混合机,其主要由立式螺旋绞龙、机体、进出口和传动机构构成,如图 6-13 所示。

混合筒是一个带锥底的圆筒,锥底母线与水平面的夹角应在 60°,壳体直径与高度之比为 1∶(2~5),壳体正中装一根垂直绞龙,用作提升筒体下部的物料,使之在筒内产生上下对流及扩散作用。绞龙的直径与筒体直径之比为 1∶(3~4.5),绞龙转速为 120~140 r/min。为了改善提升的效果,可在垂直绞龙外面设置套管,以利于下部物料输送到绞龙的顶部,从而提高其混合速度。物料可由下部进料口进入混合筒,由上面落下的物料也可由混合筒顶部的进料口落入机内。卸料口大多设在混合机的下部,以减少卸料后的机内残留量。

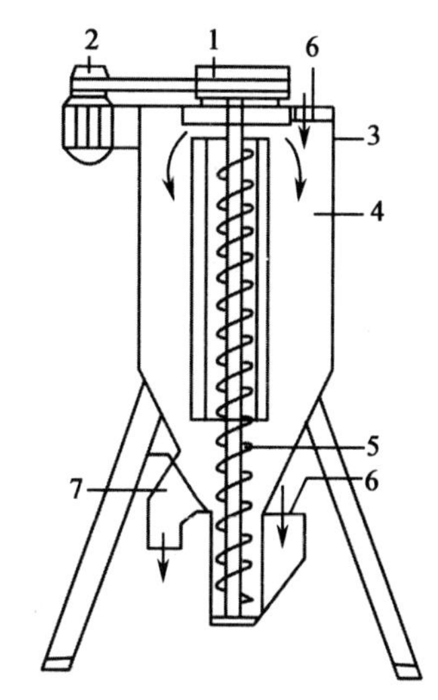

1.传动机构;2.电机;3.机壳;4.绞龙套筒;5.绞龙;6.进料口;7.出料门。

图 6-13 立式螺旋混合机

在工作时,将定量的物料依次倒入进料口进入筒内,进料的次序一般按配料量比例的大小先多后少,顺次进料,物料由下部进料口进入料斗后,即由垂直绞龙垂直送到绞龙的顶部,抛出绞龙面,抛撒在混合筒内。当全部物料进入混合筒体之后,筒内的物料继续由垂直绞龙的底部输送到顶部,再次抛撒在筒内物料的上面,这样经过多次反复循环,即起到均匀混合的目的。当混合均匀后,即可打开排料口的活门而将物料自流排出机外。

立式螺旋混合机具有配备动力小、占地面积小、结构简单、造价低的优点。但其混合均匀度低、混合时间长,效率低,且残留量大,易造成污染,适用于养殖场的小型饲料加工机组。

(五)立式行星锥形混合机

该混合机结构如图 6-14a 所示,其主要由圆锥形壳体、螺旋工作部件、曲柄、减速电机、出料门等组成。传动系统主要是将电机的运动经齿轮变速传递给两悬臂螺旋,实现公转、自转 2 种运动形式。在工作时,由顶端的电动机、减速器输出 2 种不同的速度,经传动系统使双螺旋轴做行星式运转。物料在混合机内的流动形式如图 6-14b 所示。

由于螺旋公转、自转的运动形式的存在,物料在锥筒内有沿着锥体壁的圆周运动和沿着圆锥直径向内的运动,也有物料上升与物料下落等几种运动形式存在。螺旋的公转、自转造成物料作有 4 种流动形式:对流、剪切、扩散、掺和。这 4 种流动形式相互渗透与复合,因而混合均匀度较高,混合时间较短。

二、容器旋转型混合机

此种混合机混合精度高,但物料的投入和卸料比较繁忙,所以配合饲料厂不将其作为主混合机使用。此种混合机常被用于添加剂的预混合。

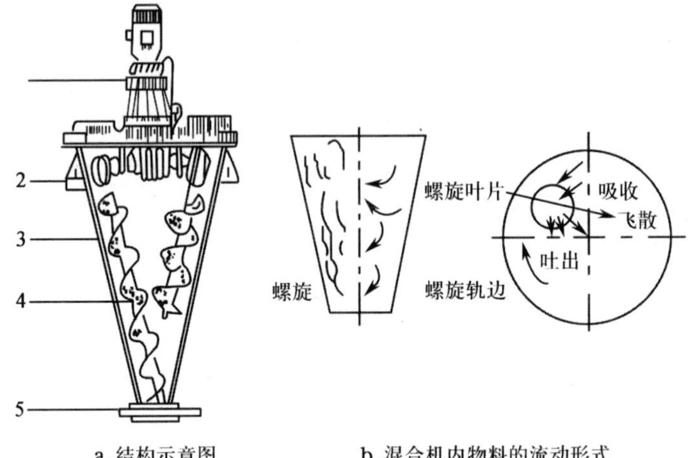

a.结构示意图　　b.混合机内物料的流动形式

1.减速器;2.传动系统;3.锥体;4.非对称悬臂双螺旋;5.出料阀。

图 6-14　立式行星锥形混合机

(资料来源:杨在宾,杨份仁.饲料配合工艺学.北京:中国农业出版社,1997.)

(一)V 形混合机

V 形混合机的结构与工作原理见图 6-15。在工作时,装在容器最下面的物料随旋转的 V 形容器上升到一定高度后,物料受重力的作用沿筒内壁面扩展、滑移、下落而分成左右两部分。随着容器的继续旋转,被分成左右 2 部分的物料又向 2 个圆筒的结合部位滑落而汇合,完成一个左右基本对称的循环混合过程。如此不断反复,直至容器内的物料混合均匀。

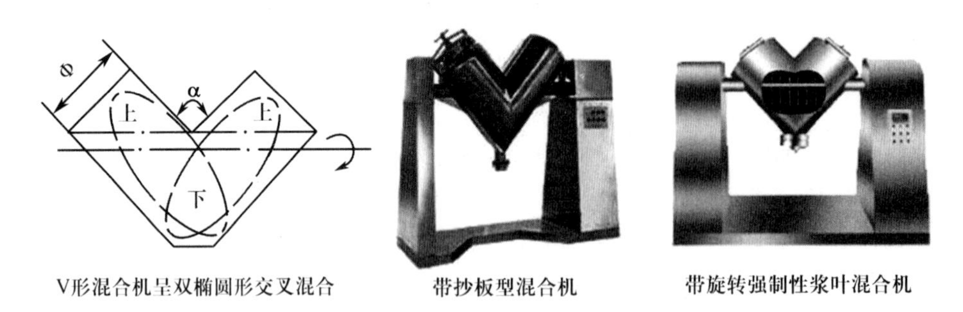

V形混合机呈双椭圆形交叉混合　　带抄板型混合机　　带旋转强制性浆叶混合机

图 6-15　V 形混合机的结构与工作原理

与容器固定型相比,容器旋转型混合机的混合速度要慢得多,但是其最终的混合均匀度较好,因此,它适用于高浓度微量成分的预混合。

在容器转动型中,则以 V 形及带搅拌叶片的圆筒混合速度较快,这种型号较适用于饲料厂。V 形混合机的充满系数较小,而且充满系数对混合速度的影响较大。其充满系数越小,混合速度越快。V 形混合机的充满系数一般控制在 30%左右。

(二)转鼓形混合机

转鼓形混合机(图 6-16)的筒体为腰鼓形状,在腰鼓内的两端分别焊有多个分流叶片(分流叶片在 180°锥体内均布,且上下锥体分流叶片处于相对应位置)。转鼓由减速电机通过联轴器或皮带(链)传动带动主轴实现筒体转动。由于滚筒采用腰鼓形结构,其在做正反运转时,靠滚筒内部的分流叶片对物料进行不断地分流、混合和翻动而进行扩散混合,混合形式与 V 形混合机基本相似。

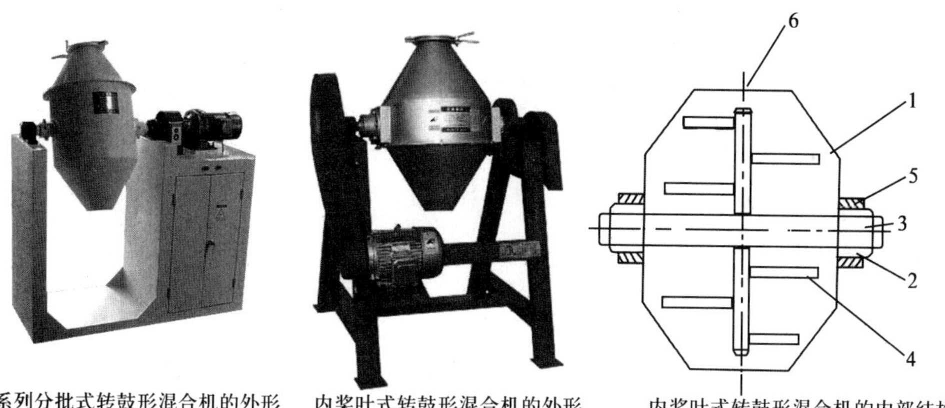

SYTH系列分批式转鼓形混合机的外形　内浆叶式转鼓形混合机的外形　内浆叶式转鼓形混合机的内部结构

1. 机壳;2. 机壳传动主轴;3. 浆叶传动主轴;4. 浆叶;5. 轴承;6. 进出口。

图 6-16　转鼓形混合机

在转鼓形混合机的混合腔内加浆叶,使其成为内浆叶式转鼓形混合机,浆叶的搅动使物料在随壳体运动及下抛过程中得到强烈地对流混合,从而使单纯的重力式混合变为强制与重力结合型混合。在内浆叶式转鼓形混合机工作时,转鼓转速低,浆叶转速高。两者的差速提高了混合速度。其传动方式可以采用单、双电机驱动。

SYTH 系列分批式转鼓形混合机(分流叶片式)的主要技术参数为装载量为 5～120 kg、混合时间为(正反转时间各半)8～15 min,混合均匀度变异系数 $CV \leqslant 5\%$、装载系数为 25%、电机驱动动力配备为 0.1～1.1 kW、滚筒转速为 21 r/min(根据容量大小的不同,每批 120 kg 转速可达 42 r/min);外形尺寸为(1 270～1 709)mm×(530～834)mm×(1 225～1 720)mm。

二维码 6-3　连续式混合机

二维码 6-4　TMR 搅拌机

第三节 混合工艺与影响混合效果的因素

一、粉碎、配料与混合工艺参数的确定

粉碎、配料与混合工艺合理与否直接影响饲料工厂的生产效率。不同的饲料生产工艺(先粉碎后配料再混合、先配料后粉碎再混合和二者组合工艺)参数的配置原则应有所区别，详见第十三章。

(一)配料仓工作周期的确定

配料仓的工作周期(T_p)与生产工艺类型、原料品种数、改变原料品种时的时间间隔、各种原料的使用量及原料处理设备能力有关。在不同规模饲料厂分别选用的配料仓工作周期为 4 h、8 h 和 16 h，一般规模越大，选用的值越大。由于原料特性差异大，特种水产饲料厂和添加剂预混合饲料厂一般取 4～6 h。配料仓的工作周期 T_p 由下列公式计算：

$$T_p = \frac{k_1 n \Delta_t}{1 - \sum_{i=1}^{n} \frac{Q_{zi}}{Q_{si}}} \tag{6-10}$$

式中：T_p 为配料仓工作周期(min)；k_1 为综合修正系数；n 为原料品种数；Δ_t 为改变原料品种时的时间间隔(min)；Q_{zi} 为第 i 种原料的使用量(kg/min)；Q_{si} 为处理第 i 种原料时的设备处理能力(kg/min)。

对于先粉碎，后配料工艺而言，Q_{si} 主要取决于粉碎机的加工能力。粉碎机是在饲料生产过程中的主要耗能设备，一般不宜选过大，从而 T_p 拖得过长(一般超过 4 h)；对于先配料，后粉碎工艺而言，Q_{si} 主要取决于输送设备的转运能力，由于未经粉碎的原料接收和转运能力比粉碎后的原料高得多(相对于相同的输送设备)。因此，在设计工艺时，可以考虑提高 Q_{si} 值，配料仓工作周期 T_p 就能够取小值。

(二)配料仓仓容体积

配料仓仓容体积由下列公式计算：

$$V = \frac{T_p}{C} \sum_{i=1}^{n} \frac{Q_{zi}}{\gamma_i \varphi_i} \tag{6-11}$$

式中：V 为配料仓总体积(m^3)；T_p 为配料仓工作周期(min)；C 为配料仓利用系数；n 为原料品种数；γ_i 为第 i 种原料的容重(kg/m^3)；φ_i 为第 i 种原料的充满系数；Q_{zi} 为第 i 种原料的使用量(kg/min)。

在先配料后粉碎工艺中，配料仓的充满系数高；在先粉碎后配料工艺中，配料仓充满系数低，前者比后者要高 30%(饲料颗粒状原料容重为 800～850 kg/m^3、粉状原料容量为 400～500 kg/m^3，使用同样容量的颗粒料仓比粉料料仓小 50%左右)。但配料动态精度由

于前者为未粉碎原料，后者为粉碎原料流动性差，所以前者给料绝对误差高于后者（可高达2倍），因此，在工艺设计和设备选型时，要注意配料精度的控制问题。

（三）粉碎时间

粉碎时间由下列公式计算：

$$T_f = T_j + m_z k_f \sum_{i=1}^{n} f_{i1} f_{i2} \tag{6-12}$$

式中：T_f 为各批料的粉碎时间（min）；T_j 为批与批之间的间隔时间（min）；m_z 为各批料的总量（kg）；k_f 为粉碎综合系数（min/kg）（随配方原料变化而不同）；f_{i1} 为第 i 批料占该批料的比例（%）；f_{i2} 为第 i 种料需粉碎部分占该组分的比例（%）；n 为原料的批次（可以视为单批原料，也可以是每批配合饲料）。

在先粉碎后配料的工艺中，T_f 的变动对后道设备加工有缓冲作用；而在先配料后粉碎的工艺中，T_f 的变动直接影响后道工序的生产，没有缓冲余地。公式中的 $\sum_{i=1}^{n} f_{i1} f_{i2}$ 随配方的不同而有所变化，通常为0.3～0.7，其最大值和最小值的差别很大。

（四）混合周期

混合周期由下列公式计算：

$$T_z = T_r + T_j + T_x + T_{j1} \tag{6-13}$$

式中：T_z 为混合周期（s）；T_r 为进料时间（s）；T_j 为混合时间（s）；T_x 为卸料时间（s）；T_{j1} 为批与批间隔时间（s）。

混合周期和配料周期是相互依存的，采用快速配料，快速混合则周期短，反之则周期长，目前各类混合机的周期组合见表6-8。

表6-8　各类常用混合机的混合周期表

序号	混合机类型	进料时间/s	混合时间/s	卸料时间/s	配料周期
1	卧式双轴桨叶	30～60	≥60	10～20	$>t_z$
2	卧式单轴桨叶	30～60	≥90	10～20	$\geq t_z$
3	卧式单轴螺带	30～60	180～240	30～60	$\leq t_z$
4	卧式双轴螺带	30～60	60～180	30～60	$\leq t_z$
5	分批式V形混合机	180～300	180～300	180～300	$\leq t_z$
6	分批式转鼓型混合机	180～300	480～900	180～300	$\leq t_z$
7	立式锥形行星双绞龙	90～120	300～600	90～120	$\leq t_z$

注：①混合原料为粉体、液体添加量5%，如果>5%则混合时间要适当延长，脂肪和糖蜜的添加量在1类和2类混合机中添加量最高为8%。②在饲料工业中，一般用于预混合饲料添加剂生产一次稀释的混合机序号为5、6，用于二次混合的混合机序号为1、2、7。

因此,如何正确、合理地选用和设置配料、混合周期是充分发挥饲料厂生产效率的关键之一。典型配料混合工艺、典型配料与混合工艺的时间排序见图 6-17、图 6-18。由图 6-18 可知,混合时间配置 3 min,配料混合周期为 4 min。如果系统要提高生产能力和工作效率,从缩短混合时间上着手,其效果最为明显。如果要达到最短混合时间为 60 s(Forberg 分批式双轴桨叶式混合机)时,要求压缩配料时间和卸料时间至 13～40 s、6.5～20 s,这在现代饲料加工过程中很难达到。因此,在设计与选择饲料加工工艺时,如何达到最佳配料与混合周期是研究的方向之一。

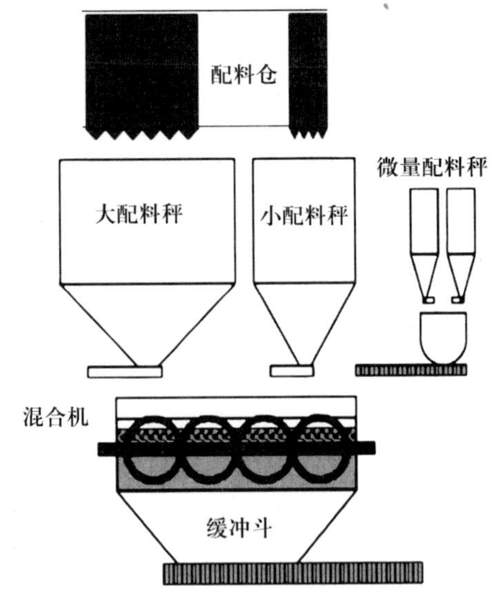

图 6-17 典型配料混合工艺

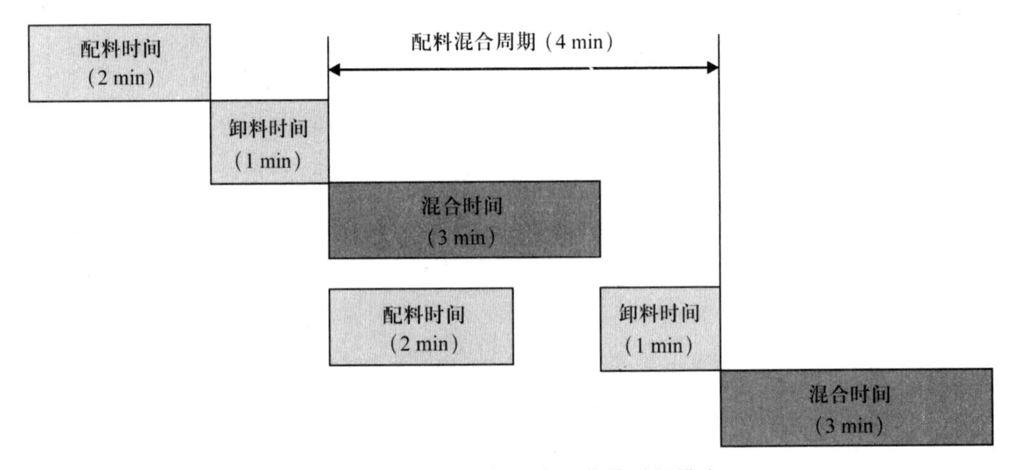

图 6-18 典型配料与混合工艺的时间排序

二、影响混合工艺效果的因素

在饲料生产中,混合速度、最终的混合均匀和机内残留率是评定混合工艺效果的 3 个主要指标。影响这 3 个指标的主要因素有如下几个方面。

(一)混合机机型的影响

混合机机型的不同,混合机内的主要混合类型就有可能不同,则混合的结果也有差异。例如,以卧式单轴双螺带混合机和卧式单轴(双轴)桨叶式混合机做比较,前者混合 3.5 min 后达到 $CV<10\%$,后者在 60～90 s 可达到 $CV<5\%$,很显然后者更适合于各类饲料的生产。V 形

和立式锥形行星混合机适宜微量组分的预混合，其批量小、混合时间较长，混合均匀度较高。

机内残留率指在混合机卸料结束后，机内残留物料占额定装载量的比例。为了避免交叉污染，保证每批混合产品的质量，要求配合饲料混合机机内残留率≤1%，预混合饲料混合机机内残留率≤0.8%。在设计和选型混合机时，要注意减少混合腔内的死角、降低转子与机腔之间的间隙和合理的卸料门结构，以确保混合机机内残留率最低。机内残留率是检验混合工艺效果重要的指标之一(目前，先进的混合机机内残留率可达到≤0.01%)。

(二)混合时间的影响

饲料的混合均匀度受混合时间影响较大。由于混合机的结构、混合机理及不同饲料产品的原料组成与用量不同，因而所需的最佳混合时间也各不相同。饲料生产企业应以混合机说明书中要求的混合时间为中点，分别向两侧设定适当的时间点，通过测定不同混合时间下获得的混合均匀度.确定不同的产品类别(如添加剂预混合饲料、配合饲料、浓缩饲料、精料补充料等)的最佳混合时间。

(三)混合机转速的影响

混合机转速低可能会使混合机内物料不能很好地横向移动，除非延长混合时间，否则就混合不均匀。物料在混合机内的横向移动对完全混合是必要的。通常卧式双螺带混合机的转速在30～40 r/min，卧式双轴桨叶式混合机也在此范围，但卧式单轴桨叶式混合机的转速根据有效容积的大小而有差异，其容积从0.2 m^3 增加到11 m^3，转速分别从53～135 r/min降至17～23 r/min。当混合机转子螺带和桨叶被磨损后，适当增加速度可改善混合效果。

(四)充满系数对混合效果的影响

混合机内装入的物料容积 $V_{物}$ 与混合机容积 $V_{机}$ 的比值称为充满系数(或装满系数)，即充满系数 $\varphi=V_{物}/V_{机}$。充满系数的大小影响混合的精度及速度。各类混合机在生产中适宜的充满系数见表6-9。

表6-9　混合机适宜的充满系数

混合机类型	适宜装满系数(φ)	混合机类型	适宜装满系数(φ)
卧式螺带混合机	60%～80%	立式绞龙混合机	80%～85%
卧式双螺带混合机	30%～100%	行星绞龙混合机	50%～60%
卧式双轴桨叶式混合机	20%～140%	V形混合机	30%～45%
卧式单轴桨叶式混合机	40%～100%	转鼓型混合机	30%～45%
连续式混合机	30%～50%		

对于卧式螺带混合机而言，在实际操作过程中，通常会使加入的物料盖住中轴，或混合时断断续续地可见到螺带上表面。在上述情况下都能达到良好的混合效果。如把物料上表面与转子上顶端平齐，充满系数为100%，则当物料的充满系数低于45%时，混合效果也将降低。而且混合机的动力消耗也不再随装满程度下降而显著降低。物料的充满系数应为

60%～80%，以80%为最好。

（五）进料顺序的影响

对于卧式螺带混合机、卧式桨叶混合机及行星绞龙混合机而言，应先将配比率高的组分投入混合机，再将配比率低的物料投入，以防止微量组分成团地落入混合机的死角或底部等难以混匀之处。易飞扬的少量及微量组分则应放置在80%的大量组分的上面，然后再将余下的20%的大量组分覆盖在微量组分上。这样既能保证这些微量组分易于混匀，又可避免飞扬损失。如混合机中有混合液态组分，则先投入所有粉料并混合均匀后，再加入液态组分并将其与粉料混合均匀。

（六）物料物理特性和稀释比的影响

对混合效果有影响的物料特性主要包括容重、粒度、粒度均一性、粒子表面粗糙程度、物料水分、散落性以及结团性等。

混合物料的平均粒径小、粒径均匀，则混合的速度慢，但混合所能达到的均匀度高。当2种粒径不同的物料混合时，两者粒径的差别越大，则混合所能达到的均匀度越差，所以应力求选用粒度相近的物料进行混合。

当混合物之间的容重差异较大时，则所需的混合时间较长，而且混合以后产生分离现象也较严重，最终混合均匀度较低。当条件许可时，尽量采用容重相似的原料。特别是预混料载体和稀释剂的选择，更应该注重这一点。

稀释比对混合速度有影响，稀释比大，混合速度慢。要使极微量的组分均匀地分布到其他组分中去，必须依赖剪切混合和扩散混合，只有较长时间的混合，才能使这2种混合方式起作用。而稀释比对最终混合均匀度的影响实质上就是极微量组分的粒子个数对最终混合均匀度的影响。如果任一组分的粒子数低于某一值，则不管怎样混合，都得不到混合均匀度高的产品。因此，对于那些占总量比例很小的微量组分来说，提高其分布均匀性的关键是增加它的粒子数，而不是降低它的稀释比。在混合过程中，除了上述因素的影响外，还应防止维生素等细粉料因静电效应而黏附于机壁，或因粉尘飞扬而散失并集聚到集尘器中。

综上所述，在使用混合机应注意：①尽量使各种组分的容重相近，粒度相当；②依据物料特性，确定合适的混合时间，以免混合不足或减低混合机产量；③掌握适当的装满系数及安排正确的进料顺序；④注意混合机的螺带、桨叶与机筒的间隙，合理选用螺带或绞龙的转速，使之处于最佳的工作状态；⑤混合后的物料不宜进行快速流动或剧烈震荡，不宜采用气力输送，以减少自动分级；⑥定期检查混合机的混合效果，清除黏结于转子和机壳上的残留物料。

本章小结

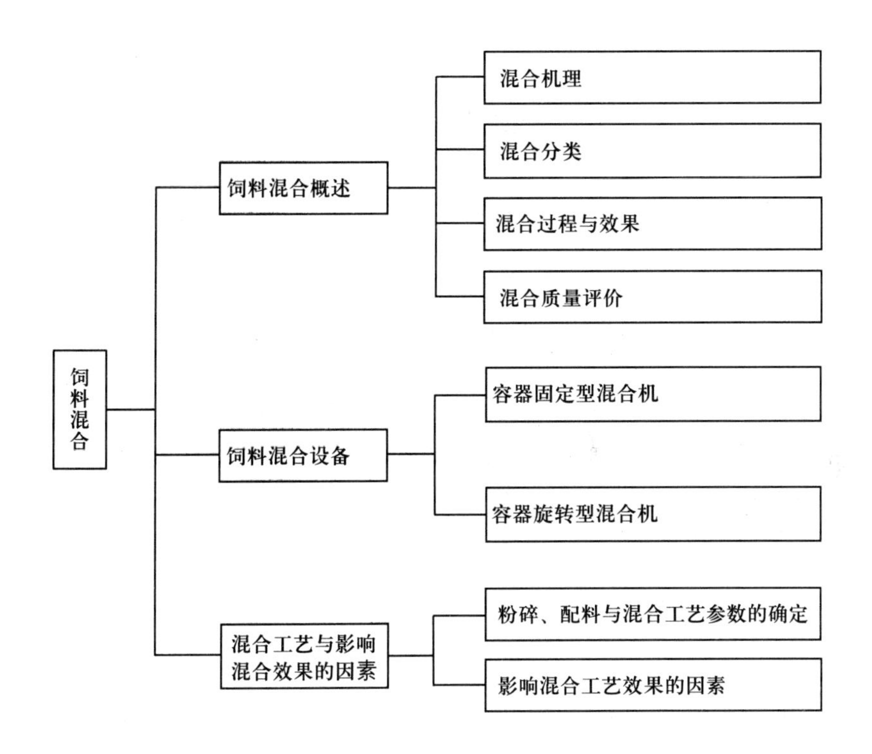

复习思考题

1. 混合的定义是什么？饲料混合的原理是什么？
2. 简述常用的混合工艺流程。
3. 混合机如何分类？饲料行业常用的混合机有哪些？
4. 以双轴桨叶式混合机为例，简述混合机的基本结构特点和混合过程。
5. 混合质量的评价指标是什么？
6. 影响混合工艺效果的因素有哪些？

第七章　饲料制粒

学习目标

- 了解饲料制粒工艺、饲料调质和制粒的意义；
- 掌握环模制粒机的结构与工作原理，影响颗粒饲料加工质量的因素；
- 了解颗粒饲料加工质量的测定与控制方法。

主题词：调质；制粒；环模制粒机；颗粒饲料质量

第一节　饲料制粒概述

在饲料生产过程中，我们把通过机械作用将单一的粉状原料或配合好的粉状饲料经压实并挤出模孔制成颗粒状饲料的过程，称之为饲料制粒。一个完整的制粒工序包括粉料调质、制粒、冷却(有时需要干燥)、分级等，有时还会增加制粒后产品的稳定熟化、液体后喷涂等。在实际生产中，应根据饲料品种、加工要求进行不同的组合，设计出合理的制粒工艺并选用相应的设备，从而使颗粒饲料的感官品质、产品质量和产量达到相应的要求。

一、饲料制粒的优点与缺点

(一)优点

1.提高饲料消化利用率

在制粒过程中，饲料经过加热、蒸煮、加压等综合作用，引起淀粉糊化、蛋白质变性等理化反应，以利于养分在动物体内的消化吸收。与粉料相比，用颗粒饲料饲喂畜禽可使饲料的利用率提高5%～12%。用颗粒饲料饲喂的育肥猪平均日增重提高了4%，饲料转化率提高了6%；用颗粒饲料饲喂的肉鸡可使单位增重饲料成本降低3%～10%。

2.可有效减少动物挑食

配合饲料是由多种原料配合而成。制粒使各种粉状原料成为一个整体，这就能有效防止动物挑拣爱吃的原料，拒绝摄入其他成分，从而保证了动物摄入均衡的营养。

3. 运输、储存更为经济

制粒使饲料的容重增加了 40%～100%，节省了储存空间，运输和储存更为方便、经济。此外，颗粒饲料在储运和饲喂过程中可减少饲料 5%～10%。

4. 避免饲料成分的自动分级，减少环境污染

由于粉料各种原料间的物理特性差异较大，在储运过程中极易产生分级，制成颗粒后可避免饲料分级现象，且颗粒状饲料不易起尘，在饲喂过程中对空气和水质的污染较少。

5. 制粒加工有一定的灭菌功能

采用蒸汽调质、制粒的方法能有效杀灭或降低存在于饲料中的沙门氏菌等有害微生物，减少疾病的传播，提升饲料的安全性，进而提升畜产品的安全性。

(二)缺点

与粉状饲料相比，颗粒饲料也存在一些不足，如能耗高，所用设备投资大，需要蒸汽，设备易磨损等。同时，在加热、挤压过程中，热不稳定的营养成分也受到一定程度的破坏。

总体而言，颗粒饲料的综合经济、技术指标优于粉状饲料，因此，制粒逐渐成为现代饲料加工中一个重要的工序。随着颗粒饲料产品质量的逐步提高及其优越性逐渐被人们所认可，随着肉禽、水产动物、宠物等饲养量的不断增加，颗粒饲料在饲料工业发展中将起到更为重要的作用。

二、颗粒饲料产品分类

根据加工方法、加工设备和产品物理性状的不同，颗粒饲料分为以下几类。

(一)硬颗粒饲料

经环模和压辊的挤压，通过模孔成形，调质后的粉料成为有一定硬度的颗粒饲料。硬颗粒饲料产品以圆柱形为多，其水分一般低于 13%，容重为 1.2～1.3 g/cm^3，颗粒较硬，适用于多种动物，是目前生产量最大的一类颗粒饲料。

(二)软颗粒饲料

软颗粒饲料的含水量为 20%～30%，以圆柱形为多，主要用于仔猪的开口料或幼鱼饲料。一般由使用单位自己生产，即产即用，也可风干使用。

(三)膨化颗粒饲料

膨化颗粒饲料是将粉料经调质后，在高温、高压下挤出模孔，使其突然减压膨化后而得，其容重低于 1 g/cm^3。膨化颗粒饲料的形状多样，适用于水产动物、幼畜、宠物以及饲料原料加工等。

三、硬颗粒饲料的技术要求

在颗粒饲料中，硬颗粒饲料占了相当大的比重，现介绍硬颗粒饲料的技术要求。

(一)感官指标

硬颗粒饲料产品的形状要求大小均匀，表面有光泽，没有裂纹，结构紧密，手感较硬。

(二)物理指标

1. 颗粒直径

颗粒直径为1～20 mm,因动物种类不同而异,可参照表7-1所列的数据生产。

表7-1 一般动物适宜的颗粒直径 mm

饲喂动物	颗粒直径	饲喂动物	颗粒直径
幼鱼、幼虾	<1.0～2.0	产蛋鸡	3.0～5.0
成鱼	3.0	蛋鸭	6.0～8.0
雏禽	2.5	兔、羊、牛犊	6.0～10.0
成鸡、小仔鸡	3.0～4.0	牛、猪、马	9.0～15.0
成年肉用鸡、种鸡	5.0	育肥猪	4.0～10.0

2. 颗粒长度

颗粒饲料的长度通常为直径的1.5～2倍,鸡饲料的长度要严格控制,过长会卡塞喉咙,导致窒息。一般雏禽料和水产动物的开口料是先加工成较大的颗粒饲料,再经颗粒破碎机破碎,制成破碎料。仔猪颗粒饲料一般直径为2.0～3.0 mm的硬颗粒或软颗粒。

3. 颗粒水分

我国南方的颗粒饲料水分含量应≤12.5%,储存时间长的颗粒饲料的水分含量应更低,北方的颗粒饲料水分含量可≤13.5%。

4. 颗粒容重

颗粒结构越紧,密度越大,越能承受包装运输过程中的冲击而不破碎,产生的粉末越少,颗粒饲料的商品价值越有保证,但密度过大会使制粒机的产量下降,动力消耗增加,还会使动物咀嚼费力。通常颗粒容重以1.2～1.3 g/cm^3 为宜,一般颗粒能承受压强为90～2000 kPa,容重为0.60～0.75 t/m^3。具体数据因制粒机的类型或被压物料的种类而异。

5. 成品率

颗粒饲料的重量与进入制粒机的粉料重量之比一般要求不低于95%。

6. 耐水性

虾蟹饵料要求在水中浸泡3 h以上不溶散,鱼饲料要求在水中浸泡0.5～2h不溶散。

四、制粒机的分类

(一)按制粒机的模具分类

目前,国内外饲料领域普遍使用的制粒机为环模制粒机和平模制粒机。

1. 环模制粒机

环模制粒机的主要部件是环模和压辊,通过环模和压辊对物料挤压使粉料成形。环模制粒机按传动形式又可分为齿轮传动型和皮带传动型。这2种类型是目前国内外使用最广泛的机型,其主要用于生产各种畜禽料、水产饲料和一些特殊物料。

2. 平模制粒机

平模制粒机的主要工作部件是平模和压辊，结构较环模制粒机简单，但平模易损坏，磨损不均匀；国内的平模制粒机为小型机，较适用于压制纤维型饲料。

(二)按产品形式分类

按产品形式可分为硬颗粒制粒机和软颗粒制粒机。硬颗粒制粒机生产的颗粒饲料具有较大的硬度和容重，而软颗粒制粒机生产的颗粒饲料产品水分较高，容重小，硬度低。

五、制粒的工艺流程

颗粒饲料生产工艺由预处理、制粒及后处理 3 部分组成。图 7-1 为颗粒饲料制粒工艺流程。粉料由喂料器控制喂入量，再进入调质器进行蒸汽调质，然后进入制粒室制粒，饲料颗粒经冷却器冷却。如不需要破碎，则直接进入分级筛，分级后合格的成品进行液体喷涂、打包，而粉料部分则回到制粒机再进行制粒。如需要破碎，则经颗粒破碎机破碎后，再进行分级，分级后合格的成品和粉料处理方法与上述相同，而粗大颗粒再进行破碎处理。在设计制粒工艺时，必须配置磁选设备，以保护制粒机，并至少配置 2 个待制粒仓，以免换料时停机。

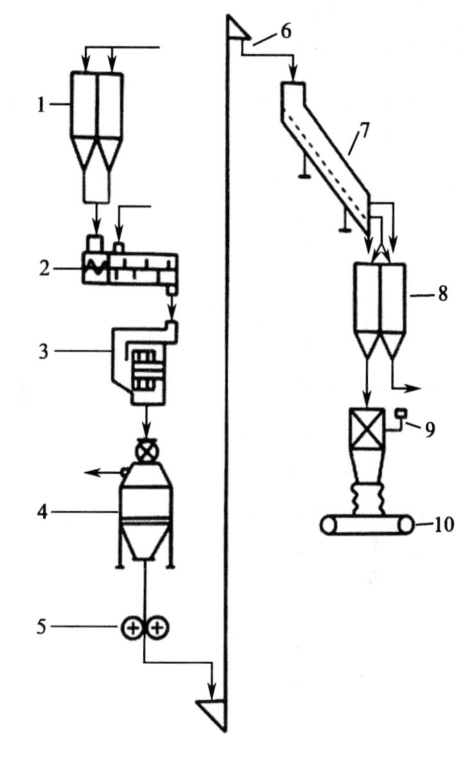

1. 待制粒仓；2. 喂料器与调质器；3. 制粒机；4. 冷却器；5. 颗粒破碎机；6. 斗式提升机；7. 分级筛；8. 成品仓；9. 定量包装秤；10. 输送机。

图 7-1　颗粒饲料制粒工艺流程

（资料来源：黄涛. 饲料加工工艺与设备. 北京：中国农业出版社，2016.）

第二节　饲料调质

饲料调质就是通过水蒸气对混合粉状饲料进行热湿作用，使物料中的淀粉糊化、蛋白质变性，同时使物料软化，以便于制粒机提高颗粒产品质量和生产效率，并改善饲料的适口性、稳定性，提高动物对饲料中养分的消化吸收率。

一、饲料调质的意义和要求

(一)调质的意义

1. 提高制粒机的生产效率

通过添加蒸汽使物料软化，提高物料的可塑性，以利于物料挤压成形，并减少对制粒机环模和压辊的磨损。在适宜的调质条件下,用蒸汽调质可使制粒机的产量提高1倍左右,同时适当的调质也可提高颗粒容重,降低粉化率,提高产品质量。

2.促进淀粉糊化和蛋白质变性,提高饲料消化率

在调质器中,饱和蒸汽和物料接触,蒸汽在粉料表面凝结时放出大量的热,热量被粉料吸收使粉料温度大幅度上升(一般上升38~50℃)。同时水蒸气以水的形式凝结在粉料表面。在热量和水分的共同作用下,粉料开始吸水膨胀,直至破裂,淀粉变成黏性很大的糊化物,这些糊化物有利于颗粒内部相互黏结,同时物料中的蛋白质在变性后,其分子成纤维状,肽键伸展疏松,分子表面积增大,流动滞阻,因而黏度增加,有利于颗粒成形。肽键疏松有利于动物消化和吸收。在调质过程中,部分饲料原料中的抗营养因子失活不仅增加了适口性,而且动物对饲料的消化利用率也会明显提高。特别是水产动物或特种经济动物饲料,调质后的效果更加明显。据报道,采用绝对压力0.4 MPa左右的蒸汽调质,料温不低于80℃,水分为17%~18%,淀粉糊化度最高可达到40%,而不用蒸汽调质则糊化度不大于15%。

3.改善颗粒产品质量

适度的蒸汽调质可提高颗粒饲料的容重、硬度和水中稳定性等。

4.杀灭有害病菌

调质过程的高温作用可杀灭饲料中的大肠杆菌及沙门氏菌等有害病菌,从而提高了产品的储存性能,有利于动物健康。沙门氏菌的最高承受温度为89℃,因此,经调质后的粉料的温度只要达到90℃以上,如果持续时间足够,就能杀灭全部的沙门氏菌。

5.有利于液体添加

调质可提高颗粒饲料中的液体添加量,满足动物的营养需要。

(二)调质的要求

1.物料粒度

原料粉碎粒度对制粒效率或颗粒料的质量产生一定的影响,物料粉碎的越细越有利于粉料成形。

2.对蒸汽的要求

虽然在制粒过程中可以适当加水,但经验证明,添加蒸汽比加水的效果更好。当蒸汽由锅炉产生时,其压力可能因炉火不均或其他因素不能保持稳定,用减压阀可以保持其管路中的蒸汽压力相对稳定。减压阀应置于调质器前3~6m处,经减压阀进入制粒机的蒸汽应是干饱和蒸汽。蒸汽压力为0.2~0.4 MPa,蒸汽温度为120~140℃。

3.调质的温度和水分

调质的温度和水分存在一定的关系。谷物淀粉的糊化温度一般为70~80℃,而调质的温度主要靠蒸汽的加入而获得。按照理论和实际经验,蒸汽添加量一般按制粒机最大生产能力的4%~6%来计算。蒸汽添加量小,粉料糊化度低,产量低,环模、压辊磨损较大,产品表面粗糙,产品的粉化率高,能耗大。反之,则易堵塞模孔,影响颗粒饲料的质量。据经验可知,在使用饱和蒸汽时,物料每吸收1%的水分,温度可上升大约11℃。

4.调质时间

调质时间是粉料通过调质机筒所需的时间。调质时间越长其效果越好。据实际生产证

明，调质时间一般为 10～45 s。延长调质时间可通过以下几种方法实现。

(1)降低调质器转轴的转速　当调质轴转速为 200～450 r/min 时，物料基本充满筒体上部，调质时间短，调质效果差；当转速小于 200 r/min 的某一转速时，调质器内物料的送充满系数高，调质时间长，这种状态有利于提高颗粒的产量和质量。

(2)改变叶片的安装角　叶片的安装角度一般有以下几种(图 7-2)。综合考虑产品的质量和产量等因素，一般叶片的安装角度为 45°。但叶片末端的 2～3 片为 0°，其目的是为匀料和改变物料流动方向。

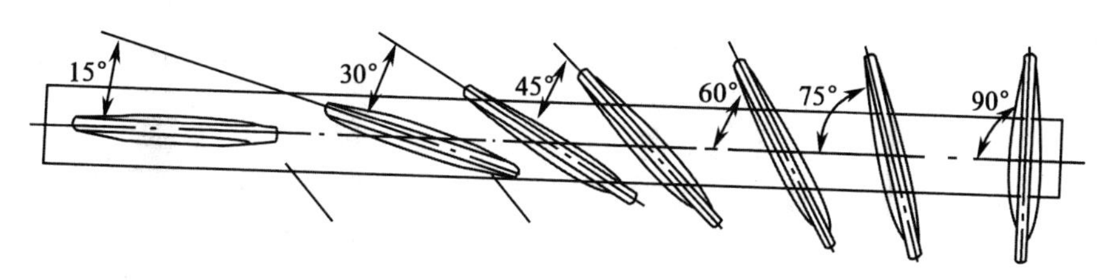

图 7-2　叶片的安装角度

(3)增加调质筒体长度　一般来讲，筒体越长，调质时间越长，但单层调质筒体长度一般不超过 4 m。水产动物饲料和特种动物饲料常用多层调质器，以延长调质时间。

二、蒸汽供给系统

(一)蒸汽管路

蒸汽使用的原则是高压输送，低压使用。由锅炉产生的 0.6～0.8 MPa 的饱和蒸汽被输送到制粒机附近的分汽缸中。输送管路必须保温和设置疏水阀，锅炉应尽可能靠近主车间，以确保输送蒸汽的质量。通过减压阀使蒸汽保持一定压力，并可根据配方要求调整蒸汽压力。

完整的蒸汽管路包括分气缸、疏水阀、减压阀、汽-水分离器、截止阀、安全阀、压力表、过滤器、观视镜和检查阀等(图 7-3)。其中分汽缸、疏水阀和安全阀的作用是将冷凝水和悬浮物在蒸汽输出分汽缸前收集并流回锅炉或排到机外。

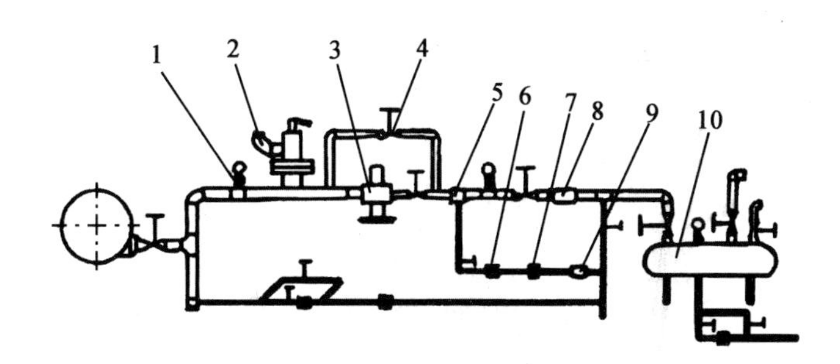

1. 压力表；2. 安全阀；3. 减压阀；4. 截止阀；5. 汽-水分离器；
6. 疏水阀；7. 观视镜；8. 过滤器；9 检查阀；10. 汽包。

图 7-3　蒸汽管路

减压阀是整个蒸汽管路中的重要附件。大家必须正确选择产量相适、性能稳定、出口压力波动小、性能可靠的减压阀，否则将直接影响颗粒饲料的产量和质量。过滤器(内置 40～200 目滤网)的作用是除去蒸汽中的悬浮物和固体杂质，一般安装在分汽缸上方，为了防止过滤器中积聚凝结水造成水锤和减少过滤面积，当内径大于 25 mm 时过滤器应水平安装。汽-水分离器的主要作用是使蒸汽和冷凝水分离，并将分离出的水滴沿倾斜的管壁聚集后由专门排水口排出，从而确保所使用的蒸汽的干燥性，并可延长设备及其他控制阀的使用寿命。安全阀是确保设备的使用压力在规定的安全范围内。在减压系统中，当减压阀上游压力高于设备运行的额定压力时，必须安装安全阀。安全阀选型应保证在设定压力下能通过减压阀所能流过的最大流量。

(二)饱和蒸汽的性质

在饲料调质蒸汽系统中，减压阀前的蒸汽压力一般为 0.6～0.8 MPa，减压后的压力一般为 0.2～0.4 MPa，当压力过低时，在有限的时间内达不到调质所要求的蒸汽量。压力过高容易造成物料温度过高而水分低，某些营养物质易损失和颗粒质量受损。饱和蒸汽又称为纯蒸汽或干蒸汽，其主要特性见表 7-2。

表 7-2 饱和蒸汽的特性

绝对压力 /kPa	温度 /℃	蒸汽比体积 /(m^3/kg)	蒸汽密度 /(kg/m^3)	焓/(kJ /kg)		汽化热 /(kJ /kg)
				液体	蒸汽	
100	99.6	1.7	0.589	416.90	2 676.3	2 259.5
200	120.2	0.887	1.127 3	493.71	2 709.2	2 204.6
300	133.3	0.606	1.650 1	560.38	2 728.5	2 168.1
400	143.4	0.463	2.161 8	603.61	2 742.1	2 138.2
500	151.7	0.375	2.667 3	639.59	2 752.8	2 113.2
600	158.7	0.316	3.168 6	670.22	2 761.4	2 091.1
700	164.7	0.273	3.665 7	696.57	2 767.8	2 071.5
800	170.4	0.240	4.161 4	720.96	2 773.7	2 052.7

(三)蒸汽的纯度

蒸汽的纯度指湿蒸汽中实际所含干蒸汽量占湿蒸汽总量的百分数，即当蒸汽中不含有未汽化的水滴时，蒸汽的纯度为 100%。如把纯度为 100%的蒸汽 1 kg(1 kg 0.7 MPa 的蒸汽含有热量为 2 071.5 kJ/kg)，在 0.7 MPa 的压力下输送，热量损失为 207.2 kJ/kg，则表示 207.2/2 071.5=0.1(kg)的蒸汽冷凝为水滴，即输送后蒸汽纯度为(1−0.1)×100%=90%。

如果按热量计算，蒸汽纯度即为输送后每千克蒸汽的汽化潜热与该条件下饱和蒸汽的汽化潜热之百分比。在制粒机进行水热调质时，希望采用干蒸汽或过热蒸汽与物料接触，以加强调质效果。

[例] 用绝对压力 0.7 MPa 的蒸汽给制粒机供汽，其纯度为 90%，试计算在制粒机的调质器中蒸汽的热量。

［解］　在管道中蒸汽的热量用下列公式计算

$$q=h_w+p\times h_g \tag{7-1}$$

式中：h_w 为蒸汽中水的热量，0.7 MPa 蒸汽中水的热量为 696.6 kJ/kg；p 为蒸汽纯度，按 90%计算；H_g 为汽化热，0.7 MPa 蒸汽的汽化热为 2 071.5 kJ/kg；所以 $q=696.6+0.9\times 2\ 071.5=2\ 561$(kJ/kg)。

(四)蒸汽添加量的估算

根据加热物料所需热量及蒸汽状态，可以计算出需要的蒸汽量，并进一步选择所需锅炉的规格。

［例］　设制粒机生产能力为 10 t/h，调质使粉料从 15℃升温到 85℃，锅炉供应蒸汽压力(绝对)0.5 MPa、纯度为 90%。求所需蒸汽量(粉料比热容 1.67kJ/kg·k)。

［解］　绝对压力为 0.5 MPa 的干蒸汽的热焓为 2 752.8 kJ/kg，水的热焓为 639.6 kJ/kg，汽化热为 2 113.2 kJ/kg，纯度为 90%的蒸汽热焓为：

$$639.6+2\ 113.2\times 0.9=2\ 541.5(\text{kJ/kg})$$

蒸汽最终状态为温度 85℃，压力为 0.1 MPa，最终焓值为 239.0 kJ/kg(70℃水的热焓)

使粉料升温每小时所需热量：$1.67\times(85-15)\times 10\ 000=1\ 169\ 000$(kJ)

所以物料调质所需的蒸汽量为：$1\ 169\ 000\div(2\ 541.5-239.0)=507.7$(kg)

考虑到热损失、效率等因素，并有余地的为其他设备提供热量，一般 10 t/h 的制粒机可选用蒸发量为 1 t/h 的锅炉。

三、不同物料的调质参数

由于饲养对象的不同，饲养配方不同，所以饲料中各种物质的含量不同，调质参数也不同。根据经验总结，如表 7-3 所列。

表 7-3　不同物料的调质参数

饲料类型	调质后温度/℃	添加的水分/%	达到的水分/%	调质压力/MPa
含谷物高的配合饲料	82～93	4～6	16～18	0.4(大给汽量)
高蛋白饲料	60～80	1～2	13～14	0.3～0.49(有控制地给汽)
奶牛配合饲料	48～50	2.0～2.5	14～15	0.2～0.4(小给汽量)
对热敏性饲料	32～43	2～3	15～16	0.28～0.35(小给汽量)
含尿素或矿物质的高蛋白饲料	21～38	1～1.5	11～13	0.28～0.35(极小给汽量)

鱼虾颗粒料调质要求较高，特别是水中稳定性要求高，鳗鱼和对虾的颗粒料在海水中浸泡 2 h，对虾饲料散失率要小于 12%，鳗鱼饲料应小于 4%。为了满足这一特殊要求，制粒前通常采用 3 层加强夹套式调质器，其结构见图 7-4，其蒸汽系统管路见图 7-5。

配合好的粉状饲料(含水 13%左右)从料斗进入喂料绞龙，通过调速电机将喂料绞龙调节到一定转速，即绞龙将物料以一定流量喂入调质筒体内，调质筒体上有 2 个进气孔，分别连接在蒸汽系统中的 A 路和 B 路的蒸汽管路上(图 7-5)；A 路为间接加热系统，进入调质器的夹套用以物料保温;B路蒸汽为直接加热蒸汽,直接进入物料。其作用是增加物料温度和水分有利于调质。在搅拌桨叶作用下,对物料进行搅拌、输送并吸热熟化,物料经过1min左右的调质后被送入制粒室制粒。

经制粒机制出的颗粒需进入颗粒稳定器后,调质30～60 min,再经干燥、冷却处理,可生产出满足更高要求的鱼虾饲料。

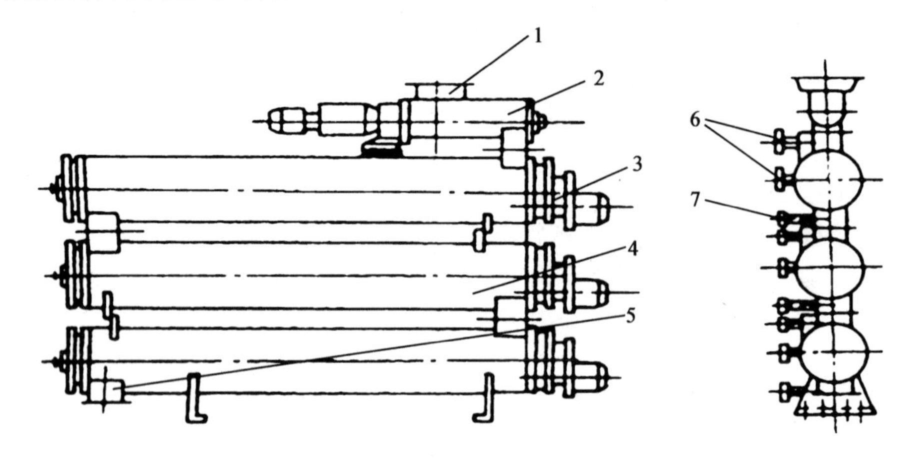

1.进料口;2.喂料器;3.调速电机;4.调质器;5.出料口;6.进气口;7.排水口。

图7-4　3层加强夹套式调质器

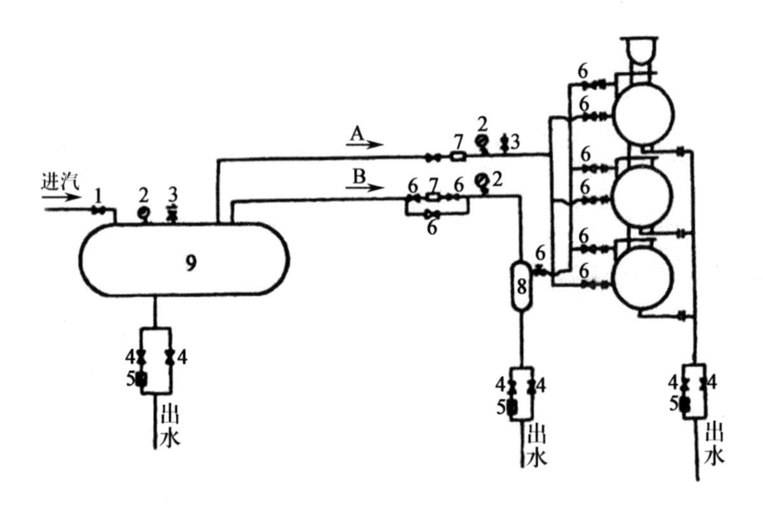

1、4、6.截止阀;2.压力表;3.安全阀;5.疏水阀;7.减压阀;8.小汽包;9.大汽包。

图7-5　3层加强夹套式调质器的蒸汽管路

第三节　制粒设备

常见饲料制粒设备类型主要有2种:环模制粒机和平模制粒机。在生产中,一般小型制粒设备采用平模制粒机,大中型制粒设备多采用环模制粒机。

一、环模制粒机

环模制粒机，也称卧式环模制粒机，通常包括齿轮传动（图 7-6）和皮带传动（图 7-7）2 种。皮带传动型环模制粒机分为单向皮带传动（单电机）和双向皮带传动（双电机）。现在已有直接驱动的传动方式，其传动效率更高。

图 7-6　齿轮传动型环模制粒机

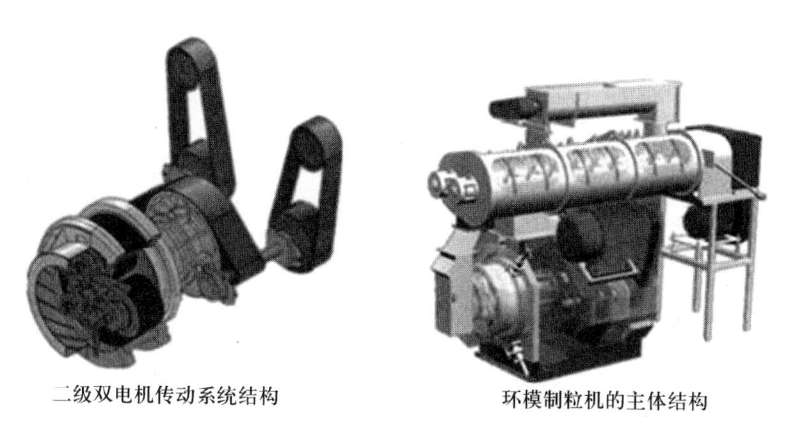

二级双电机传动系统结构　　环模制粒机的主体结构

图 7-7　双皮带传动型环模制粒机

（一）环模制粒机的一般构造

环模制粒机主要由料斗、喂料器、除铁磁选装置、调质器、压制室（环模、压辊）、主传动系统、过载保护以及电气控制系统组成（图 7-8）。

1. 喂料器

为保证从料仓来的物料能均匀地进入制粒机，通常采用螺旋输送机给制粒机喂料。由于开机、关机以及物料品种和模孔大小的变化，制粒机的给料量经常需要调整，所以喂料器要在一定范围内无级调速，通常选用变频调速器来控制喂料器的转速，其转速一般控制为 17～150 r/min。

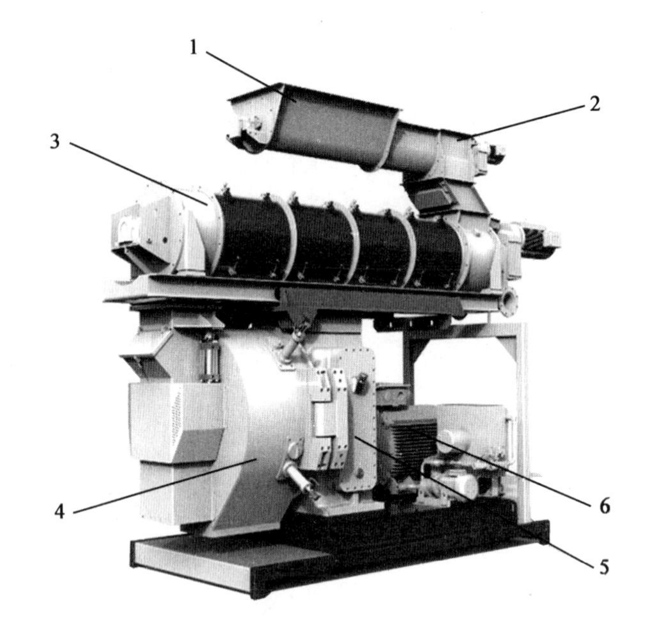

二维码视频 7-1
制粒机

1.进料斗;2.喂料器;3.调质器;4.压粒机构;5.减速机构;6.主电机。

图 7-8 环模制粒机的构造

2.调质器

调质器包括单轴桨叶式调质器和双轴桨叶式调质器,JB/T 11691—2013《单轴桨叶式饲料调质器》和 JB/T 11690—2013《双轴桨叶式饲料调质器》分别规定了单轴桨叶式调质器和双轴桨叶式调质器的术语和定义、分类与型号命名、要求、试验方法、检验规则、标志、包装、运输和贮存。单轴桨叶式调质器和双轴桨叶式调质器的性能评测可参考 JB/T 11692—2013《桨叶式饲料调质器试验方法》。图 7-9 所示为通用型调质器,也被称为水热处理绞龙。喂料器将粉状饲料喂入调质器后,粉状饲料与蒸汽和添加的其他液体原料(如油脂、糖蜜等)

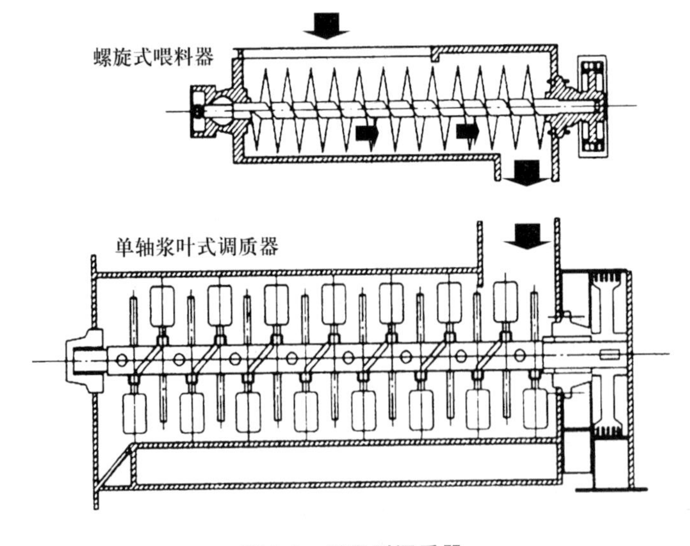

图 7-9 通用型调质器

在调质器中充分混合，通过水、热处理，增加物料的塑性和弹性，随后将调质好的物料输送至压制室。

调质器主要由桨叶、绞龙和喷嘴组成。通常在调质器中喷入蒸汽、糖蜜或水，使物料在调质器内与添加物均匀混合并软化，调质的时间越长越好。调质器的轴上安装了可调节角度的桨叶，轴的转速一般为 150～450 r/min。加工畜禽饲料的制粒机调质器的长度通常为 2～3 m，调质时间为 20～30 s。在这期间，粉状饲料吸收水蒸汽中的热量和水分，自身变软，这样就有利于颗粒成形。其淀粉的糊化度可达 20%左右。

为提高水产饲料、特种动物饲料颗粒料的品质、产量和耐水性，一般需延长调质时间。这种调质器被称为长时调质器。长时调质器能提供 4 min 以上的调质时间。一般通过多级调质或改变普通调质器桨叶的转速来延长调质时间。图 7-10 为 3 层调质器。

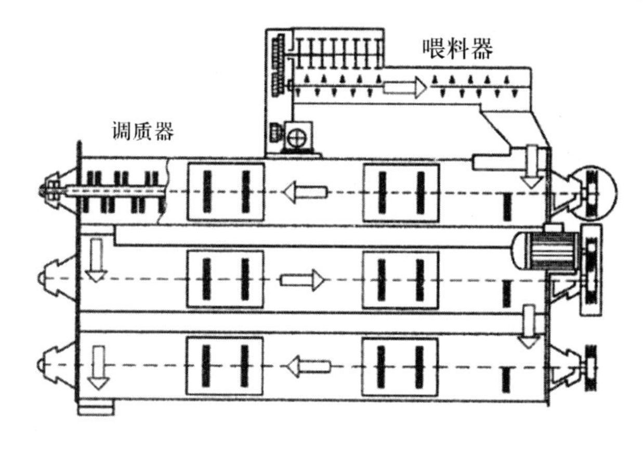

图 7-10 3 层调质器

图 7-11 为双轴异径差速桨叶调质器，又称之为 DDC 调质器，其机壳横截面由半径不同的 2 个大半圆组成，壳体上安装有 2 根转速不同的桨叶搅拌轴。在工作时，由于双轴转速不等，转向相反，桨叶差速搅拌运动，物料在桨叶的作用下在两轴之间呈 8 字形运动，并绕轴向前推进，延长调质时间，物料与蒸汽得到充分的混合。DDC 调质器的调质时间可在几十秒至 240 s 之间调节，调质后的淀粉的糊化度可达 40%～50%。

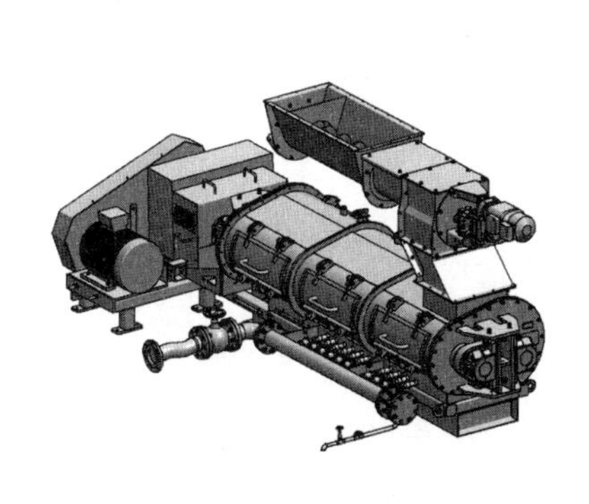

差速桨叶调质器的结构

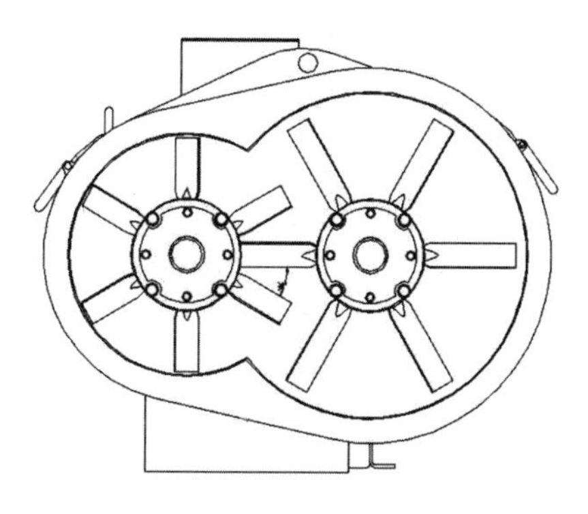

差速桨叶调质器的原理

图 7-11 双轴异径差速桨叶调质器

3. 压制机构(压制室)

压制机构是制粒机的核心部分,其主要包括环模、压辊、匀料板和切刀。制粒的质量、产量在很大程度上取决于环模、压辊的工作状况及环模和压辊的相对位置。制粒机的压制机构见图 7-12。

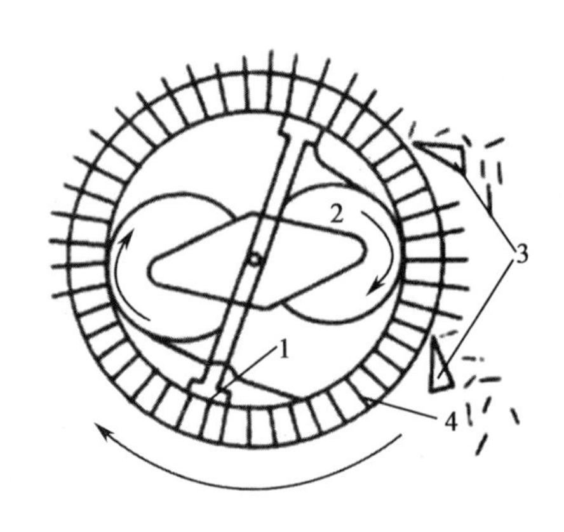

1. 匀料板;2. 压辊;3. 切刀;4. 环模。

图 7-12　制粒机的压制机构

环模所包围的空间被称为压制室。进入压制室的物料经匀料板沿整个压辊宽度均匀分布,并为模孔提供均一的物料,使制粒机平稳、高效工作。环模壁上均布小孔,物料在压辊的强制压力作用下通过这些小孔的过程中被压实成形。环模同减速箱轴连接,由电机带动旋转。

(1)压辊　制粒机内一般安装有 2～3 个压辊。压辊将物料挤压入模孔,在模孔中物料受压成形。为使物料压入模孔,压辊与物料间必须有一定的摩擦力。为增加压辊对物料的摩擦力,压辊制造成不同形式,以防止压辊"打滑"。

①齿形压辊。齿形压辊分为开端式和闭端式 2 种,其中以开端式最为常见,闭端式可减少物料的向外滑移。图 7-13 为齿形压辊及压辊的调节结构。

图 7-13　齿形压辊及压辊的调节结构

②窝眼式压辊。窝眼式压辊表面钻有许多窝眼,在窝眼中填满了饲料,以形成一个摩擦表面,并与其他部件产生一定的摩擦力,以利于物料的喂入。

③碳化钨压辊。碳化钨压辊是将碳化钨颗粒嵌入焊接基质的粗糙表面,碳化钨颗粒非

常耐磨。对于磨损压辊严重及黏性大的物料而言，这种辊面尤为见效。碳化钨压辊的使用寿命比普通压辊长 3 倍以上，但务必使该辊定位准确，避免与环模接触，以免磨损或损伤环模。

每个压辊绕其中轴旋转。中轴为偏心轴，旋转调节螺栓使偏心轴转动，压辊的旋转中心轴也随之改变，由此调节压辊与环模的间隙，以供不同原料或产品获得理想的压制效果。环模制粒机压辊的技术要求、试验方法、检测规则、标志、包装、运输和贮存应符合 JB/T 12778—2016《环模制粒机　压辊》的要求。

（2）环模　环模是颗粒饲料成形的关键部件。在环模内，经过调质的粉状饲料被压制成需要的粒径。在生产中，根据饲喂对象和对产品的质量要求，选择参数合适的环模。环模的主要结构参数包括环模内径、环模总宽度、有效宽度等（图 7-14）。模孔的结构参数包括模孔直径、模孔有效长度、模孔总长度、入口直径、压缩比、长径比等（图 7-15）。

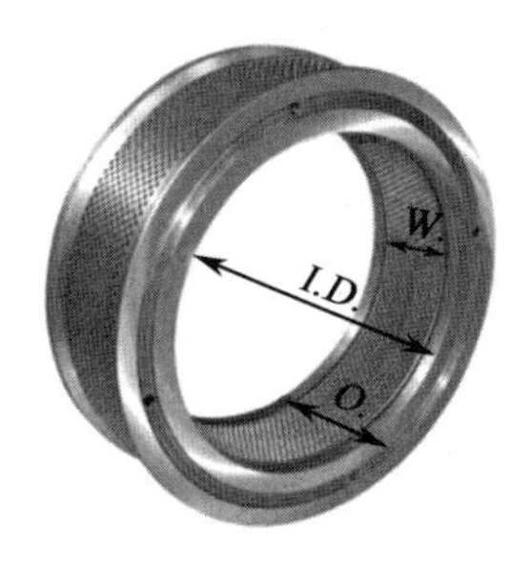

I. D. 环模内径；*O.* 环模总宽度；*W.* 有效宽度。

图 7-14　环模及环模的主要结构参数

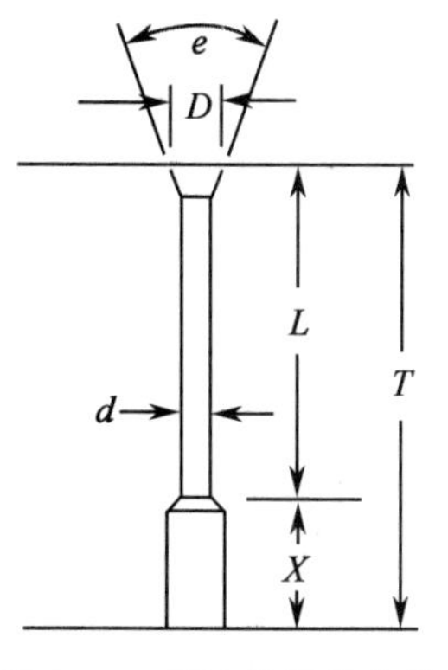

图 7-15　模孔的结构参数

d. 模孔直径一般为 2.0～20.0 mm；

L. 模孔有效长度，即对粉料实际进行压缩作用的模孔长度；

T. 模孔总长度，表示环模的总厚度，为了增加环模的强度，因而总厚度可能大于环模的有效长度；

D. 入口直径，多数环模有锥形的入口，粉料容易流进模孔，粉料的压缩过程始于这个锥形入口。

D^2/d^2. 压缩比是环模入口面积与颗粒料横截面积之比。这是物料进入环模模孔后被压缩的一个指标；

L/D. 长径比是环模的重要参数之一，长径比的大小影响成品的紧密程度和产量；

e. 进料角；

X. 释放长度。

①模孔形状。常用的模孔形状主要有直形孔、阶梯孔（又被称为减压孔）、外锥形孔和内锥形孔 4 种。其中直形孔最常见，阶梯孔适合加工小粒径的物料，外锥孔适合加工粗纤维含量多的物料，内锥孔适宜加工牧草类等体积大的物料。图 7-16 为模孔的几种形状。

②环模直径和环模有效宽度。通常用环模内径表示环模直径。环模上有孔部分的宽度作为环模有效宽度。环模直径与环模有效宽度是影响制粒机产量的主要结构参数。环模有效宽度的取值范围一般为 0.25 ～ 0.45 倍的环模内径，具体取值按饲料产品特性而定。如果要求饲料产品紧密，取较小值；反之，则取较大值。环模内径的大小决定了机型的大小。

在同等条件下，产量大，宜选用环模内径较大的制粒机。

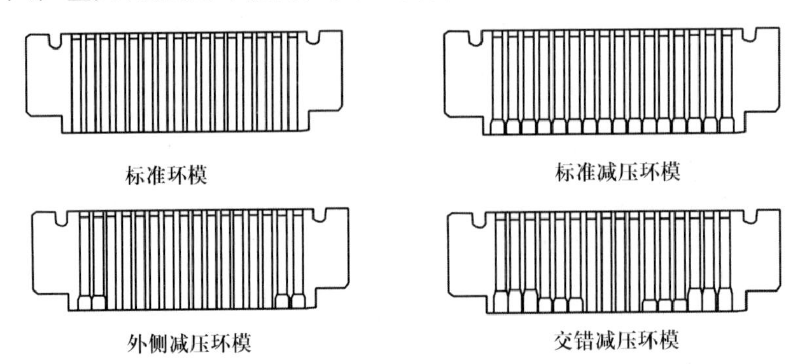

图 7-16　模孔的形状

③模孔直径。模孔直径的选择根据饲喂对象对饲料的粒径要求而定。模孔直径大，产品容易成形，质地较松，产量大且动力消耗少。由于机械加工技术等因素的限制，从生产成本、加工产量考虑，直径小于 1.5 mm 的颗粒通常采用先制大颗粒后破碎的方式生产。

④模孔总长度。模孔总长度表示环模的总厚度。在制粒时，环模与压辊间存在的挤压力较强，具有一定厚度的环模才有足够的强度防止其破裂。大孔径环模的模厚与模孔总长度一致，某些小孔径环模则采用加大环模边框厚度或采用减压孔来保证环模的强度。

⑤长径比。有效孔长与孔径的比值称为“长径比”。长径比越大，物料在模孔中受到的压力越大，受压时间越长，产品被压实得越紧密，制粒产量小，单位产量耗电量增加。长径比的选择依据原料特性与产品种类而定。原料中的脂肪含量高，则要求产品紧密，选长径比大的环模。通常，生产畜禽饲料的环模长径比选用(6～8)∶1，生产鱼饲料选用(8～10)∶1，生产虾蟹饲料选用(20～25)∶1。

⑥开孔率。当其他参数相同时，开孔率越大，产量就越大。但开孔率过大，环模强度下降，环模易损坏。开孔率以 20%～30%为宜，孔径小，取小值；孔径大，则取大值。

⑦环模材料。环模是主要易损件。选择环模材料主要考虑其耐磨性、耐腐蚀性、韧性及成本等。按产品要求可选用不锈钢、铸钢或碳钢制造，对某些特殊的物料，也可采用青铜模，但青铜模使用寿命较短。合金钢环模的使用寿命较长，可生产 4 000～5 000 t，比一般生产的环模压制 Φ4.5 mm 颗粒的平均使用寿命要长 4～5 倍。合金钢刚度和韧性都比较好，具有良好的耐磨性，但抗腐蚀性较差。

⑧环模精度。环模的加工精度和检验方法可参考 JB/T 11930—2014《饲料环模制粒机环模　精度》。

(3)匀料板　每台制粒机的匀料板个数与压辊个数相对应。匀料板将料流均匀地分配到每个压辊，使各压辊受力均衡，设备整体转动平衡，各压辊压出的颗粒质量趋于一致。

(4)切刀　切刀用来将从环模外圈被挤出来的柱状物料切成长度适宜的颗粒，通常颗粒长度为颗粒直径的 1.5～2.0 倍。一个压辊配置一把切刀，它和环模之间的距离可调节，以便生产不同长度的颗粒。切刀刃口为直线型，刀刃要保持锋利，见图 7-17。

(5)安全装置　为保护操作人员和设备运行的安全，制粒机在设计时应考虑安全装置，主要有保护性磁铁、过载保护和压制室门盖限位开关。当粉料中混有磁性金属时，制粒机的压辊和环模会受到损害。在调质室与下料槽之间安装保护性磁铁,可减少磁性杂质的破坏。为了防止因大块异物或过多物料进入压制室,造成环模、压辊损伤或主电机负载过大导致电机烧毁,需在主轴上装有安全销。一旦出现冲击载荷,安全销就自动断裂,同时切断主电机的动力输入,也可采用阻尼器代替安全销。

在旋转时,制粒机环模如不慎打开了压制室的门盖,可能会引发人身伤亡等事故或导致设备损坏。在离心力作用下,从高速旋转的环模中抛射出的物料也会导致潜在的危害。因此,应在制粒机机座与门盖的结合处装上限位行程开关,即当打开门盖时,制粒机的全部控制线路断开,制粒机无法启动,保证工作人员的人身安全。

(6)传动装置　在美国大部分地区以及我国部分地区的环模制粒机采用的是齿轮传动,这种传动方式的传动比较准确,但机体较笨重。西欧以及我国的一些新型环模制粒机采用的是三角带或防滑平皮带传动,一些大功率机型采用双马达转动,这样可以使设备运转更为平稳,有较好的缓冲能力,但对皮带的质量要求较高。

(7)自动控制　采用自动控制的制粒机能达到较佳的工作状态,而手动一般只能达到制粒机能力的 80%~85%,自动控制系统主要是根据主电机的负荷来控制给料量。按照进入环模的粉料温度控制蒸汽以及糖蜜或其他液体的添加量等。微机控制压粒可以延长环模寿命,提高产品质量和产量,降低生产每吨颗粒的能耗及其他成本。

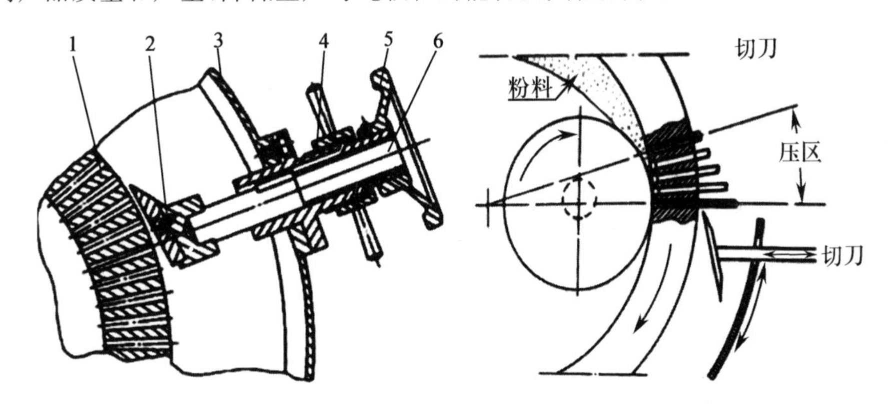

1. 环模;2. 切刀;3. 门盖;4. 锁紧螺母;5. 调节手轮;6. 切刀杆。

图 7-17　切刀示意图及其结构调整

(二)制粒机的工作过程和受力分析

1. 制粒成形的工作过程

经过磁选装置除去铁质后,物料进入待制粒仓,再经无级调速的螺旋喂料器送至调质器。在调质器内,物料与水蒸气、糖蜜、油脂等充分混合,使其水分达到 14%~19%,温度达到 80~90℃,然后经过匀料板将物料均匀分配到由环模包围的压制室内。借助重力和环模旋转产生的离心力以及喂料刮刀的作用把物料均匀地喂入环模内的 2 个压缩区,即 2 个压辊与环模形成的楔形空间内。因压辊与环模内壁的最小间隙仅为 0.1~0.3 mm,在环模和压辊的强烈挤压作用下,物料逐渐被压实,挤入环模的模孔中,并在模孔中成形。模孔每经过一次压辊就会被压入一定量的物料,由于环模转速较高,所以被视为连续地挤压。在结构上环模与减速器连接，由电机带动旋转。压辊在物料的摩擦力作用下绕自身做轴旋转。压辊的旋转动力间接地取自电动机。电动机带动环模，环模带动物料，物料依靠摩擦力带动压辊转动。在压辊与环模的挤压下，物料呈长条形通过模孔，并由切刀切成长度适宜的圆柱体，见图 7-18。

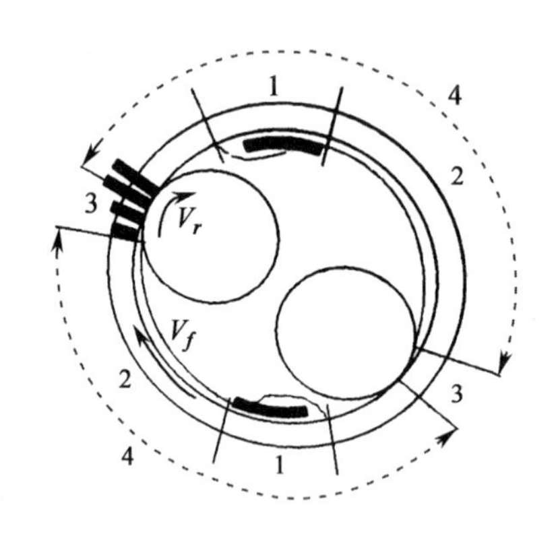

1. 供料区；2. 布料区；3. 压缩与挤压区；4. 滞留时间区；

Vr：环模切向速度；V_f：压辊切向速度。

图 7-18　制粒成形的工作过程

2. 制粒成形过程中的受力分析

在制粒过程中，根据物料在挤压过程中所处的状态不同，可将其分成 4 个区域，即供料区、压缩区、挤压区和成形区(图 7-19)。

(1)供料区　物料基本不受机械外力，受环模转动离心力的影响，物料紧贴在环模内侧。

(2)压缩区　随着压辊的旋转，物料进入压缩区。在此区域内，受模辊的挤压作用，物料之间产生相对移动，间隙逐渐减少。随着物料向前移动，速度加快，挤压力逐渐增大，间隙更小，但颗粒基本上还未变形。

(3)挤压区　在挤压区内，压辊间隙变小，挤压力急剧增大，物料进一步紧密和镶嵌，物料间的接触面增大和联结增强，物料发生变形，并产生了较好的连接，同时挤压物体向模孔移送。这时挤压力达到最高值。这一区段物料将发生弹性、塑性综合变形，压出后的物料容重达到 1.3 g/cm^3 左右。

(4)成形区　在环模模孔内充满了已被压实成形的饲料柱体在环模内侧又不断接受新挤入的物料，饲料柱体因此向环模外侧推移。排出模孔的挤压力必须大于模孔内料柱所受摩擦力的总和。物料在模、辊转动作用下压制成颗粒必须满足 2 个条件：一是压辊要把物料压入模孔；二是压辊对物料挤压力要大于模孔内料柱的摩擦阻力。

在物料进入制粒机后，在环模的带动下，先进入压缩区被压缩，然后进入挤压区受压辊的强力挤压，在挤压力作用下物料进入模孔成形。物料在模孔受力如图 7-19 所示。①切向力：切向力是环模表面与物料之间的摩擦力，在这个力的作用下，物料被输送到压缩区。这个力的大小与压辊压力和物料本身特性有关。②压辊压力：压辊压力是压辊施加于物料上的力，这个力作用于和压辊接触的物料上，把物料压紧并挤出。③径向力：径向力是环模模孔孔壁对通过模孔的物料流的一种阻力。

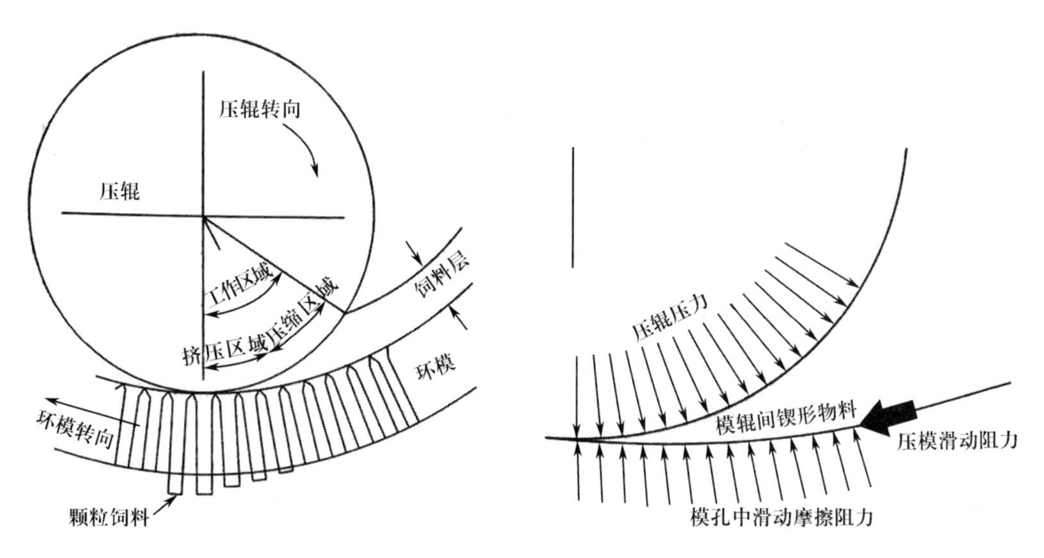

图 7-19 制粒成形过程中的受力分析

物料在以上 3 种力的作用下形成一个倾斜的料楔。在压缩区内,压力主要消耗于颗粒之间的摩擦、物料与环模、物料与压辊之间的摩擦以及物料本身的塑性和弹性变形上;在挤压区和成形区,压力主要消耗于物料之间的摩擦、物料的塑性变形、物料与孔壁的摩擦、环模与压辊的弹性变形上,该区是制粒机功率消耗最大部位,也是制粒成形的关键部位。

(三)环模制粒机的评价及选用

GB/T 20192—2006《环模制粒机通用技术规范》规定了环模制粒机的产品型号、要求、试验方法、检验规则及标志、包装、运输和贮存。这个技术规范不仅可以反映制粒机的制造质量,也可以反映制粒机的工作性能。这个技术规范是制造厂商保证制粒机制造质量的基础,也是用户对制粒机进行类比选型和性能测定的依据。

二、平模制粒机

(一)平模制粒机的结构

平模制粒机主要有喂料调质机构、压制机构、出料机构、传动机构、电气控制系统和蒸汽系统等组成,见图 7-20。

(二)平模制粒机的分类

平模制粒机按压辊和平模的运动形式可分为 3 种。

1. 动辊式

平模不转动,压辊在电机驱动下公转,并在物料的摩擦力作用下自转,以小型机型为主。

2. 动模式

平模在主电机的驱动下绕立轴转动，压辊在物料摩擦力的作用下自转，以大中型为主。

3. 动辊动模式

平模和压辊的主轴在电机驱动下各自绕主轴相向转动，同时压辊在物料摩擦力作用下自转。

（三）平模制粒机的工作原理

以常见的中型动辊式为例，介绍平模制粒机工作原理。在平模制粒机工作时，粉料由料斗通过喂料器进入调质器与蒸汽和水调质后，进入压制机构。压辊由主电机带动绕主轴公转，同时在摩擦力作用下压辊自转。平模是一个固定的圆盘，其上有许多按一定规律排列的模孔。物料通过模孔成为结实的颗粒。当压辊转动时，压辊前面的物料层被挤入压缩区压实，如果挤压力大到能克服下面模孔内料柱的摩擦力，则新的物料会被一点点压进模孔，从而将物料柱推向前进，压辊不断地转动，物料不断地被压出模孔，由切刀切断，形成颗粒，见图 7-21。

图 7-20 平模制粒机

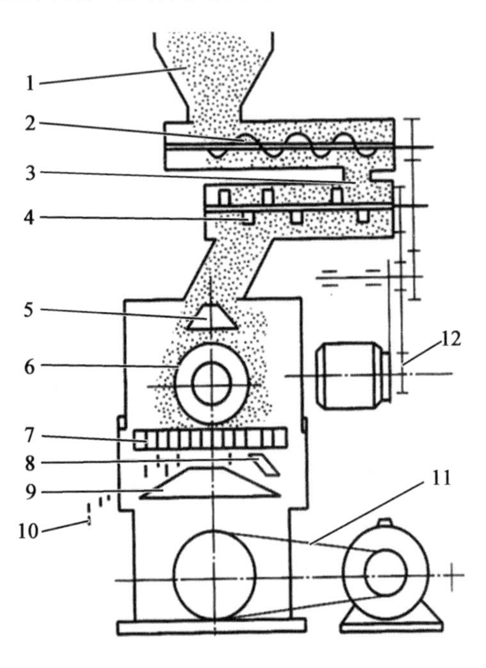

1. 料斗；2. 螺旋喂料器；3. 蒸汽孔；
4. 调质器；5. 分料器；6. 压辊；7. 环模；
8. 切刀；9. 出料盘；10. 颗粒料；11. 皮带；12. 链轮。

图 7-21 平模制粒机的工作原理

（四）平模制粒机的优点与缺点

平模制粒机具有结构简单，制造方便，易于操作，清理方便，价格低廉等优点，特别是平模的加工比环模容易得多，而且在制粒时温度升高幅度小，在物料中被损伤的热敏性物质较少，颗粒成品的营养物质损失也较小。但在平模制粒机工作时，压辊表面沿轴线方向不同点的线速度不同。因为压辊在转动过程中既有滚动，又有滑动，最终导致压辊内外侧的摩擦不一致。物料受力不均。导致颗粒成品均一性差，颗粒紧密度低，适用范围窄。为克服上述问题，平模制粒机的压辊也可以制作成锥形，以保证环模的磨损一致，但其造价较高。

第四节　制粒工艺的其他设备

一、冷却器

颗粒料在调质器内吸收了来自蒸汽中的大量热能和水分以及制粒机机械摩擦的附加热量，一般出机的颗粒料的温度为75～95℃，水分达到14%～17%。如此高的温度和水分不利于物料的储存和运输，同时高温、高湿的颗粒较软，容易粉化，因此，应及时将颗粒料进行冷却，降低颗粒料的温度和水分，提高颗粒料的硬度。

当颗粒出机后，颗粒具有纤维状结构，水分沿毛细管做由内向外的移动。一般的冷却器设计成使用室内空气与颗粒的外表面接触，通过空气的流动达到冷却颗粒的目的。只要空气相对湿度不是饱和状态，空气就会从颗粒料表面带走水分。水分在蒸发作用下脱离颗粒，同时使颗粒得到冷却。空气吸收热量并将自身加热，高温空气又提高了其载水能力。颗粒饲料的冷却是利用周围空气进行冷却，因此，颗粒排出冷却器的温度不会低于室温，一般认为比室温高4～9℃，水分能降至12%～13.5%则为合格。

（一）逆流式冷却器

1.逆流式冷却器的工作原理

逆流式冷却器的工作原理如图7-22所示。制粒机压制出的湿热颗粒料从冷却器顶部旋转关风喂料器的进料口进入，经料仓顶部棱形散料器，颗粒料分流，使其从前、后、左、右、中5路流入冷却箱体中。颗粒料开始逐渐堆积，当触及上料位器时，出料电机接通，排料机构开始工作。电机通过减速器和偏心机构带动排料框做左右往复运动，当排料框与固定框之间的相对位置达到一定程度时，物料经排料框之间的缝隙排出，当排料框与固定框相对位置错开时则不排料。当排料大于进料，颗粒料层降至下料位器时，则电机停止转动，排料停止，而进料继续进行，待料层再接近到上料位器时，排料器又开始工作。在整个冷却过程中，风机始终工作。由于粒料是从上往下流动的，而空气是从下向上流动，气流与料流的运动方向相反，且冷风与冷料相接触，热风与热料相接触，这样就避免了冷风与热料直接接触而产生骤冷现象，颗粒表面就不容易开裂。颗粒料在料仓停留期间，与进入的冷风进行热交换，冷风带走颗粒料的热量与水分，对颗粒料起到冷却和降湿作用，同时由于采用闭风器进料，密封性能好，因此，其冷却效果显著。

2.主要结构

逆流式冷却器的结构见图7-23。其主要是由旋转闭风喂料器、菱锥形散料器、冷却箱体、上下料位器、机架、集料斗以及滑阀式排料机构等构成。

（1）菱锥形散料器　菱锥形散料器是把物料均匀铺放在冷却箱体内，主要起均匀散料的作用。其结构如图7-24所示，主要由2个半菱锥体和支撑架组成。2个半锥体之间的距离可调节，其用于改变物料的扩散面积。

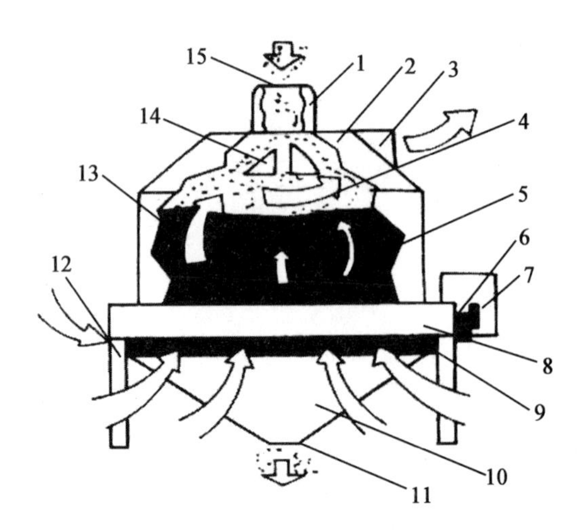

1.闭风器；2.出风顶盖；3.出风管；4.上料位器；5.下料位器；6.固定框调整装置；7.偏心传动装置；8.滑阀式排料机构；9.进风口；10 出料斗；11.出料口；12.机架；13.冷却箱体；14.棱锥形散料器；15.进料口。

图 7-22 逆流式冷却器的工作原理

图 7-23 逆流式冷却器的结构

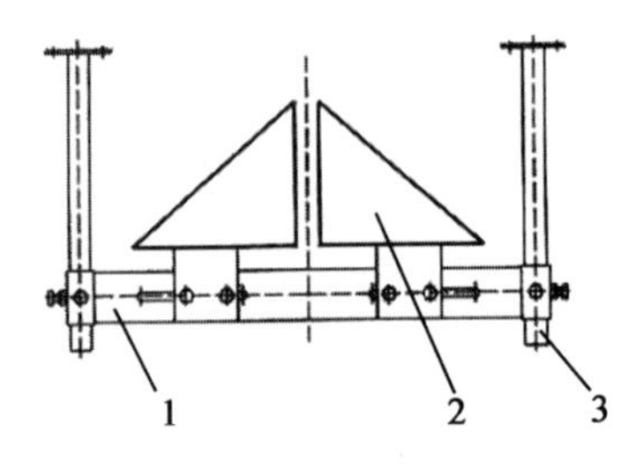

1.横向滑扦；2.半锥体；3.吊杆。

图 7-24 菱锥形散料器

（2）滑阀式排料机构　滑阀式排料机构的工作状态见图 7-25a。其主要由固定框、分隔框、排料框、导轨座、刹车电机、减速器偏心传动机构、滚轮以及固定框调整装置等组成。可调排料框通过刹车电机减速器和偏心传动机构带动，在轨道上做往复运动。机体内的物料经排料框和固定框变化的间隙中排出，自然空气从滑阀式排料机构的底部全方位进入，垂直穿过料层，经热交换带走颗粒料中的水分和热量，并从出风口排出，从而使颗粒料顺向逐步冷却。排料流量的大小可通过调整固定框的固定装置，改变排料框与固定框之间的相对位置来控制。

（3）摆动式排料机构　摆动式排料机构的工作状态见图 7-25b。摆杆由液压油缸带动进行往复摆动，通过限位开关控制摆杆的摆动角度，以改变排料量。通过上下料位开关控制排料机构的工作，在生产结束时通过手动开关进行清料排空。摆动式排料冷却器的均料机构为旋转式，由电机通过减速器带动一倾斜的淌板，把进入的热颗粒料均匀分配到冷却箱内。排料机构由液压泵站、液压油缸、摆杆、排料板等组成。摆动式排料机构的冷却器比滑动式排料机构冷却器的适用范围更广，可用于粉料、大直径颗粒饲料和团块物料的冷却。

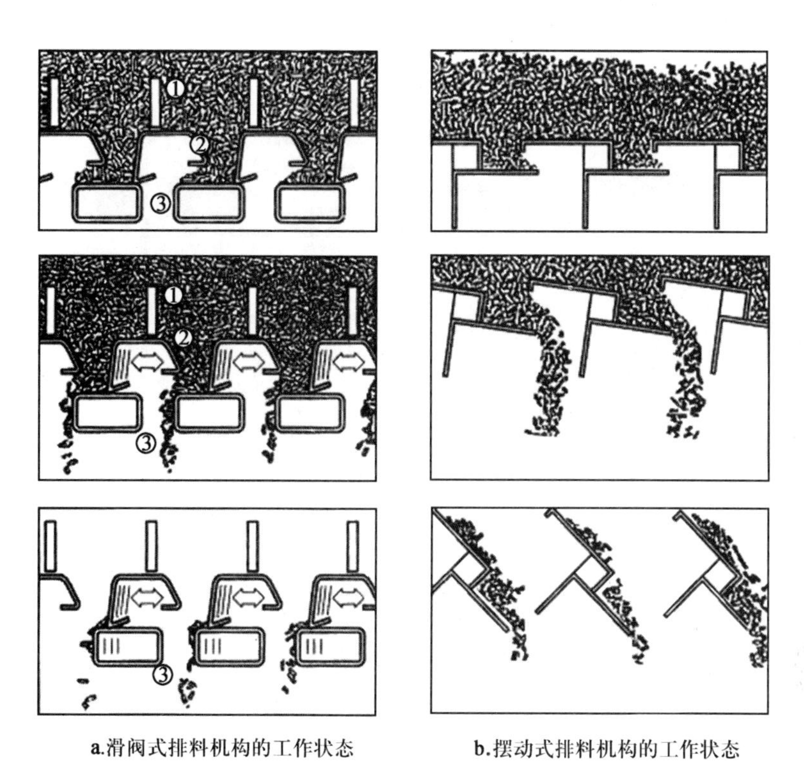

a.滑阀式排料机构的工作状态　　b.摆动式排料机构的工作状态

①分隔框；② 活动框；③ 固定框。

图 7-25　排料机构的工作状态

3.性能指标

GB/T 24351—2009《立式逆流式颗粒冷却器　通用技术规范》规定，入机物料的水分含量为 15%～17%，物料温度不低于 75℃，相对空气湿度不大于 75%，冷却直径为 5 mm 及以下的颗粒饲料。冷却风网参数按设备使用说明书配备。立式逆流式冷却器的性能指标应符合表 7-4 的要求。

表 7-4　立式逆流式冷却器的性能指标

纯工作小时生产率/(kg/h)	出机颗粒水分/%	出机颗粒温度高出室温的温度值/℃	噪声声功率/[dB(A)]	粉尘浓度/(mg/m³)
≥产品标牌或说明书标示值	南方≤12.5 北方≤14	≤6	≤85	≤10

(二)卧式冷却器

卧式冷却器有翻板型和履带型 2 种。其中履带型冷却器的适应性强，它能冷却不同直径和形状的颗粒料、膨化料，而且产量高，冷却效果好，目前使用较多。

1. 卧式冷却器的主要结构

卧式冷却器主要由进料器、匀料器、机头、匀料段、中间段、履带型传动链装置、机尾及出料斗等组成。双层卧式冷却器的气流模式见图 7-26。

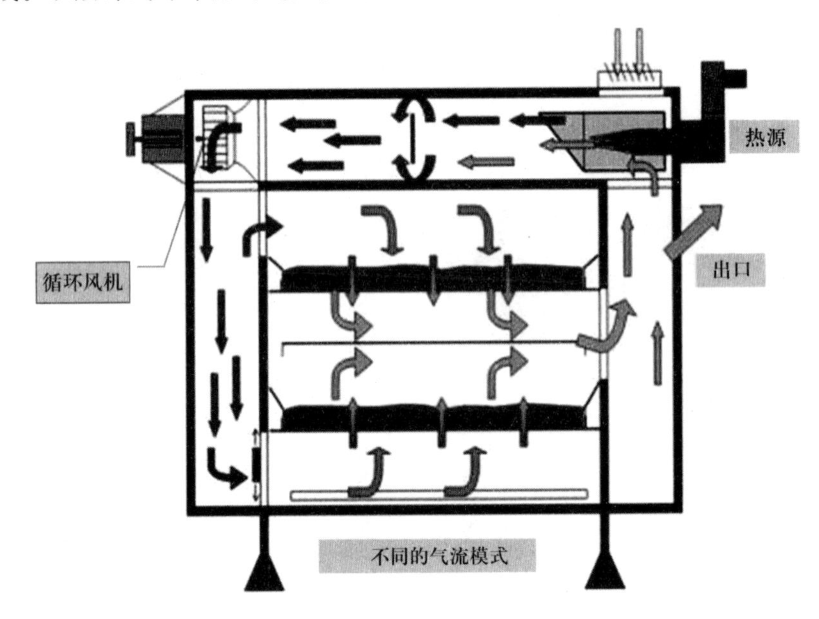

图 7-26　双层卧式冷却器的气流模式

2. 卧式冷却器的工作原理

高温高湿的颗粒料从冷却器的进料口进入，经匀料器使物料均匀分布在筛板的整个宽度上，让气流均匀穿过料层。履带的传动通常配用无级调速机构，因为制粒机的产量随颗粒大小及物料性质等因素而变化。因此，为使冷却器的产量与之匹配，需相应的改变筛板的运动速度，使筛板上保持一定的料层厚度，以得到良好的冷却效果，筛板线速度一般为 1 m/min 左右。

冷却器筛板的作用是承载物料及通过气流，需要有较高的开孔率，目前常用的筛板由很多小块组成，以便于在尾部转弯时将物料翻转到下一层筛面。在冷却器底板上装有清扫机构，以及时清除从筛板散落的物料。

与立式冷却器相比，卧式冷却器占地面积大，结构复杂，投资大，但其冷却效果好，冷却均匀，颗粒破碎率小。

(三)影响冷却效果的因素

影响冷却器效果的主要因素有产量、冷却时间、颗粒直径、吸风量、风压等。

1. 冷却器的产量

冷却器的产量取决于制粒机的产量。对于制粒机来说，生产小直径的颗粒饲料，产量低，反之，则产量高。但对于冷却器而言，其恰好相反，冷却小直径的颗粒，所需时间短，风量小，产量高；反之，则风量大，产量低。因此，在确定冷却器产量时，应以制粒机生产较大直径颗粒的产量作为冷却器的指标。在饲料厂，一般生产直径为 8 mm 以下的颗粒为多。冷却器的产量一般以生产 8 mm 的颗粒饲料为设计依据。

2. 冷却时间

在冷却过程中，颗粒的水分由内部散发到表面需要一定的时间。不同的颗粒直径，不同的饲料成分，其内部组成、结构等均不相同，水分散发的难易程度也不同，应采用不同的冷却时间。颗粒的冷却包括颗粒表面冷却和颗粒内部冷却。对于小直径颗粒来说，颗粒内部的热量和水分容易散发，因此，需要的冷却时间较短。表 7-5 列出了不同直径的颗粒所需的冷却时间。

表 7-5 不同直径颗粒所需的冷却时间

颗粒直径/mm	2.5	4.5	6.0	8.0	10.0	12	16
最短冷却时间/min	5～6	6～8	8～10	13～15	13～15	15～17	18～20

3. 冷却风量

冷却风量与颗粒直径有很大的关系。随着颗粒直径的增大，冷却风量也需增大。在选取冷却器风量时，应根据大直径颗粒的吸风量来计算。但风量也不能选得太大，因为颗粒的冷却均从表面开始。若风量过大，表面冷却过快，内部仍是热的，水分仍较高，表面却已干燥，这样会使颗粒表面易开裂，包括颗粒易出现发热结露现象，从而影响颗粒质量。若要达到良好的冷却效果，最好适当减小风量，延长冷却时间，以保证颗粒内部和颗粒外部得到充分冷却，得到合格的冷却颗料。表 7-6 列出了不同直径的颗粒饲料所对应的吨料冷却风量。

表 7-6 不同直径的颗粒饲料所需的每吨料冷却风量

颗粒直径/mm	≤5	6	10	20	22
风量/[m^3/(t·min)]	22	25	28	31	34

一般按每吨颗粒饲料吸风量为 22～28 m^3/min 的设计比较合适。当冷却小直径的颗粒饲料时，可用调节风门来减少吸风量。

二、颗粒破碎机

不同的动物在不同的生长期，对颗粒饲料的大小要求不同，如喂养雏鸡就需要较小的颗粒饲料。若使用小孔径环模直接压制小颗粒，则产量低，动力消耗大。颗粒破碎机是将大颗粒（Φ3.0～6.0 mm）的饲料破碎成小颗粒的碎粒饲料（Φ1.6～2.5 mm）的一种专用设备。采用先压制大颗粒，再用颗粒破碎机将其破碎成小颗粒的生产工艺，可提高产量近 2 倍，也可大幅度降低能耗，提高生产效率。

（一）工作原理

利用一对转速不等的轧辊做相对运动，冷却后的颗粒进入颗粒破碎机入口，再经压力门进入 2 个轧辊中，通过 2 个压辊上的锯形齿差速运动，对颗粒进行剪切及挤压而使其破碎，所需破碎粒度可通过调节两轧辊间距来获得(图 7-27)。如不需破碎可推动操纵杆，使压力门关闭，颗粒料从旁路通过，同时碰触行程开关，颗粒破碎机断电停机。

(二)颗粒破碎机主要结构

目前颗粒破碎机有对辊和四辊 2 种形式，一般以对辊为主，结构见图 7-27，由一个快辊和一个慢辊构成。快辊表面为纵向(轴向)拉丝和锯齿形丝，斜度为 1：24 或 1：12(图 7-28)。慢辊表面为轴向拉丝。快慢辊转速比为 1.5：1 或 1.25：1。拉不同形状的丝是为了增加切割作用，减少挤压，以减少细粉，一般要求成品中细粉不超过 5%～10%。辊的单位流量可按 70～90 kg/(cm・h)计算，动力按 0.75kW・h/t 计算。

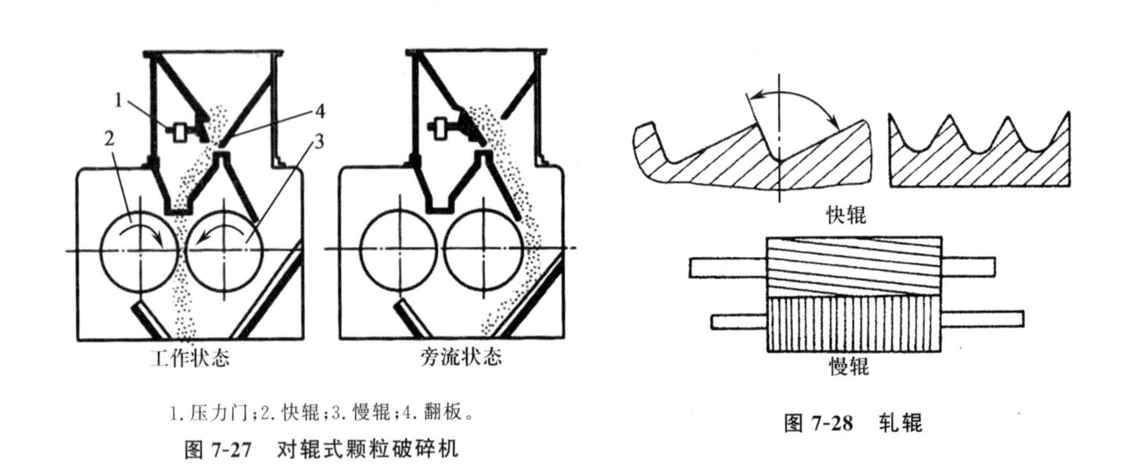

1. 压力门；2. 快辊；3. 慢辊；4. 翻板。

图 7-27 对辊式颗粒破碎机

图 7-28 轧辊

国内使用较多的是 SSLG 型颗粒破碎机，将 Φ4.5～8.0 mm 的颗粒破碎成粒度为 Φ2.0～2.5 mm 的不规则形状的小碎粒。其生产能力为 2～20 t/h，功率 4～22 kW。颗粒破碎机附有轧距调节装置，以调节轧碎粒的大小，达到最佳工作状态。

三、颗粒分级筛

颗粒分级筛是制粒工段中的最后一道工序。当颗粒料被压制成形，经冷却或颗粒料被破碎后，需经过分级筛提取合格的产品，把不合格的小颗粒或粉末筛理出来，重新制粒。几何尺寸大于合格产品的颗粒重新回到颗粒破碎机中进行破碎。

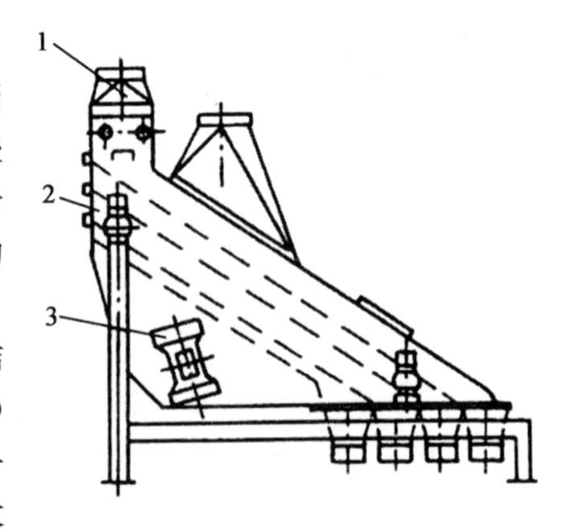

1. 进料口；2. 机架；3. 振动电机。

图 7-29 振动分级筛

颗粒分级筛与一般分级筛的结构基本相同，结构比较简单。常用的分级筛有振动分级筛(图 7-29)和平面回转分级筛 2 种(图 7-30)。振动筛产量小，一般用于小型饲料厂；平面回转筛产量大，一般用于大型饲料厂。根据饲料的品种、颗粒的粒径大小及破碎情况来选用和配置分级筛的筛网。常见的饲料品种的筛网配置见表 7-7。

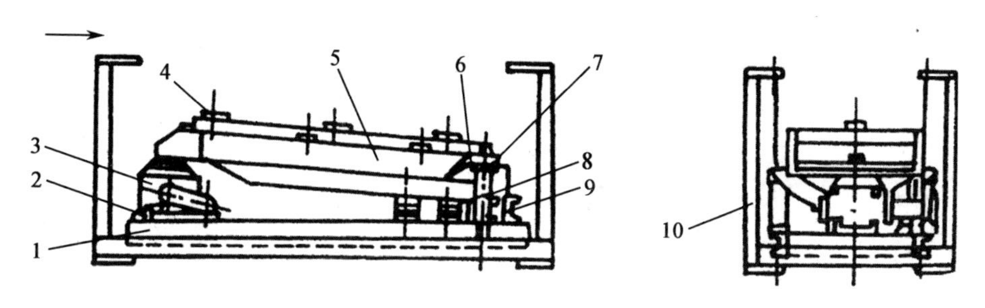

1. 机座;2. 电机;3. 传动箱;4. 进料口;5. 筛体;6. 滑动支撑;7. 拉杆;8. 出料口;9. 吊索;10. 机架。

图 7-30 平面回转分级筛

表 7-7 常规饲料品种的筛网配置

产品规格/mm	上层筛网/(目/in)	下层筛网/(目/in)
碎粒	8×8 或 6×6	12×12
Φ2.5 或碎粒	6×6	12×12
Φ3.5	2×3	12×12
Φ4.5	2×3	10×10 或 12×12

注:1 in=25.4 mm。

四、熟化器

在生产鱼、虾等水产饲料时,为提高粉状饲料的熟化程度,常采用熟化器以加强调质效果。熟化器的工作流程见图 7-31 所示。混合粉料在第一个调质器中加入蒸汽、糖蜜,然后送入熟化器。当物料达到一定量时,料位器可使送料停止。送入的物料通过熟化器时得到了连续的搅拌,经一定时间后被排到制粒机的调质器,补充添加约 1%蒸汽后,再经调质,进入制粒机。在熟化器内停留的时间,一般畜禽饲料为 3～4 min,高纤维饲料为 20～30 min。由于物料吸收较长时间的蒸汽及液体,得到充分的水热处理,物料的柔软性、可塑性及部分物料的润滑性大大改善。采用熟化技术,制粒机电耗能降低 10%～20%,并可延长环模、压辊的使用寿命,使颗粒产品的质量更好。

在生产对虾或其他特种水产饵料时,为了提高颗粒饲料在水中的稳定性,可采用后熟化工艺。将熟化器置于制粒机之后,让湿热的颗粒在熟化器内保温一段时间,消除颗粒的内应力,并使颗粒中的淀粉,尤其是颗粒表面的淀粉得到充分糊化,从而提高颗粒在水中的稳定性。图 7-32 为颗粒后熟化器。

五、颗粒饲料的后喷涂

饲料中添加油脂不仅可增加饲料的能量,提高蛋白质、氨基酸和维生素的利用率,还可减少加工过程中的粉尘飞扬,改善颗粒表面光泽,减少机械磨损,提高颗粒饲料的产量,提高颗粒饲料在水中的稳定性。鱼类对脂肪有很高的需要量,而且消化率也更高。鱼类对脂肪的消化率可达 90%,对蛋白质的消化率为 85%,对碳水化合物的消化率仅 75%,由此可见,脂肪含量对水产生物饲料尤其重要。在饲料中添加油脂可有效提高低质植物原料和肉类加工副产品的综合利用率，具有显著的经济效益和社会效益。

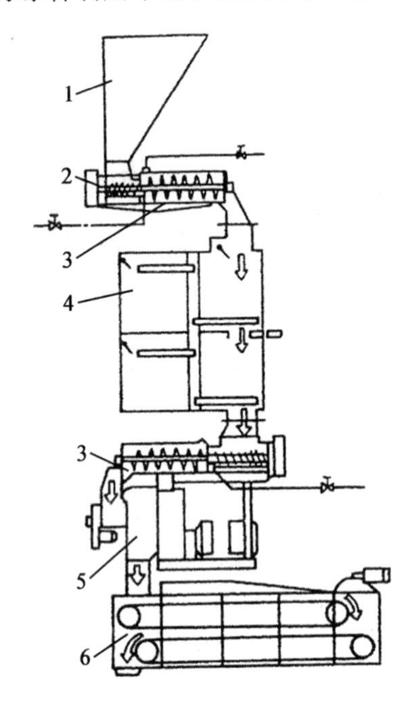

1. 料斗；2. 喂料器；3. 调质器；4. 熟化器；5. 制粒机；6. 冷却器。

图 7-31 熟化器的工作流程

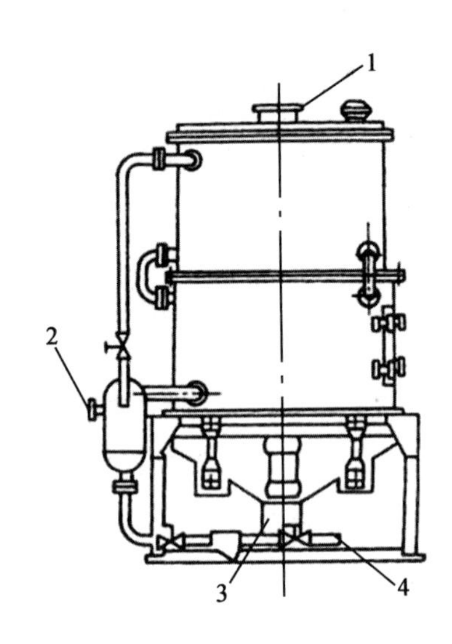

1. 进料口；2. 进汽口；3. 出料口；4. 排水口。

图 7-32 后熟化器

配合饲料中添加油脂的位置有混合机、调质器和颗粒饲料表面喷涂机等。在生产颗粒饲料，当其添加量为 1%～3%时，可在混合机或调质器中加入。添加量超过 3%会造成颗粒软化，甚至造成颗粒难以成形。鱼饲料及其他经济动物饲料的油脂添加量超过 3%的，其超过部分可在制粒后喷涂。国内主要有转盘式喷涂设备和滚筒式喷涂设备，还可采用真空喷涂设备。这样不仅喷涂油脂，还能喷涂液体维生素或其他添加剂。

(一)常压喷涂设备

图 7-33 为 50 型油脂添加装置的工艺流程。油脂储罐容量可适当加大，数量宜配备 2 套，便于定期轮流清理。其底部应倾斜(呈倒锥形)，用于排污，油脂出口应比排污口高 15～30 cm，以利于沉淀的污物从底部排出，顶部应装呼吸阀。罐体应能适度隔热保温，油脂的温度在其中应能保持为 48℃左右。当油脂出料时，为避免储罐内有过多的水分凝结或形成真空，要采取强制通风措施。

滚筒式喷涂设备由料斗、流量调节器、导流管、滚筒和喷油系统等组成(图 7-34)。颗粒料由料斗进入流量调节器以保持稳定的流量，通过导流管进入旋转的滚筒。颗粒在滚筒内翻滚抛扬同时喷油系统按需要的喷量通过喷嘴向颗粒喷涂油脂，已经喷涂油脂的颗粒料从滚筒末端排出。控制系统既要控制流量调节器又要控制喷油系统，保证按需要的比例喷涂油脂。油脂可根据季节不同和种类不同，采用适当的加热处理，并自动控制油温。

转盘式喷涂设备主要由料斗、振动喂料器、喷射筒、分料圆盘、喷嘴和输送器等组成(图 7-35)。物料从料斗经振动喂料器进入喷射筒，通过分料圆盘向四周分散，安装在分料圆盘的2个喷嘴对颗粒料进行喷涂，喷涂后的颗粒料由螺旋输送器排出。供油系统通过控制系统控制调速油泵的转速调节喷油量。

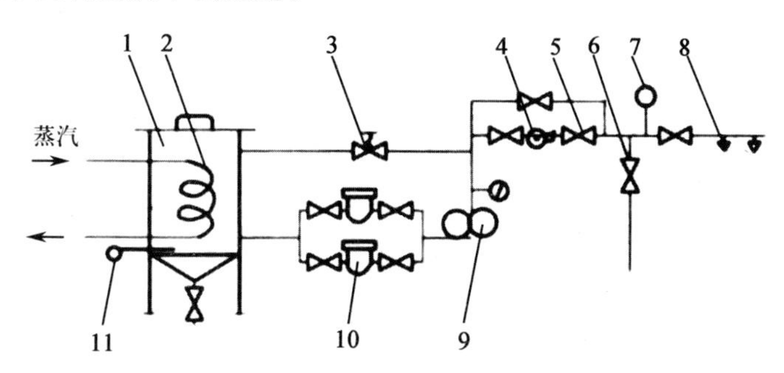

1. 油罐；2. 蛇形管加热器；3. 溢流阀；4. 流量计；5. 阀门；6. 回油阀；7. 压力表；8. 喷嘴；9. 齿轮泵；10. 过滤器；11. 温度计。

图7-33 50型油脂添加装置的工艺流程

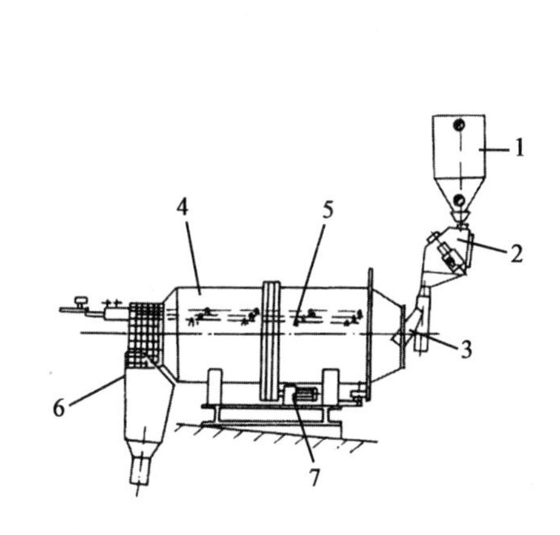

1. 料斗；2. 流量调节器；3. 导流管；4. 滚筒；5. 喷嘴；6. 出料口；7. 减速电机。

图7-34 滚筒式喷涂设备

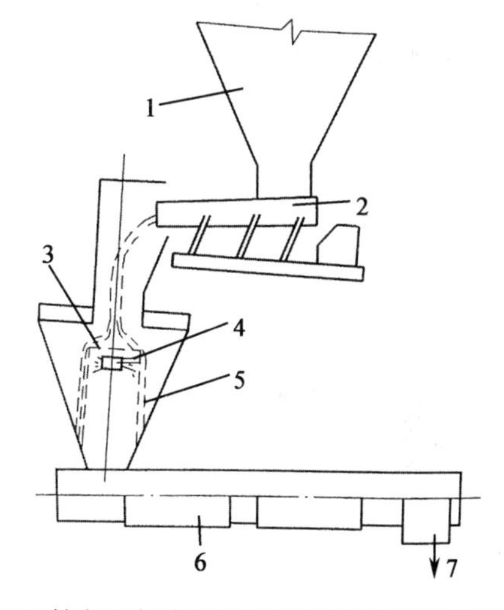

1. 料斗；2. 振动喂料器；3. 分料圆盘；4. 喷嘴；5. 料流；6. 输送器；7. 出料口。

图7-35 转盘式喷涂设备

(二)真空喷涂系统

随着水产养殖业的不断发展，通过提高脂肪含量来提高饲料能量以满足鱼类的营养需求是水产饲料生产中的一个重要课题。大马哈鱼、虹鳟鱼等鱼类饲料中脂肪含量要求达到30%～35%。采用传统的制粒方法在制粒前喷涂和制粒后喷涂，既不能解决高比例脂肪的添加问题，同时会引起颗粒质量的降低，颗粒表面脂肪会引起水质污染。普通的膨化饲料后喷涂技术可使油脂的添加量达到18%左右。真空喷涂机将颗粒饲料中的空气吸出，再喷入油脂填充，使颗粒饲料的脂肪添加量大幅度提高，得到了快速的推广。

目前，国际上较为典型的真空喷涂机有卧式单轴（双轴）混合型和立式锥形等。真空喷涂机可使挤压膨化饲料的最大脂肪含量达到35%；制粒机生产的普通硬颗粒饲料的最大脂肪含量达到 20%。

1. 立式锥形真空喷涂机

图 7-36 为立式锥形真空喷涂机及其喷涂系统。其主要由分级筛、缓冲仓(秤斗)、喂料器、真空喷涂机等组成，其为分批喷涂吸收系统。

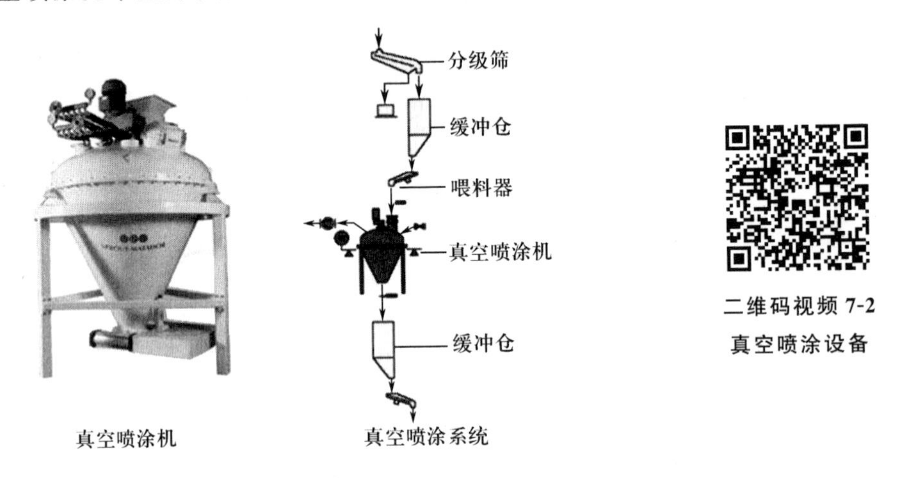

图 7-36　立式锥形真空喷涂机及其喷涂系统

真空喷涂主要应用于膨化饲料生产，也可应用于普通颗粒饲料。真空喷涂过程和压力-时间变化曲线见图 7-37。其过程如下：①常压下的颗粒空隙中充满空气；②抽真空后空气从空隙中被吸出；③在真空状态下向颗粒喷涂油脂或液体；④恢复常压后液体进入颗粒内核和空隙中；⑤在常压下颗粒表面喷涂调味剂和液态饲料；⑥最终产品(脂肪含量≤35%)。

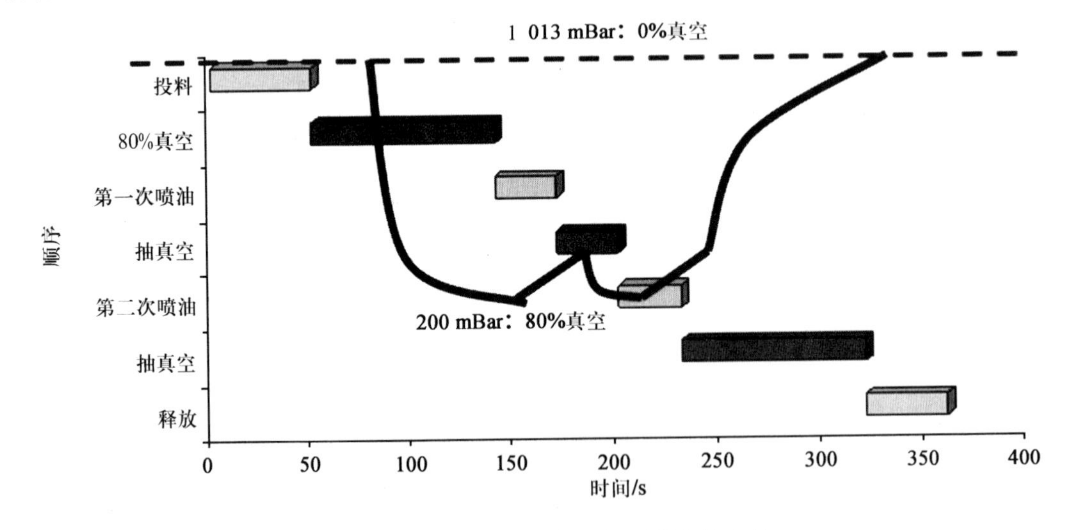

图 7-37　真空喷涂过程和压力-时间变化曲线

2. 单(双)轴混合型真空喷涂机

单(双)轴混合型真空喷涂机的喷涂系统主要由定量秤斗、真空单(双)轴混合机、真空系统、液体喷涂系统和控制系统等部分组成(图7-38)。

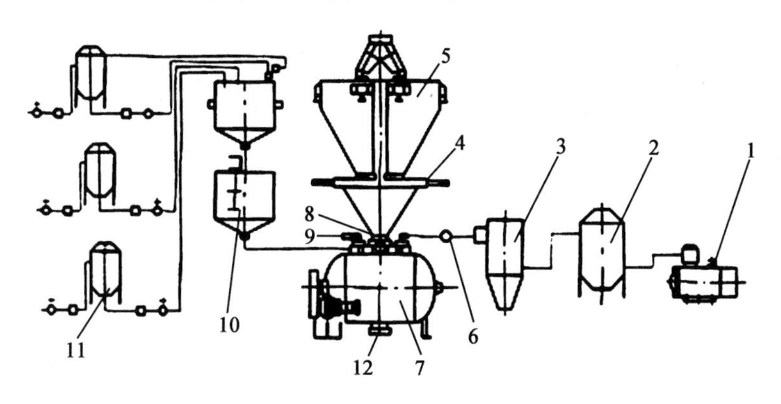

1.真空泵;2.真空罐;3.除尘罐;4.气动闸门;5.电子秤;6.真空蝶阀;7.真空混合机;8.进料阀门;9.进气阀;10.液体秤;11.液体罐;12.出料阀门。

图7-38 单(双)轴混合型真空喷涂机的喷涂系统

(1)其典型的工作程序 挤压膨化颗粒饲料经干燥后(温度为40~60℃,水分为10%左右),或制粒成型的颗粒饲料经冷却后由喂料器送入秤斗计量,达到满称量后,称重传感器发出信号,喂料器关闭,真空混合机启动,真空蝶阀开启,颗粒饲料进入真空混合机,电子秤再次发出信号,气动闸门、混合机进料阀门和出料阀门关闭,真空泵启动,进气阀关闭。此时,对真空喷涂混合系统进行抽真空。同时,进气阀处于关闭位置。液体在管路内形成压力后经溢流阀流入贮液罐形成回路。当系统真空度达到设定值后,由真空压力表发出信号,进气阀开启,液体油脂通过喷嘴呈雾状均匀地喷向颗粒饲料。同时,流量传感器对流过的液体进行计量,当累计流量达到设定值时,流量传感器发出信号,进气阀立即关闭,结束喷涂。当时间继电器开始计时,其间抽真空与混合连续工作,到定时后,时间继电器工作,真空蝶阀关闭,进气阀打开,外界空气通过消声节流阀可控地进入混合机,直至混合机内部压力与外界大气压平衡。此时,真空压力表再发出信号,混合机出料阀门开启,颗粒饲料从出料阀门排出,混合机出料阀门重新关闭,该系统进入下一个循环。

在该系统运行过程中,其中的真空泵、真空混合机、液体搅拌器、液体螺杆泵始终处于连续工作状态,液体或气体的流向通过阀门来控制。

(2)液态温度控制过程 被添加的液态饲料一般采用蒸汽管路的方式加热,电控温度表设定温度为55℃左右。开始时,蒸汽电磁阀打开,蒸汽通入盘管,对液体进行加热,液体温度升至上限时,电控温度表发出信号,关闭蒸汽电磁阀,液体温度降至下限时,电控温度表再次发出信号,再次打开蒸汽电磁阀,蒸汽对液体进行加热。如此循环往复实现对喷涂液体温度的有效控制。

3.真空喷涂的优点

与常规液体喷涂相比,真空喷涂提高了液体喷涂的准确性和均匀性。在不影响产品质量及稳定性的前提下,真空喷涂大幅度增加了液体的添加量,最大添加量可达到35%。由于油脂渗入颗粒内部,水产饲料减少了油脂从颗粒内部溶出和对水面的污染以及油膜对空气交换的影响。另外,油脂留在颗粒内部,阻止了水分的进入,可起到隔湿防潮作用,这样就有利于颗粒的干燥和颗粒的保存。真空喷涂设备还可用于喷涂粉状饲料，在真空喷涂之前先将粉状饲料加入混合室与颗粒混合均匀，然后再进行真空喷涂液体饲料。

真空喷涂系统采用批量作业方式，其主要是对挤压膨化和制粒成型的颗粒饲料进行大比例添加脂肪和脂溶性维生素等液体原料。调味剂、酶制剂等在常压下添加的液体原料也可使用真空喷涂技术喷涂。

由于挤压膨化饲料的容重为 300～500 kg/m^3，普通环模制粒机生产的颗粒饲料的容重大约为 650 kg/m^3，颗粒内部的空隙差异很大，因此，硬颗粒饲料的脂肪真空喷涂量远远低于挤压膨化颗粒饲料。由于真空喷涂机除湿功能很弱，挤压膨化的颗粒饲料必须干燥至水分 10%以下（挤出水分 24%左右），才会取得良好的喷涂效果。挤压膨化饲料的真空喷涂过程见图 7-39。

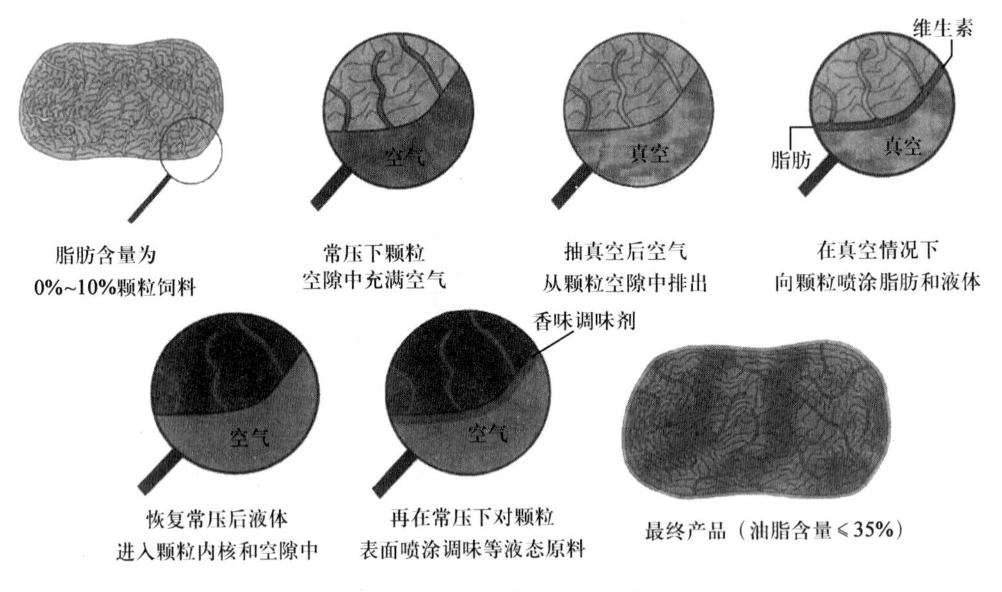

图 7-39　挤压膨化饲料的真空喷涂过程

第五节　影响制粒工艺效果的因素和质量评定

一、影响制粒工艺效果的因素

影响制粒工艺效果的因素主要包括原料及配方、调质、操作、加工设备及工艺等几个方面。

（一）原料

一般来讲，影响制粒的因素包括原料的来源、原料中的水分、淀粉、蛋白质、脂肪、粗纤维含量、原料容重、粒度和物料结构等。

1.物理特性

(1)粒度　粉料粒度小有利于水热处理的调质效果。相反,粒度大的粉料,吸水能力低,调质效果差。据经验可知,压制直径为8.0 mm的颗粒,粉料粒径不大于2.0 mm;压制粒径为4.0 mm的颗粒,粉料粒径不大于1.5 mm,压制粒径为2.4 mm的颗粒,粉料粒径不大于1.0 mm。

(2)容重　物料的容重对产量有直接的影响,一般颗粒原料的容重为750 kg/m^3 左右,粉状物料的容重为500 kg/m^3 左右。制成同样粒径的颗粒,容重大的物料在制粒时的产量高,功率消耗小。反之,则产量低,功率消耗大。

2.化学成分

(1)淀粉类型　不同形态的淀粉对制粒效果影响不同。生淀粉微粒表面粗糙,对制粒的阻力大。当生淀粉含量高时,制粒产量低、环模磨损严重。生淀粉微粒与其他组分结合能力差,最后产品松散。而熟淀粉即糊化淀粉经调质吸水后以凝胶状存在,以利于物料通过模孔,提高制粒产量。同时淀粉凝胶经干燥、冷却后能黏结周围的其他组分,使颗粒产品具有较好的品质。在调质过程中,淀粉颗粒在受到蒸汽的蒸煮以及在被环模、压辊挤压的过程中部分破损及糊化后,产生黏性,使制得的颗粒结构紧密,质量提高。而糊化程度的高低除受温度、水分、作用时间影响外,它还与淀粉种类有关,如大麦、小麦淀粉的黏着性能优于玉米、高粱。除此之外,淀粉的糊化程度还与粉料粒径有关。因此,在以玉米、高粱为主要原料时,制粒前应注意粉碎粒度。一般鸡、鸭、猪饲料配方中含有50%～80%的高淀粉谷物类原料,制粒时应采用较高温度和水分。

(2)蛋白质　蛋白质经加热变性,增强了黏结力。对于含天然蛋白质含量为25%～45%的鱼虾等饲料而言,蛋白质含量高,一般均可制得质量高的颗粒,而且因容重大,制粒产量也高。在制粒时,采用高纯度的蒸汽有利于高蛋白质原料的制粒。

(3)油脂　原料中所固有的油脂因在制粒过程中的温度和压力作用不致使油脂挤出,所以对制粒影响不大,而外加油脂对制粒的产量和质量均有明显的影响。物料中添加1%的油脂,会使颗粒变软,并且会明显地提高制粒产量,降低环模、压辊磨损。但制粒前原料含油量高,所得颗粒松散。制粒前油脂的添加量应限制在3%以内。

(4)糖蜜　通常当其添加量小于10%时,可作为黏结剂,增强颗粒硬度,但其效果取决于物料对糖蜜的吸收能力。一般在调质器添加较好,当其添加量为20%～30%时,则制得的颗粒较软,应改用螺旋挤压机压制。

(5)纤维素　纤维素本身没有黏结力,但在一般的配比范围内,它与其他富有黏结力的组分配合使用,对颗粒没有太大的影响。但如果纤维素太多,阻力过大,则产量减少,环模磨损快。粗纤维含量高的物料的内部松散多孔,应控制入模水分。若加工草粉颗粒,水分含量为12%～13%、温度以55～60℃为宜。若水分含量和温度都高,则颗粒出模后会迅速膨胀而易开裂。

(6)热敏性原料　某些维生素、酶制剂、活菌制剂等遇热易受破坏的物料进行制粒时,应适当降低制粒的温度,并需超量添加,以保证这些成分在颗粒成品中的有效含量。

3.黏结剂

当饲料中含淀粉、蛋白质或其他具有黏结作用的成分较少时,饲料就难以制成颗粒,因此，需加黏结剂，使颗粒达到希望的结实程度。在添加时，要考虑增加的成本及是否有营养价值等因素。饲料中常用的黏结剂有以下几种。

(1)α-淀粉　又称预糊化淀粉，它是将淀粉浆加热处理后迅速脱水而得，由于价格较贵，主要用于特种饲料。

(2)海藻酸钠　又称藻朊酸钠，由海带经水浸泡、纯碱消化、过滤、中和、烘干等加工而得。在近海地区，用一定量的海带下脚料配入饲料，也可以得到较好的颗粒。

(3)膨润土　膨润土的大致化学组成为 $Al_2O_3 \cdot Fe_2O_3 \cdot 3MgO \cdot 4SiO_2 \cdot nH_2O$。其具有较高的吸水性，加水后膨胀，可增加饲料的润滑作用，用作黏结剂与防结块剂。用量应不超过最终饲料成品的 2%。膨润土对粉碎细度要求较高，至少应有 90%通过 200 目筛。

(4)木质素　木质素是性能较好的黏结剂，会提高颗粒硬度，降低电耗，添加量为 1%～3%。

(二)环模几何参数

对制粒效果有影响的环模几何参数主要包括模孔的有效长度、模孔的粗糙度、模孔的孔径、模孔的形状等。

1. 模孔的有效长度

模孔的有效长度越长，物料在模孔内的挤压时间越长，制成后的颗粒就越硬，强度越好。反之，则颗粒松散，粉化率高，颗粒质量降低。

2. 模孔的粗糙度

模孔的粗糙度越低(即光洁度越高)，物料在模孔内易于挤压成形，生产率高，而且成形后的颗粒表面光滑，不易开裂，颗粒质量好。

3. 模孔的孔径

对一定厚度的环模来说，孔径越大，则模孔长度与孔径之比(长径比)越小，物料在模孔中易于挤出，生产率大，但颗粒质地松散。反之，则长径比越大，生产率小，但颗粒坚韧，强度大。

4. 模孔的形状

模孔的形状主要有直形孔、阶梯孔、外锥形孔和内锥形孔 4 种(图 7-16)。其中，以直形孔为主；阶梯孔主要是减小模孔的有效长度，降低物料在模孔中的阻力；内锥形孔和外锥形孔主要是用于纤维含量高的难以成形的物料。

(三)操作因素对制粒质量的影响

1. 喂料量

喂料量可调，调节依据是主电机电流值，主电机电流都有标定的额定电流。喂料量增加，主电机电流升高，生产能力也高，喂料量要根据原料成分、调质效果和颗粒直径的大小进行调节，以达到最佳制粒效果。

2. 蒸汽

蒸汽质量的好坏与进汽量对颗粒质量有较大的影响，饲料在压制前需进行调质，调质后物料升温，饲料中淀粉糊化、蛋白质及糖分塑化，并增加饲料中的水分。水分也是很好的黏结剂，这些都有利于制粒，颗粒质量的提高。蒸汽必须有适合的压力、温度和水分。一般来说，蒸汽的压力应保证为 0.2～0.4 MPa，并且必须是不带冷凝水的干饱和蒸汽，温度为 130～150℃。蒸汽压力越大，则温度也越高，调质后物料的温度一般为 65～85℃。温度增加，其湿度也相应提高，调质后用于制粒最佳水分为 14%～17%，这样便于颗粒的成形和提高颗粒的质量。如果蒸汽量过高，会导致颗粒变形，料温过高，部分营养性成分破坏等问题，甚至会在挤压过程中产生焦化现象，影响颗粒质量，堵塞环模，不能制粒。因此，应当正确控制蒸汽流量，随着喂料量的改变，蒸汽量也要做相应改变。

3.冷却时间和冷却风量

冷却时间是指物料水分内扩散和表面汽化所需时间，不同物料冷却时间不同。冷却风量与冷却速度有密切关系。冷却风量小，达不到预期的冷却效果；冷却风量过大，则造成颗粒制品的内湿外干，粒料表面断裂等不良后果，所以冷却风量应与冷却时间配合得当。

4.环模转速

环模转速的确定主要依据于制粒的几何参数。如环模内径、模孔直径、模孔的有效长度、压辊数、压辊直径、模辊摩擦系数、物料容重以及被压制物料的物理机械特性等。当颗粒料的粒径小于 6 mm 时，一般环模的线速度为 4～8 m/s。

5.模辊间隙

模辊间隙过大，产量低，有时还会制不出粒；间隙过小，模、辊机械磨损严重，影响使用寿命。合适的模辊间隙为 0.05～0.3 mm，目测环模与压辊刚好接触。简单检测方法是在间隙调整后，人工转动环模，压辊似转非转，表明间隙合适。

6.切刀及其调整

当制粒机的切刀不锋利时，从环模孔中出来的柱状料是被撞断，而不是切断的，因此，颗粒两端面比较粗糙，颗粒呈弧形状，导致成品含粉率增大，颗粒质量降低。当刀片比较锋利时，颗粒两端面比较平整，含粉率低，颗粒质量好。调节切刀的位置可影响颗粒的长度，但切刀与环模的最小距离不小于 3 mm，以免切刀碰撞环模。

二、颗粒饲料加工质量评定

颗粒饲料的加工质量直接影响饲料利用率、动物生产性能与饲养环境。颗粒饲料加工质量测定的主要指标是颗粒饲料外观，颗粒的粉化率、淀粉糊化度，水产颗粒饲料的水中稳定性等。

（一）外观鉴定

外观通过检测人员的感官进行评定，颗粒饲料的大小要均匀一致，形状均匀，表面基本光滑，色泽均匀，无发霉变质及异味。

（二）粉化率的测定

粉化率是评定颗粒饲料质量的主要指标之一，粉化率过高，颗粒在储运过程中易破碎、分离，造成营养成分的损失；粉化率过低，则动物消化困难，同时还会增加加工过程中的能耗和成本，降低颗粒的产量。

目前还没有测定颗粒饲料粉化率的标准方法。国内普遍采用由武汉轻工大学研制开发的 SFY-2 型粉化仪(图 7-40)来评定饲料的粉化率。该仪器由两个回转箱、电子计数器、电动机减速器、机架等组成。电动机减速器为蜗轮式 H2 型，其减速比为 30∶1。其电子计数器工作原理是：安装在回转箱上的永久磁铁，每转 1 周，感应一次，形成计数脉冲输入，经累加、译码和驱动在荧光数码管上显示。当累计 500 次时，输出一脉冲，使其常闭触点断开，控制电动机停止，即完成一次测试。

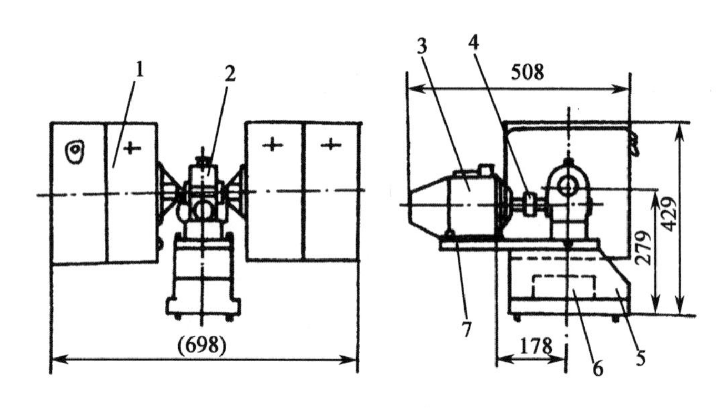

1. 回转箱；2. 电动机减速器；3. 电动机；4. 联轴器；5. 箱座；6. 控制器；7. 机座。

图 7-40 SFY-2 型粉化仪

粉化率的测定步骤：①每只箱内放入 500 g 样品；②50 r/min 的转速旋转 10 min；③用比样品颗粒直径小的样品筛筛分，以确定颗粒和粉末的质量；④用下公式计算颗粒饲料的粉化率。

$$粉化率=\frac{旋转筛分后的粉料重量}{旋转前的颗粒重量}\times 100\% \tag{7-1}$$

一般认为颗粒饲料的粉化率≤10%，含粉率≤4%，超过指标 1.5%，即为不合格。

(三)淀粉糊化度测定

饲料制粒经由水热处理后，饲料中的部分淀粉由生淀粉转为熟淀粉(或称糊化淀粉)。颗粒饲料中淀粉的糊化程度既影响颗粒成品质量，又影响颗粒饲料的可消化性。淀粉糊化度是颗粒饲料的又一项重要加工质量指标。

颗粒饲料的淀粉糊化度可通过酶法检测。在适当的 pH 和温度下，β-淀粉酶能在一定的时间内，将糊化淀粉转化为还原糖及 β-糊精，转化的糖量与淀粉的糊化程度成正比。用铁氰化钾法测定还原糖量即可计算出淀粉的糊化程度。

将测试样品粉碎至全通过孔边长 0.4 mm 的试验筛，精确称取 2 份各 1 g 分别置于标号为 A 瓶与 B 瓶的 2 个 150 mL 三角瓶中，标号为 C 的第 3 个三角瓶不放样品作为空白对照。在三瓶中各加入 40 mL pH 为 6.8 的磷酸盐缓冲液。

A 瓶于沸水浴中煮 30 min，取出快速冷却至 60℃以下。A 瓶、B 瓶与 C 三瓶在 40℃的恒温水浴中预热 30 min 后，各加每毫升大于 0.48 万活力单位的β-淀粉酶酶液 5 mL。40℃的恒温水浴中保温 1 h，保温期间每隔 15 min 摇匀一次。保温 1 h 后，取出三角瓶，分别加入 2 mL 10%(V/V)的硫酸溶液，摇匀后再各加 2 mL 浓度为 120 g/L 的钨酸钠溶液，分别定容至 100 mL 并标记。摇瓶 2 min 后过滤，各取 5 mL 滤液分别置于 3 个 150 mL 三角瓶中。分别加入 15 mL 浓度为 0.1 mol/L 的碱性铁氰化钾溶液，摇匀后在沸水浴中准确加热 20 min，快速冷却并加入 25 mL 含 1.75 g 氯化钾、1.0 g 硫酸锌和 5 mL 冰醋酸的醋酸盐溶液，摇匀，加入 5 mL 浓度为 100 g/L 的碘化钾溶液后，用浓度为 0.1 mol/L 的硫代硫酸钠溶液滴定至淡黄色，滴入几滴浓度为 10 g/L 的淀粉指示剂后，继续滴定至蓝色消失。根据上述三瓶的硫代硫酸钠溶液滴定用量，按下式计算样品的淀粉糊化度。

颗粒样品淀粉糊化度=100%×(空白 C 瓶滴定毫升数/mL－样品 B 瓶滴定毫升数/mL)/(空白 C 瓶滴定毫升数/mL－完全糊化样品 A 瓶滴定毫升数/mL) (7-2)

颗粒饲料淀粉糊化度测定的每个试样进行 2 次平行测定，当双试验误差小于 10%时，以算术平均值作为结果。

(四)水中稳定性

水产饲料的主要物理指标是颗粒饲料的水中稳定性，其测定方法没有统一的标准。SC/T 1077—2004《渔用配合饲料通用技术要求》中规定了粉状饲料和颗粒饲料水中稳定性(溶失率)的测定方法。

粉状饲料水中溶失率的测定步骤为：准确称取试料 2 份各 20 g，其中一份倒入盛有 20～24 mL 蒸馏水的搅拌器中，在室温条件下以 105 r/min 搅拌粘合 1 min，成面团后取出，平分成 2 份，取其中一份放置静水中，在水温(25±2)℃下浸泡 1 h，捞出后与另一份对照料同时放入烘箱中，在 105℃恒温下烘干至恒重，取出置于干燥器中冷却后，分别准确称重，按公式 7-3 计算。

$$S=(m_1-m_2)/m_1\times100\% \qquad (7\text{-}3)$$

式中：S 为溶失率 (%)；m_1 为对照料烘干后质量(g)；m_2 为浸泡料烘干后质量(g)。

颗粒饲料水中溶失率的测定步骤为：称取 10 g 试料(准确至 0.1 g)放入已备好的圆筒形网筛内(网孔尺寸应小于被测饲料颗粒直径)，然后置于盛有水深为 55 cm 的容器中水温为(25±2)℃，浸泡。然后把网筛从水中缓慢提升至水面，又缓慢沉入水中，使饲料离开筛底，按各养殖对象颗粒饲料(含膨化颗粒饲料)产品标准中规定的浸泡时间，如此反复 3 次后，取出网筛，斜放沥干附水，把网筛内饲料置于 105℃烘箱内烘干至恒重。同时，称取一份未浸水同样试样的试料(对照料)，置 105℃烘箱内烘于至恒重，再分别称重。同样按公式 7-3 计算。

每个试样取 2 个平行样测定，以其算术平均值为结果数值表示至 1 位小数，允许相对误差<4%。

本章小结

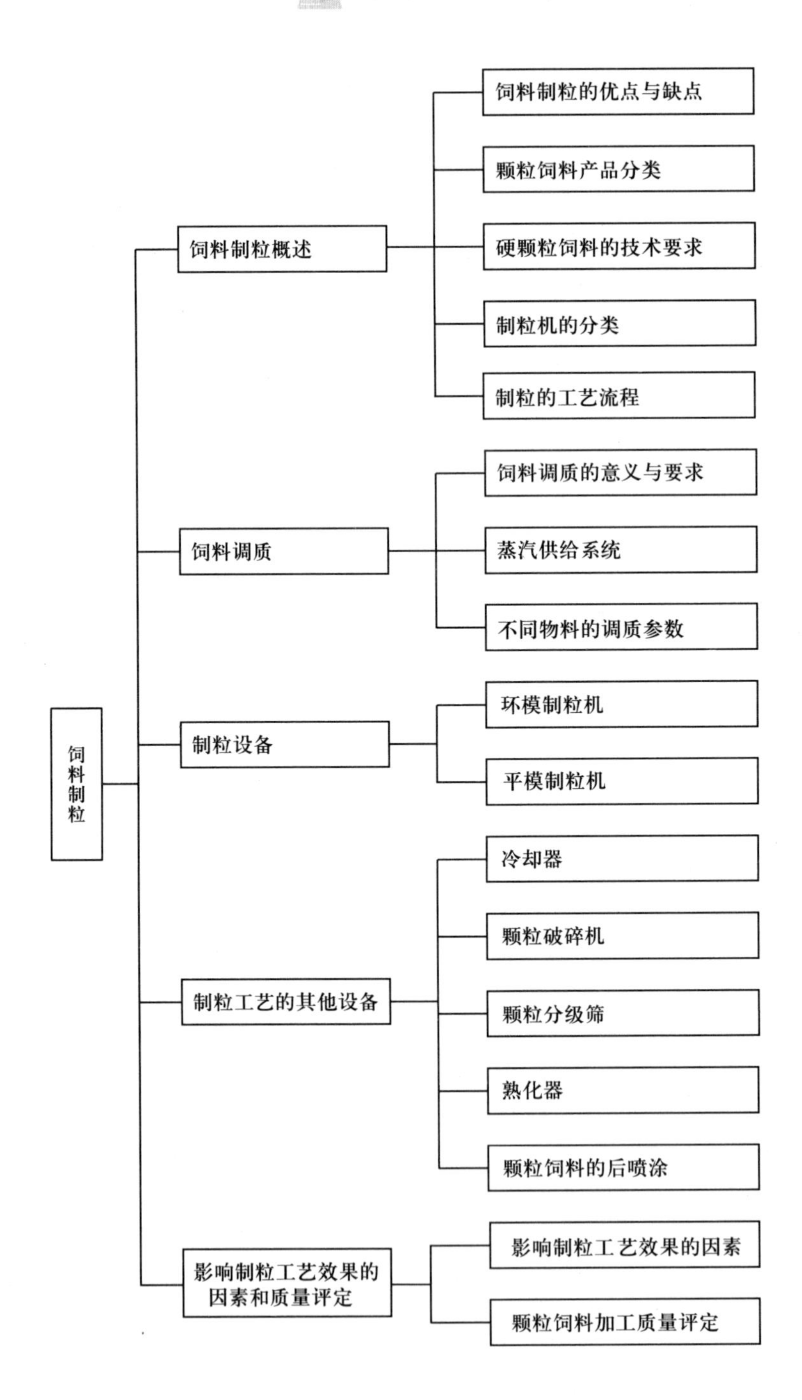

饲料制粒
饲料制粒概述
饲料制粒的优点与缺点
颗粒饲料产品分类
硬颗粒饲料的技术要求
制粒机的分类
制粒的工艺流程
饲料调质
饲料调质的意义与要求
蒸汽供给系统
不同物料的调质参数
制粒设备
环模制粒机
平模制粒机
制粒工艺的其他设备
冷却器
颗粒破碎机
颗粒分级筛
熟化器
颗粒饲料的后喷涂
影响制粒工艺效果的因素和质量评定
影响制粒工艺效果的因素
颗粒饲料加工质量评定

复习思考题

1. 与粉状饲料相比，颗粒饲料有哪些优点？
2. 颗粒饲料可以分哪几类？其各有什么特点？
3. 制粒流程主要包括哪几个工序？
4. 硬颗粒饲料的成形原理是什么？其成形的条件是什么？
5. 环模制粒机主要由哪几个部分组成？其中环模与压辊的作用是什么？
6. 加工畜禽颗粒饲料与水产颗粒饲料有什么区别？
7. 颗粒冷却器去除水分与降低料温的原理是什么？
8. 影响颗粒饲料质量的因素有哪些？如何控制颗粒饲料的质量？
9. 检测颗粒饲料加工质量的主要指标及其方法有哪些？

第八章　挤压膨化

学习目标

- 了解挤压膨化饲料的特性、挤压膨化机理、挤压膨化机的结构和分类；
- 掌握挤压膨化饲料的加工工艺；熟悉影响膨化加工质量的因素和控制方法。

主题词：挤压膨化；膨胀；干燥

第一节　挤压膨化概述

20世纪50年代，挤压膨化技术应用于加工宠物饲料，用以改善饲料的消化性和适口性。20世纪80年代，挤压技术已经成为国外发展速度最快的饲料加工新技术，在特种动物饲料、水产饲料、早期断奶仔猪料及饲料资源开发等方面具有比较优势。膨化技术在我国已推广40余年，其优越性已被养殖企业所接受，膨化机械的生产技术和加工工艺也逐步走向成熟。膨化技术在食品、油脂加工以及饲料领域都得到了广泛应用，在饲料领域的应用主要包括水产动物、宠物、观赏动物、仔猪和实验动物等饲料加工，均收到良好效果。

一、挤压膨化加工的定义

膨化是利用相变和气体的热压效应原理，通过外部能量的供应，使物料内部的液体迅速升温气化，压力增加，并通过气体的膨胀力带动组分中大分子物质发生变性，从而使物料具有蜂窝状组织结构特征的过程。挤压膨化是借助挤压机螺杆的推动力，将物料向前挤压，物料受到混合、搅拌和摩擦以及高剪切力作用而积累能量达到高温高压，并使物料膨化的过程。挤压膨化饲料是将粉状饲料送入膨化机内，经过一次连续的混合、调质、升温、增压、挤出模孔、骤然降压(闪蒸)、切断，再经干燥、稳定、冷却等工艺所制得的一种蓬松、多孔的颗粒饲料。

二、挤压膨化加工的原理

含有一定温度和水分的物料在膨化腔内受到螺杆的挤压、推动和出料端模板或节流装置的反向阻滞，来自外部的加热和物料与螺杆和膨化腔的内部摩擦产热，达到 3～8 MPa 的高压和 120～150℃的高温状态。如此高的压力超过了挤压温度下的饱和蒸汽压，所以在挤出模板之前，膨化腔内的水分不会沸腾蒸发，物料呈现熔融状的玻璃化状态。一旦物料由模孔挤出，压力骤降至常压，水分便发生急骤的蒸发，产生了类似于“爆炸”式“闪蒸”，产品随之膨胀，水分从物料中气化散失时带走了大量热量和水分，使物料在瞬间从挤压时的高温迅速降至 80～120℃，从而使物料固化定型，并保持膨化后的形状。挤压过程的温度-时间曲线和压力-时间曲线如图 8-1 所示。

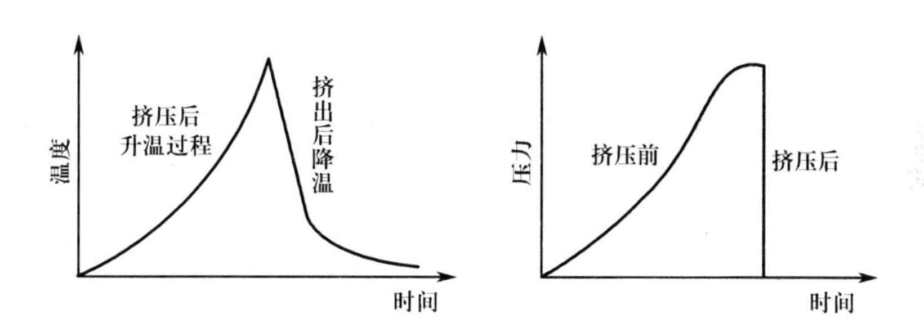

图 8-1 挤压过程的温度-时间和压力-时间曲线

三、挤压膨化加工的优点与缺点

(一)优点

1. 改善物料品质

在高温高压、水热处理和挤压过程中，物料吸水膨胀，质构(眼睛、口中的黏膜及肌肉所感觉到的食品的性质，包括粗细、滑爽、颗粒感等)软化、细胞内部结构被打散、淀粉糊化、蛋白质变性，养分消化率提高，物料品质获得提升。

2. 降低抗营养因子活性

在水分、温度、压力的共同作用下，热敏性抗营养因子失去活性，提高了原料转化效率，减少了养分浪费，有利于保护环境。

3. 杀灭细菌和病原体

挤压膨化过程是典型的杀菌脱毒处理过程，其温度为 100～180℃。高温可以杀灭致病菌，提高饲料的卫生指标。

4. 提高物料化学稳定性，延长产品的保质期

高温使各种微生物、虫卵被杀死，酶(如氧化酶、脂肪酶等)失活，排除了引起物料变质的多种因素，延长了保质期。

5. 将非常规物料加工成优质的饲料原料

挤压膨化不但可改善常用饲料原料的品质，而且可将非常规物料加工成优质的饲料

资源。利用挤压膨化技术开发玉米、大豆、棉籽、菜籽粕、羽毛粉、血粉等都取得了良好的效果。

6.挤压膨化产品富有多种高品位特性

膨化机内的物料处于被挤压、搅拌、剪切、熔融的环境，各组分得到充分的混合，融为均一的料流挤出、膨化、冷却定形，产品质构均匀、致密，优于制粒产品。膨化料疏松多孔，容重可控，可制成沉性料或浮性料。疏松多孔的结构吸附表面积大，可吸附大量的液体组分，便于补充营养组分和调整风味。

7.效益显著

据研究表明，与用硬颗粒饲料饲喂的动物相比，用膨化饲料饲喂的动物，其饲料转化效率可以提高 8%～10%，从而可以降低饲养成本，缩短饲养时间，提高经济效益。

(二)缺点

1.电耗高

膨化加工属于挤压、摩擦生热，另外加工时需打破物料的原有组织结构，因此能耗比制粒高。通常膨化玉米、大豆、配合饲料的平均电耗依次为：80 kw · h/t、40 kw · h/t、30 kw · h/t 左右。

2.操作要求高

挤压膨化加工涉及温度、压力、水分、负荷等多种工作参数。操作员不但要了解各种工艺参数，而且需要掌握各种原料的特性，具备较全面的专业知识和工作经验。

3.需要预热

膨化加工属热加工，需要一定的温度。当冷机启动时，产品性能不稳定，一般连续生产。

4.损失热敏组分

在高温高压作用下，热敏组分会有较大程度的损失，如维生素和微生物。

5.挤压膨化投资较大

膨化加工设备一次性投资大、产量低、能耗大、加工成本高。

四、挤压膨化饲料的评价指标

(一)膨化度

膨化度是指膨化后成品的体积增大倍数。物料的膨化度为 5 以上就充分疏松；膨化度可控制为 1～20。其计算公式为：

膨化度＝膨化成品的截面积/挤压机模具孔口截面积　　(8-1)

(二)吸水率

吸水率是指样品吸水量与样品量的百分比。称取 100 g 干饲料样品浸没于 25℃水中，静置 10 min，取出样品，沥干 5 min，重新称量，得吸水重，即可计算出吸水率。

(三)漂浮率

取 100 粒风干样(水分 13%以下)，置于(26±2)℃，500 mL 淡水中浸泡 30 min，轻微搅拌数下，待静止后计算漂浮颗粒数，即为漂浮率。

（四）沉水率

沉水率是指在规定试验条件下，将定量沉性颗粒饲料投入水中，1 min 内沉入水中的饲料所占数量的百分比。

（五）溶失率

溶失率，也称为水产饲料的耐水性，是指在特定的测试条件下，颗粒饲料在水中抗溶蚀的能力，详见第七章。

（六）吸水指数

吸水指数（WAI）是指挤压膨化后的物料吸收水分的能力。将一定水分含量的物料悬浮于水中，在浸泡一定的时间后（具体时间要依据不同的水产动物而定），将样品经过离心以及除去上层清液后，每克样品所形成的凝胶体的质量。

（七）水溶性指数

水溶性指数（WSI）是指上述试验的上层清液中所含原始样品的百分率，淀粉糊化程度高，降解程度大的样品水溶性指数大。

第二节　挤压膨化机

挤压膨化机包括单螺杆挤压膨化机和双螺杆挤压膨化机 2 种：单螺杆挤压膨化机的结构相对较简单，双螺杆挤压结构相对较复杂；双螺杆挤压膨化机能膨化黏稠状物料，且出料稳定，受喂料波动的影响较小。单螺杆挤压膨化机则与其正好相反。目前，在饲料行业中应用广泛的是单螺杆挤压膨化机，其具有相对投资少，操作简单的优点。双螺杆挤压膨化机的投资大，但生产特种水产和宠物饲料一般采用双螺杆挤压膨化机。

根据在挤压螺杆前是否设置添加蒸汽的调质器，挤压膨化机又分为干法挤压膨化机和湿法挤压膨化机。干法挤压膨化机没有设置调质器，但也可在挤压螺筒上添加少量水分，主要依靠机械摩擦和挤压对物料进行加压加温处理，适用于含水和含油脂较多的原料的加工，如全脂大豆的膨化。其他含水和油脂较少的物料在挤压膨化过程中需加入蒸汽或水，常采用配有调质器的湿法挤压膨化机。加水、加蒸汽调质后的物料的含水量可达 25%～35%。

一、单螺杆挤压膨化机

（一）结构

单螺杆挤压膨化机主要由动力传动装置、喂料装置、DDC 调质器、挤压部件以及出料切割装置等组成（图 8-2）。挤压部件由螺杆、膨化腔及模板组成。膨化腔一般是组装而成，方便零件配置的更换及保养。膨化腔内表面分为直形槽和螺旋形槽。直形槽有剪切、搅拌作用，一般位于膨化腔的中段；螺旋形槽有助于推进物料，通常位于进料口部位，靠近模板的膨化腔也设计成螺旋形槽，使模板压力和出料保持均匀。螺杆从喂料端到出料端，齿根逐渐加粗，固定螺距的叶片逐渐变浅，使机内物料容量逐渐减少，同时在螺杆中间安装一些直径不等的剪切环以减缓物料流量而加剧熟化。

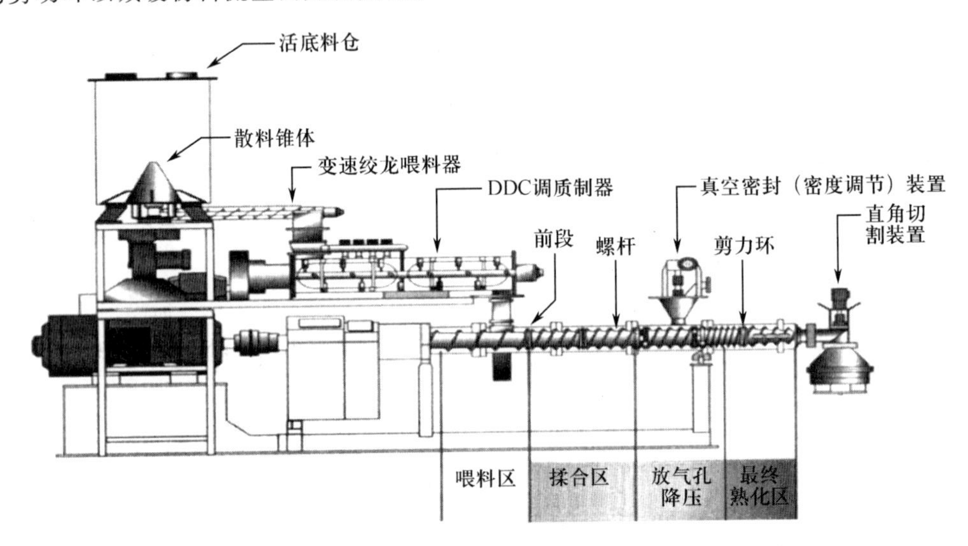

图 8-2　单螺杆挤压膨化机

1. 喂料装置

料斗出口装置一般为螺旋喂料器或振动喂料器，以保证喂料稳定，个别膨化机也有安装液态饲料添加系统，为稳定料流，也有减重喂料系统。

2. 调质器

与制粒机调质器作用和结构基本相同，但调质后的饲料水分较高，达 20%～30%。对一些调质效果要求较高的饲料产品也采用双层调质器或多层调质器。

3. 膨化机主体

膨化机主体由膨化腔、螺杆、成型模板、切刀、温度调节加热夹套等组成（图 8-3）。

（1）膨化腔　膨化腔也称机膛或螺套（图 8-4）。单螺杆膨化机的膨化腔结构有单层和双层夹套两种形式，内部是螺纹沟槽。双层夹套主要是用于蒸汽加热和保温，制造加工难度大，但用户使用成本较低，单层夹套的结构简单，制造加工容易，但用户使用成本较高。为了防止挤压物在膨化腔内壁旋转而不向前输送，膨化腔内壁开有纵向直槽或螺旋槽，增大了物料做圆周运动的阻力，迫使物料向压模口前进。根据加工物料的物理特性、螺杆几何尺寸与转速、筒体内径与长度等具体参数，选用相应的槽形。

膨化腔的空隙从进口至出口逐渐变小。进料口空隙容积与出口空隙容积之比叫压缩比，压缩比是挤压膨化机的主要结构技术参数。筒体的外部在进料区段、挤压区段可通过蒸汽、电热夹套或者水调节加热温度，并在不同区段安装温度、压力检测装置。由于膨化腔直

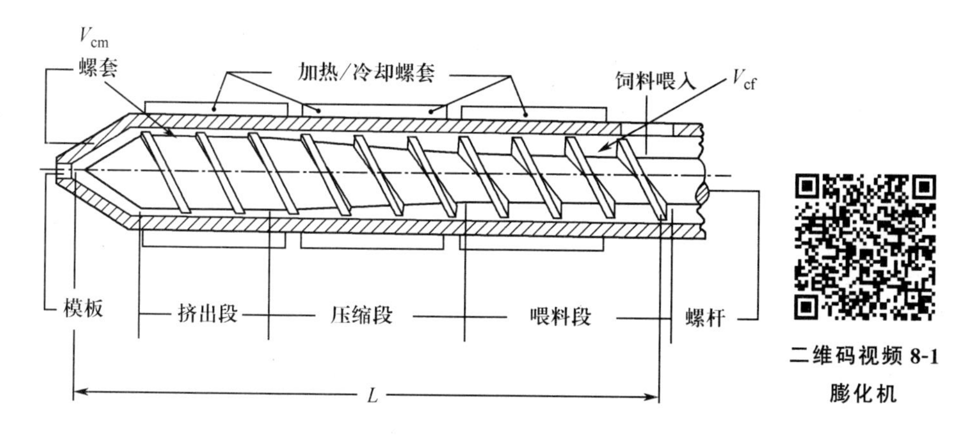

二维码视频 8-1
膨化机

V_{cf}. 进料端空间容积；V_{cm}. 出料端空间容积；L. 螺杆长度。

图 8-3 膨化机的结构

接与物料接触、磨损较大，一般选用耐磨材料，如 38CrMoAl、40Cr 等材料，其表面硬度达到 70HRC（洛氏硬度）左右。

（2）螺杆 螺杆是挤压机的主要工作部件。螺杆一般由螺旋螺纹组成，它可以采用精密浇注成型或者由车床加工而成。材料可选用 40Cr、17-4 不锈钢、38CrMoAl 等，经热处理后，表面硬度达 60～70HRC（洛氏硬度），也可以进行合金喷涂，增强其耐磨性。

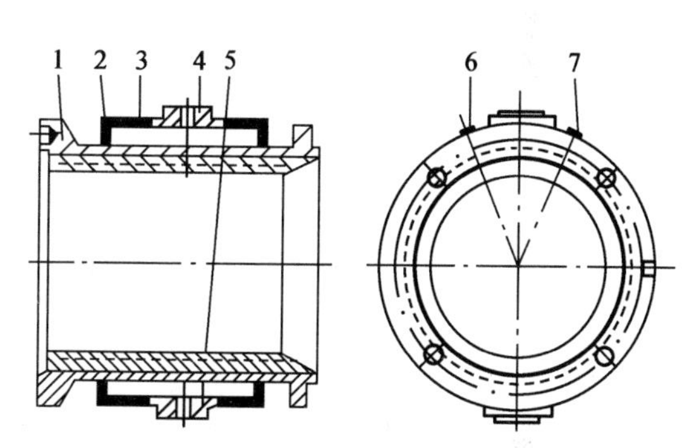

1. 膨化腔外壳；2. 膨化腔袋；3. 膨化腔夹套；4. 蒸汽进口；5. 蒸汽出口；6. 温度表接口；7. 冷却水进口。

图 8-4 膨化腔的结构

根据螺杆各部分的功用不同，可将螺杆分为 3 个部分（图 8-5）。其中喂料段占螺杆总长的 10%～25%，其作用是保证进料数量及料流稳定。压缩段螺杆一般占总长的 50%，通常为双头螺纹、等直径，螺槽沿着物料推移方向由深变浅，对物料形成压缩。挤出段长度占螺杆总长的 25%～40%。一般为双头螺纹、等直径、螺槽更浅。此段挤压力可达 30～100 kg/cm^2，温度可达 120～170℃。有些公司把此段制成锥形，压缩比更大，挤压力更强。因此，这段螺杆、膨化腔磨损也严重。挤出段出口端是出料模板。高温高压的物料从模板的模孔中挤出后进入常压环境，其压力和温度瞬间骤降，体积迅速膨胀，水分快速蒸发，并脱水凝固，形成结构蓬松的膨化颗粒料或粗粉。经膨化后的物料的体积可比原体积增大 9～13 倍。

（3）成形模板 成形模板用抱箍或螺栓与末端膨化腔固定在一起，用来控制产品的形状，并起到一定的压力调节作用。根据不同产品形状的要求，成形模板可以设计制造成不同的模孔。一般鱼、虾等水饲料做成圆形孔，宠物饲料做成与之熟悉的食物的形状，如骨头形、环形等。

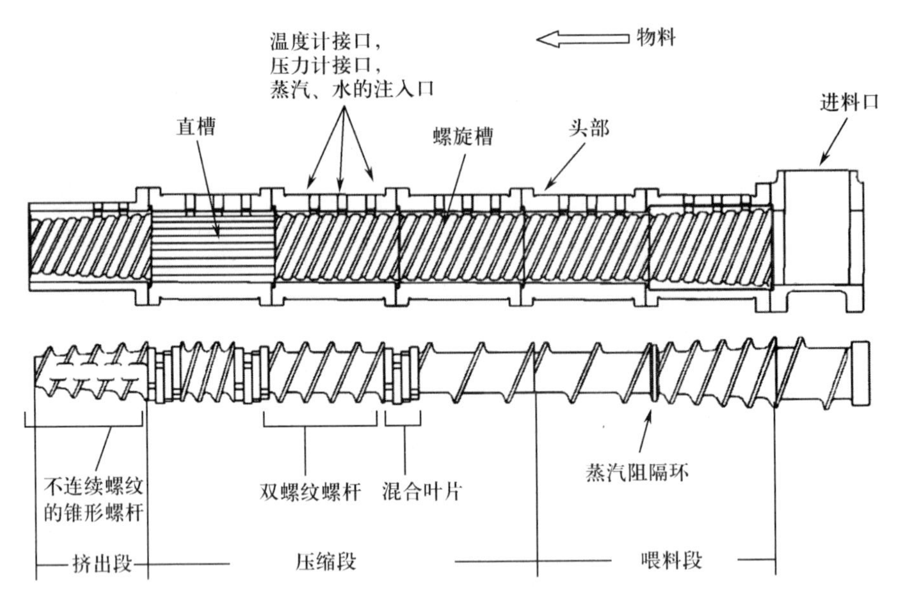

图 8-5 螺杆的各个组成部分

图 8-6 是常见的模孔形状。模板的材料也要求耐磨，选用 42 CrMo，经热处理后，其表面硬度为 40～50 HRC，但不能太硬，否则模板很容易开裂。模板加工要求光滑，加工好后还要求进行研磨，以减少出料时的阻力。现在能加工到的最小模孔直径可达 0.3 mm。

图 8-6 模孔形状

(4)切刀 切刀安装 1～12 把，可根据需要增减。刀片的刃口必须紧贴模板面转动，刃口要锋利。切刀由调速电机驱动(切刀旋转速度为 500～600 r/min)，它的传动装置安装在一个可移动的支架上(图 8-7)。

在挤压膨化过程中的不同阶段，其螺杆的参数也不尽相同。当螺杆长度和直径确定以后，就只能通过改变螺杆的其他参数去适应不同工作段的要求。图 8-8 为膨化腔内压强沿长度方向的分布。当糊化段压力猛增时，挤出段的压力将达到最高。

(二)主要技术参数

螺杆是挤压膨化机的主要工作部件，它的几何结构比较复杂。螺杆的结构参数以及工作参数直接影响膨化效果，其主要技术参数有如下几个(图 8-9)。

图 8-7　切刀安装

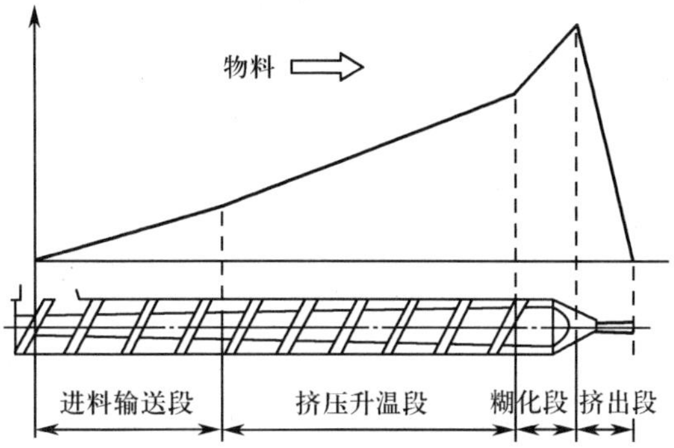

图 8-8　膨化腔内压强的分布

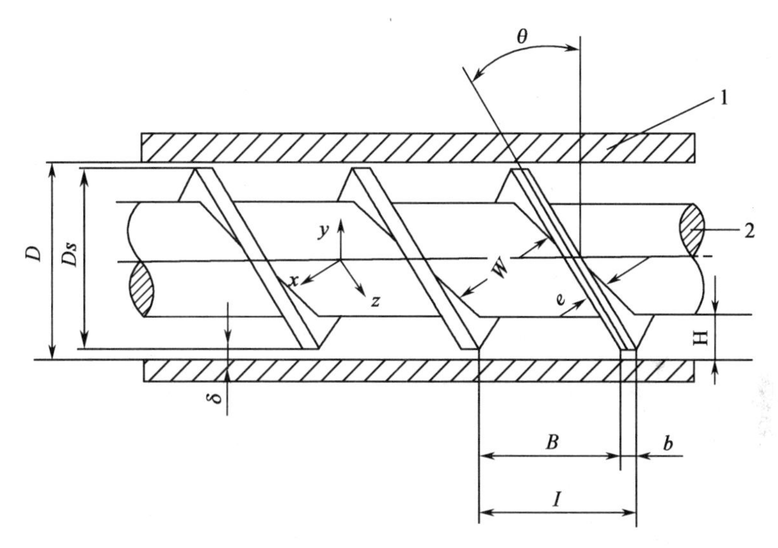

1. 螺套；2. 螺杆；D. 螺套内径；Ds. 螺杆外径；δ. 螺杆与螺套内径间隙；θ. 螺旋升角；W. 螺道宽度；e. 螺纹厚度；H. 螺纹高度；B. 螺道的轴后宽度；I. 螺距；b. 螺纹轴向厚度。

图 8-9　螺杆的技术参数

1. 螺杆外径

螺杆外径（Ds）公式为：

$$Ds = D - 2\delta \tag{8-2}$$

式中：D 为螺套内径（mm）；δ 为螺杆与螺套内径间隙，$\delta = 0.5 \sim 2$ mm，若 δ 大于 2 mm，则需更换螺杆。

2. 螺旋导程

螺旋导程（S），也称为螺距，当主轴旋转 360°，物料在螺杆的推动下，走一个螺距，即推进一个导程。

3. 螺旋升角

螺旋升角(θ)是螺杆中心的垂线与螺旋叶片之间的夹角。在一般情况下,螺杆的螺旋升角 θ 为 10°～20°。θ 角小,物料在膨化腔内滞留的时间长,物料混合时间也较长,适用于粒状原料的膨化;θ 角大,物料在膨化腔内滞留的时间短,适用于粉状原料的膨化。

4. 压缩比

压缩比($C.R$)是衡量螺杆挤压能力的参数。膨化腔内壁与螺杆之间的容积从进料口至挤出口逐渐减少,其比值称为压缩比,它的范围为 1～3。$C.R$ 值小,则物料受挤压程度小,物料膨化程度低;$C.R$ 值大,物料受挤压程度较大,物料膨化程度高。

5. 长径比

膨化腔的有效工作长度 L 与其内径 D 之比,称为长径比(L/D),它的范围在 (7.5∶1)～(25∶1)。若 L/D 值大,则对物料产生的压力较大,物料能被充分塑化,膨化腔内逆流和泄漏量较少,有利于提高产量;若 L/D 值小,则与上面的情况相反。

二、双螺杆挤压膨化机

近年来,在膨化颗粒饲料和食品加工中,双螺杆挤压膨化机的使用日益增多,尤其是在幼鱼开食料的小粒径饵料加工过程中,双螺杆挤压膨化机的优越性尤为突出。双螺杆挤压膨化机与单螺杆挤压膨化机的膨化机理基本相同,所不同的是双螺杆挤压膨化机膨化所需要的热量不只靠挤压物料产生的“应变热”(机械热),还需设置专门的外部控温装置。其螺杆的主要作用是推进物料,而双螺杆更有利于物料的输送、混合、剪切和自清(图 8-10)。

图 8-10 双螺杆挤压膨化机

双螺杆挤压膨化机的啮合方式包括异向旋转啮合式、同向旋转啮合式、异向旋转非啮合式、同向旋转非啮合式(图 8-11)。其中以同向旋转啮合式最为常见。在运转中,这种类型的膨化机一个螺杆的螺纹与相邻螺杆的流槽发生相互作用,因而膨化腔壁无须提供防止物料反转的机构。双螺杆挤压膨化机对物料具有良好的混合效果,较高的单机生产能力以及螺杆表面的自清能力。工作中的物料被相互啮合的螺杆分隔成一些小腔室,各小室的物料在螺杆的推动下均匀地向前移动,从而使各小腔内物料的温度和所受的剪切力比较容易控制。双螺杆挤压膨化机在质量控制及加工灵活性上更有优势。它可以加工黏稠、多油的原料以及在单螺杆挤压机中无法加工的原料。

双螺杆挤压膨化机螺杆为分段结构,根据水产动物及宠物饲料对调质的要求,可增减螺杆长度,以改变物料在膨化腔内的滞留时间。水产动物饲料一般归类于等剪切加工,要求螺

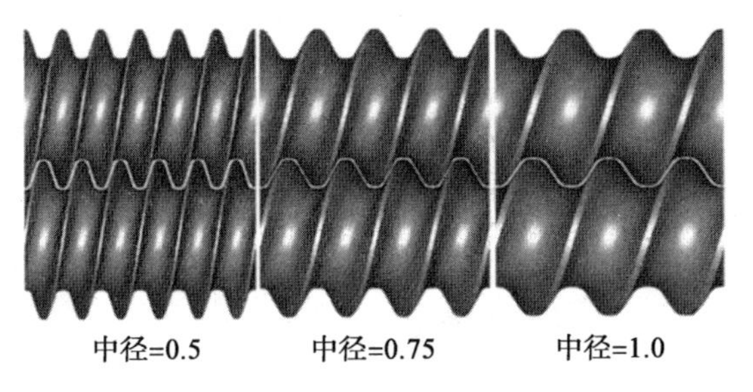

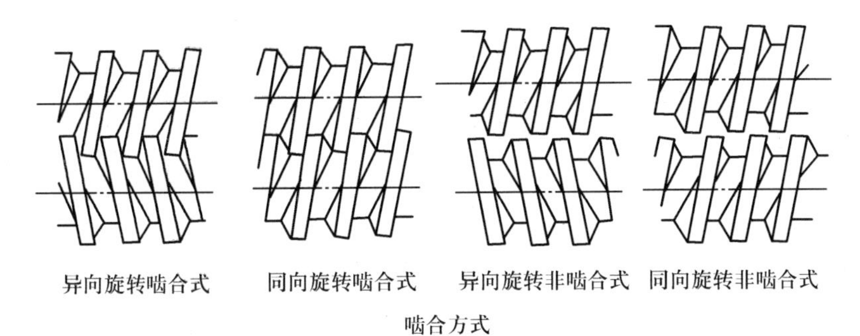

图 8-11　双螺杆挤压膨化机的螺杆结构以及啮合方式

杆长度与直径比的范围为(10∶1)～(20∶1)。分段机构可选用不同断面的螺杆，以适应各种加工需要。有时将螺杆设计成带剪切阻流器或糅合部件的螺杆段，以降低螺杆向前输送挤压物料的能力，增加机械能向热能的转换。双螺杆挤压膨化机的膨化腔见图 8-12。与单杆挤压膨化机相比，双螺杆挤压膨化机有以下优点：①可加工高油脂的饲料，油脂含量可大于 17%；②可加工添加有新鲜肉类或其他水分含量超过 30%的高水分物料；③可加工小颗粒的动物饲料(如直径为 0.3～1.0 mm 的产品)；④有自清能力，便于清理与维修。

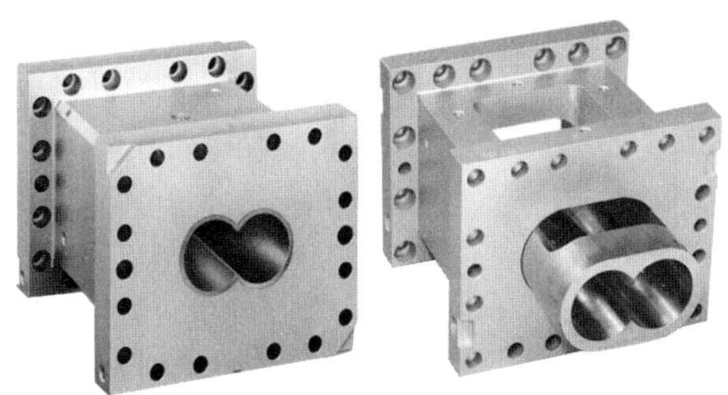

图 8-12　双螺杆挤压膨化机的膨化腔

三、膨胀器

饲料原料膨胀加工技术是采用干法螺旋挤压技术或湿法螺旋挤压技术对谷物原料和一些饲料品种进行水热处理，而产品不一定成型。膨胀加工的强度介于制粒加工和膨化加工之间。使用膨胀器后再制粒可提高制粒机 20%～40%的生产能力，从而相应地降低其能耗和加工成本。膨胀加工的优势在于饲料原料的预处理。膨胀器及其加工产品见图 8-13。

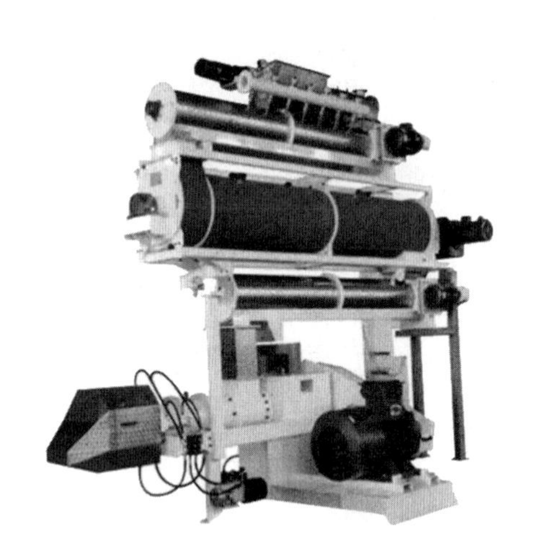
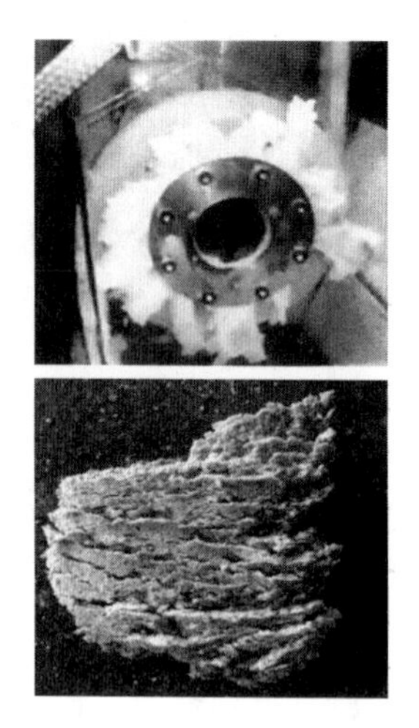

图 8-13 膨胀器及其加工产品

(一)膨胀器、膨胀料的特点及其加工工艺

膨胀器的主要结构与膨化机相似,其不同之处在于膨胀器的出料口开启度可在一定范围内任意调节,进而调节挤压力。因而可根据需要生产各种膨化率不同的膨胀料,膨胀料也可以直接生产膨胀粗屑料(例如,锅巴料)。膨胀器也常见于大直径比的机型以用于油脂加工厂处理原料,达到提高出油率的目的。

膨胀料的特点:①饲料原料选择范围广,可利用廉价原料,降低生产成本。②由于受螺杆的挤压作用,物料温度可达 110℃,提高了淀粉糊化度和饲料转化率,并在膨胀过程中能杀死沙门氏菌等病原微生物。③增大添加液体饲料的比例,例如,糖蜜、油脂等。④后续如果进一步生产颗粒料,可提高制粒机的效率,增加制粒机的产量,降低制粒机的磨损和吨料电耗,并能适应多种配方。膨胀制粒加工工艺见图 8-14。

(二)膨胀器的工作原理

膨胀器有一副螺杆和膨化腔,具有混合和揉搓的功能,在膨化腔的某段外壳上装有蒸汽喷射阀和油脂喷射阀,用于添加蒸汽和油脂,其出料口的开启度由液压系统驱动的滑阀机构调节。经调质后的物料温度应控制为 70～90℃,水分应为 20%～30%,被喂入膨胀器后,物料在螺杆、螺套之间受挤压、摩擦、剪切等作用,其内部压力不断升高,最大可达 4 MPa,温度最高可达 140℃。在 3～7 s,其温度和压力急剧升高,物料的组织结构发生变化使淀粉进一步糊化,蛋白质变性,粗纤维破坏,杀死沙门氏菌等有害微生物。高温高压的物料从出料口挤出,其压力在瞬间被突然释放,水分发生部分闪蒸,冷却后的物料呈疏松多孔的结构,膨胀后的物料呈团块状、絮状、粗屑状或棒状。膨胀器温度、压力与时间的关系见图 8-15。

(三)膨胀器的结构

膨胀器属单螺杆挤压机,其主要由喂料器、调质器、主传动箱、螺杆膨化腔总成、环形间

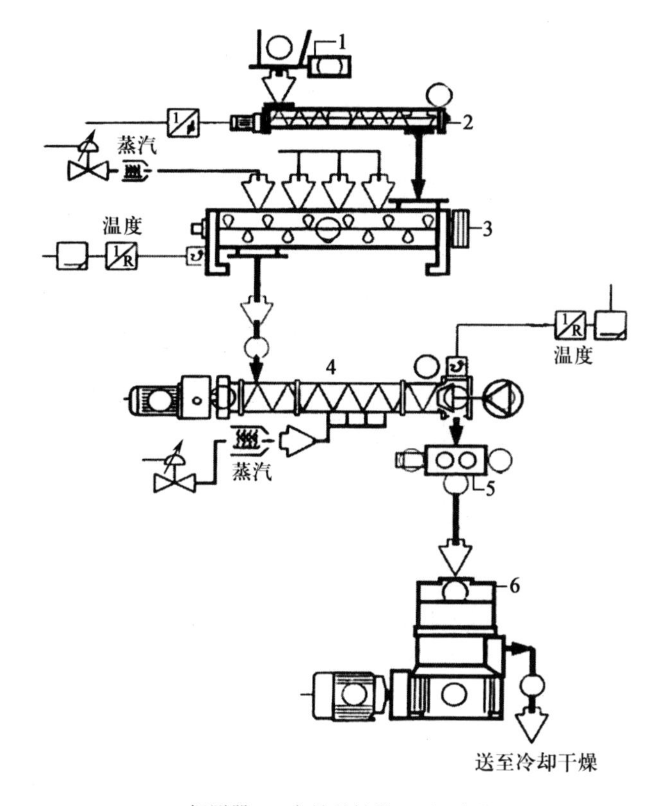

1. 探测器;2. 定量喂料器;3. 调质器;

4. 膨胀器(添加蒸汽和电能输入);5. 破碎机;6. 制粒机。

图 8-14 膨胀制粒加工工艺

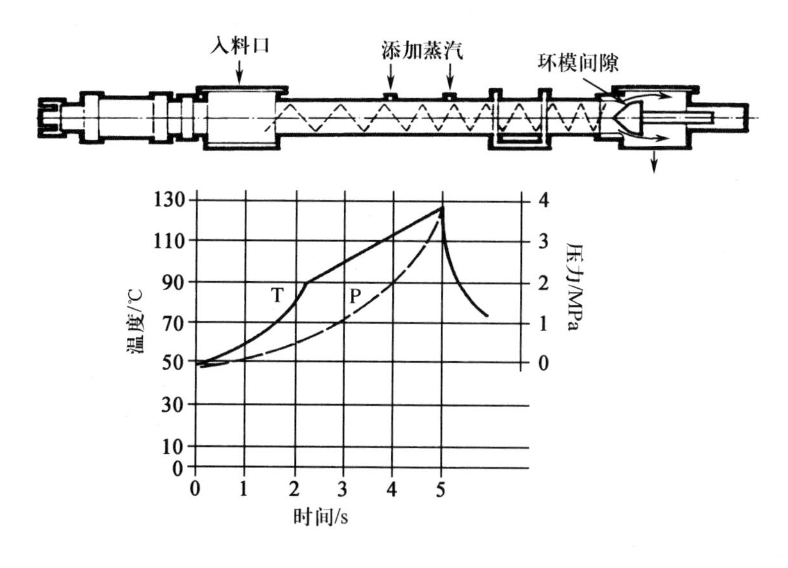

图 8-15 膨胀器温度、压力与时间的关系

隙出料口、油脂添加系统等组成，见图 8-16。

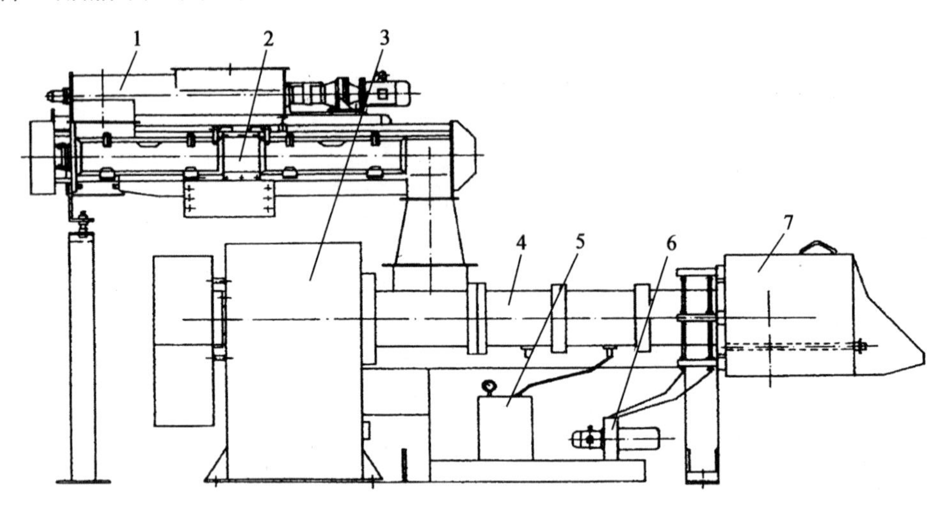

1. 喂料器；2. 调质器；3. 主传动箱；4. 螺杆膨化腔总成；
5. 油脂添加系统；6. 液压泵；7. 环形间隙出料口。

图 8-16　膨胀器的结构

1. 喂料器

喂料器主要由喂料绞龙、变频调速电机和变频控制器等组成。采用变频调速控制技术尽可能使主机满负荷工作。

2. 调质器

调质器的桨叶在每段轴向断面上有 4 个叶片，在横向方向上按螺旋线排列。桨叶的形状设计成扇形，便于在添加高比例液体时能充分混合。调质器设有清理门，以便于调整桨叶角度及维修清理等；外壳还设置了可以同时添加液体饲料和蒸汽的分配阀。其结构与制粒机调质器结构相似。

3. 螺杆膨化腔总成

螺杆膨化腔总成的技术参数以及制造质量直接影响整机的工艺性能。其结构见图 8-17。

(1)螺杆　螺杆是膨胀器的主要工作部件，常见有 4 节，每两节之间通过圆柱销连接，并相互传递动力。在螺杆的长度方向上(从进料口到出料口)，其输送能力逐渐减小，其压缩比一般在(1.05∶1)～(2.6∶1)，因而物料在输送过程中受到的压力越来越大，在环形隙口处达到最大值，物料对螺杆的磨损也越来越剧烈。一般情况下，对 4 节螺杆的材质及耐磨损程度做相应的要求，螺杆Ⅰ节和Ⅱ节上的螺旋一般采用 45 号钢板拉制而成，Ⅲ节螺旋、Ⅳ节螺旋在 45 号钢拉制的叶片上，再按技术规范烧结，堆焊一层 3～5 mm 厚的耐磨材料。

(2)膨化腔　膨化腔也是膨胀器的主要零部件，其结构与螺杆相似，膨化腔也采用分体装配式结构，相互之间通过弹性柱销联结。

(3)螺杆固定轴　螺杆固定轴主要用来支撑和连接螺杆，其承受扭矩是通过柱销传递的。螺杆锁紧，拉杆张紧，确保不会轴向移动。

（4）环形间隙出料口　膨胀器的出料口设置在机座末端的分料盘上，机座外圈上装有滑阀、滑阀后端联结出料口开启度显示装置，此显示装置与滑阀和液压系统连接。出料口的开启度可根据需要通过液压系统和驱动滑阀进行调节和定位。在生产前或生产过程中，根据需要通过给信号处理系统发出指令，此系统发出信号给液压系统，液压系统的电机随即启动，带动齿轮泵工作，驱动油缸活塞前进或后退，带动滑阀中的滑板运动，从而调节出料口开启度，见图 8-18。

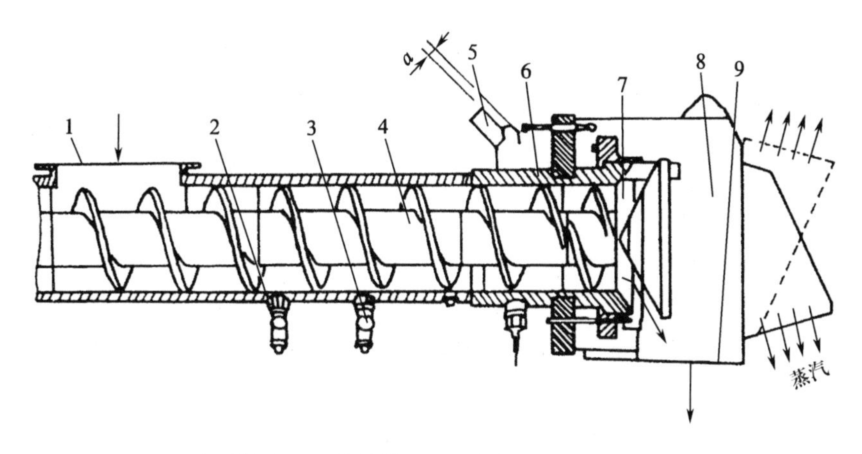

1. 进料口；2. 蒸汽添加口；3. 油脂添加口；4. 螺杆；
5. 环形间隙口开度调节系统；6. 膨化腔；7. 环形隙口；8. 卸料箱；9. 出料口。

图 8-17　螺杆膨化腔总成的结构

环形间隙出料口的闭合状态

环形间隙出料口的开启状态

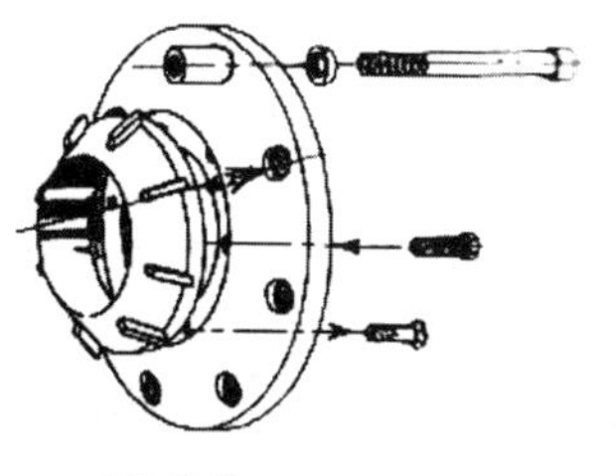

摩擦锥的结构

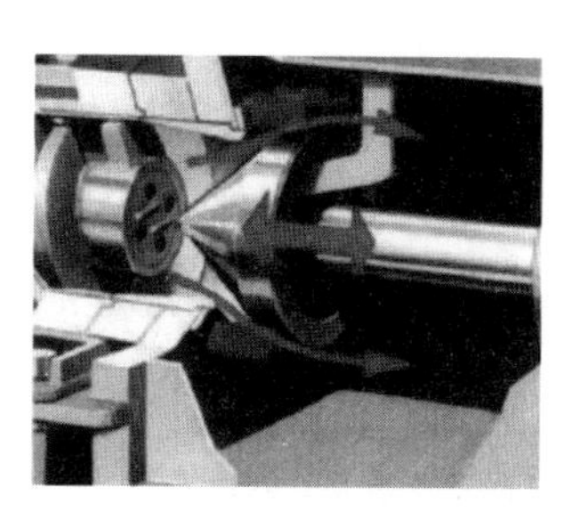

图 8-18　膨胀器环形间隙出料口的开度和摩擦锥

四、膨化机、膨胀器的联系与区别

膨胀器的结构与单螺杆挤压膨化机结构基本相似，其不同之处在于膨胀器的出料口开度在一定范围内可以任意调节，螺杆对物料的挤压作用能在一定范围内调整。膨胀器可单独作为制粒前的调质器，又可与常规调质器联合使用，在制粒前起加强调质的作用，还可以将膨胀器作为专用加工设备而生产膨胀饲料。膨化加工适合生产膨化颗粒饲料，而膨胀生产用于原料的预处理，加工生产不同膨胀率的粉状料或不规则颗粒料。膨胀器具有设备损耗小、能耗低等特点。在处理相同饲料时，相同材质的膨胀器的使用寿命长于挤压膨化机，饲料加工成本为挤压膨化机的50％～70％。由于膨胀过程很短，维生素、氨基酸等损耗也相对小一些(表 8-1)。

表 8-1　单螺杆挤压膨化机、双螺螺杆挤压膨化机与膨胀器的比较

比较项目	单螺杆挤压膨化机	双螺杆挤压膨化机	膨胀器
机器构造	一根螺杆；螺杆压缩比大，(2∶1)～(4∶1)，膨化腔最大压力为17 MPa	2 根螺杆；物料被相互啮合的螺杆齿廓分隔成一些小腔室，在螺杆的推动作用下均匀地向前移动，物料的温度和所受的剪切力比较容易控制	一根螺杆；外壳上备有蒸汽喷射阀和油脂喷射阀。出料口开启度可在一定范围内任意调节；膨化腔最大压力为 4 MPa；螺杆压缩比小，(1.05∶1)～(2.6∶1)
物料输送原理	依赖物料与螺杆、物料与机筒内侧壁的摩擦力来输送，但易漏流、易堵塞	物料依靠 2 根螺杆之间的啮合，滑移的方式输送物料，输送具有强制性，不易中断或倒流	依赖物料与螺杆、物料与机筒内侧壁的摩擦力来输送
加热方式	依靠物料与螺杆以及机筒间的摩擦生热，一般自热式较多；最高温度为 170℃；热分布不均匀，影响产品一致性	挤压物料产生的机械热，还有外部加热式，电加热式多于蒸汽加热式；物料温度容易控制；物料在机筒内停留时间分布较集中，热分布也均匀	依靠物料与螺杆以及机筒间的摩擦，生热，最高温度为 140℃
原料适应性	仅适用于含水量和含油量不高、具有一定颗粒状的物料，加工水分为 10％～30％	适用性广，物料颗粒适用范围宽，高含水、含油物料均可，允许水分含量的范围是为5％～95％	可利用廉价原料，添加 12％～15％糖蜜或油脂，生产高能量的饲料
用途和产品	用于膨化饲料原料；膨化颗粒饲料	用于膨化颗粒饲料，油脂含量可大于 17％	作为强调质器；生产膨胀饲料，其膨胀料为团状、薄片和碎粒状

第三节 挤压膨化工艺在饲料工业中的应用

一、挤压膨化加工饲料原料

挤压膨化加工可以改变物料的物理性质,使其内部结构发生变化,一方面可以使蛋白质变性、灭活或降低饲料原料中的热敏性抗营养因子,这可以提质、增效大豆、棉籽、亚麻籽、血粉、羽毛粉等蛋白质饲料的资源;另一方面能大幅度地提升淀粉的糊化度,改善饲料的适口性和养分的消化率,延长保质期,多见于玉米、米糠等的加工。

(一)膨化大豆

膨化大豆是饲料生产中的主要膨化产品,膨化大豆包括干法和湿法 2 种加工方法。在有蒸汽的条件下,应尽量使用湿法生产。湿法生产效率高,在同功率情况下,湿法膨化大豆粉比干法膨化大豆的生产能力高出 1 倍以上。湿法膨化可以把大豆尿素酶活性控制得更稳定,可以精确地控制为 0.02~0.2。干法膨化大豆的尿素酶活性波动较大,易出现熟化度不均匀现象。湿法膨化大豆的水分可以精确控制在 12%左右,而干法膨化大豆的水分仅能控制在 8%左右。虽然湿法膨化大豆效率较高,但干法膨化香味更浓郁,诱食性更好。湿法膨化大豆的温度为 115~125℃,压力 5~10 MPa,在尿素酶活性≤0.2 情况下,耗电量为 22~62 kW·h/t,平均耗电量为 38 kW·h/t,其规律是膨化机主电动机功率越大,膨化机能效等级越高(一级为最高),吨料电耗越低(JB/T 13616—2019《单螺杆饲料原料膨化机　能效限制和能效等级》)。

挤压膨化处理后的全脂大豆是适口性极佳的高能、高蛋白饲料。膨化工艺保留了大豆本身的营养成分,钝化了饲料中的抗营养因子。干法膨化在温度为 100~140℃条件下胰蛋白酶抑制因子的含量能够降低 74.8%~88.6%,且温度升高胰蛋白酶抑制因子的失活程度变大。大豆抗原蛋白中免疫原性最强的为 β-伴大豆球蛋白(11 S)和大豆球蛋白(7 S),大豆原料中的 β-伴大豆球蛋白为 306.8 mg/g,大豆球蛋白为 110.2 mg/g,膨化大豆 β-伴大豆球蛋白的平均值为 26.45 mg/g,变化范围为 3.10~79.50 mg/g,大豆球蛋白的平均值为 52.9 5 mg/g,变化范围为 20.30~93.50 mg/g,与大豆原料相比,膨化后抗原蛋白含量都有一定的降低。膨化对皂苷、低聚糖的含量基本无影响。此外,挤压膨化改善了全脂大豆的适口性,其产品鲜黄亮泽,疏松多孔,具有浓郁的香味,提高了饲料的利用率。

(二)膨化玉米

普通玉米中含淀粉量为 71%~72%,其中直链淀粉占 1/3 左右。原淀粉是由淀粉粒子组成的颗粒状团块,结构紧密,吸水性差。玉米膨化是在水分、热、机械剪切、摩擦、揉搓及压力的综合作用下的淀粉糊化过程。当玉米粉与蒸汽和水混合时,淀粉颗粒开始吸水膨胀,通过膨化腔时,迅速升高的温度及螺旋叶片的揉搓使网袋状淀粉颗粒加速吸水,晶体结构开始解体,氢键断裂,膨胀的淀粉粒开始破裂,变成一种黏稠的熔融体,在膨化机出口处由于瞬间的压力骤降,蒸汽(水分)瞬间散失使大量的膨胀淀粉粒崩解,淀粉糊化。水蒸气的进一步蒸发使冷却的胶状物料中留下许多微孔,就形成了膨化玉米。高温、高压及机械剪切使挤压膨化比其他加工方式产生的淀粉糊化更彻底，糊化度可达 80%～100%。与常规的蒸煮熟化工艺相比，玉米膨化能使植物细胞壁破裂，淀粉链更短，从而更有效地提高了消化率。玉米膨化温度为 150～160℃，压力为 8～12 MPa。在淀粉糊化度≥85%的前提下，干法和湿法生产膨化玉米耗电量分别为 80～130 kW·h/t 和 70～120 kW·h/t。挤压膨化加工用于其他饲料原料的加工参数和效果见表 8-2 所列。

表 8-2　部分饲料原料的挤压膨化加工参数及其效果

原料	膨化加工的目的	主要工艺参数(膨化温度等等)	效果
亚麻籽	去除生氰糖苷等毒素	干法、湿法膨化机，膨化温度为 180～220℃，压力 5～10 MPa，吨电耗 80 kW·h/t	消减毒素，提高用量和使用效率
羽毛粉	角蛋白难以被动物消化吸收，必须进行加工处理，膨化能破解角质蛋白的空间结构，使其变成可消化吸收状态	羽毛粉水分 25%。螺杆直径为 45 mm；螺杆长径比为 18∶1；螺纹螺距为 45 mm；螺纹升角为 30°；螺杆转速为 40～120 min；加热温度为 100～200℃；主机功率为 7 kW；环形模口环隙为 0.6 mm	膨化加工后的羽毛粉为松弛的条状，经粉碎为淡黄色或浅灰色的疏松粉末。角蛋白体外消化率大幅度增加
血粉	血粉消化吸收率低，血腥味大，适口性差	膨化机模孔与顶杆的间距为(9.4±0.26)mm，膨化腔熔融段温度为(116.7±1.8)℃，均化段温度为(160.35±1.95)℃，血粉的含水率为(20.72±0.24)%	挤压膨化加工改进血粉的品质，提高其营养成分的吸收，膨化血粉的消化率达到 97.76%
菜籽粕	含硫苷、芥酸、单宁、植酸等，经芥子酶作用会分解产生异硫氰酸酯、恶唑烷硫酮、腈等有毒有害物质	TSE65 型双螺杆膨化机，膨化腔三区温度为 150℃，水分含量为 16.10%，主机螺杆转速为 210 r/min	硫苷降低 55.11%，芥子碱降低 9.82%，蛋白溶解度降低 19.13%，蛋白体外消化率提高 1.89%
棉粕	消除游离棉酚的毒副作用	采用 MY56×2 挤压膨化机，模头开孔面积为 300 mm^2/t·h、喂料速度为 7.0 Hz，调质温度为 95℃，调质后物料含水率为 17.6%、主机螺杆转速 35 Hz、膨化腔温度(四区模头)132℃	膨化棉粕疏松多孔，游离棉酚降低 87.54%，提高蛋白体外消化率，蛋白溶解度和水溶性指数明显降低

二、挤压膨化加工水产饲料

挤压膨化水产饲料可以分为浮性水产饲料、沉性水产饲料和慢沉性水产饲料 3 类。如配置和控制适宜，同样的设备既可以生产浮性水产饲料，又可生产沉性水产饲料。

浮性水产饲料和沉性水产饲料在挤压过程中沿着膨化腔，随其温度的变化而变化，但又有显著差异。膨化机内的温度和压力影响膨化饲料容重和膨化度。淀粉是影响水产饲料沉浮性的重要原料。膨化物料在膨化机内膨化腔中间段附近时温度达到最高，而在末端靠近模头处的温度较低，这种温度的变化有助于控制产品的容重和外观。脂肪含量较高的饲料需要控制膨化腔内的温度以确保饲料在模头处具有一定的温度。生产良好的浮性或沉性水产饲料的关键是控制产品的容重，一般认定容重为480 g/L是膨化饲料沉浮的转折点，低于这个容重即为浮性，高于这个容重即为沉性。

(一)浮性水产饲料的生产技术

在加工浮性水产饲料时，一般饲料原料中的淀粉含量>12%。通过挤压膨化机的螺套和螺杆结构设置，加入机膛内的蒸汽和水的添加量可高达干物质的8%。如果水分添加量合适，膨化机的螺套结构正确，则挤出物在到达模头前具有的性质：最终压力为3.4～3.7 MPa，温度为120～140℃，含水量为18%～30%。挤出物穿过模孔后的膨化产品容重为320～500 g/L，含水量为21%～24%。在挤压物出模时，会闪蒸6%～10%的水分。成品饲料需进一步干燥、稳定、冷却，水分控制为≤13%，含水量低可增加物料的漂浮性。浮性水产饲料加工工艺参数见图8-19。

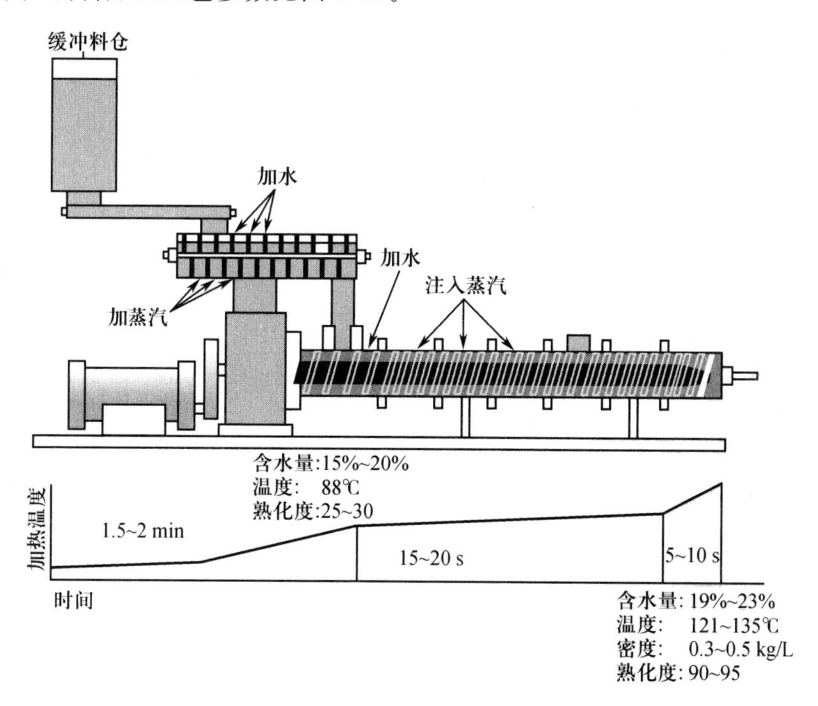

图8-19 浮性水产饲料加工工艺参数

(二)沉性水产饲料的生产技术

沉性水产饲料要求产品容重≥480 g/L。在生产过程中，先在调制器内加入少量的蒸汽，然后加入适量的水。混合物料进入膨化机前的含水量通常达到20%～24%，水和蒸汽的流速一定要平衡，使得混合料在调质器的出口处达到70℃～90℃。向膨化腔注水的流量应保证挤出物的含水量达到28%～30%。为了保证活性成分的含量，需要降低产品的温度、含水量和膨化度。挤出物在通过模头之前经过一个减压过程。在生产沉性水产饲料时，其挤出模头处的压力通常为2.6～3.0 MPa，挤出物含水量为28%～30%，容重为450～550 g/L，物料温度为120℃、含水量为26%左右。使用在膨化腔上装有泄压阀(密度控制仪)的挤压膨化机,可降低挤压物的温度、水分和膨化度。沉性水产饲料应含不高于10%的淀粉和不高于12%的脂肪,最终产品应干燥至含水量为10%~12%,过度干燥会使沉性饲料上浮。其生产过程的工艺参数控制见图8-20。

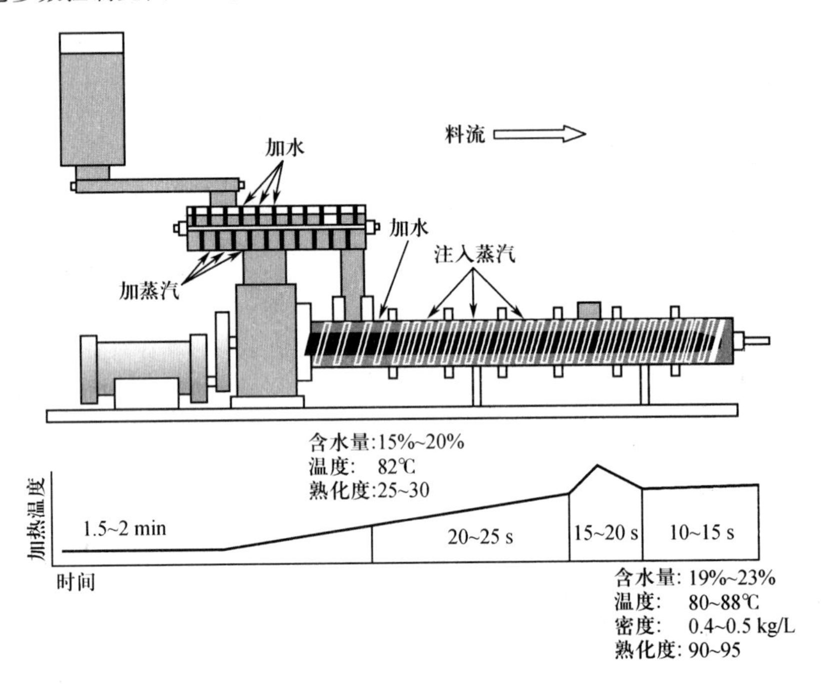

图 8-20 沉性水产饲料加工工艺参数

(三)其他水产饲料

1. 慢沉性水产饲料

其饲料容重为390~480 g/L,通常用于网箱养殖。在颗粒到达箱底之前,给鱼类有充分的采食时间。

2. 半湿性水产饲料

在混合机内加入液体,使水分达到30%~32%。在挤压、冷却后,其含水量为22%左右。在加入的液体中应有一定的保湿剂、防霉剂,如丙二醇、山梨酸等。

三、挤压膨化加工宠物饲料

猫犬宠物饲料国际上习惯采用挤压膨化加工工艺进行生产。其主要工艺流程为将谷物等原料进行粉碎处理,动物性湿原料绞碎成肉糜或肉浆,然后配料混合,经过螺杆挤压膨化机挤压膨化加工。根据不同产品的要求,挤压膨化后的产品采用冷却、干燥、液体表面喷涂等不同的工艺加工。

(一)宠物饲料分类与特性

挤压膨化宠物饲料一般分为干膨化饲料、半湿饲料、软膨化饲料等。

1. 干膨化饲料

干膨化饲料通常含10%～20%的水分，由谷物及其加工副产品、大豆产品、动物产品、乳制品、油脂、矿物质以及维生素添加剂加工而成。一般干犬饲料的粗脂肪含量为5%～12.5%，猫饲料含8%～12%的粗脂肪(均以干基计)。加入较多脂肪可改善饲料的适口性。通常做法是：在饲料成品表面喷涂液化油脂或增味剂。干的犬饲料有粉料、颗粒料、破碎料和挤压膨化料等类型，干的猫饲料通常经过挤压加工。干挤压膨化犬饲料的粗蛋白含量为18%～25%(以干基计)，干膨化猫饲料含30%～36%的粗蛋白质。该类饲料的挤压水分含量为20%～25%，成品水分为9%～12%，容重为320～350 kg/m^3。

2. 半湿饲料

加工工艺与干挤压膨化产品的工艺方法相似，但因配方不同，加工上存在差异。半湿饲料的基础原料很多与干挤压膨化产品相同，但除了干谷物混合物外，半湿饲料在挤压前还需混入某种肉类物料或肉类副产品浆液。各生产厂家干料、湿料之间的比例不同。一般认为，干料与湿料的比例范围为(4∶1)～(1∶1)。从加工方面考虑，当干料明显多于湿料时(80%∶20%)，应采用间歇式混合工艺将干料、湿料混合后，送入挤压装置，进行连续蒸煮，挤压。当干湿料比达到(60%∶40%)～(50%∶50%)时，应将其直接置于挤压机上游的连续混合装置进行干湿料混合。干料通过喂料装置进入连续混合机，同时湿料经计量泵后也送入混合机，两者得以混合，可喷入蒸汽和水促使形成混合充分的物料，然后，物料从混合室直接进入蒸煮-挤压膨化机进行加工。

物料通过挤压膨化机压模的目的不在于使之“膨胀”，而是使物料通过压模孔时能形成与孔形相似的料束，这一点与干膨化饲料不同。后者的目的是在挤压过程中达到尽可能充分地熟化。半湿饲料与干膨化饲料的另一个重要区别为在挤压过程中的水分以及成品的水分含量不同。该类饲料在挤压时的水分含量为30%～35%(湿基)，在饲料中添加防腐、防霉、保鲜剂，将饲料的水活度调节为0.65～0.9，饲料的pH调到4.0～5.5。饲料在储存前无须去水处理，产品保持软性(与肉相类似)。饲料的容重为480～560 kg/m^3。

3. 软膨化饲料

软膨化饲料与半湿饲料相似，它含有较多肉类或其他副产品，油脂含量高于干膨化饲料。软膨化饲料与半湿饲料最大的差别在于软膨化饲料经挤压后具有干膨化饲料的膨胀外观。与生产半湿饲料一样，生产软膨化饲料需将生产干膨化饲料的设备进行改造，加工操作方式也要改变。软膨化饲料的挤压过程与干膨化饲料的挤压加工过程基本相似，都需在挤压前加入蒸汽与水进行调质，最后饲料在压模处得以挤压膨化。但软膨化饲料的组分特征与半湿饲料的组分相似。虽然最后饲料经过挤压膨化，饲料仍具有真肉般软而柔韧的性质。该类饲料的含水量为27%～32%，不需干燥，仅需冷却。在饲料中加有防腐剂等，产品容重为417～480 kg/m^3。

(二)工厂设计及设备特点

1. 分区布局

由于对卫生条件的高要求，宠物饲料厂常设定4个区：1区为原料接收，储存以及加工；2区为膨化、干燥、喷涂、冷却以及包装；3区为成品储存仓库；4区为附属设施。同时，在预处理与后处理、干燥区和湿区之间仍要设定分区，气流从干净区域流向非干净区域，避免交叉污染，保持加工车间干净卫生；各区域应预防害虫和鸟类；地面采用易清理的混凝土地面或者合适的钢板地面；在处理腐蚀性原料或液体的区域，需铺设瓷砖，集水槽；墙壁易清理，可防止冷凝和噪音；墙角设置圆角；天花板光滑，防止冷凝和噪声。

2. 加工设备布局

确保设备保养维修通道，便于接近；筒仓设计应采用不锈钢材料或其他不锈材料，提高产品质量；从膨化机至干燥机的溜管或者气路输送采用不锈钢材料，配置电加热及保温处理，保持干燥等；保证冷凝区空气流通，移除潮湿空气和机械产生的热量；避免空气交叉污染，防止不干净的空气进入冷却机。

第四节　挤压膨化加工效果的影响因素

一、饲料原料

(一)原料的水分含量

挤压膨化中原料水分含量一般控制为15%～27%。水分含量太高，原料的收缩会逐渐增大最终出现变形；原料水分含量太低，能耗、机械损耗会不断增加，产品的表里组织变化也比较明显。应根据挤压膨化机的性能、模具孔径大小及饲料配方等因素调整原料的水分含量。

(二)淀粉的来源和含量

饲料中淀粉含量的多少、淀粉的结构以及淀粉在挤压过程的变化，与产品的质量有密切关系。为获得很好的膨化产品，有时需要添加变性淀粉，以提高产品质量。

1. 淀粉在挤压膨化中的作用

(1)赋形　原料经挤压机挤出后，其糊化的淀粉分子相互交联，形成了网状的空间结构。该结构在挤出后迅速冷却，闪蒸完部分水分后成形，成为膨化饲料结构的骨架，赋予产品一定的形状。若淀粉含量很低，则会形成松散的产品结构。

(2)容重控制　淀粉含量高的原料经挤压后易膨化、产品容重小。支链淀粉和变性淀粉含量越高，则产品膨化度越大、容重越小。

(3)硬度控制　当直链淀粉和变性淀粉含量高时，膨化制品的抗碎强度就大，质地也较硬。

(4)吸水速度控制　变性淀粉含量高的原料经挤压膨化后，会产生网状结构。该结构可降低产品的吸水速度，能较长时间保持产品外形，不会立即变成糊状，提高耐水性能。

2. 淀粉对挤压膨化加工的影响

不同来源的淀粉的颗粒大小、结构不同，其对水产膨化饲料加工和品质产生的影响也存在差异。淀粉起着膨化和黏结作用，是影响饲料沉浮的主要因素。淀粉含量越高，饲料越容易膨化。淀粉含量相同，淀粉来源不同，膨化效果也会产生差异。因此，应该根据不同种类膨化饲料的要求，选择合适的淀粉源。小麦面粉（淀粉含量为75%～82%）、玉米粉（70%～75%）、大米粉（81%）均是水产饲料的淀粉来源，块茎植物的淀粉（如马铃薯、木薯等）中直链淀粉含量较高，具有较好的黏结性，也是较理想的淀粉原料。

淀粉主要由直链淀粉和支链淀粉构成，两者的分子聚集状态与分子结构不同。支链淀粉是一种呈分支状的分子，分子间的键在高温作用下很容易断裂。当支链淀粉分子质量较大时，其链状分支构造在糊化后可以形成复杂的网状结构，物料在膨化过程中能承受较强的蒸汽压力且结构不易被破坏，使得样品容易膨化，且膨化度较大。支链淀粉具备增稠、高收缩性、水吸收性高和抗老化强等特性，而直链淀粉具备优良的质构调整特性和凝胶性。直链淀粉的含量和支链淀粉与直链淀粉的比例会对膨化饲料的质构产生重要影响。

配方中淀粉含量高，则容易膨化，产品容重小。若配方中淀粉含量少或根本不含淀粉，则很难形成疏松多孔的结构。而在所含的淀粉中，若支链淀粉含量高，则产品膨化度大、容重小。水产料在水中或沉或浮的特性，可以通过淀粉膨化的特性得以实现。一般沉性水产饲料应含淀粉量为10%～15%，浮性水产饲料含淀粉量不低于20%。

（三）脂肪含量

脂肪是水产饲料中主要能量原料，尤其是海水料需要大量的脂肪。在单螺杆挤压膨化机中，水产饲料的脂肪含量上限为12%；在双螺杆挤压膨化机中，水产饲料的脂肪含量上限为17%。当水产饲料与宠物饲料中的脂肪含量≤12%时，对挤压产品的质量几乎无影响；当脂肪含量为12%～17%时，每增加1%脂肪，终产品的容重增大16 kg/m^3；当脂肪含量达到17%～22%时，产品几乎不膨胀，但颗粒质量仍稳定；当脂肪含量达到22%以上时，终产品的稳定性极差。通常将膨化饲料原料的脂肪含量控制在8%以下，以减少脂肪对加工品质的影响。当总脂肪含量超过8%时，超出部分油脂应改在成形后外喷涂，以减小脂肪含量太高对挤压加工的不利影响。颗粒硬度与颗粒的脂肪含量有密切的关系。当脂肪含量为6%～14%时，硬度趋于递增；当脂肪含超过14%时，随着脂肪含量的增加，其硬度快速下降。另外，饲料原料自身含有的油脂对膨化加工的影响小于外加的油脂，因此，使用油脂含量高的原料更有利于膨化饲料的生产。

（四）粗蛋白质含量

水产动物对蛋白质的需求较大，蛋白质原料在饲料配方中的含量为25%～60%，蛋白质在膨化成品中起着结构骨架的作用。同样，蛋白质的含量及种类对膨化饲料产品质量的影响明显。植物蛋白原的吸水性和黏结性强，易加工成形，膨化效果好，种类丰富，来源广泛，价格相对低廉。但水产动物对植物性蛋白原的消化率低于对动物性蛋白原，在配方中占用空间大，且植物蛋白原含有其他杂质，如少量的纤维素、淀粉。植物中的蛋白质组成和比例区别很大，而不同蛋白质的加工特性不同，甚至相反。将动植物来源的蛋白资源合理搭配非常重要。在一定范围内，粗蛋白质含量升高，摩擦系数小，设备磨损降低，产品组织化好，黏弹性增加。

蛋白质含量高的原料一般在挤压时的膨化程度低。为提高产品的膨化率，往往需要提高挤压温度和适量调整水分含量。挤压过程中若蛋白质含量高，则物料的黏稠度大，挤压过程中的能耗大。另外，皮毛壳类原料在配方中的比重越大，物料越难粉碎，粉碎效率直线降低，如棉粕、菜粕等原料。其外形也很难进行筛选，容易导致堵模，生产故障率增加。在膨化加工时产生的气泡容易破裂，其产品外观较差。

二、生产工艺的影响

(一)粉碎粒度

粉碎粒度是影响膨化工艺的主要因素之一，颗粒较大的原料会降低饲料的膨化系数，容易堵塞模孔，磨损机器内壁，增加损耗率，生产出的膨化饲料外观粗糙。因此，在生产膨化饲料以前，要充分评定饲料的等级和品质要求，选择性价比高的粉碎粒度。淡水鱼料要求全部通过 20 目分级筛，40 目筛上物不大于 30%；河蟹、虾料要求全部过 40 目筛，80%过 60 目筛；鳗、鳖料要求全部过 60 目筛，80 目筛的通过率达 95%。其目的有 2 个：一是增加原料表面积，使之与消化酶的接触增加，有利于消化吸收；二是增加原料细度，提高淀粉糊化度，从而有利于膨化制粒，提高商品价值。

(二)温度

膨化腔内的原料的温度是挤压膨化中重要的因素之一。温度是促使淀粉糊化、蛋白质变性和其他成分熟化并使原料变为均匀流体的必要条件。利用双螺杆挤压膨化机加工谷物原料时，一般要求膨化腔内的原料温度达到 120～180℃，当其温度为 140～160℃时，效果最好。若挤压膨化机内温度太低，则淀粉不能充分糊化，蛋白质不能变性，故大分子物料塑化较少。物料在膨化机内具备足够的能量，当其骤然释放至常压态时，其糊化度增加不够，致使物料未能充分膨化；若温度太高时，物料在机内获得的能量太大，其作用力超过了物料间相互黏着力，易发生喷爆。因此，只有控制适宜温度，物料才可以在挤压膨化机内获得足够的能量，并在骤然释放时，产生较好的膨化效果。

(三)蒸汽

不同原料的蒸汽添加量也不同，通常膨化大豆蒸汽添加量为 7%～8%，膨化玉米的蒸汽添加量控制为 10%左右。蒸汽的量过多会导致原料的软度增加，原料变黏稠，进而影响膨化质量。在膨化过程中，蒸汽的供应需要依靠压力来保持稳定。通常，进入调质器内的蒸汽压力为 0.1～0.4 MPa。不同配方的饲料对蒸汽量的需求不同，蒸汽的供应量受原料中淀粉含量的影响，淀粉含量高的原料，需要添加的蒸汽量也多。

(四)调质时间

在通常情况下，调质的温度为 65～90℃。调质过程需要通过时间来进行控制，针对不同的配方，调质所需的时间不同。调质时间的长短直接影响物料的熟化程度。在一定范围内，调质时间越长，物料的熟化程度越好，物料黏结性也越好，越易膨化。此外，水分能够使膨化饲料具有较高的黏合度，但是水分使用过量会影响膨化饲料干燥的进度。

第五节　挤压膨化过程中物料营养成分的变化

一、碳水化合物

在畜禽饲料中，碳水化合物占60%～70%，水产饲料中较低。碳水化合物根据其分子量、结构及理化性质可分为淀粉、纤维、亲水胶体及糖等4类，它们在挤压过程中的变化以及作用不同。

(一)淀粉

淀粉是饲料中糖类的主要存在形式。它在饲料中主要提供能量和黏结作用。通过挤压膨化使饲料原料中的淀粉糊化，淀粉糊化可使饲料的黏结性得到很大的提高，从而有利于饲料在水中的稳定性，减少营养物质在水中的溶失。淀粉糊化后能够大量吸收水分而膨胀，增加淀粉与淀粉酶的接触面积，从而使饲料更好地被动物消化和吸收。

天然淀粉以颗粒状存在，颗粒的外形有圆形或不规则形态，粒度一般为1～100 μm。它们靠分子间的氢键和分子内的氢键紧密联在一起，联成类似晶体的结构，故天然淀粉的吸水性很小，口感很硬，进入动物身体后不易被淀粉酶消化。淀粉在一定的水分含量和温度条件下，其颗粒会溶胀破裂，内部有序的分子间的氢键断裂，分散成无序状态，产生糊化，糊化之后的淀粉也称为α-淀粉。几种常见淀粉的糊化温度如表8-3所列。

表8-3　常见淀粉的糊化温度　℃

淀粉种类	糊化温度
大米淀粉	68～78
小麦淀粉	59～64
玉米淀粉	62～70
马铃薯淀粉	56～66

谷物类淀粉在一般温度为50～60℃时开始膨胀，豆类淀粉在温度为55～75℃时开始膨胀。原料的变性温度因水分而异，含水20%的纯小麦淀粉糊化温度为120℃ 。

淀粉在挤压过程中的主要变化是糊化。经水热处理后，淀粉粒子在湿热、机械挤压、剪切的综合作用下，结构受到破坏，淀粉分子内的1-4糖苷键断裂而生成葡萄糖、麦芽糖、麦芽三糖及麦芽糊精等低分子量产物，分子间的氢键断裂而糊化，即α化。淀粉分子断裂为短链糊精，降解为可溶性还原糖。糊化的淀粉分子相互交联，形成网状的空间结构，物料在瞬间膨化后失去部分水分，冷却后成为膨化饲料的骨架，饲料以此保持一定的形状。通过膨化可以将淀粉颗粒以及介于半晶体状和晶体状区域的表面积显著扩大，并瓦解其组织结构，使淀粉颗粒融为一体，形成像塑料一样的平缓区域(图8-21)。这种变化可改善淀粉酶活性极低的乳仔猪对淀粉的消化率。

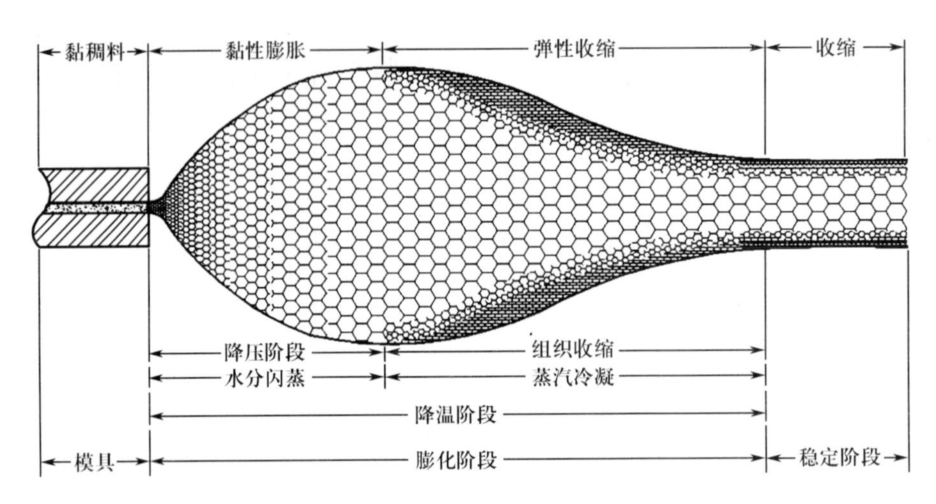

图 8-21 谷物类淀粉挤压膨化/膨胀过程中结构形成原理

(二)纤维

饲料工业中的纤维原料主要来源于玉米、饼粕和糠麸。在挤压过程中,其规律一般是膨化度随纤维添加量增加而降低,但不同来源的纤维或纤维纯度不同,对膨化度的影响有明显差异。豌豆和大豆纤维的膨化能力较好,当它们在以淀粉为主原料的饲料中添加量达到30%时,其对最终产品的膨化度也无显著影响;而像燕麦麸及米糠,由于它们含有较高的蛋白质及脂肪,其膨化能力则较差。

(三)亲水胶体

亲水胶体主要用于特种水产饲料的生产中,通常包括阿拉伯胶、果胶、琼脂、卡拉胶和海藻酸钠等,它们被挤压后的成胶能力将普遍下降。在挤压过程中,其亲水特性还将影响常规的挤压条件,降低挤压产品的水分蒸发速率及冷冻速率,提高产品的质构性能。对于一个特定的产品而言,在选择亲水胶体时,胶体的黏稠性、成胶性、乳化性、水化速率、分散性、口感、操作条件、粒径大小以及原料来源等因素均应慎重考虑。

(四)糖

糖具有亲水性,其在挤压过程中通过调控物料的水分活度影响淀粉糊化。挤压的高温、高剪切作用使糖分解产生羰基化合物,并同物料中的蛋白质、游离氨基酸或肽发生美拉德反应,而影响挤压膨化饲料产品的颜色。另外,在挤压过程中,添加一定量的糖能有效地降低物料的黏度,从而提高物料出模时的膨化效果,这一点对控制水产饲料的沉浮性有一定帮助。在挤压饲料中,糖除了起提供能量外,其主要作为一种风味剂、甜味剂、质构调节剂、水分活度与产品颜色调控剂来使用。常用的糖有蔗糖、糊精、果糖、玉米糖浆、糖蜜、木糖和糖醇。

二、蛋白质

蛋白质原料在挤压膨化机膨化腔内受到水分、高温、高压及强机械剪切力作用下，蛋白质发生变性，产生絮状沉淀或形成凝胶结构，这种变性使蛋白酶更易进入蛋白质内部，以提高消化率。在挤压经过模孔时，高温、高压、高剪切力可使蛋白质分子形成组织化蛋白。例如，用挤压膨化机生产大豆分离蛋白。绝大多数蛋白质沿物料流动方向呈线性结构，并导致了分子间的重排。挤压膨化对蛋白质的影响主要表现在以下几方面。

（一）变性作用

当蛋白质受热或受到其他物理、化学作用时，其特有的结构和性质也随之变化，如溶解度降低；对酶水解的敏感度提高；失去活性等，这种现象称之为变性作用。变性不是蛋白质发生分解，而仅仅是蛋白质的二、三级结构发生变化。适度破坏蛋白质的结构可以改善蛋白质的可消化性。

（二）热致变性

蛋清在加热时凝固，瘦肉在烹调时收缩变硬等都是由蛋白质的热致变性所导致的。蛋白质在受热变性后对酶水解的敏感度提高。

（三）灭酶与杀菌

热力杀菌也是利用了蛋白质的变性原理。例如，挤压膨化可抑制或灭活大豆中的抗胰蛋白酶，也可灭活米糠中的脂肪酶，减缓米糠的腐败变质，延长米糠的保质期。

（四）蛋白质分散指数下降

由于原料中淀粉的存在，糊化淀粉将其他营养物质包裹在淀粉基质中，蛋白质被物理性地结合在糊化淀粉内，并被淀粉基质保护起来。简单的水溶液不能溶解蛋白，但肠道中的消化酶可轻易地溶解淀粉基质，将蛋白质释放出来。膨化对某些氨基酸的稳定性和可利用性的影响见表 8-4。

表 8-4　膨化对某些氨基酸的稳定性和可利用性的影响

氨基酸含量/%	未处理	膨胀加工	
		120℃	130℃
赖氨酸	0.84	0.83	0.78
可利用赖基酸	0.80	0.79	0.74
可利用率	95	96	95
苏氨酸	0.61	0.59	0.57
蛋氨酸	0.55	0.56	0.54

在一般情况下，经挤压膨化后，蛋白质的含量会有所下降，赖氨酸有较明显的损失，其次

是蛋氨酸。氨基酸的损失随温度升高而增大，随水分的提高而降低。原料中的淀粉（糖）含量在一定程度上会导致氨基酸含量的下降。糖对氨基酸含量的影响主要来自美拉德反应。

三、脂肪

经研究表明，在挤压过程中，原料中的部分脂肪与淀粉、蛋白质形成复合物，并降低了挤出物中游离脂肪的含量。例如，经挤压膨化之后，玉米中的游离脂肪的含量由 4.22％下降到 1.65％。挤压温度越高，挤出样品中的游离脂肪的含量也越高，复合体的生成量越少。同样，水分含量越高，挤出样品中的游离脂肪酸含量也越高，复合体的生成量下降。

挤压会使饲料中的甘油三酯部分水解，产生单甘油酯和游离脂肪酸，产品中的游离脂肪酸含量升高。就单纯处理来看，挤压过程将降低油脂的稳定性。但就整个产品而言，挤压产品在贮藏过程中游离脂肪酸的含量显著低于未挤压样品，因为挤压使饲料中的脂肪水解酶、脂肪氧化酶等促进脂肪水解的因子失活。脂肪复合体的生成使脂肪受到淀粉和蛋白质的保护，从而降低脂肪的氧化速度和氧化程度。脂肪及其水解产物在挤压过程中能与糊化淀粉形成复合物，从而使脂肪不能被石油醚萃取，但这种复合物在酸性的消化道中能解离，不影响脂肪的消化率。

四、维生素和矿物质

挤压膨化会造成热敏性维生素受到较大程度的损失，不同维生素的损失程度不同。其中损失率小于 10％的有维生素 B_2、烟酸和泛酸。维生素 B_1 的损失率为 10％～20％，维生素 B_6 的损失率为 20％～30％，维生素 D_3 的损失率为 30％～60％，维生素 A 和维生素 E 的损失率为 50％～70％，维生素 K_3 的损失率可高达 60％～90％。其规律是随着膨化温度、压力和物料含水量的提升，损失率升高。采用稳定性剂型和包被、微囊化等处理工艺可以使膨化过程中的维生素的损耗率降低 10％～30％。

从生产方便性来看，维生素在挤压膨化之前添加优于在挤压膨化后添加，但必须超量添加，以克服挤压过程维生素的损失。挤压会对维生素造成破坏，饲料在储存过程中的维生素的损失也会加快，在挤压之后添加更为经济，但是需要专门的后喷涂设备。

在挤压过程中，矿物质一般不会被破坏，但是具有凝固特性的新络合物的形成可能会降低某些矿物质的生物效价。例如，植酸可能与 Zn、Mn 等离子络合形成不为动物消化的化合物。挤压膨化对矿物质的生物效价有一定的影响。一般认为，植物性饲料中矿物质的生物利用率受植酸含量的影响，而挤压膨化提高了植酸磷的利用率。

五、抗营养因子

挤压膨化加工的另一优势就是破坏饲料原料中的抗营养因子，例如，大豆中的抗胰蛋白酶（trypsin inhibitors，TI）、棉籽中的棉酚等。TI 抑制胰蛋白的活性，降低蛋白质的消化率。挤压膨化加工可破坏大部分 TI。挤压膨化的温度、水分、设备配置、滞留时间、模孔大小等都会影响对 TI 等抗营养因子的破坏程度。据研究报道，使用单螺杆挤压机膨化全脂大豆，可使其 95％以上的 TI 失活，而用双螺杆挤压膨化机处理全脂大豆后，TI 活性完全丧失。挤压膨化对棉粕中的游离棉酚和菜粕中的硫苷也具有破坏作用。

第六节 挤压膨化的后熟化以及干燥/冷却技术

在膨化饲料生产工艺中，良好的蒸汽调质是关键环节之一。在调质器中加入不同量的饱和蒸汽，使物料达到一定的温度和含水量。刚出机的产品水分为22%～28%，温度为80～135℃。此时颗粒一般较软，也可能还没有完全糊化。为提高物料的硬度和糊化度，一般要对膨化产品进行后熟化处理。

通常膨化产品在送入干燥机最初的4～6 min内承受150～190℃的热风，而不至损害其营养价值。但在干燥循环的后半程，风温应降低，以免发生美拉德反应，降低产品的营养价值。产品经过干燥后，物料水分降低，但温度较高，必须降温、冷却。也有的厂家将干燥机和冷却器设计成整体，即干燥/冷却机。多通道干燥机的上部为干燥，下部为冷却。物料的冷却多采用吸风方式，借助环境空气来完成冷却、降温、干燥。

一、后熟化

后熟化的过程是加热作业空气→加热空气由循环风机吸入→热空气施加于产品上→热空气将能量传递给产品→热空气中的热量蒸发掉产品中的水分→水蒸气由循环风机吸走→部分循环风被排掉→新鲜的空气替补排掉的空气→重复循环工作。后熟化过程也被称为干燥过程。

二、干燥/冷却

常见的干燥设备有卧式干燥机和立式干燥机2种类型。

1.卧式干燥机

对于卧式干燥机而言(图8-22至图8-24)，其烘干输送带有1～3层结构，每层均配有排粉末绞龙。它采用高抗拉力输送带链条，其中输送带采用铰链铰接或相互叠合的网板，也可采用聚酯或不锈钢多孔板。其输送带采用单级或多级，可调速传动。顶部配有循环干燥风机(插入式结构)，热风可采用直接和间接加热方式，即采用蒸汽加热或用煤气、液化气或其他燃料在燃烧炉上直接点火加热。烘干箱由若干个箱体组成，可根据需要增加，以提高处理能力。卧式干燥机底部一般最后2节为冷却段，与烘干段分隔，冷却后排出的空气作为烘干机空气的补充。干燥空气通风道内门采用铰链连接，可逆向调节气流。

2.立式干燥机

立式干燥机采用逆流式冷却器的原理，将预热空气吸入并通过料层，使颗粒得到干燥。烘干塔由1～5层组成，也可以和冷却器组合，在同一塔体完成干燥和冷却。每层箱体间的料流成间隙工作状态，由PLC程序控制器自动控制。在分批卸料时，液压控制旋转定位卸料筛格的开启大小，以控制卸料的进度和干燥时间。

5层烘干塔的批量式卸料过程：底层排空后卸料筛格复位、第二层卸料筛格打开，依次直至顶层打开放料进入新一批物料。整个工作周期大约需要10 min。逆流式干燥机和逆流式冷却器组合工艺如图8-25、图8-26所示。

如果未经冷却即包装产品或散料贮存，产品中的剩余水分就会转移到包装或贮存装置(例如，容器壁)的最冷处，这种现象被称为水分的热转移现象。其会导致局部含水量增加，易引起变质。

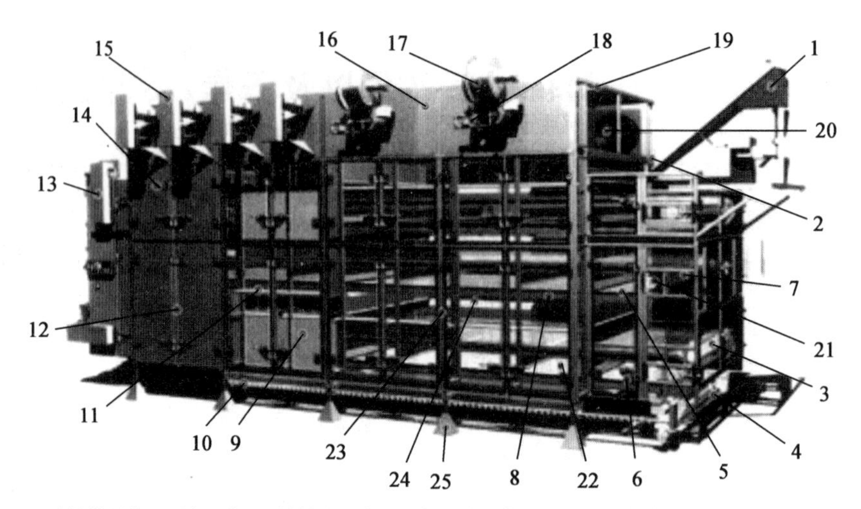

1. 喂料装置；2. 干燥带层数；3. 输送带；4. 排粉末绞龙；5. 输送带链条；6. 清理刷；7. 轴承；8. 固定轨道；9. 通风道内门；10. 倒排粉末绞龙；11. 冷却箱(最底层 2 仓)；12. 铰接操作门；13. 调速电动机；14. 干燥箱；15. 风机(转子插入箱体)；16. 保温装置；17. 燃烧炉(加热装置)；18. 电器和管路；19. 入孔(顶部)；20. 加热空气室箱；21. 双向通风道；22. 支架；23. 内层防积料斜坡；24. 防震基座；25. 机座。

图 8-22 卧式干燥机

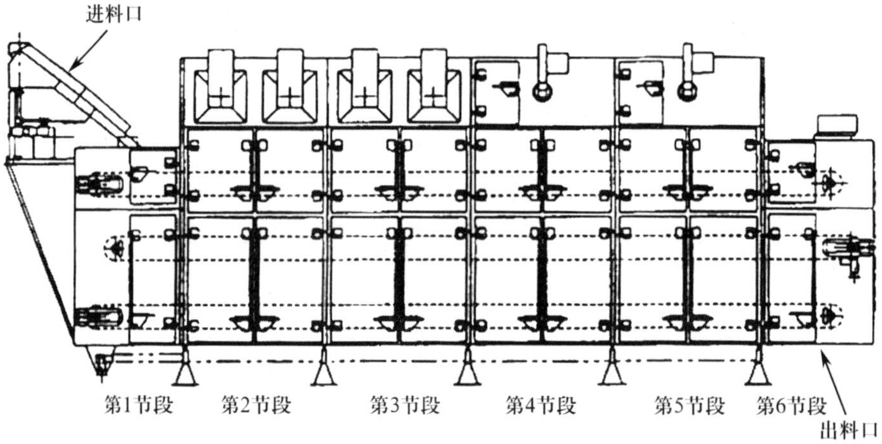

进料口

第1节段 第2节段 第3节段 第4节段 第5节段 第6节段

出料口

图 8-23 3 层 6 节段干燥箱

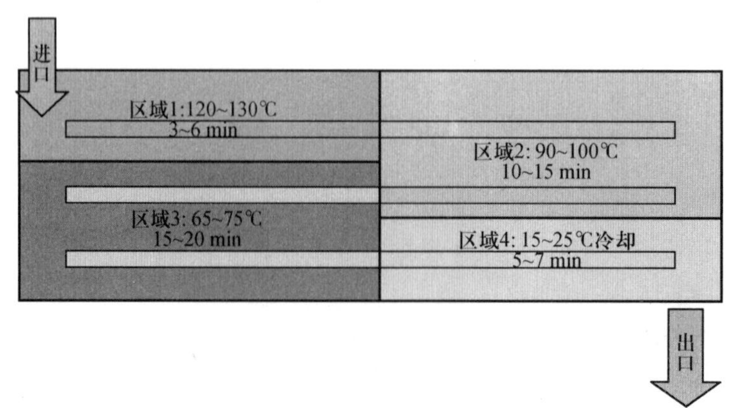

图 8-24 3 层干燥机不同区域的干燥温度以及时间

图 8-25 逆流式干燥机

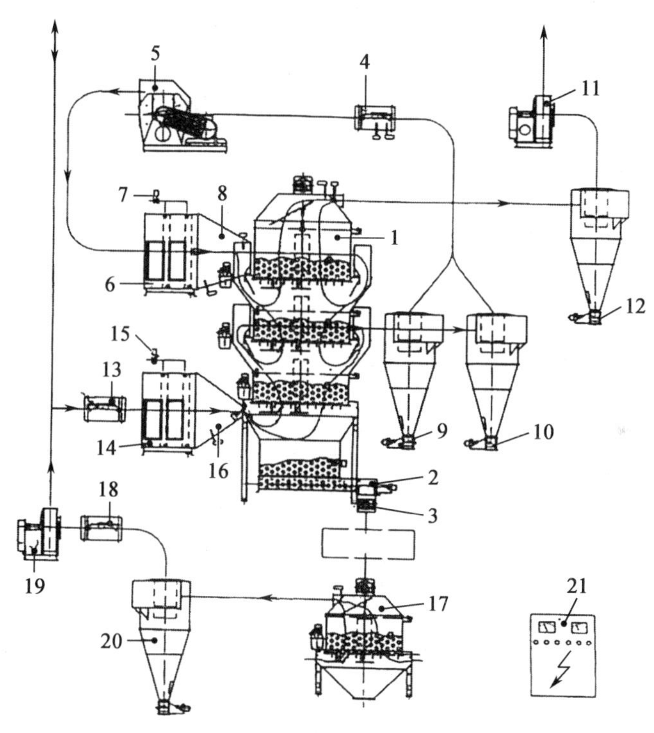

1. 多层立式干燥机；2. 螺旋输送机；3、9、10、12. 关风器；
4、13、18. 风量调节阀；5、11、19. 风机；6、14. 蒸汽热交换器；
7、15. 蒸汽控制阀；8、16. 连接件；17. 冷却器；20. 旋风除尘器；21. 电气控制箱。

图 8-26 逆流式干燥机和逆流式冷却器组合工艺

3. 操作干燥机和冷却器的注意事项

操作干燥机和冷却器必须注意以下几点：①从膨化机出来的饲料稍带塑性，特别是淀粉含量较高的物料，稍带黏性。因而不应把产品堆得太厚，以减少变形和结块；②饲料在干燥过程中应翻转和搅动，以促进干燥，打破团块，最好用 2 级或多级干燥；③气流应相对较快而均匀地通过产品；④为适应产品的特性，产品在干燥机、冷却器内的停留时间和料层厚度应便于调节。

二维码视频 8-2
干燥机

本章小结

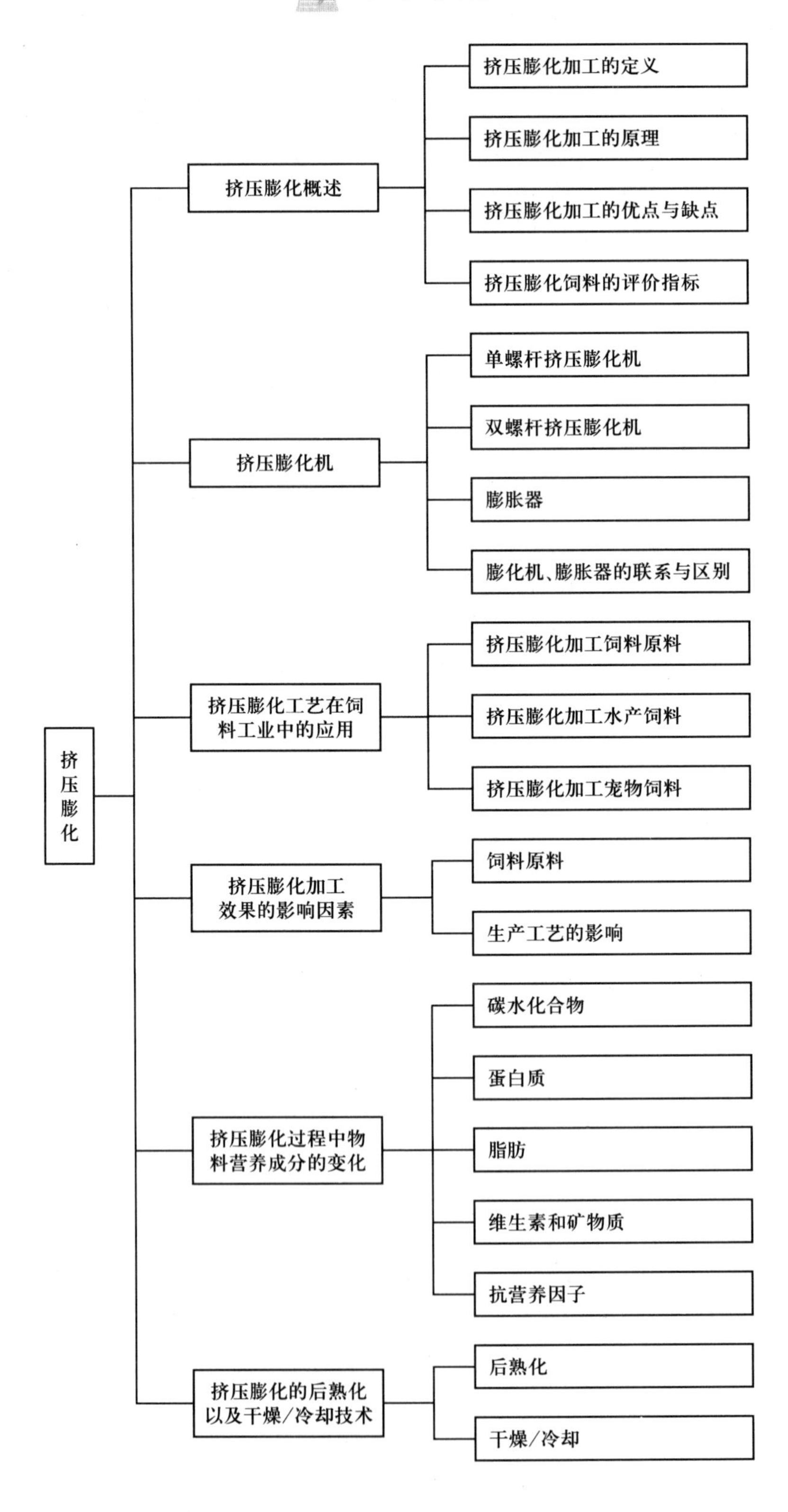
挤压膨化
挤压膨化概述
挤压膨化加工的定义
挤压膨化加工的原理
挤压膨化加工的优点与缺点
挤压膨化饲料的评价指标
挤压膨化机
单螺杆挤压膨化机
双螺杆挤压膨化机
膨胀器
膨化机、膨胀器的联系与区别
挤压膨化工艺在饲料工业中的应用
挤压膨化加工饲料原料
挤压膨化加工水产饲料
挤压膨化加工宠物饲料
挤压膨化加工效果的影响因素
饲料原料
生产工艺的影响
挤压膨化过程中物料营养成分的变化
碳水化合物
蛋白质
脂肪
维生素和矿物质
抗营养因子
挤压膨化的后熟化以及干燥/冷却技术
后熟化
干燥/冷却

复习思考题

1. 挤压膨化机包括哪几个主要工作部件?
2. 双螺杆挤压膨化机的优势有哪些?
3. 在挤压膨化过程中,淀粉的作用有哪些?淀粉发生了哪些物性变化?
4. 在生产沉性水产饲料和浮性水产饲料过程中,应如何控制其工艺参数?

第九章　饲料添加剂制造工艺与设备

学习目标

- 了解饲料添加剂生产的基本特点；
- 掌握饲料添加剂生产工艺流程的设计方法；
- 熟悉饲料添加剂生产工艺过程及其主要的生产设备。

主题词：饲料添加剂；化学合成；提取；发酵；生产设备

饲料添加剂是指在饲料加工、制作、使用过程中添加的少量或者微量物质，包括营养性饲料添加剂和一般饲料添加剂。饲料添加剂对强化饲料营养价值，提高动物生产性能，保证动物健康，节省饲料成本，改善畜产品品质等方面有明显的效果。

饲料添加剂是现代饲料工业的重要组成部分，对现代饲料工业的发展起到重要的作用。2020 年，全国饲料添加剂产品产值达 932.9 亿元，产量为 1 390.8 万 t，生产企业达 1 800 家。其中矿物元素、氨基酸和维生素产量最大。饲料添加剂的生产涉及化工、发酵、生物等多个行业，其生产工艺流程复杂，工艺组合多种多样，生产设备的结构与性能各异。

第一节　饲料添加剂概况

一、饲料添加剂生产的特点

饲料添加剂的基本特点是品种多、批量小、功能特定和专用性强。除一般的产品生产外，饲料添加剂还涉及剂型（制剂）和商品化（标准）等后处理技术。饲料添加剂生产具备的特点：①技术密集。饲料添加剂生产涉及化学、生物、物理、工程学等多个领域的技术，并需要考虑经济因素及环境保护。②劳动密集。饲料添加剂生产的工艺流程长、工序多、品种更换频繁、劳动力需求多。③设备复杂。饲料添加剂品种多、批量小，特别是化学合成和天然原料提取物尤为突出，多用途、多功能综合生产设备方可适应这种生产特点，并能提高经济效益。④技术垄断性强。饲料添加剂，尤其是部分生物发酵添加剂的某些关键生产技术的科技含量高，易形成技术垄断；⑤新产品开发困难。饲料添加剂新产品开发技术的要求高、费用大、周期长、成功率低，而且安全、环保方面的限制因素较多，这就更增加了新产品开发的难度和风险。

二、饲料添加剂生产工艺与设备的现状以及发展趋势

随着我国饲料工业的飞速发展，饲料添加剂专业机械设计与制造水平日益提高，多种新型高效设备在饲料添加剂生产中得到应用，如喷雾干燥器、高效气流粉碎机、膜分离等。自进入 21 世纪以来，随着计算机技术的提高，生产自动化控制使饲料添加剂的品质控制和产品质量得到明显提升。生物发酵和转基因技术的发展不断催生新型饲料添加剂产品。饲料添加剂的生产工艺优化研究正在逐步深入。

随着对饲料添加剂产品质量要求的提高，饲料添加剂生产的自动化、清洁化和高科技化的趋势越来越明显。采用新型的计算机技术和生产设备对饲料添加剂生产的全过程可以实现自动化控制，明显降低饲料添加剂生产过程中的污染，在提高产品质量和生产效率的同时，也能降低工人劳动强度和健康风险。在添加剂生产工艺设计中，应充分考虑环境保护因素，以减少对人类和环境的危害风险，实现可持续发展。饲料添加剂，尤其是具有生物活性的饲料添加剂具有生产工序复杂、纯度要求高等特点，而色谱分离技术、膜技术、双水相萃取、超临界二氧化碳萃取、反胶团萃取、浓缩、结晶、微胶囊化等新技术的逐步应用，将有效提高饲料添加剂的产品纯度和产品稳定性。

三、饲料添加剂生产的工艺选择

饲料添加剂品种繁多，不同饲料添加剂的生产工艺差别巨大。即使是同一种添加剂产品，其生产工艺也可能千差万别。因此，在确定饲料添加剂生产工艺时，应根据产品品种及剂型、生产规模、投资限额、生产技术水平的不同，选择科学、合理、安全、高效的生产工艺。

（一）产品品种与剂型

饲料添加剂生产厂家应先需要确定产品的主要品种和类别，如化学合成和生物发酵产品的生产工艺截然不同。有些饲料添加剂分固体和液体 2 种剂型，如蛋氨酸、氯化胆碱等。在工艺设计时，就要考虑液体化或固体化处理工序；热敏性产品还需考虑设置包膜或微胶囊处理工序，以便更好地符合饲料行业的要求。

（二）生产规模与预期投资

同一种饲料添加剂生产工艺路线繁多，如生产赖氨酸时，其主要的生产方法包括蛋白质水解抽提法、直接发酵法、酶法和化学合成法等。在选择生产工艺时，应根据自身实力、原材料供应情况、企业所在地经济发展水平等因素，选择合适的生产工艺。

（三）工艺过程与产品总得率

饲料添加剂生产中关键的控制指标是产品总得率。产品总得率是各步得率的连乘积，

若各步得率一样，生产步骤越多，则总得率越低。总得率越低，原辅材料的消耗越大，成本也就越高。如同一产品分别采用 5 步和 10 步生产步骤的工艺进行生产，若各步的得率均为 90%，则 5 步法的总得率为 59.1%，而 10 步法的总得率仅为 34.9%。因此，选择生产工艺路线时，必须尽量减少工序，简化生产步骤，以提高产品总得率。

(四)安全生产与环境保护

许多饲料添加剂产品生产需要在高温、高压条件下进行，部分原料和中间品对生产设备还有腐蚀性。此外，在饲料添加剂生产过程中，常用到易燃、有毒的溶剂、原料以及中间体，同时也会生成大量的废液、废渣、废气，容易造成环境污染和危害。因此，在饲料添加剂生产的时候，应选择特殊材质(如优质不锈钢)的生产设备，同时对必须可能产生环境危害的废弃物制定合理的处理工艺，以确保安全生产和环境保护。

简而言之，在比较选择饲料添加剂生产工艺时，不仅要考虑技术的先进性、经济的合理性，还要考虑工艺路线中物料的稳定性和毒性，产生的副产物及其综合利用，“三废”的组成、数量与处理方法等，即清洁生产问题。同时，在选择饲料添加剂生产工艺时，还要预估后期工艺创新的可能性，进行综合比较后选择先进、合理的生产工艺。

合理的工艺流程需要技术先进的工艺设备才能实现。在选择设备时，应遵循适用、成熟、技术先进、经济以及标准化等原则，兼顾使用维护方便、性能稳定、经久耐用等，并满足安全生产和环境保护的要求。

四、饲料添加剂生产工艺设计的方法和步骤

饲料添加剂产品生产工艺流程的选择、设计和确定比较复杂，必须按科学的方法进行，由浅入深，由定性到定量，最后设计确定先进合理的、符合工业生产要求的生产工艺。一般可按以下步骤进行。

(一)生产工艺流程选择

根据饲料添加剂的品种和企业实力，搜集国内外生产工艺流程的相关情况，经过对比和筛选，初步确定合适的工艺流程。

(二)绘制生产工艺流程示意图

用工艺流程示意图定性地表示由原料转变为成品的生产过程和采用的操作单元以及设备。

(三)物料衡算

物料衡算是质量守恒的一种表现形式。在生产过程中，输入某一设备的物料重量应等于输出物料的重量。经过物料衡算，可以得出加入设备和离开设备的物料(包括原料、中间产品、产品)各组分的成分重量和体积。这些经物料衡算的数据可作为确定生产设备和附属设备规格、数量的依据。物料衡算包括理化常数、工艺参数以及其他计算所必要的数据。

(四)生产设备选型的设计

根据物料衡算的结果,以计算得出的原料、半成品、副产品、废水、废物、废气等规格、重量和体积等为依据,初步确定需要使用的生产设备的生产能力和规格型号。

(五)生产工艺流程图的设计

在生产工艺流程示意图的基础上,结合设备选型结果,设计和绘制生产工艺流程图。

(六)生产车间的布置设计

在生产工艺流程确定后,进行生产设备和工艺装备的布置,确定设备在生产车间内的空间位置,为后期土建施工和设备安装提供依据。在布置设计过程中,根据不同的设备尺寸、结构等,对生产工艺流程进行修正。

在设计饲料添加剂生产工艺时,尽量遵循先小试,再中试,最后进行工业化试产的原则,掌握足够的生产条件和工艺参数。在必要时,根据试产情况,对生产工艺和生产参数进行调整,以保证最终生产的顺利进行。

第二节　饲料添加剂的主要生产工艺

一、化学合成添加剂的生产工艺

化学合成法是生产饲料添加剂的主要方法,绝大多数微量元素、维生素及其他一些非营养性添加剂均可选用化学合成法进行生产,主要工艺流程包括净化、计量、中和、浸出、结晶、分离、干燥、粉碎、筛选等操作单元。

在使用化学合成法生产饲料添加剂时,首先,应分析产品的化学结构,根据其结构特点,采用逆向法、类型反应法、分子对称法、逐步综合法、文献归纳法、功能基的引入与转化及保护与消除等方法进行生产工艺路线的设计。其次,通过对工艺路线的选择设计,并就原料和试剂、反应步骤和得率,中间体的分离和稳定性、设备要求、安全性、环保、加工成本等进行综合评价。最后,可确定一种适合于现有条件的生产方法(如物理、化学过程、后处理及"三废"控制等),即生产工艺流程。对一些新产品或新工艺还应进行必要的实验室研究和扩大中试,以确保生产工艺的可靠性和适用性,兼顾产品质量和生产成本。

(一)维生素C合成生产工艺示例

维生素C的生产主要采用两步发酵法工艺:首先,发酵制得维生素C前体——2-酮基-L-古龙酸;其次,经化学转化制成维生素C。其工艺流程如图9-1所示。以2-酮基-L-古龙酸∶38%盐酸∶丙酮=1∶0.4∶0.3(W/V)的配比投料,先将丙酮及1/2的古龙酸加入转化罐搅拌,再加入盐酸和余下的古龙酸。待罐夹层充满水后,打开蒸汽阀,缓慢升温至30～38℃,关闭蒸汽阀,自然升温至52～54℃,保温5 h,维生素结晶逐渐析出,维持温度在50～52℃,总保温时间为20 h。冷却水降温1 h,加入适量乙醇,冷却至−2℃,离心分离0.5 h后用冰乙醇洗涤，甩干，再洗涤，甩干 3 h 左右，干燥后得维生素 C 粗制品。将维生素 C 粗制品真空干燥，加蒸馏水搅拌溶解后，加入活性炭，搅拌 5～10 min，压滤。滤液至结晶罐，向罐中加 50 L 左右的乙醇，搅拌后降温，加晶种使其结晶，晶体经离心分离。用冰乙醇洗涤，再分离，至干燥器中干燥，即得精制维生素 C 产品。精制配料比为维生素 C 粗制品∶蒸馏水∶活性炭∶晶种＝1∶1.1∶0.58∶0.000 23(*W*/*V*)。

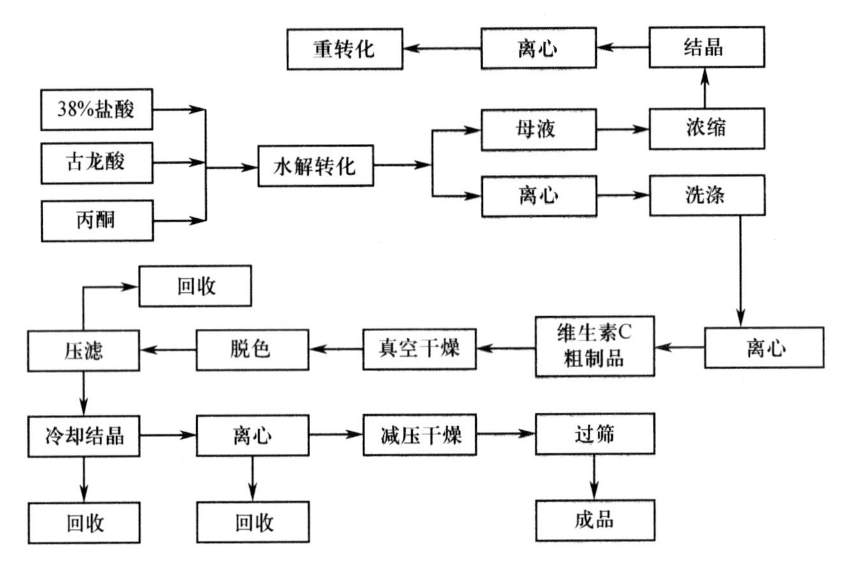

图 9-1 维生素 C 合成工艺流程

(二)色氨酸合成生产工艺示例

色氨酸可以用吲哚、α-乙酸氨基丙烯酸法和吲哚、二甲胺法等方法合成制得，也可通过干酪素经胰酶分解制得，但目前仍以合成法为主。用吲哚、α-乙酰氨基丙烯酸法合成生产色氨酸的工艺流程如图 9-2 所示。

二、植物提取物添加剂生产工艺

植物提取物添加剂是以植物为原料，按照对提取的最终产品的用途需要，经过物理化学提取分离过程，定向获取和浓集植物中的某一种或多种有效成分，且不改变其结构而形成的产品。植物提取物添加剂既能起到预防疾病，改善肠道菌，促进生长的作用，又具有安全、高效、天然的优点。随着饲料行业禁止使用抗生素类促生长剂，其应用前景将日益广阔。

天然植物的有效成分包括黄酮类、多糖类、挥发油、生物碱和萜类等。这些成分生物活性高，毒副作用小，是发挥生物疗效的关键。根据提取物的性质以及伴存的杂质，选择适合的提取工艺，以提高提取率，降低生产成本。常用提取方法包括热水提取法、醇提法、碱性水或碱性烯醇提取法、有机溶剂萃取法、树脂法、酶法、超临界流体提取法和微波辅助提取法等，其主要生产工艺包括蒸馏、浓缩、沉淀、萃取、分离、干燥、粉碎等(图 9-3)。

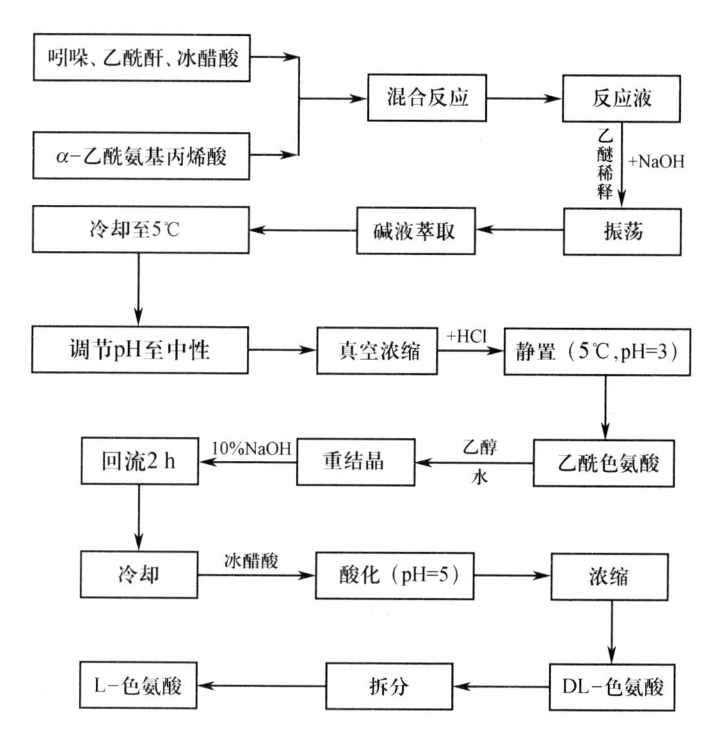

图 9-2 色氨酸合成生产工艺流程

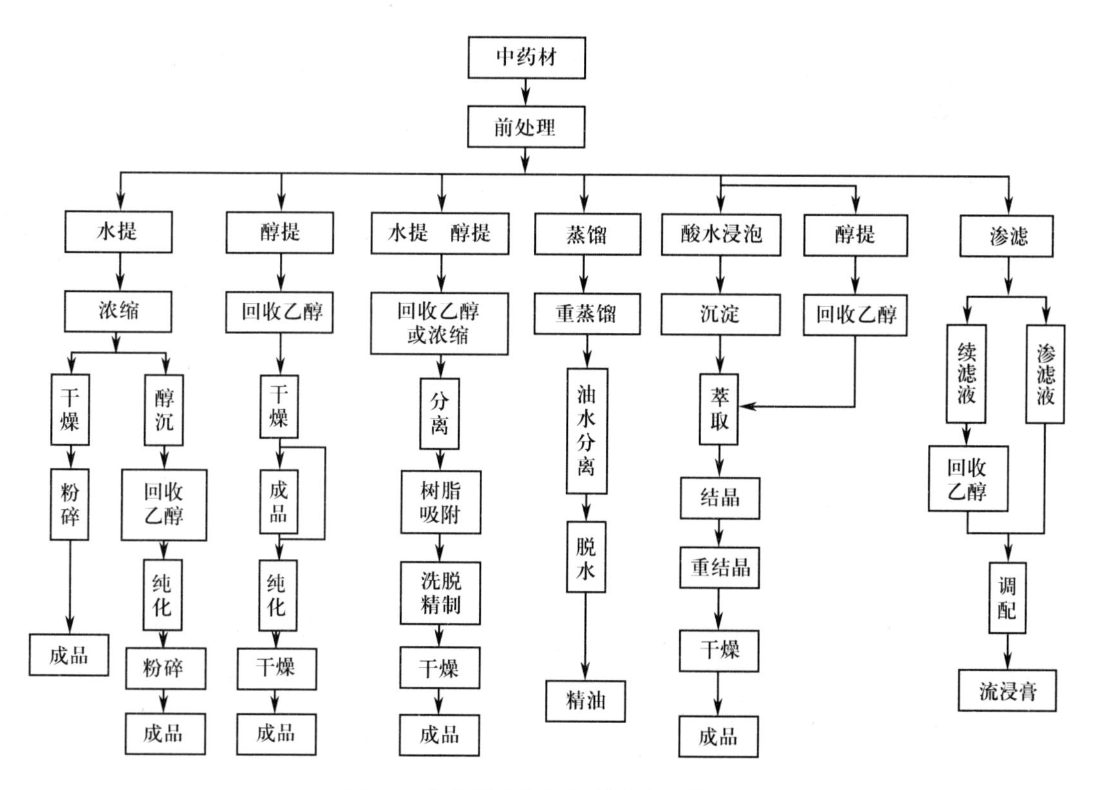

图 9-3 植物提取物添加剂生产工艺流程

（一）热水提取法

黄酮类、多糖类化合物常用热水提取法。根据提取物的性质选用不同温度的热水、浸泡时间、煎煮时间及煎煮次数等。此项工艺成本低、安全，适合于工业化大生产。

（二）醇提法

高浓度的乙醇（如90％～95％）适宜于提取苷元，60％左右浓度的乙醇适宜于提取苷类。在提取过程中，可以使用冷浸法、渗漉法或回流法，这些方法各有优缺点。冷浸法不需加热，但提取时间长，效率低。渗漉法由于保持一定的浓度差，所以提取效率较高，浸液杂质较少，但费时较长，溶剂用量大，操作麻烦。回流法效率较冷浸法和渗漉法高，但含受热易破坏成分的药材不宜用此法。

（三）碱性水或碱性烯醇提取法

黄酮类大多含有酚羟基，一般用碱性水（如碳酸钠、氢氧化钠、石灰水溶液）或碱性烯醇（如50％的乙醇）浸出，经酸化后析出黄酮类化合物。稀氢氧化钠水溶液浸出能力较强，但浸出杂质较多。石灰水的优点是使含有多羟基的鞣质或含有羧基的果胶、黏液质等水溶性杂质生成钙盐沉淀，以利于浸出液的纯化。

（四）有机溶剂萃取法

这类方法设备简单，产品总得率高，不仅操作温度低，且质量传递速度快、耗能小。这种方法适合萜类与极性较小的挥发油的萃取，可以替代回流提取法。

（五）树脂法

近年来，国外采树脂法（大孔树脂吸附分离技术）提取工艺，以提高提取物有效成分的得率及其在体内的吸收效果。树脂法原理是采用特殊的吸附剂，利用其吸附性和筛选性，从复方煎液中选择性地吸附有效成分。控制超滤膜孔径大小能有效除去煎液中大分子物质，选用适宜孔径的超滤膜是提高产品回收率和质量的关键。这种方法具有工艺流程短、得率高、纯度高、树脂再生容易等特点。目前吸附树脂的品种实际上只有极性和非极性2类，难以满足中药有效成分提取和分离的需要。

（六）酶法

植物的有效成分往往包裹在细胞壁内，利用相应的酶来破坏细胞壁骨架结构，加速有效成分的提取。相对于常规提取方法，酶法具有反应温和，操作简单，成本低，杂质少等优点。其在工业上有加大生产的可行性，是有前途的新技术。多数中药材的细胞壁由纤维素构成，常用纤维素酶酶解β-D-葡萄糖苷键破坏植物细胞壁，以利于有效成分的提取。

（七）超临界流体提取法

超临界流体提取（SFE）分离过程的原理是利用超临界流体的溶解能力与其密度的关

系，即利用压力和温度对超临界流体溶解能力的影响而进行的。在超临界状态下，将超临界流体与待分离的物质接触，使其有选择性地把极性大小、沸点高低和分子量大小中各不相同的成分依次萃取出来，之后借助减压、升温的方法使超临界流体变成普通气体，被萃取的物质则完全或基本析出，从而达到分离提纯的目的。超临界流体提取法具有提取效率高，无溶剂残留，天然植物中活性成分和热不稳定成分不易被分解破坏等优点，同时可以完成提取和纯化。随着超临界流体提取技术的迅速发展和日益成熟，超临界流体提取法在天然药用植物有效成分提取中的应用越来越广泛。

(八)微波辅助提取法

微波辅助提取(microwave-assisted extraction，MAE)是指使用适当的溶剂在微波反应器中从植物中提取各种化学成分的技术和方法 。在植物提取过程中，使用频率在300 MHz至300 GHz的电磁波，利用电磁场的作用使固体或半固体物质中的某些有机物成分与基体有效地分离，并能保持提取对象的原本化合物状态。微波辅助提取法具有快速高效、加热均匀、选择性好、节省溶剂等特点，但目前多为实验研究，微波辅助提取设备的研制内容较少。

天然植物提取技术有多种，常规提取方法操作简单，但耗时长、损失大；微波、超声波及超临界萃取等现代提取技术具有效率高、有效成分损失小、产品质量稳定、绿色环保等优点，应用日益广泛。不同天然产物中的有效成分不同需要针对有效成分的性质，选择合适的提取方法，如黄酮类、多糖类物质可采取微波或超声波辅助提取等效率高的提取方法；萜类与极性较小的挥发油则更适宜使用超临界流体萃取法或分子蒸馏提取法，以避免有效成分的损失；生物碱等含氮成分在提取时更需注意提取溶剂的选择。

二维码视频 9-1
植物提取物添加剂
生产工艺

三、生物发酵添加剂的生产工艺

随着发酵工业和微生物技术的发展，生物发酵技术以原材料来源丰富、价格低、转化率高、生产设备简单、成本低等特点被广泛应用于食品、医药、轻工、能源等多个行业。许多饲料添加剂产品均为生物发酵产品，如酶制剂、氨基酸、小肽、有机酸和维生素等。

生物发酵添加剂生产过程主要由菌种筛选及培养、发酵、产物分离与提纯等工艺组成，其核心是通过发酵技术大规模培养微生物活细胞及其特定代谢产物，生产出生物发酵添加剂产品。

生产工艺中先是微生物菌种的筛选，应选择高产、稳产、培养方便的微生物菌种，在经过多次扩大培养待达到足够的数量后即可作为“种子”接种至发酵罐中。发酵工艺按照培养基状态可分为固体发酵法和液体发酵法，按照发酵的操作方法可分为连续式发酵、半连续式发酵和分批发酵。固体发酵法设备简单，投资少，但易受杂菌污染，产品纯度差，原料利用率低。液体发酵法的自动化程度高，工艺条件控制准确，最终产品纯度高，质量稳定，应用日益广泛，但生产成本高。复合酶制剂大部分采用固体发酵法，而氨基酸、维生素等多采用液体发酵法。分离及提纯工艺主要是提高生物活性物质的浓度和纯度，精制为产品。目前常用的分离提纯技术包括过滤、离心等传统化工单元操作，也包括细胞破碎、膜分离、多级离心萃取、层析和离子交换等新技术。根据产品要求，经精制后的生物工业产品，最后还需进行浓缩、无菌过滤、干燥等处理，有的还需进行包埋或其他赋形处理，最后才能得到成品。

(一)赖氨酸发酵生产工艺示例

赖氨酸生产广泛采用直接发酵法，常用的原料为糖蜜、淀粉水解液等廉价糖质原料。直接发酵法生产赖氨酸的主要微生物有谷氨酸棒状杆菌、黄色短杆菌、乳糖发酵短杆菌的突变株。赖氨酸发酵生产工艺如图 9-4 所示。

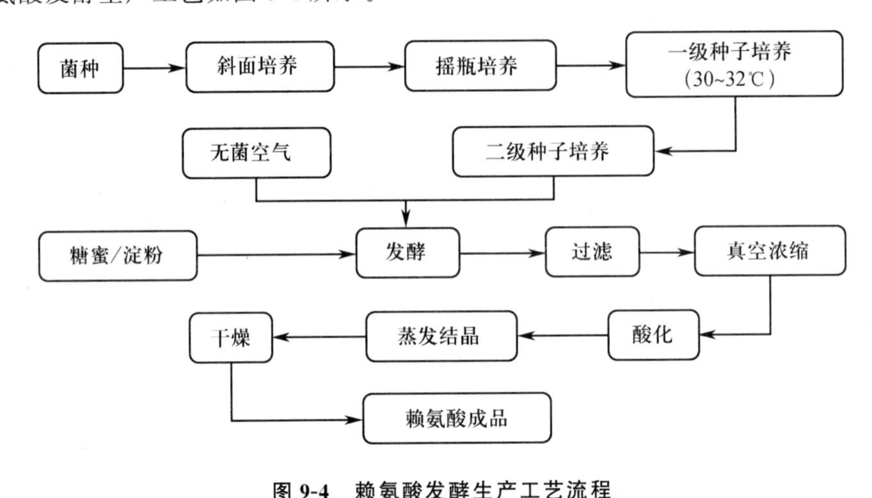

图 9-4　赖氨酸发酵生产工艺流程

(二)酸性蛋白酶发酵生产工艺示例

酸性蛋白酶固体培养法生产工艺流程如图 9-5 所示。以黑曲霉 NRRL 330-5-28(白色变异株)、肉桂色曲霉 *A. cinnomomuse* No. 81、宇佐美曲霉 NRRL-330-26-D_9 为菌种。在温度为 30℃，相对湿度为 90%～100%条件下，培养 3 d，每克麸曲酶活性 10 000～15 000 IU。麸曲用 pH 3 的水浸泡 1 h，滤液用盐析法回收酶。

总体而言，生物发酵技术存在着菌种退化、功能性物质分泌量较低、活性物质耐热性差等缺陷。随着生物工程技术的飞速发展，通过转基因技术，获得高活性、高浓度或特定理化性质的功能性添加剂，已成为生物发酵添加剂获得新产品的有效手段。目前，转基因技术已经用于酶制剂、氨基酸、维生素等多种饲料添加剂产品的开发和生产。

转基因技术的基本过程是将所需要的某一供体生物的 DNA 提取出来，使用特殊的引物，经过 PCR 扩增后，获得需要的 DNA 片段，把它与特定的载体连接起来，导入某一更易生长、繁殖的受体细胞(工程菌)中，使具有特定功能的 DNA 片段在受体细胞中"安家落户"，并能够进行正常的培养、复制和表达。转基因生物添加剂的生产工艺与生物发酵添加剂的生产工艺基本相同，只是用于生物发酵的初始菌种的获得途径不同而已。

二维码视频 9-2
生物发酵添加剂生产工艺

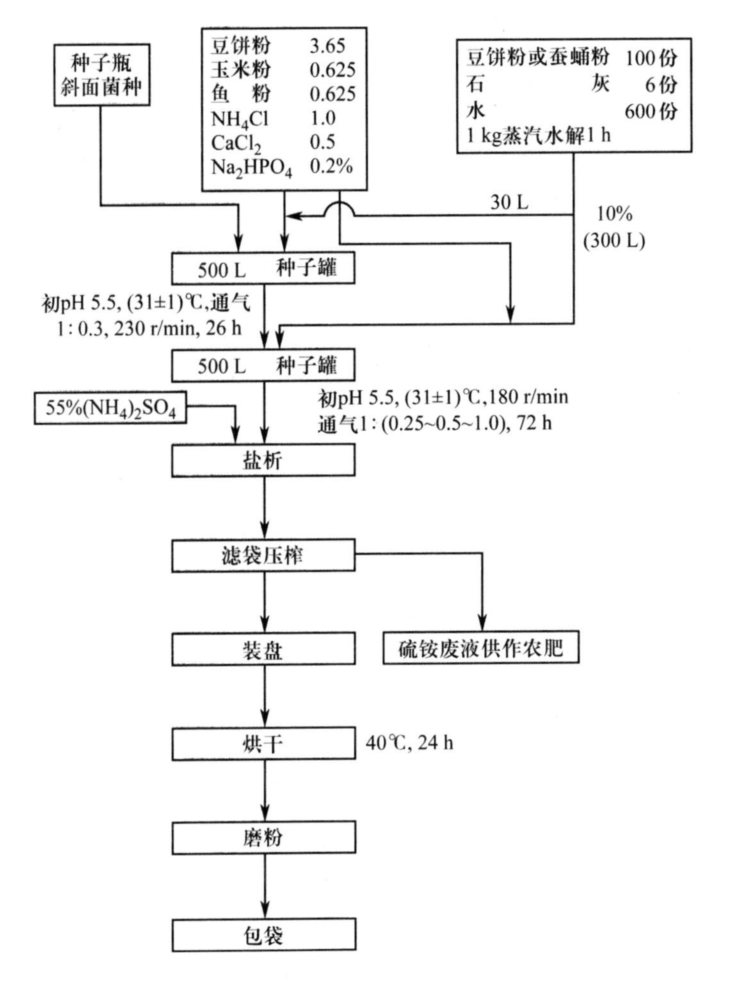

图 9-5　酸性蛋白酶固体培养法生产工艺流程

第三节　饲料添加剂的主要生产设备

饲料添加剂品种繁多,生产工艺及其相应的生产设备也各不相同。总体来说,饲料添加剂的生产设备主要有原料预处理设备、反应釜、分离设备、纯化设备、干燥设备、粉碎设备、输送设备、计量设备等。其中原料预处理、粉碎、输送和计量设备见本书其他章节,本节仅对饲料添加剂生产中的反应釜、分离设备、纯化设备、干燥设备等进行介绍。

一、反应釜

反应釜是饲料添加剂生产中最重要的设备,通过对容器的结构设计与参数配置,实现工艺要求的理化反应功能,如发酵、提取、加热、蒸发、冷却、浓缩、沉淀、结晶、混合等。饲料添加剂生产的化学合成罐、生物发酵罐、植物提取罐等均为反应釜。

根据压力不同,反应釜可分为常压反应釜和高压反应釜。根据加热或冷却方式,反应釜可分为电加热、热水加热、导热油循环加热、远红外加热、外(内)盘管加热等,夹套冷却和釜内盘管冷却等。加热方式的选择主要与化学反应所需的加热/冷却温度以及所需热量大小有关。根据釜体材质,反应釜可分为碳钢反应釜、不锈钢反应釜、搪瓷反应釜、钢衬反应釜等。

反应釜一般由釜体、釜盖、夹套、搅拌器、传动装置、轴封装置、支承等组成(图 9-6)。搅拌器有锚式、框式、桨式、涡轮式、刮板式、组合式。转动装置可采用摆线针轮减速机、无级变速减速机或变频调速机等,以满足物料的特殊反应要求。在高径比较大时,搅拌装置可用多层搅拌桨叶,也可根据用户的要求选配。釜壁外设置夹套或在釜内设置换热面,也可通过外循环进行换热。支承座有支撑式或耳式等。

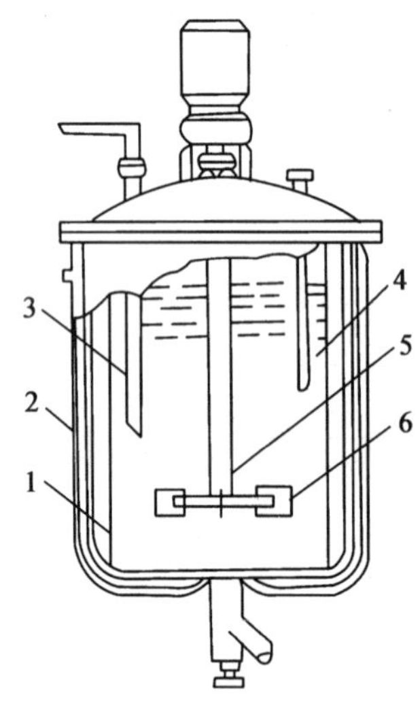

1. 挡板;2. 夹套;3. 进料口;4. 温度计套管;5. 搅拌轴;6. 叶轮。

图 9-6 反应釜

二维码视频 9-3
搅拌式反应釜

在饲料添加剂生产过程中,反应所需的各种原料加入反应釜中,搅拌装置可以使发生反应的各种原料充分接触,加快反应速率,从开始的进料-反应-出料均能够以较高的自动化程度完成预先设定好的反应步骤,对反应过程中的温度、压力、力学控制(搅拌、鼓风等)、反应物/产物浓度等重要参数进行严格的调控。

二、分离设备

饲料添加剂生产过程中所用的分离技术主要包括过滤、离心,用于反应釜反应后的固液分离。对应的设备主要有板框式压滤机、真空过滤机和离心过滤(分离)机等。

(一)板框式压滤机

板框式压滤机具有适应性强、结构简单、操作简便、性能稳定、压力高、过滤面积选择范围宽等优点,应用较为广泛。板框式压滤机由许多块滤板和滤框交替排列而成(图 9-7)。

板和框均布置在横梁上可用压紧装置压紧或拉开,多呈正方形,角端均开有小孔,装合并压紧后则形成供滤浆或洗水流通的孔道。框的两侧覆以滤布,空框与滤布围成了容纳滤浆及滤饼的空间。在过滤时,悬浮液在指定压强下经滤浆通道由滤框角端的暗孔进入框内,滤液分别穿过两侧滤布，再沿邻板板面流至滤液出口排走，固体则被截留于框内，待滤饼充满全框后，即停止过滤。若滤饼需要洗涤，则用纯净水进行洗涤。在洗涤结束后，旋开压紧装置，卸出滤饼，洗涤滤布，整理板框，重新装合，进行另一个操作循环。

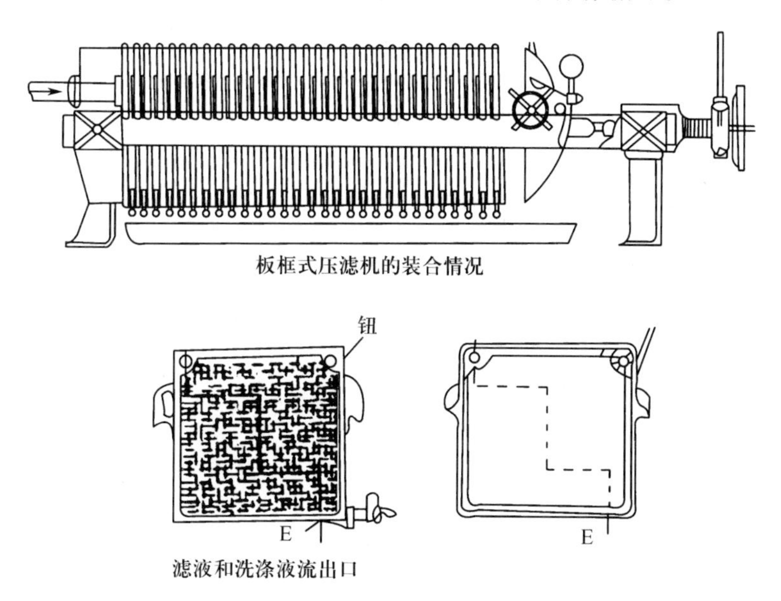

图 9-7　板框式压滤机

（二）真空过滤机

真空过滤机是过滤介质的上游为常压，下游为真空，由上下游的压力差形成过滤推动力而进行固、液分离的设备。真空过滤技术采用多孔过滤介质支撑滤饼，达到将悬浮液进行固液分离的目的。真空过滤机劳动强度小，工作效率高，但不适用低沸点滤液物料或可形成可压缩性滤饼的物料。常用的有间歇式真空过滤槽、连续式真空过滤机、内滤面转鼓真空过滤机、转台真空过滤机、翻盘式真空过滤机等。

（三）离心过滤（分离）机

离心过滤是利用惯性离心力，从悬浮液中分离固体颗粒或分离混浊液中的重液和轻液。离心过滤机的主要构件为一快速旋转的转鼓。悬浮液进入转鼓内随转鼓旋转，在离心力的作用下实现固液分离。转鼓壁上可以有孔，也可无孔。有孔的转鼓壁内面覆以滤布，滤液被甩出，而固体颗粒被截留在鼓内，这种操作被称为离心过滤；无孔的转鼓内悬浮液中密度较大的固体颗粒沉积于转鼓内壁，而密度较小的液体汇集于中央并不断地引出，这种操作被称为离心沉降。如果是混浊液，则 2 种液体按轻重分层，重者在外，轻者在内，各自从适当的径向位置引出，这种操作被称为离心分离。据此，离心过滤机分离形式可分为过滤式、沉降式与分离式 3 种。离心过滤机可分为间歇式离心过滤机、连续式离心过滤机、虹吸式刮刀离心过滤机和管式高速离心过滤机。

间歇式离心过滤机通常在减速的情况下由刮刀卸料或停机抽出转鼓套筒或滤布卸料。连续式离心过滤机有活塞推料和振动卸料 2 种工作方法。间歇式离心过滤机具有竖轴、实底和半封闭的圆柱形转鼓。其工作过程为悬浮液自顶端加入，滤液通过滤布流出，固体颗粒被截留在滤布上，滤饼采用人工取出或更换滤布袋的方法卸出。

连续式离心过滤机中最常见的是推进式离心机。其工作原理是悬浮液沿轴线方向进入过滤机中，流过一个分布圆锥，然后经过一个竖直的圆盘，到达卧式圆柱形转鼓的过滤介质表面，固体颗粒被截留形成滤饼，并被离心力抛入机箱中。滤液通过过滤介质，经过与固体出料系统完全分开的导管流出。连续式离心过滤机分为单级推进式和多级推进式 2 种。通常连续式离心过滤机分离的固体颗粒的操作粒径的下限为 100 μm，小于此粒径时，选用间歇式离心过滤机。

高速离心过滤机具有很高的分离因数（15 000～60 000），转鼓的转速可达 8 000～50 000 r/min。高速离心过滤机有立式和卧式 2 种：立式高速离心过滤机具有强大的离心力，可连续地分离悬浮液中的固体颗粒；卧式高速离心过滤机的最大特点是没有过滤介质，全凭离心力将固液分离，分离的固体颗粒粒径可达 1～6 μm。

三、纯化设备

纯化设备主要包括离子交换设备、膜分离设备、蒸发设备、结晶设备等，根据中间产品或最终产品的品质要求，采用不同的纯化设备对产品进行纯化。

（一）离子交换设备

离子交换是利用各种物质置换能力的差异将目标物从混合物中吸附出来，从而达到提纯的效果。有机酸、氨基酸等生产中均采用此类设备。通常，离子交换过程包括吸附、解吸和再生 3 个程序。离子交换设备就是能装载具有交换能力的树脂完成上述 3 个过程的容器。离子交换设备都制成具有上下密封盖的立式圆筒形容器。

（二）膜分离设备

膜分离的基本原理是膜作为一种有选择性的障碍物，选择某些组分通过，而不允许其他组分通过。膜分离技术的优点是可分批操作，也可连续操作，易于自动化和扩大生产规模，分离效率高。其缺点是膜易污染，需要及时清洗和更换。

（三）蒸发设备

蒸发设备有常压和真空 2 种类型，其主要通过加热使稀溶液中的水分（或溶剂）蒸发而浓缩。蒸发设备包括管式薄膜蒸发器、升膜式蒸发器、降膜式蒸发器、刮板式蒸发器、离心薄膜蒸发器等。生物产品生产使用更多的是真空蒸发设备，以降低蒸发温度，减少热敏性物质的损失。

（四）结晶设备

对纯度要求较高的固体产品多采用结晶的方法来提取和提纯。结晶设备可按改变溶液浓度的方法分为浓缩结晶设备、冷却结晶设备和其他结晶设备。

浓缩结晶设备是通过采用蒸发溶剂，使溶液过饱和而起晶，并在结晶过程中不断蒸发溶剂,以维持溶液在一定的过饱和度。由于其结晶与蒸发同时进行,故也被称为煮晶设备,如图 9-8 所示。冷却结晶设备是采用降温来使溶液进入过饱和区结晶,同时不断降温,以维持溶液一定的过饱和浓度,常用于温度对溶解度影响比较大的物质结晶。

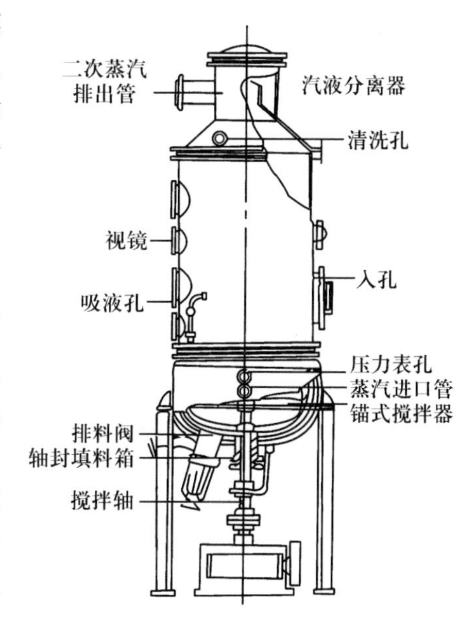

图 9-8　浓缩结晶设备

四、干燥设备

通常,各种固体饲料添加剂产品的水分含量都有一定的标准,以便于储存、运输、加工和使用,因此,生产中的湿物料需进行干燥、除湿处理。干燥是利用热能除去固体物料中的水分或其他溶剂的单元操作。因干燥能量消耗较多,工业上常采用先沉降、压滤或离心分离等机械方法去湿,然后,再用干燥法进一步除湿。由于干燥物料的理化特性(如物料形状、含水量、耐热性、黏性、酸碱性等)各不相同,在生产中应根据生产规模以及设备生产能力的大小来选择。

(一)箱式干燥器

箱式干燥器的结构简单,根据生产物料的性质,可使用不锈钢或普通碳钢制干燥器,饲料添加剂生产适用不锈钢制干燥器。箱式干燥器外层为保温绝热层,干燥器内放置盛装湿物料的托盘,托盘可置于预制的固定架或小车上。托盘内物料传热以对流方式为主,新鲜空气由风机送入,经加热器预热后均匀地在物料上方掠过而起干燥作用,部分废气经排气管排出,余下的循环使用,以提高热利用率。箱式干燥器易于制作,价格较低,便于维修,但其干燥耗时长,劳动强度大,传热、质量传递效率低,适用于小批量、多品种的生产厂家。

(二)回转圆筒干燥器

回转圆筒干燥器的主要部件是一个与水平线略呈倾斜的旋转圆筒(图 9-9)。筒体上装有齿轮,带动筒体回转,固体物料随筒体旋转而翻动和推进,气体以一定速度流过筒体,完成传热、传质过程。筒体的两端装有密封装置,防止粉尘泄露,筒体前后设有加料与卸料装置。回转圆筒干燥器中的空气和物料间的流向可采用逆流、并流或并流、逆流相结合的操作。通常在处理含水量较高,产品不耐高温,可以快速干燥的物料时,宜采用并流操作。当处理不能快速干燥而产品能耐高温的物料时,则宜采用逆流操作。为了减少粉尘的飞扬,回转圆筒干燥器中的气体速度不宜过高。粒径为 1 mm 左右的物料气流速度为 0.3～1.0 m/s;粒径为 5 mm 左右的物料,气流速度为 3 m/s 以下。回转圆筒干燥器的优点是机械化程度高,生产能力大,操作控制方便,产品质量均匀,对物料的适应性强,适用于处理黏性膏状物料或含水量较高的物料。其缺点是设备笨重,耗材多,结构复杂,占地面积大,传动部件需经常维修。常用的回转圆筒干燥器可处理物料的含水量为 3%～50%,物料的含水量可降低到 0.5%或更低。转筒直径为 0.6～2.0 m,长度为 2～25 m,物料停留时间为 12 min 到

2 h，一般为 1 h 以内。

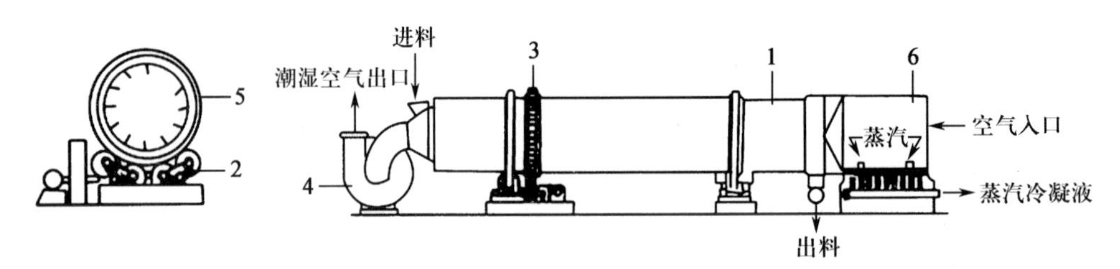

1. 圆筒；2. 支架；3. 驱动齿轮；4. 风机；5. 抄板；6. 蒸汽加热器。

图 9-9 回转圆筒干燥器

(三) 通道式干燥器

通道式干燥器依靠热空气连续地透过干燥器内编织网或孔板上的湿热物料层，使物料中的水分蒸发、干燥。通常通道式干燥器由风机、加热器和干燥室组成。它具有连续生产、操作方便、生产能力大、产品质量高等优点，适用于各种离心机滤饼、压滤机滤饼及膏状物的干燥。

(四) 薄膜干燥器

薄膜干燥器有滚筒式和刮板式 2 类。其适用于悬浮液、溶液和胶状物等流动性物料的干燥，不适合含水过低的热敏性物料。薄膜干燥器在干燥前的物料含水量为 40%～80%，干燥后的含水量最低可达 3%左右，特别适合于作为多级干燥中的初级干燥器。物料在薄膜干燥器中的停留时间短。薄膜干燥器避免了因干燥不均匀而使产品过热变质。薄膜干燥器还具有占地面积少、维护检修费用小、运转率高等优点。

(五) 气流干燥器

气流干燥器是一种在常压下连续、高速的流态化干燥方法。在气流干燥器中，湿物料经螺旋加料器送入干燥管，由鼓风机送入经加热器加热的空气或烟道气与物料在加热管中接触，达到干燥目的。干燥后的物料经离心分离器及布袋除尘器回收，废气经引风机排出。气流干燥器(图 9-10)常用于微量元素等的干燥加工，具有干燥强度大、时间短、热效率高、设备简单、适用范围广等优点。

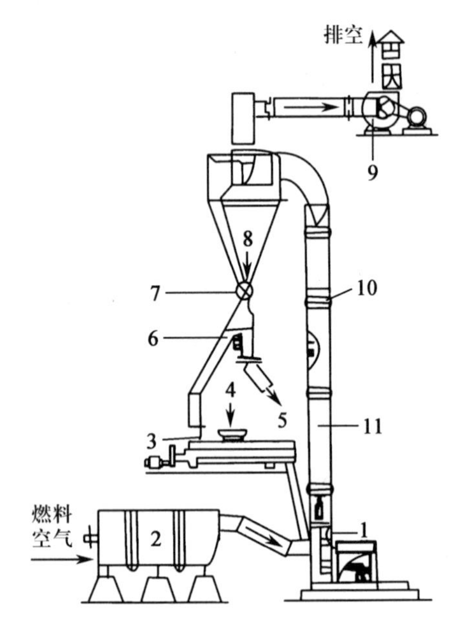

1. 粉碎机；2. 空气加热器；3. 混合器；4. 湿料；5. 干成品；6. 干料分配器；7. 加料器；8. 旋风分离器；9. 排风机；10. 膨胀节；11. 干燥管。

图 9-10 气流干燥器

(六) 喷雾干燥器

喷雾干燥器是将悬浮液、溶液、乳浊液或含有水分的糊状物料，通过雾化器雾化成为极细小的雾状液滴，由干燥介质同雾滴均匀混合，进行热和质的交换，使水分(或溶液)蒸发，得到粉状、颗粒状的干燥产品的过程。它可将浓缩、混合、干燥、粉碎等工序并为一体。喷雾干燥器可分为压力喷雾、气流喷雾和离心喷雾 3 种。

气流喷雾干燥器依靠压力为 0.25～0.6 MPa 的压缩空气，通过喷嘴时产生的高速度，将液体喷出并雾化，喷嘴孔径为 1～4 mm，可用于酶制剂、核苷酸等的干燥。由喷雾干燥塔、喷嘴、空气加热器、压缩空气系统和空气过滤器等组成。气流喷雾干燥器具有结构简单、操作方便可靠、产品质量好等优点。离心喷雾干燥是将液体送入高速度旋转的离心喷雾盘，甩成雾状，与从顶部进风口进入至喷雾盘四周的热空气充分接触，造成强烈的传质和水分蒸发，微粒旋转至出口时已干燥完毕。该干燥设备对物料适应性强，适用于处理不同规格的料液，形成的雾滴较细，直径分布范围窄，可用于酶制剂等多种产品的干燥处理。

(七)流化床干燥器

流化床干燥是利用来自加热器的热气体与床内孔板上的颗粒物料接触，并使颗粒悬浮呈流化沸腾状态，气固之间迅速进行质、热交换，达到干燥物料的目的。流化床干燥器有连续式和间歇式 2 种。流化床干燥器按设备结构形式可分为单层流化床干燥器、多层流化床干燥器、脉冲流化床干燥器、振动流化床干燥器、离心式流化床干燥器等。流化床干燥器的特点是传热传质效率高，干燥温度均匀，易控制，干燥，冷却连续进行，同时进行分级，设备紧凑，结构简单，生产能力高，动力消耗少，应用广泛。

本章小结

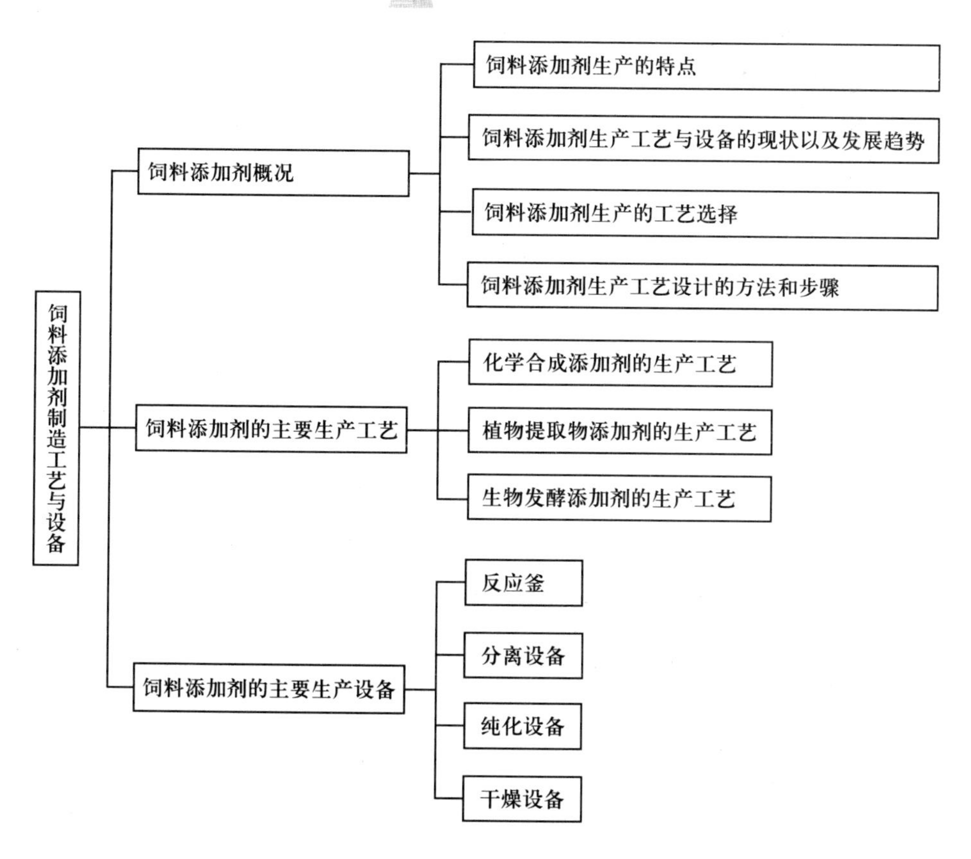

复习思考题

1. 饲料添加剂生产有何特点？其主要有哪些生产方法？
2. 饲料添加剂生产工艺确定的依据是什么？
3. 饲料添加剂生产工艺设计的方法和步骤是什么？
4. 反应釜的主要结构和功能是什么？
5. 饲料添加剂常用的干燥设备有哪些？

第十章　添加剂预混合饲料的制造工艺与设备

学习目标

- 理解添加剂预混合饲料生产的基本要求、特点和整体工艺流程；
- 掌握添加剂预混合饲料生产环节中主要设备的性能、结构、原理与特点；
- 能够选择生产设备；设计生产工艺；进行添加剂预混合饲料的生产。

主题词：预混合饲料；生产工艺；加工设备

添加剂预混合饲料，简称预混料，是以 2 种（类）或 2 种以上营养性饲料添加剂为主，与载体或稀释剂按一定比例配制的饲料。添加剂预混合饲料包括复合预混合饲料、微量元素预混合饲料和维生素预混合饲料。预混料不能直接饲喂动物，只能以特定比例（0.01%～10%）添加到配合饲料、浓缩饲料、精料补充料或动物饮用水中使用。预混料原料品种多、成分复杂、不同成分之间的物理性质差异大，且在配合饲料中的用量差异悬殊，因此，预混料的生产从设备到工艺与配合饲料有诸多不同。添加剂预混合饲料的生产设备要求的精度更高，并且配料要准确、混合均匀、包装严格，生产工艺的控制也更严格。其要求工艺路线简短、设备数量少、性能优、污染少。

第一节　添加剂预混合饲料的加工工艺流程

一、添加剂预混合饲料的基本工艺

根据添加剂预混合饲料的加工工艺，按照行业标准，添加剂预混合饲料成套设备的基本组成应包括投料、清理、配料、混合、称重打包、电气系统、输送、除尘以及其他可选的辅助设备。

添加剂预混合饲料生产的基本工艺流程如图 10-1 所示，添加剂预混合饲料成套设备的规格以设计生产率（t/h）表示。复合预混合饲料和微量元素预混合饲料的设计生产率应不小于 2.5 t/h，维生素预混合饲料的设计生产率应不小于 1 t/h。此外，成套设备应符合以下技术指标：混合机的混合均匀度的变异系数 $CV \leqslant 5\%$，混合机的残留率≤0.2%，计算机自动配料允许的误差为配料量的 0.10%～0.20%，称量天平准确度的等级不低于Ⅲ级。

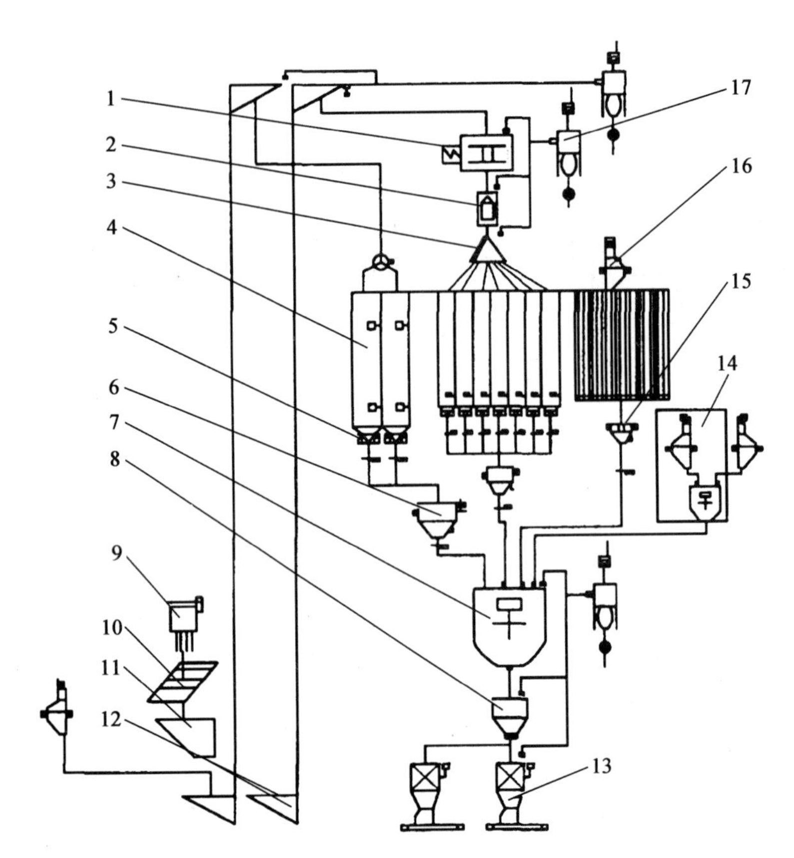

1. 粉料清理筛；2. 永磁筒；3. 旋转分配器；4. 配料仓；5. 螺旋喂料器；6. 机电配料秤；7. 单轴桨叶混合机；8. 成品仓；9. 直吸式脉冲组合除尘器；10. 栅筛；11. 袋装料下料坑；12. 斗式提升机；13. 自动定量包装秤；14. 稀释预混合；15. 微量配料秤；16. 组合式投料口；17. 脉冲布筒除尘器。

图 10-1　添加剂预混合饲料生产的基本工艺流程

（资料来源：史玉萍等. JB/T 11936 —2014 添加剂预混合饲料成套设备技术规范. 北京：机械工业出版社，2015.）

添加剂预混合饲料工艺设计的总体原则为“配料准确、混合均匀、残留低、交叉污染少”。一般应该选择精度高、密封性好和低残留的设备，采用最大限度防止交叉污染、物料分级和粉尘外溢及配料可追溯的工艺流程、设备布置和除尘方法。其中固态型、液态型和混合型预混合饲料的加工成套设备应是分别独立的生产线，反刍动物预混合饲料生产线应与其他含动物源性成分的预混合饲料生产线分别设立。添加剂预混合饲料工艺设计应该符合的具体原则包括：①采用垂直式设计，在从配料仓出料到成品包装的过程中，物料以自流形式向下一道工序输送，减少提升次数，少用水平输送。②采用分组配料工艺。建议微量组分添加采用稀释预混合的工艺。其工艺顺序为先加稀释剂，再加微量组分稀释混合，主混合机加入载体物料后再接受微量组分的稀释混合物。③工艺流程应尽量简短。添加剂预混合饲料工艺的主要生产环节是精确配料和均匀混合。在完成这两个生产工序后宜直接打包，以减少成品的分级，防止交叉污染。④原料接收工段应设置初清、永磁除铁等清理装置。⑤配料与混合工段应采用多仓、多秤的工艺形式。配料秤宜分为大、小配料秤、电子微量配料秤。极微量组分可用天平称量，由人工配料投入；配料仓的个数应随生产规模的不同而有所变化，应采用专用配料仓以避免交叉污染和保护有活性的微量组分；应配置不少于 2 台混合机，混合机的生产能力应与配料秤相匹配。⑥采用集中除尘和单点除尘相结合的方式。不同物料的投料口、打包口、配料仓、斗式提升机、卸料口均应设置单点吸风除尘装置，边除尘边回收，将回收的粉料直接送回原处。⑦成套设备的电气控制系统应设置批次式生产方式。在不同配方产品的生产任务之间插入清洗批次，避免交叉污染。

对于有条件的添加剂预混合饲料生产厂家而言，建议将以下原则纳入其工艺设计中：①在原料粒度、水分不符合生产要求时，可增加粉碎、干燥等工序。②可采用气力输送或残留少的自清式斗式提升机上料。③宜采用条码技术或等同效果的技术以实现生产的可追溯性。

二、添加剂预混合饲料的加工质量标准

在添加剂预混合饲料的生产加工过程中，必须对其进行严格的质量控制，这种质量控制包括原料质量的把控和生产过程中的质量控制。我国部分添加剂预混合饲料的加工质量标准见表 10-1。添加剂预混合饲料的检测要求具备良好的检测设备和高素质的检测人员，以保证原料和成品的质量。生产出的产品应尽快被动物使用，以保证其生物活性。国家对从事添加剂预混合饲料生产的相关人员的劳动保护要求较高，即生产厂家应备有除尘、防爆、淋浴等设备；在生产时应佩戴防尘口罩等保护装置，以确保生产工人的安全；此外，厂家还应定期为生产工人做身体检查，以保证其身体健康。添加剂预混合饲料企业的生产经营应该严格遵循《饲料生产企业许可条件》（中华人民共和国农业部公告第 1849 号）和《饲料质量安全管理规范》。

表 10-1　部分添加剂预混合饲料的加工质量标准

标准	粉碎粒度	混合均匀度变异系数 CV/%
GB/T 22544 —2008《蛋鸡复合预混合饲料》	全部通过孔径为 1.19 mm 分析筛；孔径为 0.59 mm 分析筛的筛上物≤10%	≤5
NY/T 903 —2004《肉用仔鸡、产蛋鸡浓缩饲料和微量元素预混合饲料》	全部通过孔径为 0.42 mm 分析筛；0.171 mm 分析筛的筛上物应≤20%	≤7
NY/T 1029 —2006《仔猪、生长肥育猪维生素预混合饲料》	98%通过 1.1 mm 孔径的分析筛	≤7

第二节　原料接收的工艺流程与设备

一、载体、稀释剂的预处理

载体是指添加剂预混合饲料中能够接受和承载微量活性成分，改善其分散性，并有良好的化学稳定性和吸附性的可饲物质，可分为有机载体和无机载体。载体的选择要根据载体的承载力、粒度、容重、黏着性、含水量、流动性、微生物含量、pH 等综合考虑。稀释剂是指添

加剂预混合饲料中与高浓度组分混合以降低其浓度的可饲物质。稀释剂不具备承载能力，其作用是把活性微量组分的浓度降低，并把它们的颗粒彼此隔开，以减少活性成分之间的反应，增加其稳定性。稀释剂可分为有机稀释剂和无机稀释剂，选择时要综合考虑稀释剂的粒度、含水量、比重、pH 等因素。载体和稀释剂是保证预混合饲料质量的重要条件。

（一）载体、稀释剂的具体要求

1. 含水量

载体和稀释剂的含水量越低越好，一般不应超过 10%。若水分超过 15%，不仅给配料带来困难，且易使微量组分的活性在储存过程中失效，因此，必须严格控制载体和稀释剂的水分。含水量较高的载体需进行烘干处理，而水分稍高于 10%的载体或稀释剂可用吸附剂平衡水分，以控制有效期和创造良好的储存条件来保证添加剂预混合饲料的质量。

2. 粒度

粒度是影响载体和稀释剂混合特性的重要因素，粒度在一定范围内决定载体承载微量组分的能力，同时还影响载体和稀释剂的容重、表面特性、流动性等。载体和稀释剂的粒度取决于添加剂预混合饲料在日粮中的添加量、对载体承载力的要求和微量组分的粒度。一般认为，载体应大于被承载物，其粒度为 Φ 0.177～0.59 mm（30～80 目）较好；稀释剂的粒度则比载体的粒度要小一些，一般为 Φ 0.074～0.59 mm（30～200 目）较好，以接近所稀释组分的粒度为佳。此外，载体还可以作为填充物质，以防止易产生拮抗作用的活性物质因接触而导致的活性降解。在选择载体粒度时应充分考虑被分隔成分的粒度分布区间。例如，氨基酸盐中的氨基易与 Cu^{2+} 或 Fe^{2+} 反应形成络合物，并产生部分游离水导致结块发热现象，因此，在生产中常通过制定投料次序（载体—微量组分—载体）的方法来缓解该现象。在载体的选择上也应该充分考虑不同微量组分的粒度分布区间。

3. 容重

载体和稀释剂的容重是影响混合均匀度的重要因素。只有当载体以及稀释剂的容重与微量组分的容重相近时，才能保证其活性成分混合均匀。由于载体对微量组分的承载作用是将微量组分吸附在载体上，混合好后一般不易分离，而其容重也较载体有所增加，因此，可选择那些容重稍小而承载能力大的物质作为载体。一般认为载体容重以 0.3～0.5 g/mL 为佳。同样的载体，粉碎粒度越小，容重越小。

4. 表面特性

载体的表面特性是承载微量组分的重要因素。载体应具有粗糙的表面或皱起的脊、谷或小孔。这样的载体在混合过程中的微量组分才能被吸附在其表面或进入微孔，达到承载的要求。一般含粗纤维高的一些谷物壳皮表面粗糙常被选作载体。稀释剂因不要求有承载性能，故不要求其表面粗糙，而要求有良好的流动性，易于混合。

5. 吸湿性与结块性

吸湿性是指物料从空气中吸附水分，潮解或含水量增加的性质。若载体吸湿性强，则制成的饲料易结块，活性成分易失活，所以应避免使用吸湿性强的载体，如乳清粉等。结块将影响配料的正确性与混合均匀，而载体的结块则多与吸湿性有关，因此，某些易结块的载体可在其中加入二氧化硅、硬脂酸镁、碳酸钙等抗结块剂。

6. 流动性

流动性对载体与微量组分的均匀混合起着重要的作用。流动性差，不易混合均匀；流动性太好，在产品运输过程中易产生分级。载体的流动性一般以静止角为40°～60°较好。物料的流动性受其粉碎粒度的影响，但当对载体或稀释剂粒度的要求与对其他特性要求矛盾时，一般认为应先满足对粒度的要求，而适当牺牲流动性等特性。

7. 化学特性

载体和稀释剂的化学性质应稳定，不能因其变化而影响微量组分的活性。载体和稀释剂的酸碱性对许多微量组分的活性有很大影响，因此，单项添加剂预混合饲料的载体或稀释剂最好选择惰性物料，以提高其稳定性。组分复杂的预混合饲料，其载体或稀释剂一般以中性为佳。常见载体或稀释剂的pH见表10-2。

表10-2　常见载体或稀释剂的pH(参考值)

物料	稻壳粉	玉米芯粉	玉米面筋粉	麸皮	大豆皮粉	玉米酒精糟粉	小麦次粉	石灰石粉	沸石粉
pH	5.7	4.8	4.0	6.4	6.2	3.6	6.5	8.1	6.5

8. 静电吸附特性

静电现象通常与纯活性成分有关，如烟酸、核黄素等。干燥而粉碎得很细的物料常常会带有静电。若其产生吸附，则活性成分吸附在设备的内壁，一方面会造成混合不均匀和活性成分的损失，另一方面又将造成下批产品的“污染”。若其产生静电排斥，会使物料的体积增大，流动性变差，也会影响混合质量。原则上，载体或稀释剂不带静电为好。一般可通过添加植物油或糖蜜来消除静电。

(二)载体、稀释剂的前处理

1. 烘干

若水分含量超过15%，必须进行烘干，一般降至10%左右较为经济合理。

2. 粉碎与分级

载体多为有机物或食品工业副产品，如脱脂米糠、次粉等。它们初始的粒度一般不够，必须进行粉碎。国家标准中对畜禽预混合饲料的粒度要求为：全部通过Φ 1.0 mm分析筛，Φ 0.59 mm分析筛的筛上物不得大于10%，即90%以上的物料粒度Φ 1.0～0.59 mm，粒度的分布相对集中、均匀。而经有筛粉碎机粉碎后的物料的粒度分布范围往往较大，基本呈正态分布，即粒度不均匀，很难满足上述要求，因此，必须经过分级。目前比较经济的分级方法是采用一次循环粉碎工艺，其简单流程为：

原料→清理→粉碎→分级→载体

（分级后的筛上物返回粉碎）

筛上物

该流程中的清理工序要求必须同时清理掉大杂质、小杂质，再除去铁杂方能满足要求。粉碎采用普通锤片粉碎机即可，筛孔可采用 Φ 3.0 mm，以提高粉碎机的产量，降低能耗，分级筛采用 Φ 1.0 mm，以保证满足粒度要求。

二、添加剂原料的预处理

（一）微量矿物元素的预处理

微量矿物元素添加剂原料包括无机盐类和络（螯）合物 2 大类，应该根据其生物学利用率、稳定性、成本价格、来源等因素进行选择。研究表明，微量矿物元素络（螯）合物生物学利用率均高于无机盐类，但因其成本远高于无机盐，在实际上还常常使用无机盐类的微量矿物元素添加剂。由于微量矿物元素大多为氧化物、碳酸盐与硫酸盐，其中以硫酸盐居多。而硫酸盐的最大缺点就是易吸湿返潮，会影响后续的加工处理，设备寿命和维生素等其他成分的稳定性，所以必须经过预处理。其的常用措施有以下几种。

1. 干燥

干燥，即通过加热去除游离水分及部分结晶水，最好使物料分子降至一个结晶水。

2. 添加防结块剂

在某些特别容易吸湿结块的矿物原料中可添加少量吸水性差、流动性好、对畜禽无害甚至有利的某些防结块剂，如氧化硅、硅酸镁、硅酸铝钙、硬脂酸镁等。但防结块剂的用量不要超过 2%。

3. 粉碎

经过上述处理的微量元素必要时应经过粉碎，以满足粒度要求。微量元素添加的比例越少，要求的粒度越细。各种矿物元素的添加比例差别较大，因而粒度要求也不相同，如铜、铁、锌、锰等要达到 Φ 0.1 mm，碘、钴、硒等极微量元素则要粉碎至 Φ 0.03 mm。

4. 痕量成分硒、钴、碘的预混合工艺

微量元素硒、钴、碘在配合饲料中的添加量极微，一般为 0.1～1.0 mg/kg，被统称为痕量元素。此外，亚硒酸钠是剧毒物品，在进行加工时必须严格控制。常用的痕量成分的加工工艺包括固体粉碎工艺、液体吸附工艺和液体喷洒工艺。

（1）固体粉碎工艺的步骤　经球磨机粉碎后，痕量成分和稀释剂被制成高浓度的添加剂预混合饲料，然后经稀释和混合后制成普通的预混合饲料。以制备 1%亚硒酸钠预混合饲料为例：将 1 份亚硒酸钠与 9 份滑石粉混合后，倒入球磨机粉碎 3～4 h，制成 10%的亚硒酸钠高浓度预混合饲料，其平均颗粒粒度为 14 μm 左右，混合均匀度变异系数小于 5%，再将 1 份高浓度的预混合饲料与 9 份滑石粉在卧式双轴桨叶混合机中充分混合后，即可制得 1%的亚硒酸钠预混合饲料。

（2）液体吸附工艺的步骤　痕量元素添加物→溶于水中→喷雾到吸附物上烘干→粉碎、稀释、混合→制成高浓度预混合饲料→稀释、混合→制成普通的添加剂预混合饲料。

（3）液体喷洒工艺的步骤　痕量元素添加物→溶于水中→直接喷洒在载体上→混合制成高浓度预混合饲料→稀释、混合→制成普通的添加剂预混合饲料。

(二)维生素的预处理

维生素易受氧气、潮湿、热、光照和金属离子等因素的影响而活性降低。为了减少维生素活性的降低,几乎所有维生素添加剂都经过特殊的加工处理。加工处理的方法包括乳化、酯化、包被、吸附等。选择维生素添加剂原料要从稳定性、生物学活性、环境条件等方面综合考虑,如酯化的维生素A稳定性好于维生素A纯品视黄醇;维生素C要选用稳定性较高的维生素C的钙盐或钠盐或再经包被处理后的产品;在高温、高湿的夏季或湿热地区要选择稳定性较好的单硝酸硫胺,不选盐酸硫胺等。包被和制粒技术的广泛使用使维生素的稳定性取得长足进步,主要工艺有如下几种。

1. 包被技术

包衣技术是指通过沸腾干燥或喷雾干燥技术,在颗粒表面喷涂一层性质稳定的包衣材料,从而增强颗粒的稳定性。该技术多用于生产水产或反刍动物用维生素。这种技术可以缓解调质和制粒中造成的维生素成分缺失,或者使维生素能够通过反刍动物的瘤胃。

2. 喷雾干燥制粒技术

喷雾干燥制粒技术分为热喷和冷喷2种方式,通常用于液体维生素。通过压力式或离心式喷头将液体维生素变为微小的液滴,当液滴碰到被气流吹动的淀粉等载体时就会被载体包裹,经干燥后即可形成固体颗粒。该技术可以帮助液体维生素等流动性较差的原料获得更好的物理加工性能。

3. 吸附制粒技术

吸附制粒技术是指通过毛细管原理将液体维生素吸附到载体内部形成颗粒。通常将其分2步进行:第一步,将大豆卵磷脂、抗氧化剂、饱和脂肪加入液体维生素中,维生素乳化与稳定化;第二步,把乳化与稳定化后的维生素用预处理后的载体麸皮和硅酸盐吸附、混合,使其成为粉状维生素。

经预处理后被商品化的维生素主要包括球状颗粒和晶体颗粒2种类型。由于在相同体积下,球状颗粒的表面积最小,与空气接触的表面积也最小,其化学性能更稳定,更利于混合均匀,因此,球状或类球状颗粒维生素产品是饲料行业的首选。该类型的维生素主要通过喷雾干燥制备而得,常用于维生素 D_3、维生素 B_2、叶酸、维生素A、烟酰胺等。而晶体颗粒一般由维生素在化学合成过程中结晶形成,如维生素 B_1、维生素 B_2、泛酸钙、叶酸、维生素 B_6、维生素 B_{12} 等。在通常情况下,如果维生素可溶于水且对热不敏感,就可以通过喷雾干燥技术将晶体颗粒制成球状颗粒。

(三)酶制剂和微生物制剂的预处理

酶是蛋白质,易受热破坏。很多使用效果良好、安全性高的微生物制剂的抗逆性较差,其对外界的热、酸、碱以及消化道环境很敏感,如乳酸杆菌等,因此,酶制剂和部分微生物制剂的预处理非常重要。目前可选择的预处理技术包括包被、微囊化和制成液体后喷涂。

三、原料处理设备

(一)烘干设备

常用的烘干设备包括流化床干燥器、带式干燥器、回转圆筒干燥器等。各烘干设备的结构、工作原理和主要特点参见第九章。

1. 振动流化床干燥器

(1)结构与工作原理　物料经给料器均匀地加到振动流化床中，同时空气经过滤后，被加热到所需的温度，由给风口进入干燥机风室中。物料落到分布板上后，在振动力和热气流的双重作用下，呈悬浮状态并与热气流均匀接触。在调整好给料量、振动参数、风压、风速后，物料床层形成均匀的流化状态。物料粒子与热空气进行激烈的湍动，使传热和传质过程得以强化。干燥后的产品由排料口排出；蒸发掉的水分和废气经旋风分离器回收粉尘后排入大气。通过调整各个有关参数，可在一定范围内改变系统的处理能力，控制物料水分的含量。

(2)主要特点　①采用振动可降低最小流化气速，因而能降低空气的需要量，进而降低粉尘夹带。配套的热源、风机、旋风分离器等也相应缩小规格，从而显著降低造价，节能效果非常明显。②可方便地依靠调整振动参数来改变系统的处理能力和最终物料水分的含量。③振动有助于物料分散，较适合于易结团、结块物料的流化干燥，如含结晶水的无机盐、糟渣原料等。④由于无激烈的返混，气流速度也较普通流化床低，对物料的粒子损伤小，所以它很适合要求不破坏晶形或对粒子表面光亮度有要求的物料干燥。⑤采用振动会产生噪声，同时某些机械零件易被损坏。

2. 带式干燥器

(1)结构与工作原理　被干燥的物料在进料口被匀料装置均匀地分布到输送带上。输送带一般为冲孔的不锈钢板，由调速电机(电磁或变频调速)带动。最常用的介质是自然空气。空气用循环风机由外部经空气过滤器抽入，并经加热器加热后，经分布板由输送带下部垂直上吹。当空气流过干燥物料层时，物料中水分汽化、蒸发，空气增湿，温度降低。部分湿空气排出机体，剩余部分则在循环风机吸入口前与新鲜空气混合后再循环。为了使物料上下层脱水均匀，空气继上吹之后，向下吹。干燥的产品经外界空气或其他低温介质直接接触冷却后，由出口端排出。水分较大或需较长时间烘干的物料可采用多级带式干燥器。它实质上是由数台(多至 4 台)单级带式干燥器串联组成，其工作原理与单级带式烘干机相同。但物料在机内可以翻动，使之受热均匀。同时使物料的空隙度增加，阻力减小，物料比表面积增大，干燥介质的流量和总传热系数增大，使设备的总生产能力提高。

(2)主要特点　①可连续作业，操作简单，节省人力，生产量大；②物料与干燥介质的接触面积大在多级带式干燥器的干燥过程中还可自行翻动，干燥的均匀性和干燥速度得到提高；③输送带带速由无级变速电机控制，作业时间可调；④物料在同一干燥室内进行连续干燥，后期有冷却段，且干燥段与冷却段有一个隔离段，避免了物料相互污染；⑤较适合于载体的烘干；⑥占地面积较大。

3. 回转圆筒干燥器

(1)结构与工作原理　待干燥物料由皮带式输送机或斗式提升机送入顶部的料斗，然后通过定量给料器进入干燥机筒内。干燥机筒体是一个与水平线略成倾斜(可调)的旋转筒体,物料从较高的一端进入,热空气和物料同向(也可逆向)进入筒体,随着筒体的旋转和筒壁上抄板向前的推动以及物料自重的作用,物料逐渐移向出口端,同时与热空气进行热交换,湿热空气也从尾部被抽出,使物料得以干燥。

(2)主要特点　①可连续干燥物料,处理量大,水分蒸发量大;②结构简单,操作容易,故障少,运行费用低;③操作弹性大,适应性强,调节倾角就可改变物料在筒内的停留时间和产量;④流体阻力小,节约能源;⑤能使用高温热源(最高温度可达 600℃);⑥较适合于矿物无机盐的烘干。

(二)粉碎设备

1. 锤片式粉碎机

用于粉碎载体和稀释剂。

2. 爪式粉碎机

设备结构和工作原理详见第四章。该机在粉碎的同时,还有混合搅拌作用,物料在从中央向四周扩散的过程中相当于经过几个粉碎室,因而可粉碎达到较细的粒度,但该机动力能耗很大。微量元素的粉碎常用该设备。

3. 无筛锤片式粉碎机

无筛锤片式粉碎机主要用于贝壳等矿物原料的粉碎。

4. 球磨式粉碎机

该机主要由磨坛、磨球和传动机构组成。物料和磨球同时被放入两边的磨坛后,密闭好坛门,开动电机,磨坛绕其自身轴线转动。坛内的物料和磨球被不断地上下翻动和左右移动,在此期间,物料受到磨坛、磨球以及相互之间的撞击、摩擦、挤压、碾磨等多种粉碎作用,从而达到减小粒度的目的。该机一般用于痕量元素的微粉碎,粒度可达 Φ 0.03 mm 以下,但粉碎时间至少为 2 h 以上。

需要指出的是,随着饲料行业分工的加深,现在可以购买到经过预处理的载体、稀释剂和稳定化处理后的活性组分。

第三节　配料的工艺流程与设备

添加剂预混合饲料中的各种成分的添加比例相差很大,允许的配料误差也各不相同,特别对微量组分的要求更高。例如,单体维生素有最小需要量、最佳需要量和安全添加量 3 种不同的要求。另外,这些微量组分在全价料中的比例很小,且价格高,若称量过多或称量不足,不仅影响产品质量和安全性,而且也不利于成本的控制。因此,添加剂预混合饲料对配料工艺和设备的要求比配合饲料对工艺和设备的要求更严格。

一、配料工艺

(一)人工配料

这是一种最为原始的配料形式,它灵活准确,但费时,人工强度大,受人为因素影响大。

一般来说,只要工人认真操作和严格执行规章制度,就能保证较高的配料精度。其特别适合于称量小、浓度高的微量组分的配制。为了避免潜在的人为失误,需要配备相应的设施以及严格的管理制度。

(二)机械自动配料

1. 一次性直接配料

所有参加配料的组分均由一台配料秤根据配方从大到小的比例逐一称取。配料秤的最大称量值以一批次中所有料的总量来选取。这种工艺简单,投资少,操作管理方便,但配料误差往往很大,一般不适用于添加剂预混合饲料的生产。

2. 分组配料

根据参加配料的各组分的不同比例,由不同称量范围的配料秤来分组称量,之后集中,同批送入混合工序,也就是大称量用大秤,小称量用小秤,以保证各种成分的配料精度。这是添加剂预混合饲料厂常用的生产工艺。如果各配料秤放料后不是直接进入混合机,而是经过机械输送,那么最好将称量组分小的秤安排在最靠近输送机的出口,使称量大的组分或载体在输送过程中起到清洗的作用,以减少交叉污染,确保产品质量或将较小组分由人工称量直接投入混合机内。

3. 预称→稀释混合→配料

为了保证极微量组分添加的准确性和分布的均匀性,不能把它们直接称量加入主混合机内,而是先用高精度的量具称取一定量,然后加入载体或稀释剂进行稀释混合,再作为一个组分参加配料。有时甚至可以多次稀释混合,再参加配料。这是目前添加剂预混合饲料厂采用最多的工艺。一般把预称→稀释混合设置在单独的配制室内进行,然后再在主车间内参加配料。

为了实现生产自动化、追求配料精度、避免人为配料事故,目前国内主流的添加剂预混合饲料生产企业已基本放弃人工配制载体、稀释剂等配方中添加量较大的原料(即“大料”)的作业方式,而配方中添加量较小的微量组分(即“小料”),由于品种多、添加量小、易结块、易黏仓、易发生化学反应等原因,仍然采用人工配料。有一些设备精良、管理先进的添加剂预混合饲料生产企业将全部的原料投入配料仓,用计算机控制自动配料,取得了不错的效果。

二、配料设备

(一)常用设备

在配料工艺确定后,就要从秤的计量性能和量程去选择合适的称量设备。

1. 手工称量设备

手工称量设备小台秤、天平、分析天平等。它们通常设置在配料室内,专门用于极微量组分的人工称重,以保证其称量的精确性。

2. 自动配料秤

自动配料秤主要用于称量载体、稀释剂、大比例的组分和经预稀释混合的单项原料。根据控制原理可分为机械杠杆型、机电结合型和电子传感器型。它们和配合饲料厂所用的配料秤基本相同。自动配料秤的优点是能保证配料质量的可靠性、均匀性；可消除人为误差；明显降低工人的劳动强度，改善劳动条件；加快配料速度，提高劳动生产率。添加剂预混合饲料厂特有的微量配料秤主要有以下 2 类。

(1)容积式微量配料秤　在各微量元素配料仓的底部装有高精度的容积式配料器，根据需要调节拨料叶片的转速来控制流量。该设备结构简单、价格低廉，但会因物料的容重变化而产生较大的计量误差，现已基本淘汰不用。

(2)重量式微量配料秤　在配料仓的底部装有螺旋喂料器，该喂料器采用变螺距、变螺径，由变频电机通过减速器直接驱动。秤的称重采用精度达万分之一的电子传感器和电脑来控制各螺旋喂料器的动作，这样既可解决仓内物料下料的问题，又可根据需要调整喂料速度，保证称量的准确性。微量组分的喂料器和微量元素接触部分的材质和电子微量配料秤的料斗一般采用不锈钢材料制作。秤斗有圆形和方形 2 种，但斗壁都必须有不小于 70°的斜度，以保证排料干净、彻底。最好采用翻斗式卸料，此外，计算机应对每次排料后的料斗进行零值校验，以确保称量的准确性。重量式微量配料秤卸料门关闭时应密闭，这样能阻断混合机卸料气流对配料秤的影响，保证配料精度。添加量小、粒度细、容重轻且影响安全的维生素等组分在计量配料时应有防止吸风、静电吸附和设备残留等影响配料量的措施。

(二)配料设备的定期校准

为控制好配料精度，生产企业需对配料设备进行定期校准。

1. 手工台秤的校准

按五点法校准，将一个标准砝码依次放置在台秤的 4 个角和中间，其静态读数与标准砝码的理论重量差值不应大于设备标示的精度误差。该方法相对简单，所以一般要求人工配料人员以及包装人员每天校准一次，并做好记录。

2. 自动配料秤的校准

自动配料秤的精度分为静态精度与动态精度。静态精度是指在静止状态下(即配料完成后)，实际配料量与设计配料量之间的误差值。动态精度是指在动态状态下(即配料过程中)，实际配料量与设计配料量之间的误差值。自动配料秤的校准需要使用至少超过满量程 1/2 以上的标准砝码，最好是等于满量程的砝码。

此外，目前众多添加剂预混合饲料生产厂家采用条码技术等来确保“小料”配料时的准确性以及可追溯性。部分厂家通过设置配料操作转盘、规范配料操作制度来确保“小料”配料的准确性。作为添加剂预混合饲料中的核心成分，“小料”的配制通常在配有空调、恒温恒湿的专用配料间内进行。

第四节　混合的工艺流程与设备

混合是添加剂预混合饲料厂最重要的工序之一，也是保证添加剂预混合饲料质量的关键所在，在添加剂预混合饲料厂通常为预混合和主混合 2 种形式。它的混合要求比配合饲料要高，具体表现为：①微量组分的浓度高，它们混合均匀与否对全价料的影响很大。因此，国家标准规定其变异系数不大于 7%，甚至不大于 5%，而配合饲料为不大于 10%。②在承载混合中,不单为了混合均匀,更重要的是让载体和微量组分有一定的结合程度,不易在输送运输过程中出现分离。因此,所需的混合时间比配合饲料长得多,一般要 10 min 以上,而配合饲料只有 2 min 左右,甚至更短。③要求混合机内残留量越少越好,一般要求在 1‰以下,最好采用大开门排料。④添加剂预混合饲料一般都有液体添加装置,如添加油脂来减少粉尘、增加载体承载能力、消除静电,或某些组分本身就是液体,通过喷洒参与混合。

一、混合工艺与液体添加工艺

(一)单机混合

这是最为简单的工艺。一般只配有一台小容量的混合机,并架在一定高度的平台上。配料、进料、开机、停机和出料均由人工操作。需要注意的是,每批物料混合前后,应将机内的残留清扫干净,以免交叉污染。该工艺既可作为小型添加剂预混合饲料厂的生产,也可作为大型添加剂预混合饲料厂的预混合。它灵活方便、投资小,但其劳动强度高、生产环境差。

(二)自动配料混合

对于大型的添加剂预混合饲料厂来说,主混合工艺应采用自动配料混合工艺,但具体又分为 2 种情况:第 1 种是按照配料→混合→打包的工艺流程;第 2 种是在混合和打包的环节之间增加了垂直输送的环节。

从理论上讲,成品预混合料应避免输送,以防再分级。但也要根据原料情况、设备性能、生产品种、工人操作水平以及厂房条件而定。高浓度微量组分的预混合饲料应采用第 1 种工艺,直接打包。第 1 种工艺的优点是工艺简洁明了,不存在再分级的可能。其缺点是打包速度会影响混合设备的生产能力和调换品种时的等待时间,现场环境也较差。如果为浓度不高的预混合饲料,就可根据情况考虑采用 2 种工艺。但这种工艺对输送设备有特殊的要求,如采用自清式刮板输送机、提升机或高浓度的气力压送等。第 2 种工艺的优点为工艺灵活,打包可设在专门的打包间,不会影响车间的正常生产。其缺点是工艺复杂、投资大,对输送设备有较高的要求。

(三)液体添加

在添加剂预混合饲料中添加液体,有的是为了提高预混合饲料的质量,有的则是原料本身就是液体。常用的液体有油脂(植物油、动物油)、糖蜜、抗氧化剂、氯化胆碱、蛋氨酸羟基类似物(MHA)等,另外,微量组分也可用水化添加的方式以达到混合均匀的目的,如硒。

1. 油脂添加

添加剂预混合饲料的混合处理可分为微量组分与稀释剂的稀释混合和微量组分与载体的承载混合。在前者中添加油脂的目的是为了减少粉尘,所以添加比例仅需 1%。而在后者中添加油脂的目的则是提高载体承载微量组分的能力,减少运输过程中的再分级,同时也可消除静电和使活性成分隔离空气,有利于保存,所以添加量要稍高,一般为 1%~3%。严格来说,最佳添加量应根据粉状活性成分的数量和载体的种类来确定,但也可通过外观测定来把握合适的添加量。若外观能看出有油迹，手摸有油感，手握紧饲料后再松开时不散，这就说明其油量过多，反之，若混匀的饲料呈松散的粉末状或者把少量物料从 25～30 cm 的高度抛下落，其微量组分和载体分离，说明油脂添加不足。

2. 抗氧化剂

常用的抗氧化剂包括乙氧基喹啉、二丁基羟基甲苯(BHT)和丁基羟基茴香醚(BHA)等。乙氧基喹啉是一种深褐色的液体，宜将抗氧化剂直接加入到油脂(特别是植物油)内，防止油脂氧化，从而使添加剂预混合饲料具有良好的稳定性。其添加量一般为油脂的 1/2 000 或根据具体产品规定添加。

3. 氯化胆碱

氯化胆碱属 B 族维生素，具有很强的吸湿性，能使多种维生素分解失效。目前主要有 2 种添加方法：一种是用脱脂小麦胚乳粉、二氧化硅等为吸附剂与液态氯化胆碱混合，制成含氯化胆碱 50%的干燥制品；另一种是直接用 75%的液态氯化胆碱喷洒到混合机内，使其与其他物料混合。直接喷洒的成本要比使用干燥制品的成本更低。

(四)油脂的添加顺序

油脂在添加剂预混合饲料中添加的顺序主要有 2 种：载体与油脂先混合；载体与微量组分先混合。2 种方法的添加要点都是微量组分不能先与油脂接触，以免造成微量组分结团起块，从而影响产品质量。

1. 载体与油脂先混合

先将载体全部加入混合机内，然后喷入油脂，混合 2 min 左右后，使油脂均匀分布在载体表面，再把各种微量组分加进去继续混合 10 min 左右。这样就能提高载体的承载性能，保证产品的混合质量。

2. 载体与微量组分先混合

先将载体全部加入混合机内，然后加入微量组分混合 2～3 min，使其基本混合均匀，最后喷入油脂并继续混合 10 min 左右。这样就能使微量组分介于载体与油脂之间，起到良好的保护作用。

二、混合设备与液体添加设备

添加剂预混合饲料生产中常用的混合设备包括卧式双螺带混合机、卧式双轴桨叶混合机、立式悬臂非对称双螺旋混合机和转鼓形混合机等。各种混合设备的结构、工作原理和特点参见第六章。其中的主流混合设备为卧式双轴桨叶混合机和卧式单轴桨叶混合机 2 种。卧式桨叶混合机的卸料门建议采用双大开门结构。混合机与物料接触的部件、成品缓冲仓均应为不锈钢制造。混合机转子和机体内、外表面应无清理死角。主混合机和成品缓冲仓应配置排气除尘装置。其主要目的是避免设备腐蚀，保持混合机内壁光洁，避免混合机物料残留。在 2 种主流混合设备中，卧式双轴桨叶混合机因为拥有极高的混合效率而更受使用者的青睐。因其更少的残留以及相对较高的混合效率，卧式单轴桨叶混合机被对交叉污染和残留更为敏感的客户群所选用。卧式双轴桨叶混合机和卧式单轴桨叶混合机的残留情况如图 10-2 所示。

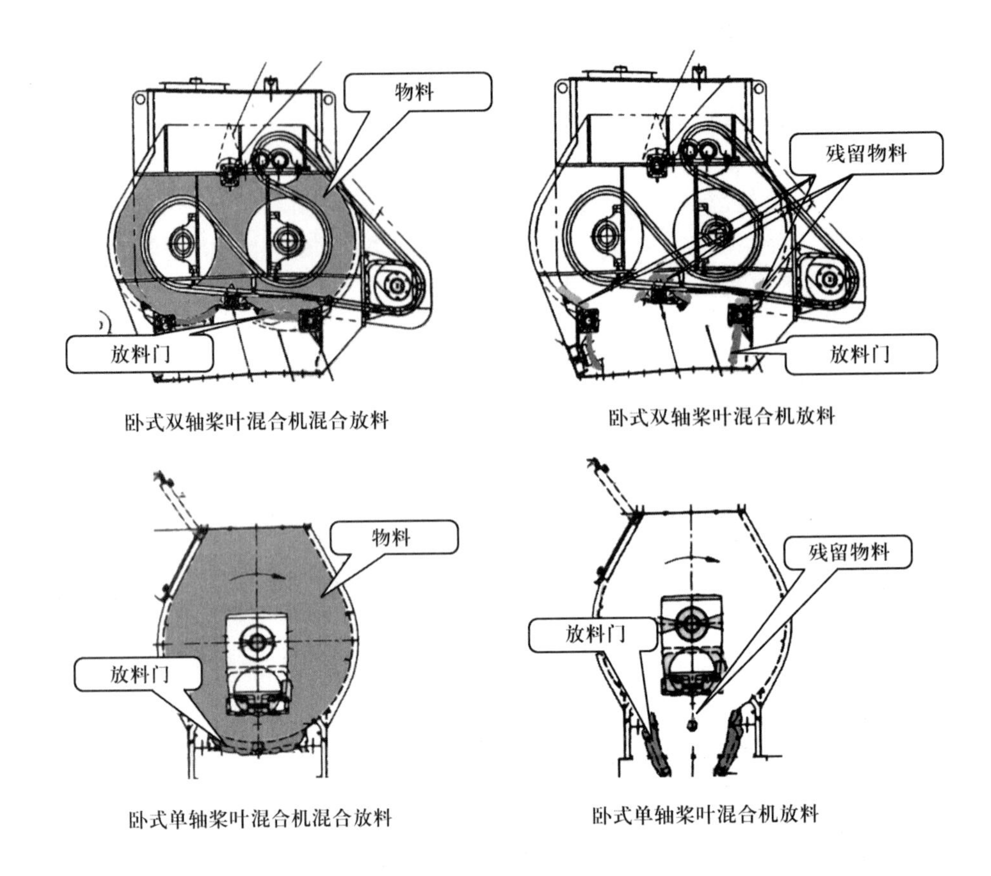

图 10-2　卧式双轴桨叶混合机和卧式单轴桨叶混合机的残留情况

在生产添加剂预混合饲料时，除了考虑残留、交叉污染等因素外，混合机的选择还要考虑混合机的物料装载系数、混合带来的物料升温等因素。使用者在选购混合机时应当根据配方原料的热敏性、容重等因素来综合考虑选型。液体添加设备主要包括以下几种。

(一)称量式液体添加系统

以定量的液体加入间隙生产的混合机中，此法设备简单，一般可自制，特别适合于小型添加剂预混合饲料厂。由于无自动控制，故应加强工人的责任心和生产管理。

(二)流量计量式间隙液体添加系统

该系统主要由储油装置、输油装置和流量控制装置组成，其组成见图 10-3。流量控制装置主要起到液体的自动加热、储罐的液面控制、喷液泵的定量控制以及喷液延时设定等，因此，该系统具有自动化程度高，添加比例准确，控制可靠，操纵方便等特点。其较适合于大型添加剂预混合饲料厂，但应经常清理过滤器和检测计量设备的准确度。

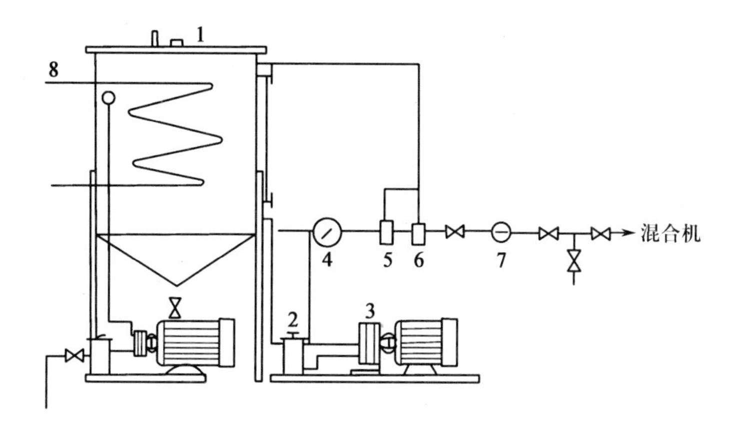

1. 储油罐；2. 过滤器；3. 齿轮泵；4. 压力表；5. 溢流阀；6. 喷油电磁阀；
7. 流量计；8. 蒸汽加热管。

图 10-3　流量计量式间隙液体添加系统

第五节　输送、包装和储存的工艺流程与设备

一、输送

在添加剂预混合饲料的生产工序中要尽量减少微量组分的机械输送，以减少残留、污染、配料误差和混合后物料的分离。纯品或高浓度微量组分等添加量小的物料以及经预稀释混合的物料多采用人工运输。载体、稀释剂以及其他常量组分原料的接收一般用气力输送或斗式提升机投入厂内原料仓。微量组分则以包装的形式进入原料库，人工投送到配料处。

必不可少的机械输送应选择残留量小（最好可自清）、不易分离的输送设备。纯品微量组分可用气力输送。一般认为水平输送用刮板输送机较好，垂直输送则应尽量采用短距离重力输送，可减少污染和分离。自清式斗式提升机底部应为圆形、对开式自动排料门，并设置积料报警装置；机筒四角应为大圆角，畚斗应采用防静电的高强度塑料制作，还应设置操作门、观察窗、失速、跑偏检测报警、止逆装置；顶部应设置泄爆口和小型脉冲除尘器。自清式刮板输送机的刮板应采用防静电的高强度塑料制作，机头应为圆形，出料口应与尾部垂直壁连接。

二、包装

添加剂预混合饲料不宜散装运输，应在生产之后立即包装，以防止分离和保证运输贮存过程中有效成分的稳定。添加剂预混合饲料的包装要求称量准确、无杂质污染、标签正确。

（一）包装量

添加剂预混合饲料的包装量多为小包装。一般添加量小、浓度高的添加剂预混合饲料

添加剂包装量为 5 g、10～500 g；复合预混合饲料一般按 1 t 或 500 kg、100 kg 配合饲料中的添加量进行包装。供大型饲料厂使用的预混合饲料可按 25～40 kg 包装。

（二）包装材料和方法

包装材料和方法主要取决于被包装物料的性质，以保证活性组分的稳定为原则。一般当被包装物料稳定性差且含微量组分浓度高时，对其包装材料以及方法的要求就高。其主要包装材料及方法有如下几种。

1. 安瓿充氮包装

安瓿充氮包装一般为 5 g、10 g 包装规格，在使用时尽可能一次用完。其优点是这种包装的产品稳定，储存时间长。这种包装常用于高浓度维生素预混合饲料的包装。其缺点是成本较高。

2. 铝箔袋真空包装

铝箔袋真空包装可以有几十克到几公斤的包装。此包装外形美观、强度大、密封好、贮藏产品稳定。这种包装适用于稳定性差的高浓度维生素预混合饲料的包装。

3. 黄釉瓶和棕色玻璃瓶蘸蜡包装

黄釉瓶和棕色玻璃瓶蘸蜡包装一般为 50～500 g。其方法为装满→塞软木塞→蘸蜡密封→盖好外盖。此包装内有少量氧气，贮藏时间较前 2 种方法短，但使用方便，可短期多次使用。这种包装适用于纯品或高浓度微量元素、维生素预混合饲料的包装。

4. 聚乙烯塑料袋包装

聚乙烯塑料袋包装是预混合饲料产品最为普遍的包装。其价格便宜、生产时损耗少、包装方便。单用聚乙烯塑料袋包装，强度低，易破损，一般包装量不超过 5 kg。因有一定透气性，不宜包装维生素等不稳定的微量组分，其主要用于微量元素预混合饲料的包装。

5. 纸塑三合一包装

纸塑三合一包装是为了增加聚乙烯塑料袋的包装强度，一般外加 1 层或几层牛皮纸袋或聚丙烯编织袋，形成纸塑三合一包装。含有维生素的预混合饲料多采用 3 层牛皮纸和 1 层聚乙烯薄膜的组合袋；矿物微量元素预混合饲料常采用 2 层牛皮纸和中间 1 层为聚乙烯薄膜组成的组合袋或外层用聚丙烯编织袋内层为聚乙烯塑料袋的 2 层包装。

6. 纤维板桶或箱包装

纤维板桶或纤维板箱内衬聚乙烯塑料袋包装常用于高浓度单项维生素、碘化钾、含硒等预混合饲料的包装，一般为 10～25 kg/包。在使用量较少的维生素添加剂时，常采用听装，一般 250～1 000 g/听。

三、储存

在储存时，添加剂预混合饲料中的有些活性成分会损失，特别是维生素。影响微量组分活性的因素主要有载体含水量、pH 和储存的温度、时间。为了防止储存期活性成分的损失对添加剂预混合饲料质量的影响，可采取下列措施：①可对稳定性较差的组分超量添加；②限制储存时间，复合预混合饲料一般以 1 个月内用完为好，最长不宜超过 3 个月；③控制储存条件，要求低温、干燥、通风。仓库的墙、顶需有隔热防潮层，高温季节应有通风装置，光线不宜过强，阳光不应直接照到产品上。

第六节　添加剂预混合饲料生产设备连接的设计原则

一、防止震动传递

由于钢结构建筑具备建设速度快、建设周期短、施工成本低等特点，目前国内大多数添加剂预混合饲料企业的生产厂房都采用钢结构作为建筑主体。该建筑主体非常利于震动的传递，工厂内粉碎机、分级筛等较大振幅设备的运行会将震动向外传递，对于配料设备造成较为明显的影响，如自动配料秤的精度。我们可以通过以下几种方式减少震动传递带来的影响。

（一）安装避震

在易产生震动的设备的底座、电机基座、挂索等处安装避震，如图 10-4 所示。避震通常由弹簧和橡胶等材料制成。通过这类弹性材料可以大幅度地吸收震动，从而减少震动带来的影响。

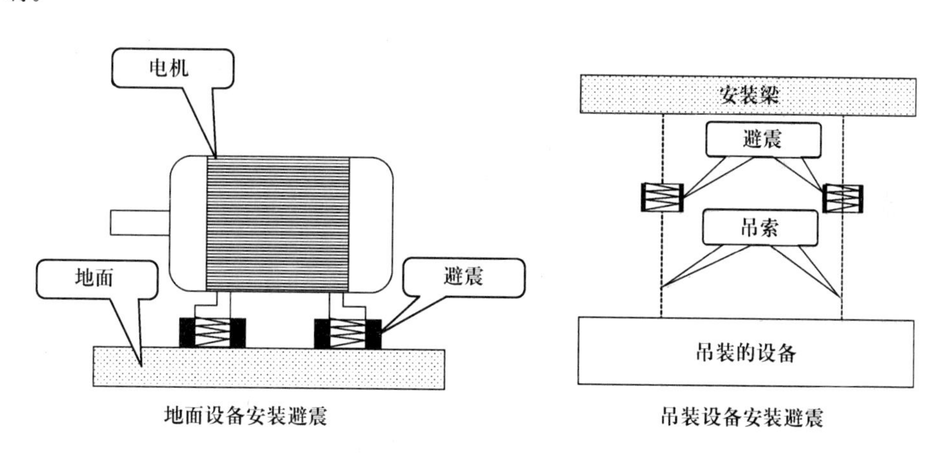

图 10-4　地面设备安装避震和吊装设备安装避震

（二）布局设计

在添加剂预混合饲料厂的设备布局中，尽可能地将震动较大的设备安排在离配料秤或人工配料间较远的位置。在楼层的选择上，尽可能地将震动较大的设备放置在较低的楼层或安装在不同的建筑主体内。

二、防止积料

在添加剂预混合饲料加工过程中，物料会流经众多管道和设备。在设计添加剂预混合饲料加工设备的物流管道时，需要注意降低物料残留和交叉污染的风险，主要包括以下要点。

(一)物料管道的水平角

一般情况下，不建议流动物料的管道水平角小于 60°，否则容易导致物料累积在管道内形成残留。如果不可避免地将管道水平角的角度设计为小于 60°，则可以考虑在相应的位置上安装震动器，如图 10-5 所示。震动器的启动信号可以和放料阀的开关信号同步，确保物料流动后震动器可以及时震动，以便清理可能的残留。

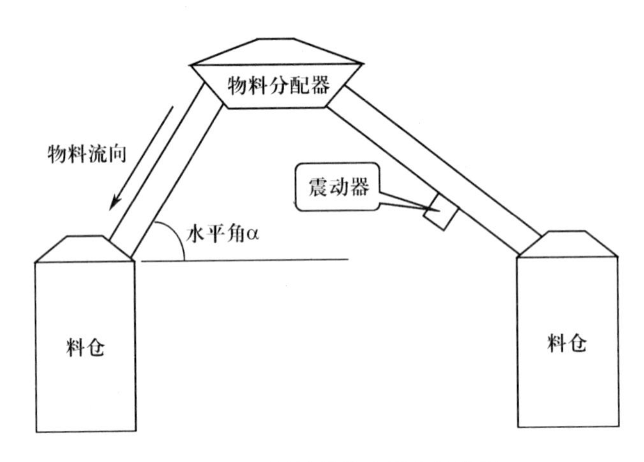

图 10-5　物料管道的水平角的设置

(二)软连接

衡器的工作原理使几乎所有的自动配料秤都需要通过软连接与料仓、混合机等相连，而软连接也是最容易积累物料的点。其一般可以通过设计使软连接上部管道略小于下部管道，从而规避积料。

三、防止气流平衡造成的搅动

气流由气压高压区向气压低压区快速流动，由此产生的波动会对饲料加工过程中的衡器造成影响，这就是气流平衡造成的搅动问题。例如，当喂料器向配料秤中加料时，秤体内部的气压就会大于常压，气流从秤体内溢出形成气流波动，从而影响配料秤的准确性。该问题几乎存在于饲料加工过程的每一个工段中，往往不易被察觉，而且没有固定的规律。在很多情况下，这些问题会对饲料的配制产生较大的影响。目前在生产设备设计时，可以通过在控制系统的 PLC 中增加逻辑连锁以及在配料秤上部设置被动式脉冲除尘器，以减小气流平衡造成的搅动。

二维码 10-1
气流平衡造成的搅动对饲料生产的影响

本章小结

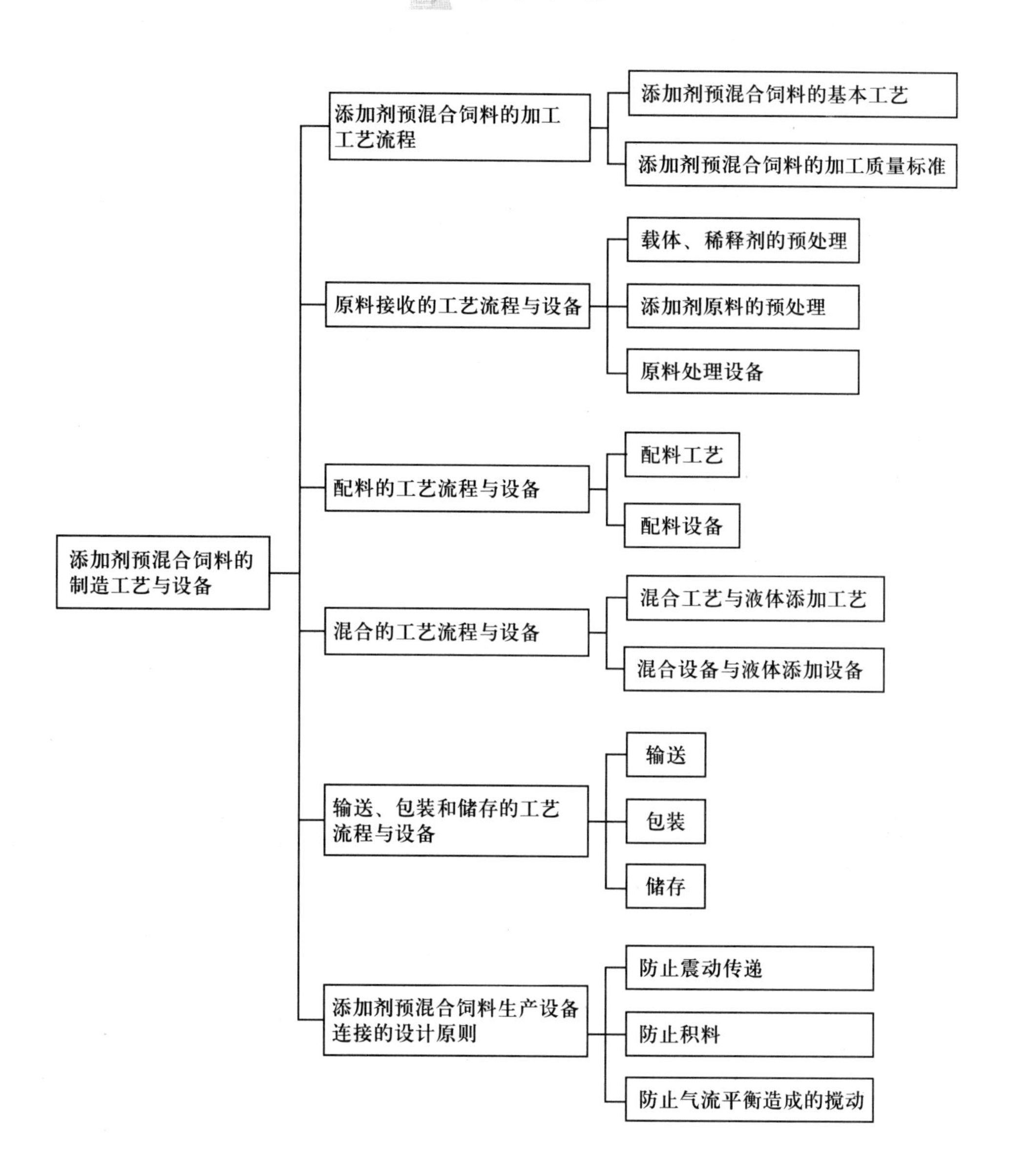

复习思考题

1. 某添加剂预混合饲料厂要分别生产0.2‰的多种维生素、5‰的矿物元素添加剂和1%的复合预混合料，现仓库内有玉米粉、次粉、全脂米糠粉、脱脂米糠粉、沸石粉、磷酸氢钙。请问，各用哪种载体或稀释剂比较合适？并说明理由。

2. 生产1%猪用复合预混合饲料的车间，每批配料500 kg，请为之选用合适的配料秤（请注明各秤的容量、精度和称量方式）。

3. 添加剂预混合饲料对混合均匀度的要求为什么会比配合饲料对混合均匀度的要求更高？其体现在哪几个方面？

4. 在设计添加剂预混合饲料生产设备连接时，应注意哪些问题？

5. 图示并简述添加剂预混合饲料生产的整体工艺流程。

第十一章　饲料加工过程中的质量控制

学习目标

- 了解饲料的加工质量标准；
- 掌握控制加工质量的方法。

主题词：加工质量指标；质量控制

质量是表示一组固有特性满足要求的程度。饲料质量是指饲料中所含营养素的种类、数量与可利用性，饲料的安全卫生指标达到产品标准要求的程度。

饲料质量是通过设计、制造、使用出来的。它涉及动物营养学、饲料加工学和饲养学等多方面的内容。它是科学的配方、优质的原料、性能优良的设备、科学合理的工艺、正确规范的操作、科学的饲用方法的综合体现（图 11-1）。饲料加工过程中的质量控制是利用科学的方法对产品质量实行控制，预防生产不合格的产品，从而使产品达到规定质量标准的过程。从原料进厂到成品出厂的质量控制是饲料加工中的重要环节，也是保证和提高饲料质量的重要手段。

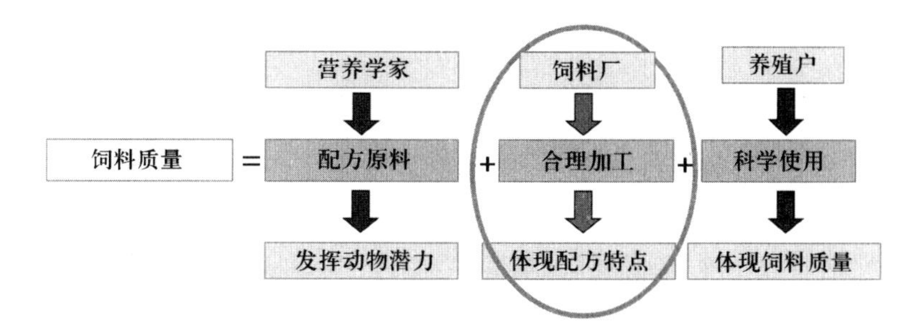

图 11-1　饲料质量的内涵与涉及要素

饲料质量包括感官指标、营养指标、卫生指标和加工质量指标等维度。加工设备与工艺参数决定饲料的加工质量指标直接影响饲料的感官指标。另外，适度加工有利于养分在动物体内的消化吸收，充分发挥出饲料的营养指标；饲料成形中的高温和高压可以消减饲料中的有害微生物，提高饲料的卫生指标。

ISO 9001《质量保证体系规定的基本原则和方法》是现代企业质量管理的基础;危害分析与关键控制点(Hazard Analysis and Critical Control Point,HACCP)管理的理念与方法已被广泛应用于食品链企业,是从投入品至成品全过程的质量安全管理体系。饲料质量安全管理规范是饲料行业结合自身特点,综合以上 2 个管理体系的特点,在添加剂预混合饲料、浓缩饲料、配合饲料和精料补充料生产企业推行的质量管理规范。

第一节　饲料的质量标准

一、饲料质量概述

(一)质量指标

饲料质量通过一系列的质量指标来反映,这些指标大体包括以下 4 个方面。

1. 感官指标

感官指标是对饲料原料或饲料产品的色泽、气味、外观等指标所做的规定。

2. 营养指标

营养指标是对饲料原料或饲料产品的营养成分含量或营养价值所做的规定。

3. 卫生指标

卫生指标是指为保证动物健康和动物产品对人的安全性以及避免环境污染,对饲料中有毒、有害物质及病原微生物等规定的允许量。

4. 加工质量指标

加工质量指标是对饲料原料或饲料产品加工过程中所发生的物理变化和化学变化所做的规定,如粒度、混合均匀度、淀粉糊化度等。

感官指标通过感官检验完成,营养指标卫生指标和加工质量指标主要通过理化检测完成。而评价饲料质量的最终方法是生物学评价,也就是通过动物试验来评价饲料的安全性以及饲料中养分对动物生长和生产的有效性。

(二)感官指标

感官检验是饲料原料和饲料质量控制和营养价值评定的第一关。它是通过视觉、触觉、嗅觉等对饲料进行初步评价的方法。饲料感观质量常用作判断产品内在品质的直觉性标志。感官检验涉及的指标包括:①颜色:典型、明显而一致的色泽。②气味:新鲜、特有的气味,无异味。③水分:无黏性,干燥,无受潮现象。④温度:有无发热现象。⑤质地:颗粒大小一致,无破碎现象。⑥其他:不夹杂灰尘、霉菌、植物枝叶、金属杂品、砂粒及其他杂质,无鸟类、鼠类或其他昆虫污染的迹象。

饲料的感官指标需要注意的是整齐度与一致性、气味与色泽、含粉情况等。①整齐度指成品的所有组分在外观形态上的相似程度。②一致性指不同批次、同一批次先后不同时间所出产品在外观形态上的相似程度。优质产品的整齐度和一致性一定要好。其控制措施包括饲料原料的组成以及原料的粉碎、混合和成形工艺控制的精细程度。粉碎粒度过细且均匀一性差，易造成输送中的分级，影响感官等。③气味和色泽应该是饲料原料固有的，调味剂和着色剂在一定程度上可以调整饲料产品的气味和色泽，但是以稳定为佳，随着饲料和养殖行业的融合式、内涵式发展，饲料的气味与色泽的重要性会降低。④饲料中的粉尘源于粉末状的原料。有关粉尘的危害与控制详见第十二章。

(三)化学成分分析

化学成分分析是饲料原料和产品质量检验的中心环节，它涉及营养指标、卫生指标、加工质量指标等方面。营养指标包括概略养分、钙、磷、非植酸磷、氯化钠、氨基酸、脂肪酸、微量元素和维生素等。与饲料质量相关的卫生指标是饲料原料中固有、伴生以及在生产、加工、储运中混杂、污染的有毒有害物质及微生物，如重金属(铅、汞、砷、铬、镉等)；农药残留、有害微生物和霉菌毒素；游离棉酚、氰化物、异硫氰酸酯、噁唑烷硫酮等。GB 13078 —2017《饲料卫生标准》对饲料原料和饲料产品中这些指标的限量及试验方法有详细的规定是饲料行业强制执行的国家标准，也是通过实验室检测完成的。

化学检测难以全面反映饲料的营养特性，尤其是养分在动物体内的代谢过程。饲料的适口性、可消化性和转化效率是衡量饲料质量的核心指标，饲料产品质量优劣，最终要由动物的饲养效果和被动物利用的效率来决定。

二、饲料加工质量

饲料加工质量指标因饲喂动物的不同和产品的形态而异。其中粉状饲料的主要指标包括粉碎粒度和混合均匀度变异系数。成型饲料的主要指标包括含粉率、粉化率、硬度、成型率、颗粒长径比等，水产饲料则进一步增加水中稳定性、在水中沉浮特性相关的指标。国家推荐标准和行业标准对相应的饲料产品的加工质量有详细的规定，部分内容汇总见表 11-1。加工质量指标的内涵、检测方法以及影响因素已经在粉碎、配料、混合、制粒以及膨化等章节讲述。

表 11-1　饲料加工质量的主要指标

项目			指标
粉碎粒度	畜禽饲料		相关国家、行业标准
	水产饲料		相关国家、行业标准
混合均匀度变异系数 CV/%	配合饲料	畜禽饲料	≤10
		水产饲料	≤7
	浓缩饲料、精料补充料		≤7
	固态添加剂预混合饲料		≤5～7
含粉率/%	畜禽	颗粒饲料	≤4(特种饲料除外)
		膨化颗粒饲料	相关国家、行业标准
	水产	颗粒饲料	≤0.5
		膨化颗粒饲料	≤0.1

续表 11-1

项目			指标
粉化率/%	畜禽	颗粒饲料	相关国家、行业标准
		膨化颗粒饲料	相关国家、行业标准
	水产	颗粒饲料	≤10
		膨化颗粒饲料	≤1
水分/%	畜禽	颗粒饲料	相关国家、行业标准
		膨化颗粒饲料	相关国家、行业标准
	水产	颗粒饲料	≤12.5
		膨化颗粒饲料	≤10.0
水产饲料溶失率/%			相关国家、行业标准

第二节　饲料的质量控制

在将合格原料加工成用户满意的优质饲料产品的过程中，先进的设施设备与精准的加工工艺是关键。饲料加工过程也是饲料的质量控制过程，每一个工作人员都要认识到他们所进行的工作都与产品质量有密切关系。因此，必须明确个人工作岗位在质量控制方面的职责。

饲料企业生产过程中的质量控制主要包括加工工艺设计文件及工艺参数控制、作业岗位操作与记录、防止交叉污染及外来污染、产品配方管理、产品标签管理、粉碎粒度、配料精度、混合均匀度和颗粒质量控制、生产设备及辅助设备管理、安全生产管理等内容。

一、加工工艺设计文件及其工艺参数控制

(一)加工工艺设计文件

工艺设计文件主要包括生产工艺流程图、工艺说明和生产设备清单等技术性文件。

1. 生产工艺流程图

生产工艺流程应反映各种饲料原料通过一系列加工后变成饲料产品的过程，可以直观表达原料变成产品的加工顺序与物料流向。生产工艺流程图基本要求如下：①用 GB/T 24352—2020《饲料加工设备图形符号》(2021 年 6 月 1 日实施)中的饲料加工设备图形符号或设备小样图绘制工艺流程图。②按照加工工艺顺序，在饲料加工设备图形符号或设备小样图旁边适当位置标注设备编号，生产设备编号应与生产设备清单中的序号一致。③立筒仓储存工序应在工艺流程图中体现。④注意共线生产问题。反刍动物饲料的生产线应当单独设立，生产设备不得与其他非反刍动物饲料生产线共用。

2. 工艺说明

按照实际生产工艺流程，逐一对每个工段的加工过程进行文字描述。①成套加工机组的技术经济指标主要包括生产规模、产品类别、配料精度、混合均匀度、粉尘浓度、噪声和总装机容量等。②按照工艺流程及生产步骤，说明每一工段的目的、原理、实施方式、实施效果

等。③使用同一套生产设备生产不同产品的，还应当提供防止交叉污染的具体措施。

3. 生产设备清单

配合饲料、浓缩饲料、精料补充料生产设备清单应包括：①生产线名称及序号应按照产品类别进行命名，如配合饲料生产线、浓缩饲料生产线、配合饲料和浓缩饲料生产线、精料补充料生产线等。②序号应与生产工艺流程图中的设备编制一致。③设备名称应填写设备全称。④规格型号。⑤生产厂家应填写生产设备企业全称。⑥出厂日期（年、月）。⑦技术性能指标应填写反映生产设备主要特征的技术性能参数，且③～⑦需与设备说明书或设备铭牌上的主要指标一致。

（二）生产工艺参数

饲料厂应根据产品质量特征和实际生产工艺分别设定粉碎、配料、混合、制粒和膨化、包装等工段的工艺参数（表 11-2）。

表 11-2　配合饲料企业常见设备的主要工艺参数

设备名称	主要工艺参数	设备名称	主要工艺参数
螺旋输送机	产量、功率	冷却器	产量、冷却时间、冷却风量
刮板式输送机	产量、功率	破碎机	产量、破碎粒径范围、功率
斗式提升机	产量、功率	分级筛	产量、上筛孔径、下筛孔径、功率
清理筛	产量、除杂效率、功率	包装秤	量程、包装速度、精度、产量
永磁筒	产量、磁体强度、除铁效率	膨化机	产量、调质温度、模板孔径、功率
粉碎机	产量、筛孔孔径（粒度）、功率	干燥机	产量、干燥温度、干燥时间
配料秤	最大称量、产量、动态精度、静态精度	刹克龙	直径、处理风量
混合机	有效容积、产量、混合均匀度变异系数、功率	脉冲除尘器	处理风量、过滤面积、除尘效率
制粒机	产量、环模内径、功率	风机	风量、风压、功率

采用筛粉碎工艺应当设定筛片孔径等工艺参数。采用无筛粉碎工艺则应规定粉碎粒径参数。在混合工艺规程中，应当设定混合时间等主要工艺参数。如果应用液体添加工艺，还应设定液体添加时间或液体添加量等工艺参数。制粒工艺规程中应当设定调质温度、蒸汽压力、环模规格、环模模孔长径比、分级筛筛网孔径等。膨化工艺参数包括调质温度、模板孔径、膨化温度等。

二、饲料厂各加工工段的质量控制

所有工段启动的基本原则是“先后再前”，待设备运转稳定正常后方可进料，停止的基本原则是“先前再后”，待设备内残存物料排出机外方可停止设备。若在工作过程中发生故障，应及时停止喂料，并停机检查，解除故障。当所有的工段过程和作业完成后，应及时清扫现场的残留物料，整理各种器具，确保作业现场的清洁卫生。

(一)原料投料与清理工段

1. 原料投料

在投料之前,投料人员必须按控制人员的指令对原料进行核实后再投料。在原料投料的过程中,原料转运人员(叉车操作人员或投料人员)应根据生产品种以及中控人员的指令要求,按照仓库保管人员的安排,遵循"先进选出"的基本原则在指定的垛位上领取原料。投料人员应严格遵守中控人员的指令,投放原料。在投料过程中,要随时检查所投原料的感官质量,如结块、霉变、温度、水分和杂质等。在每个品种原料被投料完毕后,应填写大料投料记录,包括大料名称、投料数量、感官检查、作业时间、投料人等信息。

2. 原料清理

原料中的杂质不仅影响饲料产品质量,危害饲养动物健康,还直接影响饲料加工设备安全及零部件的使用寿命,影响饲料厂生产的顺利进行,因此,应高度重视。常用的清理设备有地坑格栅、磁选装置和初清筛等。

(1)地坑格栅　投料前应检查地坑上部的格栅是否安全就位。有时原料中夹杂大块杂质或结块,如直接投进输送设备,会影响饲料质量并损坏饲料生产设备。因此,所有投入原料应通过栅格清理。

(2)磁选设备与装置　保证磁选设备与装置的完好是设备维护的关键步骤之一。磁选设备与装置在整个饲料加工设备中一般有多处,如投料线、粉碎机进料口、制粒机进料口、提升机卸料口等。无论在何处的磁选设备,都必须定期检查清理。磁选设备与装置一般每班至少清理1～2次。

(3)初清筛　初清筛应根据清理原料的粒度大小选择适应的筛孔孔径。初清筛必须定期清理,以免筛孔堵塞。一般每班一次,若筛筒破损,应及时更换。平面筛还应注意筛面张力一致,不允许出现筛面凹凸现象。

(4)振动筛和平面回转分级筛　在原料投料与清理工段使用振动筛或平面回转分级筛的目的是将不用粉碎的原料绕过粉碎机进入下一工段,筛上物进入粉碎机粉碎。其筛上物和筛下物有严格区分界限,所以振动筛或平面回转分级筛功能的好坏将直接影响本工段的加工质量。振动筛或平面回转分级筛一般根据对物料的要求安装不同规格的筛网,因此,必须检查核定筛网规格。每班必须检查筛网的完好程度,如发生破损应马上更换,否则未及时更换的筛网将直接影响产品质量。

(5)原料仓　大宗原料选用筒仓或较大的仓,如玉米、小麦等;鱼粉、石粉等用量较少的原料选用较小的原料仓。立筒仓一般应设置控温、控湿和熏蒸杀虫等装置,定期清扫和检查,以防止物料在仓中发生结块或霉变。在正常情况下,立筒仓存放原料应相对稳定,若某一仓改放另一种原料,必须将料仓中原有的原料放干净,并确认仓中无残留后,再放入新的原料,杜绝在料仓内混料。在建造时,房式仓要保证有良好的通风换气和防潮功能。在使用过程中,仓顶不能有渗漏点,仓墙和地面不能返潮,原料与地面和墙体之间要有防潮设施,原料堆码要留有空气流动空间。

(二)粉碎工段

在开机前,应对粉碎工段的所有设备进行常规检查。根据生产任务单和粉碎工艺参数检查筛片规格。在粉碎过程中，应定时对粉碎粒度、粒径均匀性等进行检查，并核对检查粉碎料的入仓仓号。在粉碎工段停机后，必须清理粉碎机入口处磁板上或喂料器上的磁性杂质，存放在专用的储存容器内，并做好粉碎系统的清理和周边环境卫生工作。原料粉碎完成后，应填写粉碎作业记录，包括物料名称、粉碎机号、筛片规格、作业时间、操作人等。企业应定期检测饲料的粉碎粒度，以确保其符合标准要求。

1. 粉碎机

定期检查粉碎机的锤片是否磨损，筛网有无漏洞、漏缝、错位等，一般每班检查一次。操作人员应经常注意观察粉碎机的粉碎能力和粉碎机排出的物料粒度。一般粉碎机超出常规的粉碎能力（速度过快或粉碎机电流过小），可能是因为粉碎机筛网被打漏，物料粒度将会过大。检查粉碎机排出物料，如发现有整粒谷物或粒度过粗的情况，应及时停机检查粉碎机筛网有无漏洞或筛网错位与其侧挡板间形成漏缝，发现问题及时进行整改。检查粉碎机有无积热现象，如粉碎机堵料，粉碎机下料口输送设备故障或锤片磨损。当粉碎能力降低时，都会使被粉碎的物料发热。积热或过热会造成被粉碎原料水分下降，影响饲料质量，严重时甚至会毁坏粉碎机，引发火灾。

2. 转向阀、分配器

转向阀和分配器应定位正确，避免出现混料或工段紊乱情况。

3. 溜管

应及时清理溜管，避免物料的交叉污染，保障畅通。如使用时间过长，发生锈蚀或磨损而漏料的溜管应及时更换或补漏，保障溜管的正常工作。

4. 提升和输送

应及时清理提升和输送设备，避免物料的交叉污染。

（三）配料工段

配料生产过程中的质量控制包括配方管理、大料配料过程和小料配料过程 3 个部分。

1. 配方管理

配方管理是饲料企业全面质量管理的重要环节，企业应当建立有效的配方管理制度，包括配方设计人员的要求和配方设计、审核、批准、更改、传递与使用等内容。

（1）配方设计人员的要求　配方是饲料生产的核心。因此，对配方设计人员的专业知识和专业经验有很高的要求。例如，饲料企业的技术负责人需具备畜牧、兽医、水产等相关专业大专以上学历或中级以上技术职称，熟悉饲料法规、动物营养、产品配方设计等专业知识。

（2）配方设计　配方设计依据相关的国家法规、标准和动物饲养知识。产品的各项营养指标、加工质量指标和卫生指标必须符合有关规定。配方设计应遵循合法性、安全性、营养性、经济性、市场性和可行性等基本原则。

（3）配方审核和批准　经过审核的配方应由企业相关的管理人员批准，批准后的配方按规定登记、造册、密封和归档。

（4）配方更改　企业可以根据市场原料价格、质量以及产品市场情况适时更改配方。更改后的配方应重新履行审批手续。

(5)配方传递　技术部负责把产品配方转化成生产配方，传递给配方使用及监管部门。

(6)配方使用　配方管理负责人直接下达小料配方到车间配料员(或者中控工)，并负责收回配方。除配方管理负责人、中控工(大料配方)、预混合操作人员(预混合饲料)和小料配料(小料称重配制)相关人员外，其他任何人无权接触配方和要求查看配方。批准使用的生产配方，生产部必须严格执行，不得变动。

2. 大料配料过程

配料是饲料加工工艺的核心工段，配方要正确落实，其主要由配料工艺来保证。称量则是配料的关键，是执行配方的首要环节。称量的准确与否对饲料产品的质量起至关重要的作用。一般配方设计比较精确，保险系数在一定范围内，出于对配方成本的考虑不可能有太大的允许误差(一般只考虑设备正常误差)。所以操作人员必须有很强的责任心，严格按配方执行。在原料变化或其他情况需要对配方进行变动时，技术人员要进行调整，不得任意变动，以保证配方的科学性与严谨性。

在生产过程中，及时填写大料配料记录、中控作业记录。大料配料记录应包括配方编号、大料名称、配料仓号、理论值、实际值、作业时间、配料人等。中控作业记录包括产品名称、配方编号、清洗料、理论产量、成品仓号、洗仓情况、作业时间、操作人等信息。

3. 小料配料过程

小料是指在生产过程中，将微量添加的原料预先进行配料或者配料混合后获得的中间产品。为了保证各种微量成分准确均匀地添加到配合饲料中，保证其安全有效地使用，称量时要求使用灵敏度高的秤或天平。所用秤的灵敏度至少应达到 0.1%，满足计量的误差要求。秤的灵敏度和准确度至少每月进行一次校正。在配料过程中，原料的使用和库存要每批、每日有记录，有专人负责管理并定期对生产和库存情况进行核查。在手工配料时，应使用不锈钢料铲，做到专料专用，以免发生交叉污染。

小料配料过程应包括小料原料的领取与核实、小料原料的放置与标识、称重电子校秤准与核查、现场清洁卫生、小料原料领取记录、小料配料记录等，具体应包括以下几项：①小料配料人员应根据配料单领取原料，并核实小料原料的品种和数量。②在小料领取完毕后，应填写小料原料领取记录，包括小料原料名称、领用数量、领取时间、领取人等。③领取的小料原料在小料配料间内，应分类存放，标识清晰。④在小料配料前，应采用标准砝码校准电子秤，以确保小料配料的精度。⑤在小料配料过程中，应填写小料配料记录，包括小料名称、理论值、实际称重值、配料数量、作业时间、配料人等信息。

生产配合饲料、浓缩饲料、精料补充料的饲料企业在配料混合工段必须配备计算机自动化控制的配料系统。配料系统的核心设备是电子配料秤，需定期检查悬挂的自由程度，以防止机械性卡住而影响其称量精度。由于电子配料秤由计算机控制自动称量或置零，秤体上的粉尘或其他物品都会直接影响称量效果。因此，必须保持电子配料秤体的清洁，禁止在秤体上放置任何物品或人为撞动电子配料秤体。在用计算机控制配料时，需要根据喂料器的大小和饲料原料容重调整下料速度和饲料原料在秤体中的空中落料量，以保证在配料周期所规定的称重时间内完成配料称量，并达到所要求的计量精度。

计算机控制配料系统的中央控制室操作人员(中控工)应掌握计算机配料软件启动与配方核对、混合时间设置、配料误差核查、进仓原料核实、中控作业记录等。操作工应根据生产任务单，按照配料软件的程序启动计算机，核对产品配方单后开始生产，及时通知相关人员核实进仓仓号。在生产过程中，操作工应及时核查每种原料的配料误差。如果误差超出配料精度要求（配料系统动态精度不大于3‰，静态精度不大于1‰），则应及时停止配料，通知相关管理人员查找原因以便及时解决。

（四）混合工段

饲料原料只有在混合机中混合均匀，饲料中的营养成分才能均匀分布。如果维生素、氨基酸、微量元素等混合不均匀，将直接影响饲料质量和畜禽生长速度，甚至引起畜禽中毒。

1. 小料的预混合

《饲料质量安全管理规范》规定对生产配方中添加比例小于0.2%的微量组分应加入适宜、适量的载体或稀释剂扩容，进行稀释或预混合处理。在小料预混合过程中，应注意物料添加顺序、混合时间和混合机充满系数。小料的预混合过程包括小料预混合、小料投料与复核。

（1）小料预混合　包括小料、载体或稀释剂领取、投料顺序、预混合时间、预混合产品分装与标识、现场清洁卫生、小料预混合记录等。

在小料预混合前，应根据产品预混合工艺的要求，预混合作业人员在仓库领取小料预混合所用的小料、载体或稀释剂。在一般情况下，应先投载体或稀释剂的80%，再投小料，最后投入剩余的20%载体或稀释剂。每批小料预混合作业完毕后，应根据主混合机的容量以及生产配方的要求，确定预混合产品的分装重量；在分装前，应对包装电子秤进行校准，以确保包装精度；根据混合产品的品种类别，分装后的预混合产品分类存放，并有清晰的标识。在预混合生产过程中，应填写小料预混合记录，包括小料名称、重量、批次、混合时间、作业时间、操作人等信息。

（2）小料投料与复核　严格遵守中控人员的指令，投放小料。在投料前，应对每批小料或预混合产品的重量及批数进行复核。在小料投料与复核过程中，应填写小料投料与复核记录，包括产品名称、接收批数、投料批数、重量复核、剩余批数、作业时间、投料人等信息。

2. 原料混合

为了保证饲料的均匀混合，加入各种饲料原料的顺序十分关键，相关内容见第六章。

3. 混合均匀度

饲料的混合均匀度变异系数越小，说明饲料混合越均匀。企业每6个月应对每种类别的产品（固体添加剂预混合饲料、混合型饲料添加剂、配合饲料、浓缩饲料、精料补充料）进行至少1次混合均匀度验证，测定方法按照GB/T 5918—2008《饲料产品混合均匀度的测定》进行。混合机发生故障经修复投入生产前，如转子变形和磨损后修复或更换、调整混合机间隙、更换或维修卸料装置等，均应对产品混合均匀度进行验证。

4. 产品最佳混合时间的确定

混合时间是保证产品混合均匀度的主要参数之一。企业应当根据产品混合均匀度标准的要求，通过厂内混合确定产品的最佳混合时间。最佳混合时间是指达到混合均匀度最高（变异系数最小）时，所需要的最短混合时间。最佳混合时间与混合机类型、原料的物理性质等有关，如粒度、流散性。

在进行产品的最佳混合时间试验设计时，混合时间的设定应以混合机产品说明书中要求的混合时间为中点，分别向两侧设定适当的时间点。例如，混合机说明书中要求的混合时间为 90 s，可设定 60 s、75 s、90 s、105 s 和 120 s 为确定最佳混合时间实验的时间点。通过比较不同混合时间样品的混合均匀度的变异系数，结合产品混合均匀度的标准要求和能耗情况，确定该产品最佳混合时间。最佳混合时间不一定是变异系数最小的时间，如混合时间为 60 s、75 s、90 s、105 s、120 s 的变异系数 *CV* 值分别为 7.3%、5.4%、4.6%、4.1%、3.9%。最佳混合时间应从法规或标准要求、生产效率、能耗等方面进行综合考虑，选择混合时间为 90 s 为最佳混合时间。产品最佳混合时间的实验记录应包括混合机编号、混合物料名称、混合次数、混合时间、检验结果、最佳混合时间、检验日期和检验人等信息。

（五）制粒工段

1. 制粒前对设备的要求

生产前要对设备进行检查和维护，以确保产品的质量。制粒前对设备的要求包括以下几个方面。

①制粒机进料口的磁铁每班要清理一次。

②检查环模和压辊的磨损情况。压辊的磨损直接影响生产能力。如果环模磨损过度，减少了环模的有效厚度，将影响颗粒质量。

③检查冷却器是否有物料积压，检查立式逆流冷却器的排料栅格是否调整到位，或卧式冷却器的输送孔板是否被损坏。

④破碎机齿辊要定期检查。如波纹齿磨损变钝，会影响破碎能力，降低产品质量。

⑤每班检查分级筛筛面是否有破洞、堵塞和物料黏结现象。如有上述现象发生，及时进行修复、更换或清理，以达到正确的颗粒分级效果。

⑥检查制粒机切刀。切刀磨损过钝，会使饲料粉末增加。

⑦检查蒸汽的汽水分离器，以保证进入调质器的蒸汽质量。

⑧在换料时，检查制粒机上方的缓冲仓、成品仓是否完全排空，以防止发生混料。

2. 调质

为了保证调质效果，必须控制蒸汽压力。畜禽饲料调质后的水分一般控制为 16%～18%，温度为 75～85℃。

3. 环模压辊间隙

正确调整环模压辊间隙可以延长环模和压辊的使用寿命，提高生产效率和颗粒质量。压模压辊间隙通常应调整为 0.1～0.2 mm。环模孔径与模孔长径比应根据生产的饲料类型来合理配备。

4. 对颗粒的要求

企业应针对不同的饲料类型，按照国家、行业标准或企业标准，定期检测颗粒饲料的颗粒成型率、硬度、粉化率，水产颗粒饲料还要检测水中稳定性。在每个品种生产完毕后，应填写制粒作业记录，包括产品名称、制粒机号、制粒仓号、调质温度、蒸汽压力、环模孔径、环模长径比、分级筛筛网孔径、感官检查、作业时间、操作人等信息。

（六）膨化工段

在膨化过程中，依据膨化工艺参数，随时监测调质温度、蒸汽压力、膨化温度等，确保工艺参数符合产品要求。在膨化作业过程中，随时检查膨化产品的感官质量，如温度、大小、均匀性、水分等。在每个饲料品种生产完毕后，应及时清理冷却器或干燥器内残留的物料，整理各种器具，确保作业现场的清洁卫生。在生产完毕后，应填写膨化作业记录，包括产品名称、调质温度、模板孔径、膨化温度、感官检查、作业时间、操作人等信息。

（七）包装和储运

1.包装过程的质量控制

包装工段应包括标签与包装袋领取、标签和包装袋核对、感官检查、包重校验、现场清洁卫生、包装作业记录等。

（1）包装前的质量检查　饲料经过包装，其外观质量的缺陷不容易被发现，所以包装前的检查是十分必要的。在包装前，应检查和核实：①被包装的饲料和包装袋及饲料标签是否正确无误；②包装秤的工作是否正常；③设定的重量是否与要求的重量一致；④从成品仓中放出部分待包装饲料由质检人员进行检验，检查饲料的颜色、粒度、气味以及颗粒饲料的长度、光滑度、颗粒成型率等；⑤按规定要求对饲料取样。

产品标签的设计要求及内容应符合《饲料和饲料添加剂管理条例》（2017 年修订版）、GB 10648—2013《饲料标签》及国家相关法律法规的规定。审核批准后的标签可通过电子化或纸质手段传递给生产部进行使用，所有环节均需相关责任人签字。每次领用标签后，应填写标签领用记录。标签领用记录应包括产品名称、领用数量、班次用量、损毁数量、剩余数量、领取时间、领用人等信息。产品标签应当存放于专用仓库（柜）中，由专人管理，并有清晰标识。

（2）包装过程中的质量控制　包装饲料的重量应在规定的范围之内，一般误差应控制在1%～2%；打包人员应随时注意饲料的外观，发现异常情况及时报告质检人员，听候处理；缝包人员要保证缝包质量，不得将漏缝和掉线的包装饲料放入下一工段；质检人员应定时抽查检验，包括包装的外观质量和包重。

包装人员应根据生产产品品种、生产任务单，从标签和包装袋仓库中领取与之对应的产品标签和包装袋，并填写领用记录，确保产品、标签、包装袋三者一致。在包装作业过程中，随时检查产品的感官质量，如颗粒饲料的大小、颗粒均匀性、温度、硬度、含粉率和水分等，粉状饲料的粒度、颜色和水分等。在包装过程中，应采用电子秤对包重进行校验。在每个品种包装完毕后，应填写包装作业记录，包括产品名称、实际产量、包装规格、包数、感官检查、头尾包数量、作业时间、操作人等信息。

2.散装饲料的质量控制

散装饲料的质量控制一般比袋装饲料简单。在装入饲料散装罐车前，应对饲料的外观进行检查；定期检查地磅的称量精度；检查散装饲料装料工段的所有分配器、输送设备和闸门的工作是否正常；检查饲料散装罐车是否有残留饲料，如果运送不同品种的饲料要清理干净，防止不同饲料之间的交叉污染。

3.仓储过程中应注意的问题

成品饲料在库房中应码放整齐，合理安排使用库房空间。注意以下问题：①建立“先进先出”，因为码放在下面和后面的饲料会因存放时间过长而变质。②在同一库房中存放多种饲料时，要预留出足够的距离，以防发生混料或发错料。③因破袋而散落的饲料应及时重新装袋并包装，放入原来的料垛上。如果散落饲料发生混料或被污染，应及时处理，不得再与原来的饲料放在一起。④库房的顶部和窗户是否有漏雨现象。⑤对饲料成品库进行清理时，如发现变质或过期饲料及时请有关人员处理。⑥做好防虫、防鼠、防鸟、防蛇等措施。

（八）生产设备的管理

先进的设备是饲料企业开展工作的基础，按规定对设备检查、维护保养与维修是保证设备正常运行的前提，是确保饲料产品符合规定要求、达到产能的重要保证。饲料企业应当建立生产设备管理制度和档案，制定粉碎机、配料秤、混合机、制粒机、膨化机、空气压缩机等关键设备操作规程，填写并保存维护保养记录和维修记录。

生产设备的管理制度应当规定采购与验收、档案管理、使用操作、维护保养、备品备件管理、维护保养记录、维修记录等内容。设备操作规程应当规定开机前准备、启动与关闭、操作步骤、关机后整理、日常维护保养等内容。关键设备应当实行“一机一档”管理，档案包括基本信息表（名称、编号、规格型号、制造厂家、联系方式、安装日期、投入使用日期等）、使用说明书、操作规程、维护保养记录、维修记录等内容。维护保养记录应当包括设备名称、设备编号、保养项目、保养日期、保养人等信息；维修记录应当包括设备名称、设备编号、维修部位、故障描述、维修方式以及效果、维修日期、维修人等信息。

（九）生产辅助系统

饲料生产中辅助系统主要包括电控系统、蒸汽系统、空气压缩系统、除尘风网系统和液体添加系统。

1.电控系统

电控系统应满足的基本要求为：①系统控制箱可以直观地反映生产线上所有设备的运行状态和主要设备的运行负荷，操控准确、简捷；②设备故障报警功能，可以使维修人员迅速排除故障，恢复生产；③采用计算机自动配料的生产企业的生产线自动控制系统采用中央控制室集中控制和现场分散控制相结合，实现直观、简便的个人操作；④各类仪表、计量称重元器件等仪器性能符合要求，工作稳定可靠；⑤具有独立接地装置，保证系统安全可靠；⑥桥架安装规范整齐，无裸露或破损电线。

2.蒸汽系统

蒸汽系统应满足的基本要求为：①系统高温设备及其设施有良好的隔热层和警示标识；②完整可靠，并配有安全阀、疏水阀、减压阀、温度表和压力表等仪表设施；③提供蒸汽压力、蒸汽温度和蒸汽量满足生产需求；④无漏气现象发生。

3.空气压缩系统

空气压缩系统应满足的基本要求为：①齐全完整，应包括空气压缩机、储气罐、干燥机、过滤器、管件等；②配备有压缩空气“三联件”，即过滤器、油雾器和调压器；③罐上应安装安全阀;④系统提供的空气压力,空气量应满足生产需求;⑤安装规范,无漏气现象。

4. 除尘风网系统

除尘风网系统应满足的基本要求为:①齐全完整,主要包括吸尘罩、吸风管网、除尘器、风机、关风器等设备;②设计合理,系统中有风量调节阀门;③除尘效果应满足生产要求;④安装规范,风管中无积尘现象。

5. 液体添加系统

液体添加系统应满足的基本要求为:①齐全完整,应包括储液罐、输液泵、喷液泵、过滤器、溢流阀、喷液装置以及管道、管件等;②计量精度满足生产要求,喷液量可调;③雾化效果良好,喷涂均匀;④安装规范,无漏液现象。

三、防止交叉污染与外来污染

在加工、运输、储存过程中,不同的饲料原料或饲料产品之间或饲料与周围环境中的其他物质发生的污染,被称为交叉污染。饲料企业应当采取有效的措施,防止由于设备残留、计划失误、环境卫生差、现场管理不到位等引发的交叉污染和外来污染,保证产品质量安全。

(一)防止饲料加工设备交叉污染的防控措施

为防止饲料加工设备结构不合理所带来的交叉污染,饲料企业在采购和维修设备时应采取有效措施来减少设备结构产生的交叉污染问题。

1. 饲料输送设备

在饲料厂工艺流程设计中,应采用尽可能短的输送线路,以减少残留与交叉污染。在饲料生产过程中,常用的输送设备包括螺旋输送机、刮板输送机、斗式提升机、溜管、气力输送管道、物料分配器等。

(1)螺旋输送机　螺旋外径与机槽的允许最大间隙为 4～6 mm,中间出料闸门宜采用跌落式闸门,闸板顶面宜与输送槽底面采用相同形状的结构,且在闸门关闭时尽可能与输送槽保持同一平面,顶盖板与输送槽顶法兰之间应密闭无缝隙。

(2)刮板输送机　平底刮板输送机的刮板与机壳侧壁的间隙应不大于 10 mm,每隔 2 m 左右配置与机槽等宽的刮板。在工作状态时,输送机的 U 形刮板应与输送槽底部保持弧形接触;U 形刮板输送机的中间出料闸门、闸板顶面、顶盖板要求同螺旋输送机一致。

(3)斗式提升机　宜采用弧形底部结构,畚斗外壁与机座弧形底部的间隙应可调。机筒宜采用机器折边咬接方式。筒内的咬接或连接缝处应贴合严密,防止残留物料。不同机筒段的连接处应密封无缝隙,且内侧应与机筒壁成一平面。底座两侧清理门的结构应能够开闭轻便,且能实现彻底清扫。

(4)溜管和气力输送管道　应为可拆卸式组合结构,以便拆卸清理。输送饲料添加剂的溜管和气力输送管道应采用不锈钢制作,气力输送管道也可采用其他耐磨蚀材料制作。

(5)物料分配器　旋转分配器、摆动式分配器的导料管与排料口之间应能准确定位。旋转分配器、摆动式分配器的导料管与排料口应安装可浮动的密封件。当导料管准确定位后,密封件可落下,导料管与排料口之间无缝隙,内部带清理毛刷,并有排灰出口,每旋转一圈,内部可以自动清扫一次。旋转分配器、摆动式分配器的外壳上应设检修门，尺寸应满足人工清理分配器内部和检修的要求。

2. 饲料清理筛

清理筛的筛面清理装置应能保证将筛面残留的杂质或物质清理干净，所设清理门结构和尺寸应能保证对清理筛内部实施彻底清扫。圆锥粉料清理筛的筛面清理装置与筛面的间隙应可调节。组合振动清理筛的筛面应能方便地抽出，进行清理和更换。

3. 磁选设备

永磁筒的磁柱外罩的表面应光滑，环形箍的上表面应制作成斜面结构，防止残留物料。永磁筒的外壳上焊接的导料圈与外壳壁之间应无间隙，防止物料残留。永磁滚筒的磁性杂质与饲料的分离挡板的位置应正确设计，确保脱离磁区的磁性杂质不会落入饲料区。在溜管或其他设备喂料器上安装的永磁板或磁柱、磁栅等应采用可抽出式结构，方便进行清理作业。与饲料添加剂直接接触的设备表面应采用不锈钢或其他耐腐蚀材料制作。

4. 粉碎设备

喂料器宜采用叶轮式或辐式喂料或其他能完全卸料的结构。当采用非完全卸料的喂料器时，喂料器的结构设计应能保证方便地清扫出残留物。分级叶轮及其相连的水平管道结构应易于实施清理作业。立轴锤式超微粉碎机粉碎室内壁面应光滑，与内垂直壁面相交的凸台的上方应为能防止粉料残留的斜面结构。

5. 配料设备

(1)喂料器　螺旋喂料器进口段的螺旋结构应能实现沿进料口全长均匀进料。常量组分螺旋喂料器的螺旋与机壳底部允许的最大间隙为 4～6 mm。微量组分螺旋喂料器应采用全不锈钢材料，螺旋轴应采用浮动轴结构或螺旋与机壳底部间隙不大于 3 mm。螺旋轴应能整体抽出以便清理。应在螺旋喂料器的顶部、底部或其他适宜部位安装检修清理门，以便彻底清扫。叶轮喂料器内部应易于清扫，无不能清理的死角。

(2)配料秤斗　添加剂预混合饲料微量配料秤秤斗应采用不锈钢制作。配料秤斗的仓内壁面应光滑不挂料。锥形斗部分与水平面夹角的最小角度应满足所存所有物料自流排出的要求。配料秤的排料闸门宜采用弧形阀门等无残留结构。

(3)小料配制与称量设备　人工称量添加剂的秤和小料投料校验秤应采用具有不锈钢台面的电子台秤。添加剂的舀勺应一料一勺，并贴具标签。盛放饲料添加剂的容器应采用不锈钢或其他耐腐蚀的材料制作，且不会影响添加剂的品质。小料人工投料的料斗应采用不锈钢材料，并应配备单点除尘设备。

6. 混合设备

混合机应在侧壁上安装检修门，检修门的尺寸应能满足人员方便地进入设备内进行清理和维修，可配备吹扫装置。单轴桨叶式混合机的残留率应满足 JB/T 11689—2013《单轴桨叶式饲料混合机》的规定，卧式螺带混合机的残留率应满足 JB/T 12779—2016《螺带饲料混合机》中的规定。混合机与饲料添加剂直接接触的设备表面应采用不锈钢或其他耐腐蚀材料制成。

7. 液体添加设备

与油脂(或其他液体)接触的部件应选用不锈钢材料制造或涂覆无毒性涂料。储罐的底部应设排污口，排污口的位置应处于罐底最低处，以确保能排出所有残留物和清洗液。在油脂（或其他液体）添加泵之前应设置滤油泵和过滤装置。

8. 调质设备

调质器的外壳上应设置检修门，检修门的总长度不小于调质器腔体总长度的70%。单轴桨叶式调质器外壳上可安装加热装置，以便于清除内壁上黏附的物料。单轴桨叶式调质器和螺旋调质器（均质机）的残留限量应小于JB/T 11691 —2013《单轴桨叶式饲料调质器》的规定。双轴桨叶式调质器的残留限量应符合JB/T 11690—2013《双轴桨叶式饲料调质器》的规定。

9. 干燥冷却设备

立式逆流颗粒饲料干燥机和立式逆流冷却器的残留率应不大于其有效容积储量的0.3%，箱体内部结构不应有无法清除残留物的死角。带式横流颗粒饲料干燥机的残留率应符合GB/T 25699 —2010《带式横流颗粒饲料干燥机》的规定。输送带系统上应配置能自行清扫底板上残留的颗粒料清扫机构，应设置防止颗粒料进入输送带两侧边缘地带的挡板和防止输送带末端排料飞溅的挡板，减少物料残留和交叉污染。箱体的内部结构不应有无法清除残留物的死角。在换热器前需要配置过滤装置，防止物料进入换热器，过滤器应便于清理。

10. 分级筛设备

分级筛的筛体内部不应留有无法清除残留物的死角。

11. 成品包装输送设备

（1）电子定量包装秤　电子定量包装秤的螺旋喂料器和包装秤秤斗的要求与配料设备相同。

（2）散装饲料运输车　散装饲料运输车的罐体装料仓的内壁面应光滑、保证物料可自流到输送段，无料流死角、无缝隙。当采用多仓结构时，各仓之间应分隔良好，不得有窜仓现象。排料采用螺旋输送机时应保证其便于清理。散装饲料运输车的罐体上应设人工检查门，方便人员进入清理，此外应设置气动吹扫装置。

12. 料仓

原料和成品料仓的出仓斗与水平面夹角的角度应满足自流排料和先进先出的要求。储存添加剂预混剂和添加剂的料仓（配料仓）应采用整体圆形或矩形不锈钢仓，仓内壁面应光滑，无突出的加强筋。矩形料仓壁交汇处宜做成圆角。出料斗应能满足所存所有物料自流排料和先进先出的要求，宜采用三面直壁结构。料仓应设检修门，以满足人工清仓的要求。料仓应设防尘减压排气口或吸风系统；添加剂或添加剂预混剂配料仓可配置吸风除尘系统。

13. 除尘设备

（1）脉冲除尘器　脉冲除尘器的垂直壁面上应安装有尺寸足够大的检修门，通过此门可实现对脉冲除尘器进行彻底清扫和更换布袋等。

（2）风管　风管应尽可能减短水平管段的长度。水平管段上应设置清理门/口或制成可拆卸式，以便必要时对水平管段内部进行清理。

（二）饲料生产过程中防止交叉污染的措施

1. 生产线清洗和清洗料的使用

清洗就是使用一定数量的一种原料，带走先前加工饲料时设备上的残留，如玉米粉、豆粕或麦麸等。清洗应该从待粉碎仓或混合机开始，贯穿整个生产流程。生产线清洗包括清洗原则、清洗实施与效果评价、清洗料的放置与标识、清洗料使用、生产线清洗记录等。

生产线清洗的基本原则就是本批产品的残留不会对下批产品发生交叉污染。应选择合适的清洗料对生产线进行洗涤，清洗料应是后生产产品所用的大宗原料中的一种。清洗实施应根据清洗料的品种以及重量，结合实际工艺设备，对清洗料进料方式、清洗步骤、清洗料流向等进行详细描述。在每次生产线清洗完毕后，可以采用生产线清洗前后某一种残留物浓度的检测或其他有效方法，对实施清洗的效果进行评价。在每次清洗作业完成后，及时收集和包装清洗料。应根据清洗料的类别做到定位存放，并有清晰的标识。在使用清洗料时，应回置于同品种的产品中，同时对清洗料的使用量及操作流程做出明确规定。在每次生产线清洗完毕后，应填写生产线清洗记录，包括班次、清洗料名称、清洗料重量、清洗过程描述、作业时间、清洗人等信息。清洗料使用记录，包括清洗料名称、生产班次、清洗料使用情况描述、使用时间、操作人等信息。

2. 小料及其原料的盛放器具

盛放饲料添加剂、添加剂预混合饲料产品及其中间产品的器具或者包装物应当明确标识，不得交叉混用；生产饲料使用的原料品种很多，除维生素预混合饲料、微量元素预混合饲料外，还有各类氨基酸、酶制剂、调味剂、防霉剂等。盛放这些小料及中间产品的器具或者包装物要做到“专桶专用、专袋专用、一料一勺”，并应在盛放器具和包装物上明确标识。采用包装袋盛放就应规定或限定最多使用次数；盛放器具或包装物应做到“批用批清”，保持整洁、干净、卫生，防止小料因黏附、静电等而产生交叉污染。

3. 设备定期清理

生产设备的残留是引起交叉污染的一个主要原因。因此，企业应对生产设备的残存料、粉尘积垢等进行定时、定期清理。重点清理的设备为制粒机、调质器、配料仓、物料的溜管、提升机和立筒仓。对配料仓、立筒仓清理时，应注意粉尘防爆。清理料原则上不能继续使用。若要使用，应先对其安全卫生指标进行评估。

（三）防止外来污染的措施

饲料企业应采取有效措施，防止外来杂质和有害物质对饲料产品造成污染。生产车间应当配备防鼠、防鸟等设施，地面平整，无污垢积存。鼠害的防治应以预防为主，主要措施是保持厂区的清洁卫生，消除卫生死角，无污垢积存，以防止害鼠滋生。常见的防鼠措施有设置防鼠挡板、捕鼠夹、黏鼠板、安装电子猫或放置防鼠笼等，不得使用化学药物毒饵。防鸟的常用手段有设置防鸟网、安装驱鸟器等。保持生产区地面平整，无污垢积存，应特别注意地坑、阴暗、潮湿等场所，加强对过期和变质原料的管理。

生产现场的原料、中间产品、返工料、清洗料、不合格品等应分类、整齐存放，每类存放物料都应有清晰的标识。保持生产现场清洁，生产现场中不需要的物品应全部清理。按照产品说明书规范使用润滑油、清洗剂，不得使用易碎、易断裂、易生锈的器具作为衡量或者盛放用具；不得在饲料生产过程中进行维修、焊接、气割等作业。

本章小结

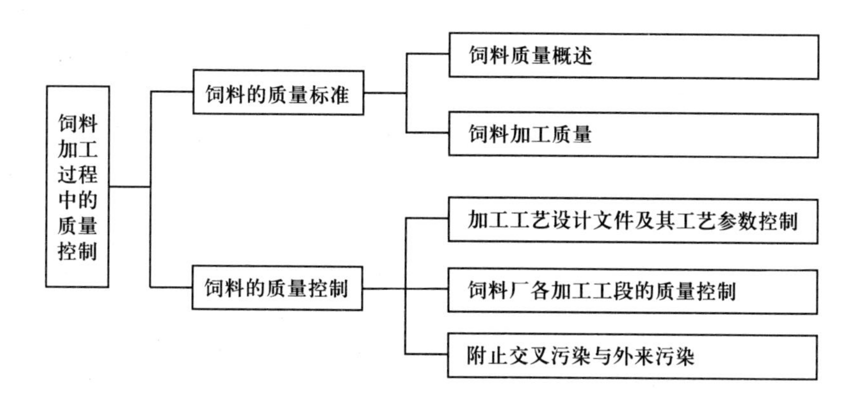

复习思考题

1. 简述饲料加工质量指标。
2. 饲料加工过程中的质量控制包括哪些内容？

第十二章　饲料厂的环境保护与安全控制

学习目标

- 了解影响饲料厂环境保护和安全的主要因素；
- 掌握防治噪声、粉尘、异味和有害生物污染的措施。

主题词：安全；环境卫生；噪声；粉尘；有害生物

随着饲料工业的发展，饲料厂安全卫生管理与防治技术日益受到关注。环境保护是我国的一项基本国策，饲料厂环境保护问题不容忽视。因此，在满足生产要求的同时，必须采取有效的环境保护设施和措施控制饲料生产中的噪声、粉尘、异味、有害生物等，以达到降低及避免环境污染，保障饲料厂安全生产，提高饲料质量的目的。

第一节　粉　　尘

在空气中悬浮一定时间的固体粒子叫作粉尘，粉尘是饲料厂产生的主要空气污染物。在饲料加工过程中，伴随着饲料原料或成品流动，常常在空气中传播的细粉颗粒会在设备内或敞口处扬起，造成粉尘散布。

按粉尘的成分可分为矿物性的无机粉尘（如石英、水泥、金属等）、动植物性的有机粉尘（如谷物、毛发等）以及两者同时存在的混合性粉尘 3 类。饲料厂主要是植物性的有机粉尘、原料投料、清理时的矿物性粉尘以及添加剂预混合饲料车间中的混合性粉尘。按粉尘的危害性，粉尘可分为有毒粉尘、无毒粉尘和放射性粉尘等。饲料厂多为无毒粉尘，但矿物盐预混合饲料车间的粉尘也有一定的毒性。但无毒粉尘被人体吸入仍然会造成尘肺病等职业病。按粉尘的颗粒大小，粉尘可分为可见粉尘、显微粉尘和超显微粉尘。可见粉尘的粒径大于 10 μm，在静止的空气中呈加速沉降，用肉眼可分辨；显微粉尘其粒径为 0.25～10 μm，在静止的空气中呈等速沉降，需在普通显微镜下分辨；超显微粉尘其粒径小于 0.25 μm，悬浮在静止的空气中，随空气分子做不规则的布朗运动，需在超倍显微镜或电子显微镜下才能分辨。按粉尘的爆炸性质，粉尘可分为易燃易爆性粉尘和非燃非爆性粉尘 2 类。

一、粉尘的危害

粉尘是饲料厂环境保护的工作重点。其主要危害是影响人体健康、损坏设备和发生粉尘爆炸。

（一）对人体健康的危害

人体吸入过多粉尘，会引起感官刺激或异常，造成口腔、咽喉、鼻腔、眼睛、气管、支气管等方面的黏膜炎症。长期吸入粉尘会引起肺组织纤维化、尘肺、硅肺等。

（二）对设备的损害

粉尘给生产设备带来不良影响。落入机器设备的运转部件上的粉尘会加速机械的磨损，缩短生产设备的使用寿命；粉尘落到电气设备上，可能破坏绝缘或阻碍散热，造成事故。

（三）产生粉尘爆炸

悬浮在空气中的可燃性粉尘，当达到爆炸下限，遇点火源就会瞬间发生燃烧，产生高温致使在有限空间内燃烧后产生的混合气体迅速膨胀，压力增大，产生爆发的过程，这个过程称之为粉尘爆炸。饲料厂是易发生粉尘爆炸的生产单位之一，而最容易发生危险的部位为筒仓和料仓、斗式提升机和吸风系统等。爆炸多数是由于电焊、气焊或其他明火作业或金属部件撞击、摩擦等产生火花引起的。

二、粉尘爆炸的特点及其危害

（一）粉尘爆炸的条件

发生粉尘爆炸必须具备 3 个要点和 5 个要素（图 12-1）：①可燃性粉尘；②氧气浓度；③点火源（能量源）；④受限空间；⑤分散（粉尘质量浓度）。如果具备了①、②、③ 3 个要点，则可能会产生粉尘爆炸；如果具备①、②、③、④、⑤ 5 个要素则必然会产生爆炸。

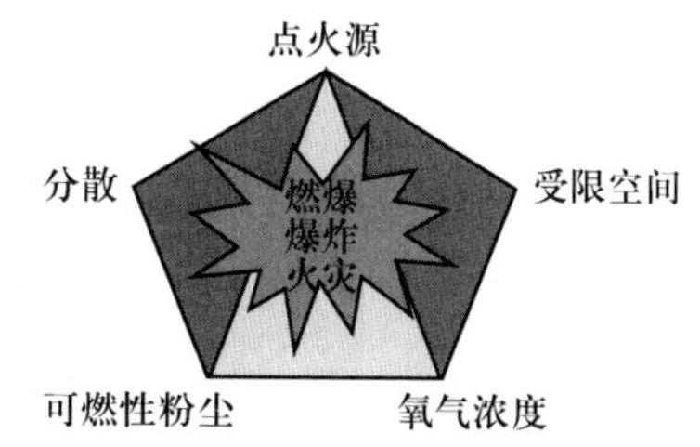

图 12-1 粉尘爆炸的 3 个要点和 5 个要素

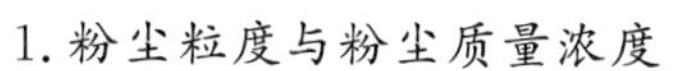
1. 粉尘粒度与粉尘质量浓度

一般含有 500 μm 以下粒径的可燃性粉尘才可能发生爆炸。随着粒度的减小，其最大爆炸力和最大压力上升速率都会增大。可燃粉尘只有在一定质量浓度下才会燃烧与爆炸。面粉在 1 m^3 空气中悬浮 15～20 g 时，最易爆炸。特别是 10 μm 左右的粒子，当其质量浓度为 20 g/m^3 时，危险性最大。在这一质量浓度下，我们看不清 2 m 以外的物体。

2. 空气（氧气）

粉尘爆炸要有足够的氧气，如果粉尘质量浓度过高，氧气相对不足，则不会造成爆炸。因此，粉尘浓度有一个最高的界限——粉尘云爆炸上限。以粉尘在空气中的浓度为 65 g/m^3 为界限，当粉尘浓度超过此界限，一般没有爆炸危险。不同粉尘、不同粒径、不同湿度，其粉尘云爆炸上限和下限各不相同。

3. 点火源(能量源)

这些因素包括机械摩擦、撞击等产生的热源,电机等各种电器的过热、短路、闪电放电、雷击等带来的火花(静电放电)以及管理不善而造成的物料结块、自燃、抽烟等。

4. 封闭空间

在车间或机器内存在一个有限的封闭空间,浓度适中的可燃粉尘与空气混合,然后点燃,就能造成粉尘爆炸。如果没有一个有限的空间,就不会形成巨大的压力,粉尘也就不会爆炸。

5. 最小点火能

最小点火能(minimum ignition energy)是指能够引起粉尘云(或可燃气体与空气混合物)燃烧(或爆炸)的最小火花能量,也称为最小火花引燃能或者临界点火能。混合气体的浓度对点火能量有较大的影响。通常如果火源的能量小于最小能量,可燃物就不能着火。所以最小点火能量也是一个衡量可燃气体、蒸汽、粉尘燃烧爆炸危险性的重要参数。释放能量很小的撞击摩擦火花、静电火花的能量是否大于最小点火能量,这是判定其能否作为火源引发火灾爆炸事故的重要条件。

(二)粉尘爆炸的过程

粉尘爆炸的危害程度根据现场空间情况而有所不同。在一般情况下,一旦发生二次爆炸,将会造成严重破坏和人员伤亡事故。某一生产设备发生爆燃引起的粉尘爆炸过程见图12-2。从图12-2中可以看出,粉尘爆炸发生过程很短,即工艺设备发生初始内部燃爆→冲击波反弹→形成粉尘云→燃爆范围扩大→二次燃爆→从内向外二次燃爆→二次燃爆冲毁建筑物结构→二次燃爆造成建筑物坍塌和引起火灾。

(三)影响粉尘爆炸的内部因素

①粉尘的燃烧速度比气体的燃烧速度要小。粉尘的颗粒越小,其相对表面越多,分散度越大,则爆炸极限范围扩大,其爆炸危险性便增加。因为粒子越小,粒子带电性越强,使得体积和质量极小的粉尘粒子在空气中悬浮的时间越长,燃烧速度就更接近可燃性气体混合物的燃烧速度,燃烧过程也进行得更完全。燃烧热高的粉尘,其爆炸浓度下限低,一旦发生爆炸即呈高温高压状态,爆炸威力大。

②粉尘中含可燃挥发成分越多,热分解温度越低,爆炸危险性和爆炸产生的压力越大。

③粉尘中的灰分(即不燃物质)和水分的含量增加,其爆炸危险性降低。灰分和水分能够较多地吸收体系热量,从而减弱粉尘的爆炸性能,而且会增加粉尘的密度,加快其沉降速度,使悬浮粉尘浓度降低。

(四)影响粉尘爆炸的外部因素

①空气含氧量是粉尘爆炸最敏感的因素。随着空气中氧含量的增加,爆炸浓度范围也随之扩大,爆炸危险性也增加。

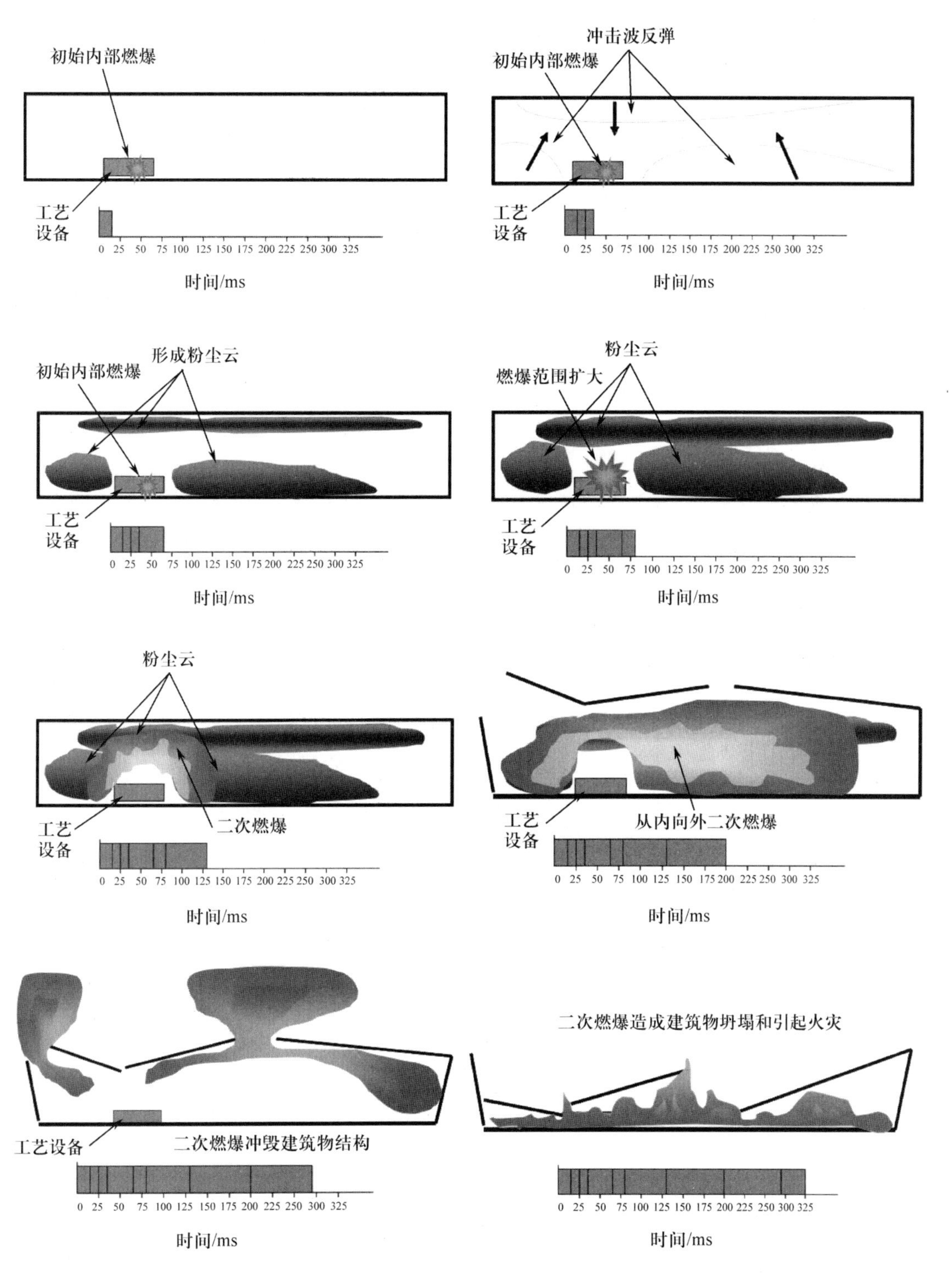

图 12-2　粉尘爆炸的过程

②空气湿度增加，粉尘爆炸的危险性减小。湿度增大，有利于消除粉尘静电和加速粉尘的凝聚沉降。同时水分的蒸发消耗了体系的热能，稀释了空气中的含氧量，降低了粉尘的燃烧反应速度，使粉尘不轻易发生爆炸。

③当粉尘与可燃性气体共存时，粉尘爆炸浓度的下限相应下降，而最小点火能量也有一定程度的降低，即可燃气体的出现大大增加了粉尘爆炸的危险性。

④当空气温度升高，压强增加时，粉尘爆炸浓度极限范围会扩大，所需要的点火能量也会降低，从而造成粉尘爆炸的危险性增大。

⑤点火源的温度越高，强度越大，与粉尘和空气的混合物接触时间越长，其爆炸浓度极限范围就变得更宽，爆炸危险性增大。在一定条件下，每一种可燃粉尘都有一个最小点火能量，若低于此能量，粉尘与空气形成的混合物就不能爆炸。粉尘的最小点火能量越小，其爆炸的危险性就越大。

（五）粉尘爆炸的危害

①粉尘爆炸能呈现出跳跃式和爆炸连续性的特点。粉尘爆炸形成后，随着爆炸的连续，其反应速度和爆炸压力也就持续加快和升高，并呈现跳跃式发展，产生爆震。特别是当在爆炸传播途中遇有障碍物或巷道拐弯处，则压力会急剧升高，所以一些粉尘爆炸事故不仅具有爆炸连续性，而且也表现出离爆炸点越远，破坏性越严重的特点。

②粉尘爆炸有产生二次爆炸的可能性。一方面，粉尘初始爆炸的气浪会将沉积粉尘扬起，在新的空间迅速形成新的爆炸性混合物。其在火焰和高温的作用下，再次发生爆炸（即二次爆炸）；另一方面，在粉尘爆炸的地点，空气受热膨胀，密度变小，经过一个极短促的时间后形成负压区。由于气压差的作用，新鲜空气向爆炸点送流，促进空气的二次冲击（即返回风）使已发生粉尘爆炸的高温区沉积粉尘再次发生爆炸。二次爆炸所扬起的沉积粉尘，其质量浓度往往比第一次爆炸时还要大，爆炸破坏力更为严重。

③粉尘爆炸后可能产生有毒气体，与气体爆炸相比，粉尘爆炸易引起不完全燃烧，有些沉积粉尘还有阴燃现象。在爆炸产物中含有大量的 CO 气体及自身分解产生的毒性气体 HCl、HCN 等易使人员中毒。

三、粉尘爆炸的预防

预防粉尘爆炸主要有 2 个任务：一是在处理能导致爆炸的粉尘时，对其可爆危险性的评估；二是探讨和研究工艺过程中所采取预防措施的有效性。饲料企业应遵守《中华人民共和国消防法》的有关规定。应按照 GB 50016 —2014（2018 年版）《建筑设计防火规范》的要求进行消防设计，配备足够数量的消防设施。应按照 GB 19081—2008《饲料加工系统粉尘防爆安全规范》的要求设计、安装粉尘防爆系统，并应在生产中正确操作、维护该系统，确保系统运行正常，防止粉尘爆炸。

（一）对粉尘爆炸危险性的评估

在对新厂进行最后审批之前，应对各环节可能存在粉尘爆炸的危险性用事故树进行分析，必要时，还需进行试验。根据这些结果，确定厂内的安全布置，包括设备布置、消防设施位置、人员疏散路线与安全隔离区等。在工厂建成运行后，要检查安全措施是否到位，并进行校正。

(二)粉尘爆炸的预防

在对粉尘爆炸危险性进行充分评估后，应采取相应措施减少粉尘云的生成与可能产生的爆炸。粉尘爆炸的预防包括防止粉尘积累和粉尘飞扬；防止各种可能点燃粉尘云的明火、隐燃火源、静电放电、火花等点火源；必要时充以惰性气体，降低设备内含氧浓度。其具体预防措施如下。

1.控制粉尘浓度，消除粉尘云的产生

(1)消除或防止粉尘的积累　经常扫除清理沉积在原料筒仓、料仓内和车间内部壁架、墙壁、梁、窗台和机器设备上的粉尘，避免长期堆积形成粉尘云。在产生粉尘较多的位置安装粉尘监测仪，当粉尘浓度达到限定值时，发出报警讯号，以便及时消除隐患。

(2)易产生粉尘的设备的防控方法　首先，要加强密闭性，以防止粉尘外扬。其次，配置吸尘网，避免粉尘达到爆炸浓度。此外，饲料厂中的除尘设备、筒仓(车间)和斗式提升机内的粉尘浓度经常处于爆炸浓度，如果遇到火星就会着火爆炸，爆炸后的粉尘沿着风管、溜管和提升机筒体蔓延，会引起更大的危险。在工艺设计时，要考虑给提升机、筒仓和车间配备合理的除尘系统，选用高效吸风除尘设备，以确保除尘效果。设备和厂房内应有有效的紧急泄爆系统，泄爆系统与潜在危险设备(如粉碎机、输送设备、混合机等)连接。配料秤、混合系统和散装原料多级称量系统还需配置空气回路，以确保粉尘不外溢。饲料厂应配备良好的除尘系统，扬尘部位要设吸风罩，粉尘多的场地应采取封闭措施，以使操作区含尘浓度控制在爆炸浓度限值以下。

(3)目前国外常用的控制粉尘的喷雾方法有以下几种　①谷物表面的湿润处理：在谷物装卸时，产生粉尘较多的地方用适量的水喷洒，可使进入空气中的粉尘大大减少。据法国霍埃宁教授研究，空气中的粉尘经常带负电荷，可用一支带正电荷的喷雾枪，喷水 3.7 L/h，可控制粉尘飞扬。②用食用油喷雾处理：用适量的食用油以雾状喷洒在流动的谷物上，可使大部分粉尘被吸附或凝聚到谷物上，从而有效地控制粉尘飞扬。

2.消除火种

据统计资料表明，起火大多是因除尘器、斗式提升机和筒仓、车间内设备故障、传动轴承过热、电火花以及其他明火等引起的。消除火种应采取以下措施：①禁止在车间和筒仓内吸烟；严禁携带火柴、打火机等火种；不准穿着钉铁掌和铁钉的鞋进入生产车间内。②禁止在车间的生产期间进行动火作业；禁止在生产的饲料工厂和立筒库内进行电焊和气割等。如检修需要，必须在停机且确保安全的前提下开展工作。③为了防止金属物进入高速运转的设备中，摩擦起火，必须配置足够的磁选设备，以吸除这些金属物质。④在饲料厂和立筒库的 20 区、21 区内使用的电气设备，一律用防爆型。电器线路要定期检查，防止短路起火。⑤为了防止斗式提升机因故障而引起发热、起火，对此，新型提升机进行了改进。如原来的薄钢板制畚斗容易与金属机壳摩擦，引起火星，现改用塑料畚斗(采用聚氨基甲酸乙酯和尼龙制成的使用寿命比金属畚斗的使用寿命长，但需要进行消除静电处理)。⑥为了防止因超载或阻塞等引起胶带打滑，产生高温而着火，应在提升机上安装失速报警、皮带跑偏监测装置等。一旦胶带打滑、跑偏和运转异常，能自动切断电源，停止运转。⑦在提升机的卸料管上安装阻塞开关，当卸料管发生堵塞时，可使提升机立即停转。对提升机轴承发热，可用温度探测仪，及时发现轴承过热现象，防止事态发展(也可以安装在其他传动轴承上)。另外，为了防止提升机引起粉尘爆炸，在工艺设计中，可将提升机安装在室外。

3. 防止静电

静电作为可能产生粉尘爆炸的危险源也必须给予足够重视。应依照《防止静电事故通用导则》进行生产工艺防静电设计。容易形成静电的设备必须采取有效接地措施，并要求在规定时间内进行检查和电阻测试。在高大建筑物上应安装避雷针，以防止雷电起火。

4. 加强对工作人员的培训，增强安全意识

全体员工应熟悉除尘的办法、可能着火的火源、爆炸保护和挡火装置、疏散办法等，应遵守安全管理规章制度，有效地防止粉尘爆炸。此外，在饲料厂内还应设置醒目的警示标志。

四、粉尘防治的安全设计原则

粉尘爆炸的主要因素是粉尘和点火(燃)源，所以如何控制粉尘释放和降低点燃源出现概率是预防粉尘爆炸的重要手段。饲料加工系统和设备粉尘防爆设计原则为：①防止粉尘泄漏，减少粉尘释放点；②防止粉尘堆积，及时清理；③防止粉尘云的形成和降低粉尘云浓度；④防止粉尘与高温表面接触；⑤防止高温表面的产生和监控可能产生高温的地点；⑥防止机械火花产生或监控可能产生机械火花的地点；⑦防止和消除静电。

(一)一般规定

内含可燃粉尘的设备间、设备和管道、管道间以及各部件间的连接处必须做好密封。内含可燃粉尘的设备的传动轴与机壳必须密封。内含可燃粉尘的设备和工程预制件的入孔必须密封，盖板不易变形且安装紧固。与可燃粉尘接触的设备的内表面应平整圆滑，减少尖角设计；设备外形简洁，减少凹面设计。含可燃粉尘的物料流经的设备不开口或少开口。可预见可能产生爆炸性粉尘云的设备开口处必须配备通风除尘装置，如原料投料口和成品出料口。内部可能会形成粉尘云且浓度在爆炸极限内的设备宜配备通风除尘装置，如可燃性粉料仓、提升机、刮板机、粉料筛等。粉尘爆炸危险区内的设备轴承应防尘密封。可预见含固体杂质较多的工段应在其进入搅拌、击打、碾压设备前配置除杂装置，如粉碎机、制粒机等。可预见可能产生高温的部件，且其本身或通过热传导件与爆炸极限内粉尘云接触时，应安装测温系统并联锁报警或停机，如高速运转的粉碎机轴承。可预见可能产生机械火花，且火花会与爆炸极限内粉尘云接触时，应安装火花探测装置并联锁报警或停机。含可燃粉尘的设备、管道应接地；与可燃粉尘接触的非金属材料应防静电，体积电阻率$\leqslant 1\times10^{9}\ \Omega\cdot\mathrm{m}$。

(二)粉尘爆炸危险场所分类

依据GB/T 12476.3—2017《可燃性粉尘环境用电气设备 第3部分：存在或可能存可燃性粉尘的场所分类》对饲料加工场所粉尘爆炸风险进行有效评估。该标准明确了释放源位置，评估释放级别，划分粉尘爆炸危险区域。粉尘早期存在的区域是粉尘爆炸的高危区域。

在 GB 15577—2007《粉尘防爆安全规程》和 GB 19081—2008《饲料加工系统粉尘防爆安全规程》中把粉尘爆炸的危险区域划分为 20 区、21 区、22 区(表 12-1):20 区是指爆炸性粉尘环境持续或长期地或频繁出现的区域;21 区是指正常运行时,爆炸性粉尘环境可能偶尔出现或故障状态下出现的区域;22 区是指正常运行时,爆炸性粉尘环境一般不可能出现的区域,即使出现,其持续时间也是短暂的。

表 12-1 GB 19081—2008《饲料加工系统粉尘防爆安全规程》中部分饲料车间粉尘爆炸危险场所的划分

粉尘环境	20 区	21 区	22 区	非危险区
密封料仓	√			
原料仓、筒仓	√			
待粉碎仓、配料仓、待制粒仓、粉料成品仓等以及成品颗粒料仓机内	√			
提升机内部	√			
脉冲除尘器内部	√			
离心式除尘器内部	√			
卸料坑	√			
粉碎机	√			
风机房		√		
分配器	√			
成品库(包装)			√	
控制室(有墙或弹簧密封门与粉尘爆炸危险区隔离)				√

(三)电气件选型

在各自相应的粉尘防爆区(粉尘爆炸危险区域)内的电器(气)设备应当按照 GB 19081—2008《饲料加工系统粉尘防爆安全规程》的要求,其电器线路应当符合 GB/T 7440—1987《通信明线传输参数的计算方法和测试方法》的规定。除了电器设备要按相应的要求接地以外,饲料厂其他设备的外壳也应当接地,以减少静电火花产生的可能。静电会产生能量释放,通常可分为 3 类:火花放电、电刷放电和电晕放电。其中火花放电的危害性最大,电刷放电其次,电晕放电只对可燃性气体有作用,对一般饲料厂的粉尘不构成危险。火花放电通常出现在输送物料的管道、吸尘器、法兰连接等位置;电刷放电通常出现在料仓内部的物料面、吨包的包装等位置(图 12-3)。

在风险较高的设备上,应当安装相应的泄爆装置和隔爆装置,如提升机、脉冲除尘器(非插入式)。当爆炸发生时,泄爆装置可以将爆炸的能量向特定的区域或方向释放,减少对人员和设备的伤害。而隔爆装置可以自动关闭管道的连接处,防止能量蔓延引发管道相连的其他设施发生爆炸。泄爆装置的要求应当符合 GB/T 15605—2008《粉尘爆炸泄压指南》的要求。同时,饲料厂的建筑也应当按 GB 12158—2006《防止静电事故通用导则》的要求,采取相应的防雷措施。

火花放电实验

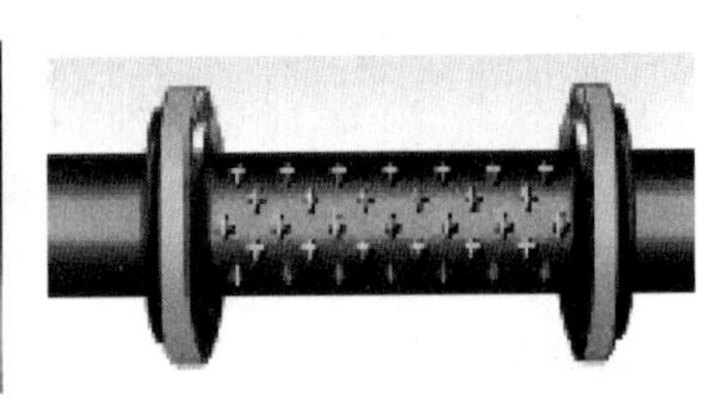

管道电荷累积

法兰处电荷累积

电刷放电实验

料仓电荷累积

包装位电荷累积

图 12-3 静电能量释放及其累积

第二节 噪 声

噪声污染已成为世界性问题，它和空气污染，水污染一起构成当代三大污染源。随着饲料工业的发展，人们健康意识的提高，噪声污染也日益受到重视。针对工业企业噪声污染，我国制定了 GB 3096—2008《声环境质量标准》、GB 12348—2008《工业企业厂界环境噪声排放标准》、GB 22337—2008《社会生活环境噪声排放标准》、GBZ/T 225—2010《用人单位职业病防治指南》、GBZ 2—2007《工作场所有害因素职业接触限值》等标准。饲料厂的许多设备和装置，如粉碎机、高压离心风机、初清筛等设备在工作时产生的噪声一般为 90 dB(A)，最高达 110 dB(A)以上。为了加强饲料厂工艺与加工设备的噪声防治，保护生产人员的身体健康，改善劳动环境，提高劳动效率，对饲料厂的噪声进行综合治理是十分必要的。

一、噪声的危害

噪声污染不仅滋扰环境，而且也是危害公共健康的一大威胁。噪声污染的影响体现在环境噪声影响范围的局限性和环境噪声源分布的分散性。首先，噪声污染是一种物理污染，一般情况下不会致命，但它直接作用于人的感官。当噪声源发出噪声时，一定范围内的人们立即会感到噪声污染；当噪声源停止发出噪声时，噪声污染立即消失。其次，噪声使人烦恼，精神不易集中，影响工作效率，妨碍休息等。人们若长期在强噪声环境中劳动，内耳器官将会发生器质性病变，听觉疲劳不能恢复原状，成为永久性听阈上移，这就是噪声性耳聋。另外，有资料表明，噪声会诱发多种疾病，如食欲不振、恶心呕吐、肠胃溃疡、认知功能下降、高血压等。据世界卫生组织估计，在美国，40%的人受到噪声的严重干扰，20%的人处在听觉受损害的强噪声威胁之下，每年由于噪声污染带来的工伤事故、缺勤与低效率所造成的经济损失近 40 亿美元。

目前世界各国的工业噪声允许标准都是以引起听力损伤的临界限度作为基础而制定的。噪声和听力损伤之间的关系主要决定于噪声强度和接受噪声的时间，听力损伤大体与噪声强度呈线性关系。85 dB(A)以下的噪声，即使对终身职业性暴露者，一般也不致引起听力损伤。听力损伤的临界暴露年限与噪声强度的关系是：噪声强度 85 dB(A)、90 dB(A)、95 dB(A)、100 dB(A)以上时，临界暴露时间分别为 20 年、10 年、5 年和 5 年以下。

我国根据企业种类和条件，规定了 GB 12348—2008《工业企业厂界环境噪声排放标准》；而非噪声工作地点的噪声声级设计要求应符合表 12-2 的规定。另外，根据不同目的，噪声标准还可分为 3 种：为保护听力，噪声应控制为 75～90 dB(A)；为保证工作和学习，应控制为 55～70 dB(A)；为保证休息和睡眠，应控制为 35～50 dB(A)。

表 12-2　非噪声工作地点的噪声声级设计要求

地点名称	噪声声级/dB(A)	工效限值/dB(A)
噪声车间观察(值班)室	≤75	
非噪声车间办公室、会议室	≤60	≤55
主控室、精密加工室	≤70	

资料来源：GBZ 1 —2010《工业企业设计卫生标准》。

二、噪声的来源

饲料厂的噪声来源较多，根据噪声的性质可分为空气动力性噪声、机械性噪声和电磁性噪声 3 种。其噪声量一般都为 78 dB(A)以上，有的甚至高达 110 dB(A)以上。饲料厂的主要噪声源见表 12-3。

表 12-3　饲料厂的主要噪声源

饲料加工设备名称	目前一般噪声范围/dB(A)
锤片粉碎机	93～98
制粒机	94～98
高压风机 6－23(6＃)	80～85
6－30(6＃)	82～88
8－18(6＃)	88～93
中压风机 4－72(6＃)	82～85
活塞式空气压缩机(国产)	93～98(间歇工作)
活塞式空气压缩机(进口)	80～86(间歇工作)
谷物冲击空料仓及溜管	95～98

资料来源：李复兴，李希沛. 配合饲料大全. 青岛：青岛海洋大学出版社，1994.

(一)空气动力性噪声

空气动力性噪声是由气体振动产生的。空气中有了涡流或发生压力突变等情况，引起空气的扰动，就产生了空气动力性噪声。饲料厂的气力输送装置、空气压缩机、离心通风机等所产生的噪声属于此类。

(二)机械性噪声

机械性噪声是由于固体振动产生的。在撞击、摩擦、交变的机械应力作用下,机件(轴承、齿轮、链条、扦件、板件等)发生振动产生机械性噪声。如粉碎机、破碎机、制粒机产生的噪声,玉米在金属溜管中流动产生的噪声等。

(三)电磁性噪声

电磁性噪声是由于电器的空隙中交变力相互作用而产生的。如电机定子转子的吸力、电流和磁场的相互作用等。饲料厂发电机、电动机、变压器、接触器等产生的噪声就属于电磁性噪声。

不同设备所产生的噪声亦不尽相同。如风机以空气动力性噪声为主,而粉碎机则空气动力性噪声和机械动力性噪声兼有。不同噪声的频率也有高低之分。在众多的机电设备中,以粉碎机的噪声最强,它往往是整个饲料厂噪声高低的决定因素。而气力输送的高压离心风机、除尘用的中压离心风机以及粒料输送管道、制粒机、初清磁选设备在工作中所发出的刺耳噪声对生活环境和周边环境的污染也相当严重。

三、噪声控制的原理与方法

饲料厂噪声控制的最根本方法是从声源系统、传播途径、接受者 3 个基本环节所组成的声学系统出发,合理配置噪声源和控制噪声传播途径,因地制宜,采取吸声、隔声、隔振、阻尼及消声等多种降噪方法来实现对噪声的控制。

(一)饲料厂噪声源的控制

降低声源噪声是最直接、最有效和最经济的措施,应从产品设计、制造和安装等多方面考虑,如设计制造噪声较低的新型饲料粉碎机等。

1. 合理配置噪声源

安静区与噪声区分开;高噪声与低噪声的设备分开;噪声极强的设备安置在地下或较偏僻的地方,尽可能地减少噪声污染。

2. 管壁的厚度

通过增加管材的厚度来降低高速空气在管道中流动碰到管阻发生紊流而产生的噪声。在一般情况下,饲料厂的粉尘收集系统中的管道壁厚应为 0.8～1.5 mm,或者通过增加管道上连接法兰的个数来增强管道的强度,以达到相似的效果。

3. 安装避震

安装由弹簧和橡胶等材料制成的装置可以有效地吸收震动,降低噪声。

4. 降低出口气流的速度

饲料加工企业会普遍采取干式脉冲除尘器来收集生产加工场所产生的粉尘。一台除尘器可能要多点收集粉尘,所以脉冲除尘器的风机出风口的气流速度要远远高于吸尘点上的气流速度,高速的气流会让管道产生震动,从而产生噪声。在一般情况下,排放大气的管道的吸尘管网系统的设计应当采取口径逐级放大的原则，来逐步降低出口空气的流速，以降低管道共振产生的噪声（图 12-4）。人员经常活动的场所还要在部分管道上加装吸音材料来达到降低噪声的效果。

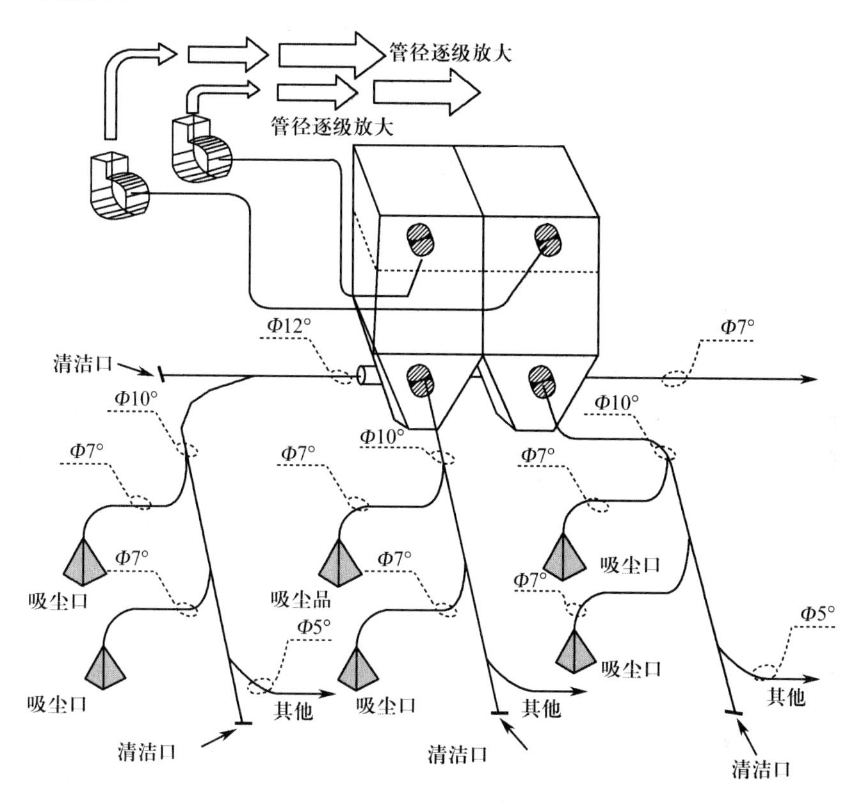

图 12-4　吸尘管网系统设计

（二）控制噪声传播途径

如果由于技术上或经济上的某些原因，目前尚难以从声源上解决噪声，或经过努力仍达不到噪声的允许值时，就要采取隔声和吸声等控制噪声传播途径的方法，来减少噪声向周围的辐射传播，以达到降噪的目的。

1. 吸声降噪

吸声就是利用吸声材料来吸收声能，使一部分声能转化为热能而被吸收，它是控制工业噪声的主要措施之一。吸声材料要求具有多孔性和柔顺性，常见的吸声材料有聚氨酯泡沫塑料、玻璃棉、矿渣棉、毛毡、棉絮、石棉绒、棉纶纤维、吸声砖、加气混凝土等。

在饲料厂中应用较为普遍的是聚氨酯泡沫塑料。由于饲料厂的高中压离心通风机具有高速旋转的叶轮，进出口的气体压力突变以及气体在叶道内高速流动，而产生较强的高频空气动力噪声。针对这种噪声，可在通风机的进出口管道的外壁包上一层细玻璃棉、泡沫塑料等吸声材料或安装长为 10～20 cm 的橡皮管或帆布管来吸声（图 12-5），还可以安装隔声罩、消声器、减振器等来减少噪声。

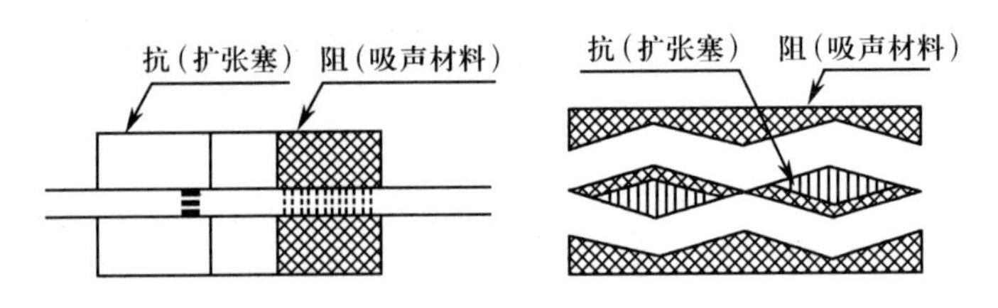

图 12-5 吸声降噪原理

2. 隔声降噪

利用隔声罩、门窗等装置,把发声的物体或需要安静的场所封闭起来与周围隔绝,使噪声在传播途径中受阻,从而达到降低噪声的方法称为隔声。与吸声材料相反,隔声材料要求坚实而厚重,靠材料的密实性反射声能。"闹静分开"从控制噪声传播途径着手,将最大的噪声源放置于隔声间内,使用墙壁把噪声源与操作人员隔开,如锤片式粉碎机、风机等高噪声设备根据声波具有反射的特点,隔声墙采用普通砖墙,外用水泥砂浆进行拉毛粉刷,使声波产生无规则的反射,削弱噪声的强度。隔声间的门、窗采用双层或多层门窗。

3. 隔振降噪

在机器运转时,其振动通过基础设施传递而产生的噪声,称为固体声。固体声往往比空气传递的噪声传得更远、更强烈。隔振技术就是降低由于振动而产生的固体噪声。隔振就是在振源与要防振的设备之间安装具有弹性的隔振装置,使振源所产生的大部分振动被隔振装置吸收,减少振源对设备的干扰。它通过消除设备和基础之间刚性连接达到目的,即在振源与基础之间安装隔振器或弹性垫层,如钢弹簧、橡胶减振器、软木、毡类等。减弱从振源传到基础上的振动叫积极隔振,又称主动隔振。减弱从基础到振动器的振动叫消极隔振,又称被动隔振。饲料厂应用积极隔振措施。

目前,饲料厂中最大的固体噪声是锤片式粉碎机、颗粒机等。为了降低噪声,可根据设备的质量、重心、激振源的大小等合理地选用减振器,一般每台使用 4 只或 8 只 JG 型橡胶减振器,可降低设备的固体噪声 20 dB(A)以上。事实上,使用动力较大的设备均可考虑使用减振器,如风机、粉碎机等。它一方面可以降低噪声,另一方面还可以用来固定设备。在饲料厂,除振动的机械设备外,还有一些送风系统和除尘系统的管道是传递振动的导体。为了减弱固体噪声,可将刚性连接改为柔性连接,如采用帆布、人造革或橡胶制成的短管连接。管道穿过楼板和墙壁,要用弹性隔振材料(如沥青毛毡、泡沫塑料等)垫衬包裹其周边的缝隙,以减少空气噪声的透过。凡固定管道用的吊钩、支架等也应采用弹性隔振措施,以减少噪声的传递。

4. 阻尼降噪

阻尼降噪是减弱空气噪声的一种常用方法。通风机、气力输送管道、机器防护罩壁、隔声罩的外壳等一般由金属薄板制成。机器的噪声常由它辐射出来,形成空气声。用某种材料黏涂在金属薄板等振动体上,使振动产生的机械能转化为热能而消失,这种机械能的损耗作用称为阻尼。阻尼材料具有内损耗,内摩擦大的特点,如沥青、橡胶以及其他一些高分子材料。饲料厂中的颗粒物料的输送设备是主要噪声源之一。为了降噪,可在溜管的底部、初清磁选机送料轨道底部粘贴厚度为金属板厚度 2 倍以上的橡胶垫或采用较厚且耐磨的材料制作溜管。

5. 消声降噪

消声器是利用声音的吸收、反射、干涉等措施消声的装置。它安装在空气动力设备的气流管道上，在保证气流通过的同时，阻止或减弱声波传播，降低噪声。消声器包括阻性消声器(图 12-6)、抗性消声器(图 12-7)、阻抗复合消声器 3 种类型。

(1)阻性消声器　是利用通道内表附有的吸声材料来吸声使声音衰减的装置。其特点是对刺耳的中、高频噪声的衰减有效，对低频噪声效果较差。

(2)抗性消声器　是根据声波滤波原理制成，利用消声器的内声阻、声顺、声质量(类似电阻、电容、电感)的适当组合，可使某些特定频率或频段的噪声反射回声源或得到大幅度吸收，如扩张室式消声器、共振消声器(图 12-8)、干涉消声器以及弯头、屏障、穿孔片等组合而成的消声器。它具有良好的低、中频消声性能，构造简单，耐高温，耐气体侵蚀和冲击腐蚀，但其消声频带窄，高频消声效果差。

(3)阻抗复合型消声器　对高、中、低频噪声均具有良好的消声效果。由于饲料厂中的通风机多用于气力输送和除尘系统，因此，气流中含有较多的粉尘一般不宜像常用通风机一样在其出口管道内安装各种消声器。宜将风机布置在除尘器后，在其出口管道内装设消声器。

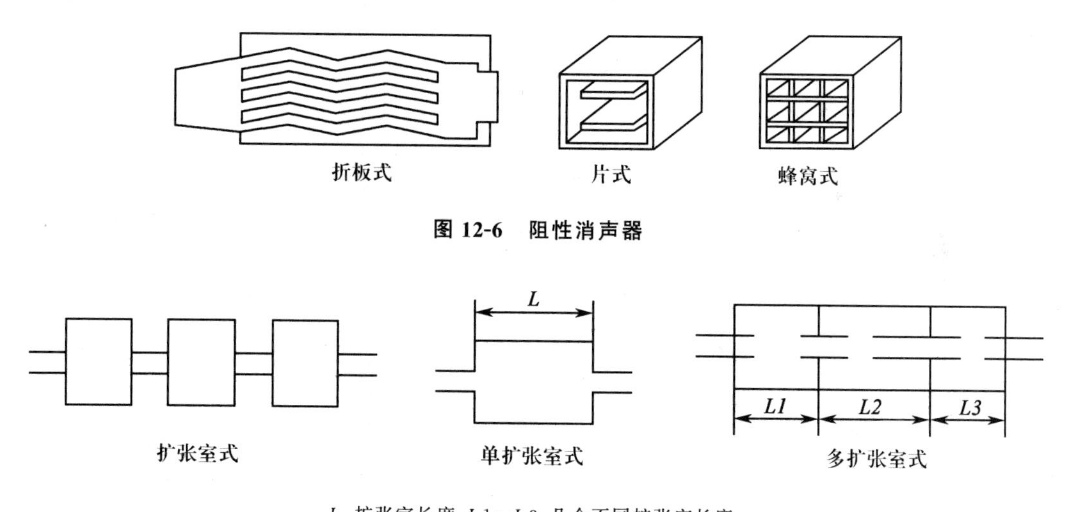

图 12-6　阻性消声器

L. 扩张室长度；$L1 \sim L3$. 几个不同扩张室长度。

图 12-7　抗性消声器

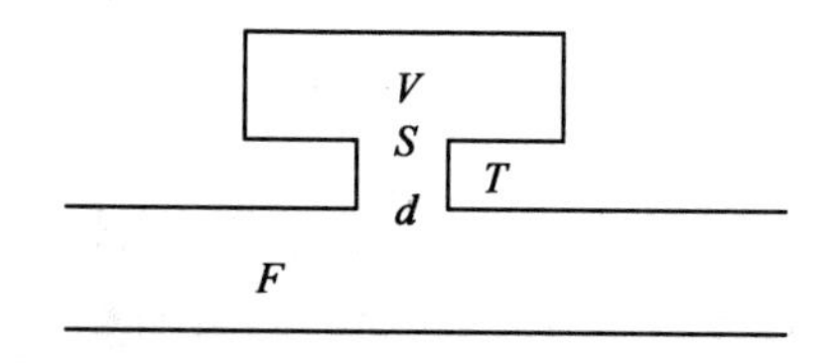

F. 通道截面积；V. 共振腔容积；d. 孔颈直径；S. 一个孔颈的截面积；T. 孔颈长度。

图 12-8　共振消声器

6. 绿化环境

在车间外多植密叶树木(如减弱噪声作用强的松柏、杨柳、水杉)不仅可以改善环境,而且一定密度和宽度的森林、草坪具有衰减噪声的作用。

(三)个人防护

对在声源及其传播途径上无法采取措施或采取了声学措施仍达不到预期效果,又必须长时间工作于高噪声环境的工作人员来说,他们应该采取个人防护,包括佩戴耳罩、防声耳塞或防噪声头盔等有隔声作用的防声用具,减少噪声对接收者的危害。

第三节 异　味

饲料原料与饲料加工过程中,易产生多种异味和恶臭废气,已引起人们的重视。尤其在畜禽养殖业和水产饲料工业快速发展背景下,由于异味和恶臭引发的纠纷和投诉日益增加,饲料厂搬迁案例时有发生。我国在 20 世纪 90 年代开始重视对恶臭的监测与防治,制定了 GB 14554—93《恶臭污染物排放标准》、GB 16297—1996《大气污染物综合排放标准》等和配套检测方法。采用经济、环保的方法,消除异味、臭味的污染问题是现代饲料工业发展面临的一个新课题。

一、气味物质

目前,我国饲料企业异味的处理习惯是限定位于水产与特种水产饲料生产过程产生的浓重腥臭味排放,其实凡是饲料生产过程中排放令人不愉快的异味均应纳入异味处理整治范畴。饲料生产过程中排出的废气汇集采用物理、化学与生物降解方法已成为主流。

(一)气味物的分类

恶臭物(或气味物)的臭味与其物质结构有一定的关系,从物质结构角度可将其分为 5 类:①含硫化合物,如硫化氢、硫醇类、硫酰类等;②含氮化合物,如氨、胺、酰胺、吲哚类等;③卤素及其衍生物,如氯化烃等;④烃类,如烷、烯、炔烃以及芳香烃等;⑤含氧有机物,如酚、醇、醛、酮、有机酸等。除了与物质结构有关联以外,气味物有无臭味还与分子量有关。一般在同族之中,分子量越大,臭味越强,但达到某一分子量后,臭味又减弱。碳原子数超过 18 的化合物,多数无气味。瓦德麦克分类法兼顾了气味物质的结构及人对气味的感觉特征,将气味物分为 9 类。

1. 醚类

果实类——苹果、桃;蜂蜡类——蜂蜡;乙醚类——乙醚、酮、丙酮、乙酸。

2. 芳香类

樟脑类——樟脑、桉树;药味类——丁香酚、肉桂;茴香、薰衣草类——茴香脑、红花;柠檬、玫瑰类——柠檬醛、香叶醇;杏仁类——苯甲醛、硝基苯。

3. 花类或香脂类

花类——茉莉、紫丁香;百合类——百合、堇菜、风信子;香脂类——香子兰、香豆素。

4. 琥珀类

琥珀、麝香。

5.韭菜或大蒜类

韭菜臭——硫化氢、硫醇、有机硫化物;臭砷基、鱼臭——溴、氯、醌。

6.焦臭

咖啡臭——烤焦面包、焦油、烟臭、吡啶;苯臭——苯、甲苯、萘、石炭酚。

7.山羊臭

干酪类——干酪、羊蜡酸、羊脂酸;腐败性油臭——猫尿、腐肉。

8.不快臭

向日葵植物、臭虫、虱子。

9.催吐臭

尸臭、吲哚、类臭素。

(二)气味物的特性

1.易挥发性

人之所以能通过嗅觉器官感觉到气味,这是由于气味分子或微粒运动到达嗅觉器官的结果。气味物质一般都是易挥发性,且蒸汽压大的物质具有更为强烈的气味(少数物质例外)。

2.易溶解性

一般气味大的物质是溶于水和脂肪的,因为这样的物质能够渗透嗅觉器官绒毛周围的水性黏液,然后穿过多脂的绒毛本身而产生嗅觉作用。但乙二醇例外,它易溶于油或水,但被认为是没有气味的。

3.强吸收红外线

有气味的物质能强烈地吸收红外线。其原理与物质对可见光谱的吸收波段决定了该物质的颜色类似,气味物质对红外线的吸收波段可以决定它的气味。物质对某波段光的吸收是由于物质分子振动与光振动之间相互干扰的结果,气味物质对某红外线波段的吸收也说明了该物质具有相同频率的分子内部振动。但是还没有充分理由说明为什么气味物质对红外线吸收波段的吸收比紫外光和可见光吸收波段都明显。液状石蜡及二硫化碳例外,它们有气味,但对红外线基本上不吸收。

4.丁铎尔效应

当测定气味物质在甘油、液状石蜡或水中的溶解度时,在其曝光以后,显示出丁铎尔(Tyndoll)效应,也就是当一束紫外光通过溶液时,由于其被溶质微粒散射,呈现出乳白色。例如,丁香酚($C_{10}H_{12}O_2$),黄樟脑($C_{10}H_{10}0_2$)等。

5.拉曼效应

当一单色光(例如从汞蒸气灯发出的绿色光)被一种纯物质散射时,散射光的波长总是大于或小于原来单色光的波长,这种效应称为拉曼(Raman)效应,其波长变化的量被称为拉曼位移。拉曼位移是物质分子内部振动的一种度量。而人们通常认为物质的气味取决于分子内部的振动,故拉曼位移与气味间应存在某种关系。比较甲基硫醇、乙基硫醇、丙基硫醇及戊基硫醇的光谱可以发现,它们都有 2 567～2 580/cm 的拉曼位移,且都具有类似的强烈臭味。其他气味物不具有该数值的拉曼位移者也没有硫醇的特殊臭味。

二、饲料生产过程中臭气的治理

在饲料加工过程中，部分原料会散发出异味与臭味，而某些原料在热加工过程中会产生更强烈的臭味。因此，研究原料的化学特性与科学设计饲料配方，降低废气中臭味浓度和排放总量，并采取有效的化学、物理与生物除臭处理技术与装置是饲料加工的发展方向。饲料厂的臭气与粉尘是在粉碎、输送、混合、成型工段中产生的，故臭味的控制必须与粉尘的控制结合，达到去除臭味，控制粉尘的双重目的。

(一)低温等离子体除臭法

近年来，低温等离子体在环境领域的应用日益增多，它是集物理学、化学、生物学和环境科学于一体的新技术。等离子体是和固态、液态、气态处于同一层次的物质第四态。低温等离子体富含电子、离子、自由基和激发态分子，其中电子与离子有很高的反应活性。该反应活性可以使在通常条件下难以进行或速度很慢的化学反应变得十分迅速(表 12-4)。

表 12-4　多种成分臭气的低温等离子体处理效果

污染物	处理效果	污染物	处理效果	污染物	处理效果
硫化氢	++++	二氯乙烷	+++	甲醇	++++
乙胺	++++	甲胺	++++	甲酸甲酯	+++
丙酮	++++	甲醛	++++	硝基苯	+++
二硫化碳	++++	苯	++	异丙醇	+++
二乙胺	++++	二甲胺	++++	丙烯酸乙酯	++
二氯甲烷	+++	乙醛	++++	苯胺	+++
甲硫醇	++++	甲苯	+++	正戊醇	+++
三乙胺	+++	三甲胺	+++	吡啶	++++
三氯甲烷	+++	丙烯醛	++++	氯苯	+++
二甲二硫	++++	二甲苯	+++	吲哚	+++
乙二胺	+++	苯乙烯	++++	二甲基甲酰胺	++++

(二)微波光氧催化+光触媒净化法

微波光氧催化+光触媒净化法(图 12-9)就是采用微波无极灯提高化学反应速率，减少反应步骤；利用电磁场热效应及生物效应的协同作用灭菌；利用特定波长的高能紫外线光束快速分解空气中的氧分子产生游离氧；利用特定波长高能紫外线光束的高效杀菌能力，裂解恶臭气体中细菌分子键；利用光触媒作为光化学反应催化剂，可以使有毒有害气体在极短的时间内被氧化分解。

(三)生物过滤除臭法

生物过滤除臭技术被誉为治理恶臭气体污染的绿色解决方案，已被越来越多的企业认同、接受和采纳，因其处理工艺对环境的友好性和建造运行的经济性而备受欢迎。生物过滤除臭法就是利用微生物除臭剂对散发恶臭气体的环境臭源进行除臭。除臭菌剂可对集中或分散恶臭废气进行治理，具有使用方便、灵活的优点。其主要工作原理是在适宜的环境条件下，附着于生物填料上的微生物利用污染物作为维持生命活动的养分，并将其分解为CO_2+H_2O和其他无机盐类，从而达到除臭目的。对培养基的分析显示，存在大量的细菌、真菌和放线菌作为主要成分(约为1×10^9/g)，生物过滤除臭法的加载速度为30 s。

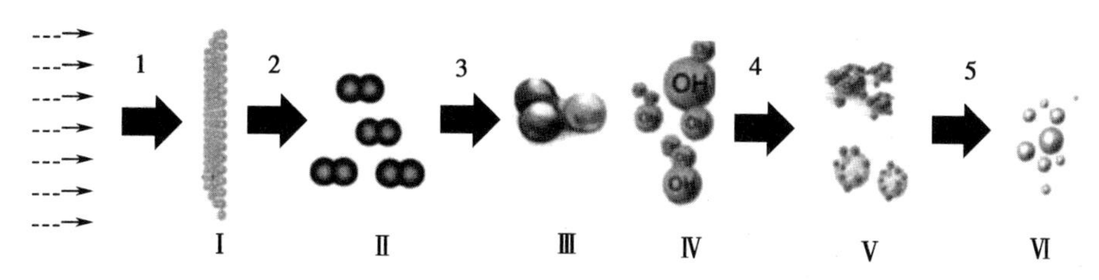

1. 吸收光能；2. 催化与紫外光光照；3. 形成臭氧；4. 氧化还原；5. 除臭排放。
Ⅰ. 无极灯内产生等离子体；Ⅱ. 氧气；Ⅲ. 臭氧；Ⅳ. 羟基；Ⅴ. 分解臭气与有害气体；Ⅵ. 处理后达标废气排放。

图 12-9　微波光氧催化＋光触媒净化法工作原理

生物过滤除臭技术是在适宜条件下利用载体填料表面上的微生物作用脱臭。臭气先被填料吸收，然后由填料上附着的微生物氧化分解，从而完成臭气的除臭过程。为了使微生物保持高的活性，必须以适宜的湿度、pH、氧气含量、温度和营养成分等为微生物创造一个良好的生存环境。在实际使用中，要求载体填料的相对湿度保持为80%～95%，所以需定期采用水喷淋工艺为其提供水分和营养源。气味化合物生物过滤的基本机理见图12-10。

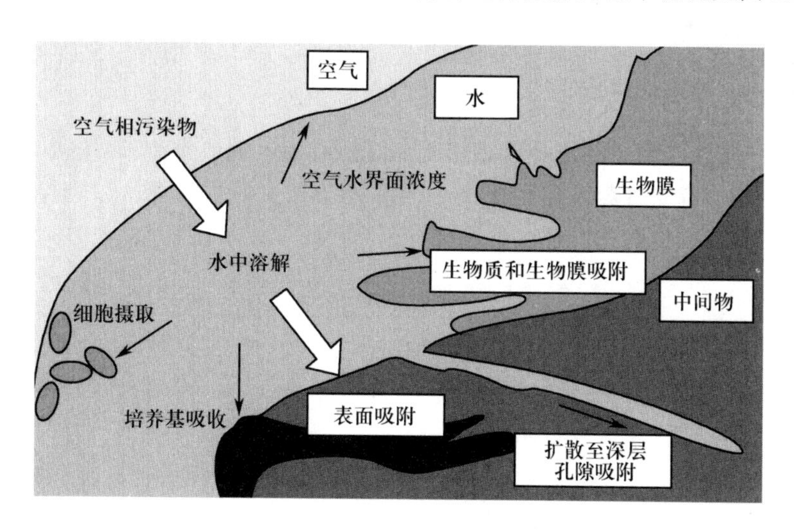

图 12-10　气味化合物生物过滤的基本机理

第四节　有 害 生 物

在饲料生产过程中，需要管理和防治的有害生物种类很多。只有对相关的有害生物深入了解，才能采取各种有效的防范措施。饲料中的主要有害生物包括在谷物及其制品、油脂饼粕等中常存在的昆虫、鼠类以及微生物等。

一、昆虫

(一)饲料害虫的种类

世界上现存的昆虫种类超过百万，但仅有15～20种昆虫适合生存于较干燥的谷物和饲料中，并造成明显的损害，其主要分为谷物害虫、植株害虫和螨类。

1. 谷物害虫

谷物害虫主要分为2类：一类是内侵昆虫种群，即潜入谷物内部的蛀空式，如玉米象、米象、麦蛾等；另一类是外侵昆虫种群，即从谷粒外部蛀食，并吐丝缀连许多谷粒成虫巢，潜居其中蛀食的破坏式，如赤拟谷盗、杂拟谷盗、锯谷盗、大谷盗、长角谷盗等。内侵昆虫种群专门危害整粒谷物，因为它们需要在实心食物中完成发育。这些昆虫要吃掉谷物的胚乳或碳水化合物组分。外侵昆虫种群不会对整粒谷物造成物理损害，但是它们会随整粒谷物进入仓库，然后对谷物制品和用于制作饲料的其他原料以及对饲料厂设备构成严重威胁。

2. 植株害虫

该类害虫主要是在植株上寄生的各种害虫和各种蝶类的幼虫，如蚜虫、玉米钻心虫、菜青虫、吃心虫、白粉蝶的幼虫、菜螟的幼虫、菜蛾的幼虫等。

3. 螨类

饲料中存在的螨类种类很多，但造成严重危害的仅10多种，包括椭圆食粉螨、粗脚粉螨、腐食酪螨、纳氏皱皮螨、棕脊足螨、家食甜螨、害嗜鳞螨和马六甲肉食螨等。

(二)饲料虫害发生的环境

昆虫侵害的发生和发展受多种因素影响，如昆虫品种、饲料类型、环境温度和湿度、空气流通与质量、饲料储存条件以及其他生物参与和捕杀昆虫的措施等。影响昆虫繁殖的因素主要包括温度、相对湿度和饲料原料的水分含量(表12-5)。

表12-5　几种饲料害虫的生存环境

害虫品种	拉丁文学名	英文常用名	易感饲料原料	流行繁衍的最低温度/℃	流行繁衍的最低相对湿度/%	繁衍的理想温度/℃
象鼻虫	*Sitophilus* spp.	Weevils	谷粒	15	50	26～30
谷蛾	*Sitotroga cerealella*	Grain moth	谷粒	16	30	26～30
面粉甲虫	*Tribolium* spp.	Flour beetles	谷粒、谷物副产品、油料饼粕、成品饲料	21	*	30～33
锯谷盗	*Oryzaephilus* spp.	Saw-tooth grain beetles	谷粒、谷物副产品、油料饼粕、成品饲料	21	10	31～34

续表 12-5

害虫品种	拉丁文学名	英文常用名	易感饲料原料	流行繁衍的最低温度/℃	流行繁衍的最低相对湿度/%	繁衍的理想温度/℃
长角扁谷盗	*Cryptolestes* spp.	Flat grain Beetles	谷粒、谷物副产品、油料饼粕、成品饲料	21	50	30～33
粉斑螟	*Cadra cantella*	Tropical ware-house moth	谷粒、谷物副产品、油料饼粕、成品饲料	17	25	28～32
钻谷虫	*Rhizoperth adominica*	Lesser grain Borer	谷粒、豆类、干根茎	23	30	32～35
谷斑皮	*Trogoderma granarium*	Khapra Beetle	谷粒、谷物副产品、油料饼粕、成品饲料、豆类	24	*	33～37

资料来源：K. W. Chow，1992.

注：* 表示在最干燥的情况下仍能繁殖。

21～27℃是一般饲料昆虫的最适宜温度。当饲料温度低于16℃时，其中的昆虫繁殖速度将降低；当温度降至约4℃时，昆虫进入休眠状态。高温也会使昆虫群体数减少，当高于43℃时，大部分饲料昆虫不能长久存活。一般饲料害虫适宜的相对湿度在70%以上，在60%以下时难以生存。侵害谷物及饲料的害虫，最容易生长在含水量大于14%的食物中。当水分含量变低时，害虫不能快速繁殖；水分含量大于16%的饲料谷物不仅自身质软，而且易受昆虫侵扰。

(三)昆虫对饲料的危害

饲料虫害发生普遍。据报道，全世界储存玉米的虫害损失率为3.6%～23%，每年损失200余万t，美国储粮每年因虫害造成的经济损失达5亿美元。尤以螨害最为严重，有些地区饲料厂的螨类检出率达60%以上，螨已成为客户对饲料厂投诉的主要原因之一。饲料发生虫害可以造成多种危害，主要包括以下几个方面。

1. 饲料损失

虫害首先使饲料损失，重量减轻，造成经济损失。由于螨的危害，猪饲料的重量损失可达10%以上，严重的重量损失可达50%。

2. 养分破坏

害虫在饲料中存在并进行繁殖，造成饲料中多种营养物质被损坏。饲料中的蛋白质、脂肪和碳水化合物都不同程度减少，营养价值降低。害虫对维生素类破坏尤其严重，饲喂遭虫害饲料的动物容易发生多种维生素缺乏症，特别是维生素A、维生素D缺乏症更常见。

3. 水分增加，容易霉变

由于害虫分解饲料中的蛋白质、脂肪、碳水化合物等营养物质，产生最终产物NH_3、CO_2和H_2O，使饲料含水量增加。同时，昆虫的代谢活动会引起饲料温度上升。昆虫合适的温度和潮湿的环境利于多种霉菌的生长繁殖，引起饲料发霉变质。

4. 适口性降低

害虫不但破坏了大量的饲料养分，而且产生了大量的代谢产物，加剧了饲料特性的改变。加上细菌、霉菌的综合破坏作用，使饲料的适口性降低。

5. 饲料利用率降低

用严重污染螨类的饲料饲养家畜，饲料消耗将增加，但动物生长速度会下降，饲料利用率被降低，这种现象随饲喂时间延长而加剧。

6. 动物发生疾病或中毒

在采食虫害饲料后，动物可发生口腔炎、胃肠炎、下痢、疝痛等，猪、牛、马、鸡均可发生疾病或中毒。

害虫对饲料造成的危害是多方面的。有些危害直接危及动物生长、生产和健康，甚至危及人类健康，必须严加防治。

(四)饲料虫害的防治

要防治饲料虫害，就应了解害虫的生长繁殖规律及其生存环境要求，并结合动物饲料的使用和储存特点，采取多种有效措施，进行综合治理。

1. 加强防护管理

加强防护管理以预防为主，保持饲料包装物、仓库环境、各类机械、工具的清洁卫生，特别是饲料加工厂的消毒工作，努力降低车间的粉尘量，防止原料间相互混杂，清除害虫赖以生存的杂尘。有条件的工厂应全面停机检修，实施化学药剂防治。

2. 保持饲料干燥

水分是害虫赖以生存的条件，因此，必须创造干燥的储存环境。一般要求谷物饲料的水分含量不超过 13.0%，饼粕类饲料的水分含量不超过 12.0%，成品饲料在北方的水分含量不超过 14.0%，成品饲料在南方的水分含量不超过 12.5%。应保持仓库和车间干燥，必要时进行干燥处理。另外，饲料加工的热处理也有很好的杀虫效果，如制粒、膨化、熟化、压片等。一些虫体还是很好的蛋白质来源。

3. 气调处理

害虫生长需要氧气，脱除饲料中的氧气以抑制害虫繁衍是预防途径之一。在粮食储存过程中，可以自然脱氧，而粉状饲料可以采用覆膜包装增强其密闭性，为人工降氧创造条件。目前已有应用脱氧剂来防治饲料螨类，并取得令人满意的效果。

4. 化学药剂防治

原料进厂到加工为成品的整个过程都可以考虑采用化学防治方法。用于防除害虫的化学药剂主要有利用杀虫剂和熏蒸剂 2 种。利用杀虫剂是把高效低毒的药剂加入饲料中，保护饲料较长期安全储存。目前常用的药剂有马拉硫磷及虫螨灵等。最常用的熏蒸剂有磷化铝和溴甲烷等。经药剂处理后的饲料要直接饲喂动物，所以要严格掌握剂量，使其残留量不超过国家的相关规定。

5. 生物物理防治

生物物理防治主要是辐射处理和微波处理。利用电磁波和放射性同位素来照射饲料，使害虫的体组织受到很大破坏而死亡。近年来，用 γ 射线、微波、红外线和低浓度药剂综合防治有害仓虫和螨类取得令人满意的效果。

6.定期消毒和灭虫

对易被微生物污染和侵害的原料可定期密闭熏蒸，达到预防和杀灭微生物与一些害虫的效果。常用磷化氢、环氧乙烷、溴甲烷等作为熏蒸剂，能起到良好的杀虫、灭菌和防霉的效果。

二、鼠类

鼠类不仅会消耗大量的饲料，还会对饲料造成严重污染，因为其粪和尿存在传播疾病的可能性。为了保证饲料厂的正常生产经营，必须防止鼠类对原料和成品饲料的污染以及对工厂设备和生产容器的损害。鼠类能啃咬木材、纸板、包装袋、电线等多种物体，会对包装好的饲料和工厂设施造成严重危害，甚至引发火灾。

鼠类一般在夜间活动，善于攀高，并会游泳。它们能通过爬墙、管道或其他构件或通过下水道进入工厂。它们的听觉和嗅觉良好，活动时具有隐蔽性，并容易判断出食物的位置。由于鼠类的视力差，喜欢隐蔽的环境(如高草丛、成堆的设备等)，并倾向于按它们认为安全的路线沿墙壁、设备和木板移动以保持与周围环境接触，因此，人们可以利用这些习性确定鼠类的活动场所，在合适的位置安装捕鼠夹和投放诱饵。

有多种机械诱捕器可用于鼠类防治，简单的胶粘板也有效果。鼠类为了生存也需要水源，如果清除积水和水龙头漏水等，也可以有效控制鼠类的活动。当其他水源被切断时，使用液体杀鼠剂则变得更有效。使用灭鼠剂是最有效的控制和消除鼠害的方法。灭鼠剂可分为单剂量(急性)中毒型和多剂量中毒型。单剂量毒药一次投药，即可杀死鼠类；多剂量毒药为抗凝剂，多次投药，以造成鼠类内出血并导致其最终死亡。建议以放置诱饵的方案作为控制鼠害的防护性措施。投放诱饵的地方一定要确保安全，可以设置在厂房周围和外部，同时，必须按月提供鼠类喜食的新鲜诱饵，这样就为接近厂区的鼠类提供了一个放置有诱饵的隐蔽地点。定期检查鼠饵投放地点是检测厂区周围鼠情的有效手段，同时还能预测重大鼠情的动向。如果观察到重大鼠情，可使用“清除性”诱饵方式，用单剂量毒药杀死鼠类。在处理得当的情况下，鼠类能被控制在饲料厂和库房以外，而不必在厂内投放诱饵。

三、微生物

微生物是自然界中的生物污染物。谷物从田间收获开始，动物性饲料原料在加工提炼以前，所有饲料原料都有微生物的存在。在所有微生物群落中，霉菌的孢子耐受力强，能抵抗一系列的饲料加工方式，并可以长期处于休眠状态。一旦有适宜的环境条件出现，霉菌孢子就会重新生长繁殖。动物饲料是“沙门氏菌循环”中的一个重要环节。在饲料配方中，使用的某些动物性原料(鱼粉、骨粉、羽毛粉等)比谷物及其制品更容易成为沙门氏菌的传染源。

细菌和霉菌繁殖生长需要一定的条件。当水分含量低于20%时，繁殖速度很慢，因而植物性饲料原料收获与加工过程、动物性原料提炼过程中的热、化学、机械处理以及脱水等加工方式消除了大部分原有污染的微生物群落。饲料加工厂家应重视饲料原料储存过程的微生物多重感染，霉菌是导致饲料腐败的基本微生物。当饲料储存过程中的水分含量达到15%～20%，相对湿度达到70%～90%时，霉菌开始生长。但是当环境的相对湿度低于65%，霉菌则停止生长。如果储存饲料原料的水分含量高达20%,霉菌生长就会产生大量热,并且使邻近饲料储存区的环境温度升高到55℃,这一温度和湿度条件易形成细菌的二次感染。

当饲料微生物污染达到一定程度时,可使饲料腐败变质,降低或失去其营养价值,并产生以下多方面的不良作用:①饲料感观检查异常,不良的颜色、气味影响饲料适口性,降低动物采食量;②营养物质遭到破坏,营养价值大幅度降低;③增加了致病菌以及产毒菌存在的可能性,引起动物机体的不良反应,发生疾病,甚至中毒;④腐败变质的产物也可能对动物机体发生直接危害,如某些鱼粉腐败产生的组胺可使雏鸡中毒等。

四、综合防治措施

饲料厂的卫生和对有害生物的防治是全部经营活动中十分重要和不可分割的部分,同时也是一项复杂的工作。用于防治有害生物的方法大致可分为4类:检验、内务管理、物理和机械方法、化学方法等。

(一)检验

检验本身并不能控制有害生物,但能提供鉴别有害生物问题的系统方法。检验可用来鉴别存在的问题,如鼠类的活动群体大小,谷物受侵害及原料被微生物污染的情况等;或者用来鉴别潜在的问题,如工厂外围能为鼠类提供栖息条件的杂草高度及散落物料的多少,能为昆虫提供繁殖场所的设备死角里的存料堆积量等。检验的重点应放在辨明潜在问题的方面,以便能在问题发生前予以纠正。检验工作和检验记录还为考核现有卫生和有害生物防治计划提供依据。

(二)内务管理

简单地说,内务管理就是保持厂区的清洁和秩序的井然。工厂外围、内部和外部没有昆虫、鼠类、微生物和鸟类栖息和繁衍所需场所和散落的饲料原料;用适当的方法定期清扫厂区及设备的内外部位;设备、原料和成品妥善保管和储存。内务管理是控制有害生物最有效的方法,通过良好的监督和管理才能达到效果。内务管理也是防止粉尘爆炸的根本措施。一个自身内务管理良好的工厂也是一个安全、生产力高的工厂。

(三)物理和机械方法

防治有害生物的物理方法包括温度调节、湿度调节和驱除有害生物等。用通风方法将储存谷物的温度降低到不利于昆虫发育的程度,这是防止昆虫造成损失的一种实用方法。要控制谷物及饲料中霉菌的生长,可将含水量降低至不适合于霉菌生长的程度。某些饲料加工作业能杀灭通过该系统的活昆虫。锤片式粉碎机和其他粉碎机的冲击能消灭活昆虫。制粒机内的温度和压力也可以杀死昆虫,并能减少被污染原料的细菌数。

(四)化学方法

根据不同情况,定期单独或联合使用接触性杀虫剂(用作谷物保护剂、表面喷洒剂、喷雾剂等)、熏蒸剂、灭鼠剂等,以达到防治有害生物的效果。

本章小结

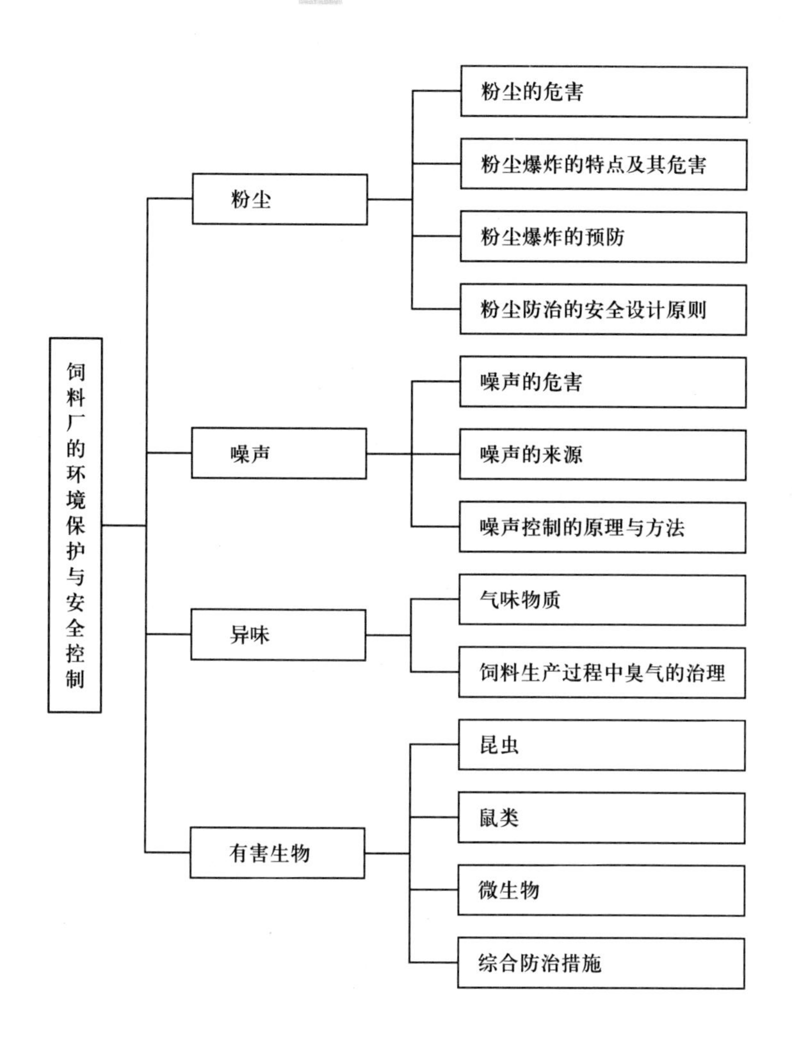

复习思考题

1. 饲料厂粉尘爆炸的条件及其防治措施有哪些？
2. 饲料厂噪声的主要来源及其防治措施有哪些？
3. 如何处理在饲料厂生产过程中产生的异味？
4. 如何防治饲料厂中的有害生物？

第十三章 饲料加工工艺流程设计

学习目标

- 掌握饲料加工工艺流程设计的基本方法；
- 能够完成饲料加工工艺流程设计，正确选用饲料加工工艺和设备；
- 看懂工艺流程图；了解不同动物饲料生产工艺的差异。

主题词：工艺流程图；工艺设计；设备选型

第一节 饲料厂设计概述

一、设计的主要内容

饲料厂设计由总平面图、饲料加工工艺、辅助生产系统、信息系统以及土建工程设计等多项内容组成。它以加工工艺为主导，工程地质勘查和工程测量、土木建筑、供电、给排水、供热、采暖通风、自动控制、三废处理、工程概预算以及技术经济等为配套，两者相互配合。设计可划分为初步设计、技术设计和施工图设计 3 个阶段，也可简化为扩大初步设计（简称为扩初设计或初步设计）和施工图设计 2 个阶段。饲料工厂一般只进行 2 个阶段设计，小型饲料工厂也可直接做施工图设计。

扩初设计阶段主要涉及总平面设计、工艺流程设计、车间设计与设备布置、风网管线设计、原料仓库、成品仓库、立筒库与料仓的配置以及工程概算等内容；施工图设计则是对扩初设计的内容进行细化、修正，并完成地脚螺栓、洞孔与吊挂螺栓图的设计以及自制设备的设计，同时进行工程预算。施工图一经审查批准后，不得擅自修改。

（一）设计的总原则

在进行饲料厂设计时，必须尽力贯彻并执行以下设计总原则。

①符合国家有关法律法规的要求。

②新建厂从选择厂址、工程设计到组织施工的各个环节都必须贯彻节约用地的原则。老企业的改建和扩建应该充分利用原有场地，不要任意扩大用地面积。

③在新建、改建和扩建工厂时，应尽可能采用新设备、新工艺、新技术，这样工厂在投产后才能达到较好的技术经济指标，获得较高的经济效益。

④在条件允许的情况下，要尽量采用通用设计或标准设计图纸，以简化设计工作和缩短设计时间。

⑤在保证产品质量的前提下，应尽量减少原材料消耗，节约设备费用，缩短施工周期，有利于减少基本建设投资。

⑥要充分考虑工人的生产环境和生产安全设施。生产安全设施与设计工作实行“三同时”，即生产安全设施与主体工程同时设计，同时施工，同时投产。

⑦工艺设计必须同土建、动力、水暖卫生等设计相互配合，使整个饲料厂设计成为一个整体。避免因互相脱节而造成设计上的缺陷影响今后的产品质量和生产管理。

(二)设计的一般程序

饲料厂设计一般应遵循以下程序。

①开展可行性研究，编制设计任务书，规定各项设计原则及设计内容，在初步勘查的基础上选定建厂地点。

②厂址技术勘查和收集基础资料，与水、电、路等部门协商，签订“三通一平”工程协议文件。

③拟订工艺设计方案，确定工艺流程和其他辅助系统的设计方案，计算生产、生活需用建筑面积，各种动力、水和电的用量以及其他有关参数。

④根据加工工艺以及其他单项设计方案和勘查的厂址资料，进行总平面设计。

⑤以加工工艺设计方案中的资料为依据，分别进行各单项详细设计，编制设计文件。在设计过程中，各专业间应相互协调，避免互不适应和互不衔接。必要时，设计可分为初步设计和施工图设计 2 个阶段。

⑥制定设备安装、调试程序。在单项工程和总体工程完工之后，制定单机试车、联动试车、空载试车和负载试车计划，并制定试生产计划和进行工程验收。

⑦按国家相关法律法规规定，获取生产许可资质。

二、总平面图设计的主要内容

(一)总平面图设计的主要任务

饲料厂总平面图设计的主要任务是完成厂内各建(构)筑物的技术组合，确定它们的相互位置(包括方位和间距)；规划与布置饲料厂内外的交通运输线路；根据需要改造地势地貌，做好厂区的竖向、横向布置，做出防洪、排水安排；按技术要求确定厂区地上、地下的工程管线的走向及其架设或埋置的方式；绿化场地，美化环境等。

饲料厂一般分为生产区、辅助生产区、行政管理区和生活区等。在设计时，按先生产区，后行政、生活区的顺序，进行技术安排。生产区主要建筑物是指与生产直接相关的主厂房或主车间、原料仓库和成品仓库等。根据所使用的原料的特点不同，原料仓库又有立筒库和平房库之分。特殊原料应设置独立的符合要求的贮存间，如热敏性物质、危险化学品等。生产区辅助建筑物主要有变配电所（间）、锅炉房、机修间和器材库等。行政管理区和生活区一般有办公楼、检化验室、食堂、宿舍等。

（二）总平面图设计的总体要求

饲料厂总平面图设计的总体要求是主、辅建筑布局合理，生产作业线短，各区域联系方便；在满足生产要求的前提下，做到节约用地；要合理利用地势，尽量减少土石方工程量；满足安全、卫生、防火要求；立足近期工程，兼顾扩建项目，在设计时一次完成。

二维码 13-1 总平面图设计实例

三、饲料加工工艺设计

（一）工艺设计的范围和内容

饲料加工工艺设计的范围主要是生产车间、原料库和成品库所组成的生产系统。工艺设计主要涉及工艺流程的设计，包括生产车间的设计与设备的布置；通风网路的设计；原料库与成品库的配置以及气动、蒸汽、配电等管线系统的布置等内容。除考虑工艺设计范畴的内容外，工艺设计还应注意与土建设计和电气工程设计等非工艺工程方面保持紧密协作，并提出必要的工艺要求，以得到有效配合。

（二）工艺设计的基本原则

为落实饲料厂工程设计“技术先进、经济合理、安全实用、确保质量”的理念，工艺设计应该遵循以下基本原则。

①采用先进可靠的加工工艺和设备，实施机械化、自动化生产，提高工厂的生产技术水平。

②生产工艺应具有良好的适应性，以满足饲料生产“产品品种多，原料多变”的需求。

③应注意节约能源，降低生产成本，提高生产效益。

④各生产环节应有良好的协调性和匹配性。为了确保产量指标的实现，设计产量通常应比要求产量大5%以上；后续运输设备的能力应比上一个工序设备的能力大5%～10%。

⑤切实改善劳动条件，积极做好防尘、防震、防火、防爆和噪音控制等治理工作，确保安全生产，努力提高工艺设计的综合效益。

（三）工艺设计的主要依据

除设计任务书或设计标书中的有关内容外，工艺设计的依据还应有国家颁布的设计标准规范；建厂地区的原料来源、产品销售、饲料生产技术水平以及典型饲料工厂的设计资料与经验材料等。归纳起来，工艺设计的具体依据为：①设计项目的生产规模；②产品种类和规格；③电器控制方式和自动化程度；④设计的技术经济指标；⑤典型的饲料配方，常用的饲料原料品种及其加工特性；⑥原料接收和成品发放方式；⑦项目投资与工程期限；⑧岗位人员编制与人员素质;⑨国内外相关工艺及设备的技术水平、使用性能与报价。

(四)工艺设计的方法步骤

工艺设计分为一般设计和快速设计 2 种方法。一般设计法又被称为常规设计法,即按“三阶段”或“二阶段”的方式进行设计的方法。

一般设计法的基本步骤:①按要求制定工艺流程,并完成生产设备和辅助设备的选型与计算。②根据需要初步确定车间和仓库的建筑面积、楼层数及其高度等建筑参数。③制定设备布置方案。按一定的顺序和要求在车间各楼层内给各类设备定位,并用输送设备和管件将其联系起来,以形成完整的生产体系。④修正车间建筑尺寸,完成车间的扩初设计。⑤在上述工作的基础上,完成楼层地脚螺栓、洞眼及洞孔等施工设计。⑥绘制设计图纸,编制工程概、预算,撰写工艺设计说明书。

快速设计法就是直接采用现存的具有普遍推广意义的通用设计或标准设计全套资料的方法。当与实际情况略有出入时,需要对通用设计作局部调整和修改。通用设计的显著特点是方便、省时、省力,因此,常被类似的建厂单位所采用。

(五)设备布置的基本要求

所谓设备布置就是将工艺流程中的所有设备按一定的顺序和要求,分别配置到生产厂房各楼层的不同位置,并使之上下衔接、左右配合,进而成为紧密联系的、有机的生产体系的过程。在生产车间的设备布置过程中,应满足的要求为:①设备的布局应有利于组织生产,确保计划的实现。②优化作业条件,提供必要的操作空位和空间,满足安全生产和设备维修的要求。③合理组织粉状饲料的输送线路,防止自动分级,避免物料的残留和交叉污染,确保产品质量。④尽量减少垂直提升运输次数,充分利用物料自流条件,减少动力消耗。⑤设计经济实用的除尘风网,控制粉尘扩散,落实对粉碎室、空压机房的隔声处理等措施。⑥在保证工艺要求的前提下,力求做到布置有序、整齐、美观。

二维码 13-2 设备布置图的表示方法及实例

在通过设计后,设备的布置情况用设备布置图来表示。一般包括分层平面布置图、立面纵、横剖视布置图和地脚螺栓和楼板洞眼图等。设备布置图中建筑的绘制以及尺寸、标高、符号的标注等,要按国家标准 GB/T 50001—2017《房屋建筑制图统一标准》和 GB/T 50104—2010《建筑制图标准》中的相关规定进行。

第二节 饲料加工工艺流程设计

一、工艺流程设计的基本步骤

饲料厂加工工艺流程设计包括基本工艺类型的确定、加工工序及其顺序的确定、设备类型的选择、工艺流程的组合设计、各工序生产流量或生产能力的计算、设备规格型号和数量的确定和工艺流程图的绘制等,其设计的基本步骤有如下几项。

(一)基本工艺类型的确定

应根据产品类型、配方要求、生产规模等因素确定基本工艺类型,这是工艺流程设计的前提条件。

(二)加工工序及其顺序的确定

加工工序是实现产品加工方案的基本单元。它的设置依据主要有:产品品种与质量要求、原料品种与品质、技术条件与生产规模、设计标准与规范要求等。工序顺序的安排应做到能满足加工工艺的要求、符合“先易后难”的原则和有利于后续工序的生产等几个方面。

(三)设备类型的选择

按设计的基本要求选用设备类型。

(四)工艺流程的组合设计

工艺流程的组合设计是体现工艺技巧的一个重要方面。组合工艺流程应立足有利于工序效果的最大限度地发挥,满足工艺上灵活性和适应性的需要,能提供稳定的生产条件,有助于产品质量指标的实现,进而使经济合理的工艺流程达到优质、高效的生产目的。

(五)各工序生产流量或生产能力的计算

各工序生产流量的计算可借助物流平衡图进行求证。

(六)设备规格型号和数量的确定

根据步骤(五)所获得的生产能力的要求,进一步计算和确定设备的规格型号和数量。

(七)工艺流程图的绘制

根据流程组合情况,按要求绘制工艺流程图。

二、加工工艺的基本类型

饲料加工工艺的基本类型包括先粉碎后配料工艺和先配料后粉碎工艺。在此基础上,还可演变多种组合,如先粉碎、后配料、再微粉碎、再配料的组合类型等。

所谓“先粉碎后配料”,就是在工艺安排上,粉碎工序位于配料工序之前,各种粒度较大的物料经粉碎后暂贮于配料仓中,然后再配料、混合的一种工艺类型(图 13-1a);“先配料后粉碎”则是指各种物料先按配方的比例配料,然后一同进行粉碎、混合的一种工艺类型(图 13-1b)。这两大工艺的优点和缺点见表 13-1。在实际应用中,对较粗的粒料进行先粉碎,后配料、混合,然后对混合料再进行粉碎,这是 2 种工艺类型的综合应用。这两种工艺有利于物料混合均匀和物料粉碎粒度的降低。该工艺物料最终粒度细,适合于特种水产饲料的加工。大型畜禽饲料生产厂,可采用二次粉碎或单一循环粉碎工艺,前道粉碎可采用对辊式粉碎机或配置较大筛孔的锤片式粉碎机,物料经筛分分级后,较粗物料进行二次粉碎,以提高粉碎机的产量和节省电耗；小型饲料生产厂可采用一次粉碎工艺，以节省设备投资。

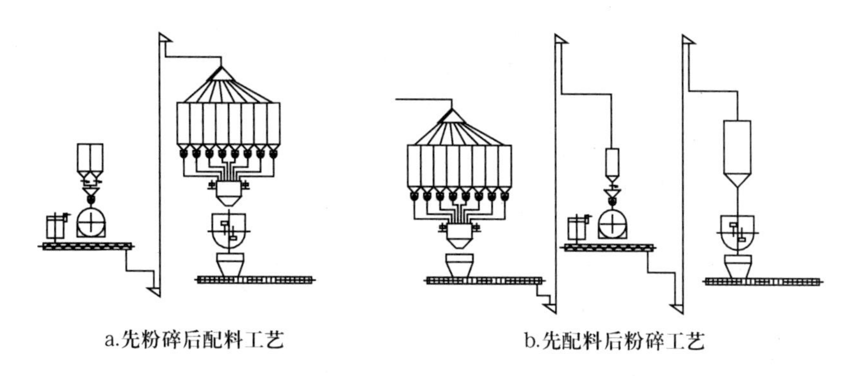

图 13-1　饲料加工工艺的基本类型

表 13-1　饲料加工工艺基本类型的优点和缺点

工艺基本类型	优点	缺点
先粉碎后配料（主要用于加工谷物含量高、原料种类少的配合饲料）	①粉碎机可置于大容量的待粉碎仓之下，原料供给充足，机器始终处于满负荷生产状态，呈现良好的工作特性 ②分品种粉碎。可针对原料的不同物理特性及饲料配方中的粒度要求，调整筛孔大小，甚至选择专用粉碎机，可获得最高工艺效果及经济效益 ③粉碎工序之后配有大容量配料仓，储备能力较大。粉碎机的短时间停机维修，不影响整个生产。特别对于设备布局合理灵活的车间，粉碎机停机时其造成的干扰更小 ④装机容量低 ⑤粉碎和后续工序的生产可不必同时进行。在电力紧张的地方可以安排在夜间粉碎，使用较便宜的电力	①料仓数量多，还要设待粉碎仓，一次性投资较大 ②经粉碎后的粉料在配料仓中易结拱，对配料仓的设计制造要求较高
先配料后粉碎（适合于加工含副产品较多的畜禽饲料、水产饲料以及宠物饲料）	①原料仓兼做配料仓能省去大量的中间仓及其他控制设备，简化了流程 ②降低了配料仓结拱的可能性 ③粉碎后的物料粒度比较均匀，这对于制粒过程是非常重要的。这能保证制粒生产的连续性，并减少制粒机不必要的磨损，但也存在过度粉碎的现象 ④每一批物料的粒度都可以被调整，这对一个生产不同种类饲料的饲料厂非常重要 ⑤多种原料一起粉碎比单一物料的粉碎更容易。特别有利于某些油性物料和黏性物料的粉碎	①装机容量比先粉碎工艺增加 20%～50%，动力消耗高 5%～12.5%。 ②粉碎机处于配料工序之后。一旦粉碎机发生故障，就将影响整个工厂的正常生产

三、加工工艺流程的确定

饲料加工工艺流程的确定包括加工工序的确定以及各工段的工艺形式确定 2 部分。常规的饲料加工工艺可分为粉状饲料加工工艺和颗粒饲料加工工艺。粉状饲料加工工艺一般由原料接收、清理、粉碎、配料、混合、液体添加、成品发放等组成。颗粒饲料加工工艺是在粉状饲料加工工艺的基础上，增加成形工艺即可。成形的方法主要有膨化、制粒、压片、压块等。为了提高饲料的熟化度，需设置熟化工艺。熟化的工艺方法主要有膨胀、调质、后熟化、蒸煮等。图 13-2 为常规的先粉碎后配料工艺类型的饲料加工工艺。

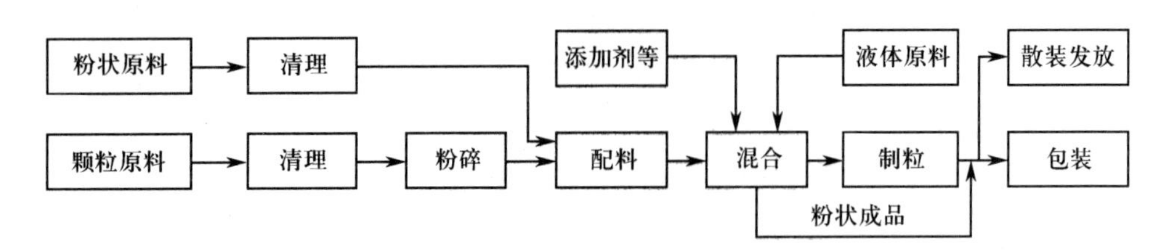

图 13-2 先粉碎后配料工艺类型的饲料加工工艺

不同养殖对象和不同的养殖阶段应有不同的饲料加工工艺和不同的工艺参数。应根据养殖对象的生理特性、生活习性、消化生理、生活环境以及饲料原料特性的不同，选定不同的工艺流程，并配置相应的工艺参数，形成适用于禽畜与鱼虾等饲料产品需求的具有各自特点的饲料加工工艺。

(一)鸡饲料的加工工艺

鸡饲料加工工艺一般只需原料接收、清理、粉碎、配料、混合、液体添加和称重打包等工序即可。其中，粉碎宜采用粗破碎。为了提高产品的安全卫生水平(蛋鸡对熟化无特殊要求，但卫生要求高，以便生产卫生蛋)，可在工艺中增加湿热杀菌、冷却(干燥)工序。肉鸡饲料的加工工艺多为常规的颗粒饲料加工工艺，雏鸡料应增设颗粒破碎工序。为了提高肉鸡饲料的饲料利用率，可在常规的工艺中采用长时间调质或设置均质器的工艺方案，以提高饲料的熟化度。若需添加酶制剂，宜设置制粒后喷涂工序，以减少酶制剂在热加工过程中的损失。

(二)猪饲料的加工工艺

根据不同的生长阶段，猪饲料的加工工艺有较大的区别。断奶仔猪以及仔猪前期多以粉料生产为主，也可生产软颗粒饲料。由于仔猪的消化能力较差，其会产生断奶应激等反应，仔猪前期的饲料需要较高的熟化度，应多选用调质、原料膨化、二次制粒、先膨化再制粒等熟化工艺。因在仔猪饲料，特别是断奶仔猪的饲料中添加了多种热敏性原料(如酶制剂、糖、乳清粉和脱脂奶粉等)，所以在其工艺设置上应将热敏性原料添加安排在熟化工艺之后。生产颗粒饲料应采用低温成形工艺。育肥猪饲料的加工工艺采用一般的颗粒饲料加工工艺即可，而种猪饲料的生产则可采用粉状饲料的加工工艺。

二维码 13-3 各类动物饲料的加工工艺流程

(三)鱼虾饵料的加工工艺

相对于畜禽饲料而言，鱼虾饵料对饲料的细度、产品的熟化度等要求更高。因此，相对于常规的饲料加工工艺而言，鱼虾饵料加工工艺的粉碎工艺、熟化工艺、成形工艺更为复杂。

四、加工工艺设备的选用

(一)生产能力的确定

生产能力的确定应考虑以下3个方面的因素：①原料接收设备的生产能力宜为车间生产能力的2～3倍。因原料只在白天接收，必须考虑两班或三班生产的供料不能中断。②在计算各工序的生产能力时，一般按比实际生产能力大5%～10%进行设计。当生产过程中需更换物料品种时，应考虑有效工作时间。③为了保证在生产过程中不产生物料堵塞，一个工段内的设备、主作业设备或第一道设备的后续设备应比主作业设备或第一道设备的生产能力大5%～10%。

(二)设备类型的选择

饲料加工工艺设备包括作业机械(主设备)、输送设备、料仓、通风设备以及附属设备。

1.设备选用原则

①设备生产能力应适应工艺要求，其性能要满足所加工物料的特性、加工目标的要求。单位产品电耗低，噪声和粉尘不超过国家标准的要求，工作可靠，使用维修方便，经久耐用，价格合适。

②应选用适用性好、技术成熟、标准化和技术先进的设备。

③设备主要规格参数应符合GB/T321—2005《优先数和优先数系》的要求。

④设备选用的主要依据是生产能力、匹配功率和结构参数，另外也要考虑安装、使用、维修等方面的要求。应综合考虑被加工物料的特性及加工目标，根据设备的工艺特点，先作广泛调研，然后选用合适的机型。

2.设备型号规格的选用

(1)清理设备　清理设备的生产能力应不小于下列公式计算值：

$$Q_{计}=\frac{Q\times P\times T_1\times n}{T_2}\times 1.1 \tag{13-1}$$

式中：$Q_{计}$为清理工艺生产能力(t/h)；Q为饲料厂生产规模(t/h)；P为配方中该工艺生产线该原料的最大比例(%)；T_1为饲料厂每班生产时间(h/班)；n为饲料厂每天生产班次(班/d)；T_2为输送设备每班实际工作时间(h/班)。

(2)粉碎设备　粉碎机的生产能力计算公式如下：

$$Q_{计}=QP_{粒}/K$$

或

$$Q_{计}=1.2QP_{粒} \tag{13-2}$$

式中：$Q_{计}$为粉碎机的生产能力(t/h)；Q为饲料厂的生产能力(t/h)；$P_{粒}$为需粉碎物料在各配方中的最大比例；K为粉碎机的工作系数，取0.8～0.9，单台粉碎机时取小值，多台粉碎机时取大值。

(3)配料计量设备　目前配料秤宜选用分批式电子配料秤，其最大称量与生产能力和配料混合周期相关。单秤工艺电子配料秤的最大称量可按下列公式计算：

$$G=QT/60 \tag{13-3}$$

式中：G为最大称量(t或kg)；Q为生产能力(t或kg/h)；T为配料周期(min)。

对于双秤工艺来说，大秤的最大称量应按照单秤工艺的方式确定，小秤的最大称量可按大秤每批最大称量的20%～25%计算。

(4)混合机　分批式混合机批次混合量及生产能力与混合周期有关，其有效容积大小应满足下列公式：

$$V=\frac{QT}{60\varphi\gamma} \tag{13-4}$$

式中：V 为工作腔室的容积(m^3)；Q 为饲料厂生产规模(t/h)；T 为批次周期(min)；γ 为物料容重(t/m^3)；φ 为装满系数。

(5)成形工序的设备　成形工序的设备生产能力应满足终产品生产能力的要求。工序中调质器、制粒机(或膨化机)、稳定器、干燥机、冷却器、破碎机以及颗粒分级筛等设备的生产能力应有良好的匹配性，成套选用。

(6)料仓　首先，应确定料仓的容积大小，其次，根据进出料、设备布置要求等设计计算其外形尺寸和料仓的数量等内容。仓容大小按下列公式计算：

$$V=\frac{QT}{\varphi\gamma} \tag{13-5}$$

式中：V 为料仓的容积(m^3)；Q 为所贮存物料单位时间流量(t/h)；T 为贮存时间(h)；γ 为所贮存物料容重(t/m^3)；φ为装满系数，一般为0.6～0.8。

存贮物料的质量是按满足一定时间生产需要量进行计算的。几种料仓的容积与数量配置可参见表13-2。当料仓的外形、尺寸确定后，单料仓的容积(v)也就确定了。这时，料仓的数量 N 按下列公式计算：

$$N=V/v \tag{13-6}$$

式中：N 为料仓的数量；V 为料仓的总容积(m^3)；v 为单料仓的容积(m^3)。

表13-2　饲料厂各料仓与容积与数量配置

料仓种类	工艺位置	容积	数量/个	说明
待粉碎仓	粉碎机前	满足粉碎机连续工作2～4 h的仓容量	2～4	先粉后配工艺适用
			1	先配后粉工艺适用
配料仓	配料秤之前	满足配料秤连续工作4～8 h的仓容量	8～12	10t/h以下生产规模
			12～16	10～15 t/h生产规模
			16～24	15 t/h以上生产规模
配料秤下缓冲仓	配料秤之后	每批配料总量	1～2	先配后粉工艺，或混合机没有布置在配料秤下面的情况
混合机后缓冲仓	混合机之后	足以存放1～1.5批混合量	1	平衡分批式混合机前后的流量
待膨化仓 待制粒仓	制粒、膨化之前	满足制粒机(膨化机)连续工作2～4 h的仓容量	1～2	每台制粒机(膨化机)配用
成品仓	打包之前	存放1～2 h生产量	1～2	每台打包机配用
散装成品库	散装发放前	存放1～2个班次生产量	4～20	视散装发放量而定

(7)输送设备　饲料加工所涉及的物料很多,各种物料对输送设备的要求也不一样,因此,输送设备的类型和选型较为重要。垂直向上输送基本上由斗式提升机完成,而溜管完成降运任务。气力输送可以完成水平和垂直输送任务,但由于能耗较大,在国内的饲料厂中应用较少。水平输送以及小倾角输送主要运用刮板输送机、螺旋输送机和带式输送机等。带式输送机一般可用于原料接收和成品入库的运输。刮板输送机具有输送距离较长,搅拌作用弱,对物料损伤小,残留低等特点,常应用于立筒仓仓顶和仓底原料的进仓和出仓的输送、散装及颗粒饲料的输送等。在特殊情况下,饲料厂也可以采用"之"字形刮板输送机完成水平方向和垂直方向的组合输送。螺旋输送机在饲料厂主要用于混合工序之前的粒料、粉料的水平运输。在特殊情况下,螺旋输送机也可用于短距离的垂直输送。

输送设备的生产能力一定要与相应工序的输送量相匹配。虽然输送设备的主要规格参数已系列化,但是其能力为容积输送。容积输送受诸多因素的影响,如主要工作部件的工艺参数、物料的形态和容重等。在饲料加工工艺设计中,输送设备的选型一般在计算后完成。

选型计算的基本方法为利用生产能力计算公式,根据其生产能力的要求、待输送物料的特性(粒度、容重等)计算出主要规格参数,经圆整后,按其系列选用设备的型号,根据其轴功率计算方法,考虑传动效率、主轴传速等因素后选配电机。

二维码 13-4
输送设备
的选用和简介

机械输送设备的主要规格参数为螺旋输送机的螺旋外径,刮板输送机为料槽宽度,斗式提升机为头轮直径和畚斗的规格型号,带式输送机为输送带的宽度等。

(8)通风系统　通风除尘系统涉及的设备包括吸尘罩、风管管件、除尘器和风机。根据通风系统的吸尘点的个数可分为独立风网和组合风网。饲料加工涉及的粉尘多为可利用的物料,所以回收的粉尘基本上能返回生产线再利用。为了提高粉尘的可利用率,故多采用单吸尘点的独立风网。

二维码 13-5
通风系统的简介

五、工艺流程图的表示法

工艺流程图就是使用设备的图形符号进行原理性描述加工工艺过程的工程图。工艺流程图的绘制应符合以下要求。

①工艺流程图一般应按生产工序的顺序,从原料的进入到成品的发放,自左至右进行绘制。

②饲料加工设备的图形符号可采用原理型图形符号、特征外形图形符号绘制或两者结合的方式绘制。通用型输送设备、管道、液体、气体输送管道、阀门、泵、仪表等应采用原理型图形符号。饲料加工设备的图形符号应按 GB/T 24352—2020《饲料加工设备图形符号》(2021 年 6 月 1 日实施)规定的绘制。在该标准中未规定的饲料加工设备图形符号,有国家或行业标准的饲料加工设备图形符号可按标准执行;没有国家或行业标准的饲料加工设备图形符号应按设备工作原理、设备外形主要特征绘制或两者结合的方式绘制,其大小应根据其代表的设备的尺寸以适当的比例绘制。

③图形符号的图线线型应执行 GB/T4457.4—2002《机械制图　图样画法　图线》的规定。物料流程线线型应采用粗实线,其他流程线线型应执行 GB/T 24352—2020《饲料加工

设备图形符号》(2021 年 6 月 1 日实施)中 5.1 条款中的规定。当工艺流程图中 2 条流程线出现交叉时,若流程线在实际空间中无连接,可选择符号“十”或“个”表示。若 2 条流程线在实际空间相连接,可用“＋”符号表示。当物料流程线需跨过许多设备、设施时,也可直接在流程线起始设备或设施处用箭头加文字注明物料流往的设备或设施。

④在设备图形符号旁边用文字加注设备的型号、规格、台数和配套功率等。文字加注也可在设备清单中描述,在工艺流程图中要加注设备编号,并与设备清单的编号保持一致。

⑤工艺流程图中设备的图形符号应绘制正确、排列整齐、间隔均匀。通风除尘网络的安排可在工艺流程图总体布置的同时,进行综合考虑,其设备图形符号一般布置在图面的空白处,或图面的上方位置。

第三节　饲料加工工艺流程示例

一、时产 20 t 配合饲料的加工工艺流程

该流程采用“先粉碎后配料”工艺类型,由原料接收、原料投料清理、粉碎、配料、混合、制粒和成品打包等工序组成。其主要适用于畜禽及普通鱼用粉状及颗粒饲料的生产(图 13-3)。

散装或袋装的谷实类原料经卸料坑、斗式提升机提升后,通过初清筛、永磁筒的初步清理后,进入立筒库贮存,或利用 106# 刮板输送机输送至车间内的待粉碎仓。立筒库接收系统除可通过 111# 刮板输送机给车间喂料外,它也可通过 112# 刮板输送机实现立筒库的倒仓功能。

原料投料清理设置了 2 条相对独立的投料线,其中一条主要负责玉米等谷物类原料的投料以及清理。清理选用圆筒初清筛和永磁筒,分别用于清理原料中的大杂及磁性杂质。另一条承担其他物料的投料以及清理。清理设备选用粉料圆锥初清筛和永磁筒。清理后的物料应送入配料仓。

为了提高生产效率,平行配置了 2 台锤片式粉碎机。其中一台主要用于粉碎谷物类原料,而另一台则用于粉碎其他物料(多为各种饼粕料)。每台粉碎机均配置了独立的辅助引风系统。

配料仓仓数为 20 个,其中大仓 12 个,小仓 8 个。配料仓配置了 2 台配料秤,量程分别为 2 000 kg 和 500 kg。不宜进仓与极小比例的原料则通过人工配料,由人工投料口直接加入混合机。

选用双轴桨叶式混合机,能缩短混合周期。当油脂添加量低于 3%时,可全部通过油脂添加系统直接添加到混合机内。如果需要添加的液体原料比较多时,则可用液体配料秤计量、配比混合后添加到混合机中。混合机下部配置了容积不小于混合机容积的缓冲斗,这就保证了后续输送过程能连续、均匀地进行。混合后的物料通过 U 形刮板输送机送到斗式提升机中,可以降低自动分级产生的可能性,从而能减少物料残留及交叉污染的概率。

制粒工序设置 2 个待制粒仓,方便生产过程中的配方更换;在待制粒仓前设置了永磁筒,以清除磁性杂质;环模制粒机配置了普通桨叶式调质器,可满足畜禽饲料生产的调质要求,工艺简单,投资较小;选用逆流式冷却器,能保证良好的冷却效果;颗粒破碎机用于各类碎屑饲料的生产,不需破碎的颗粒饲料,可借助旁路通道绕过;分级筛将不合格的大颗粒与细粉屑与合格颗粒饲料分离,以满足产品粒度要求。成品打包工序配置了 2 台自动打包机。

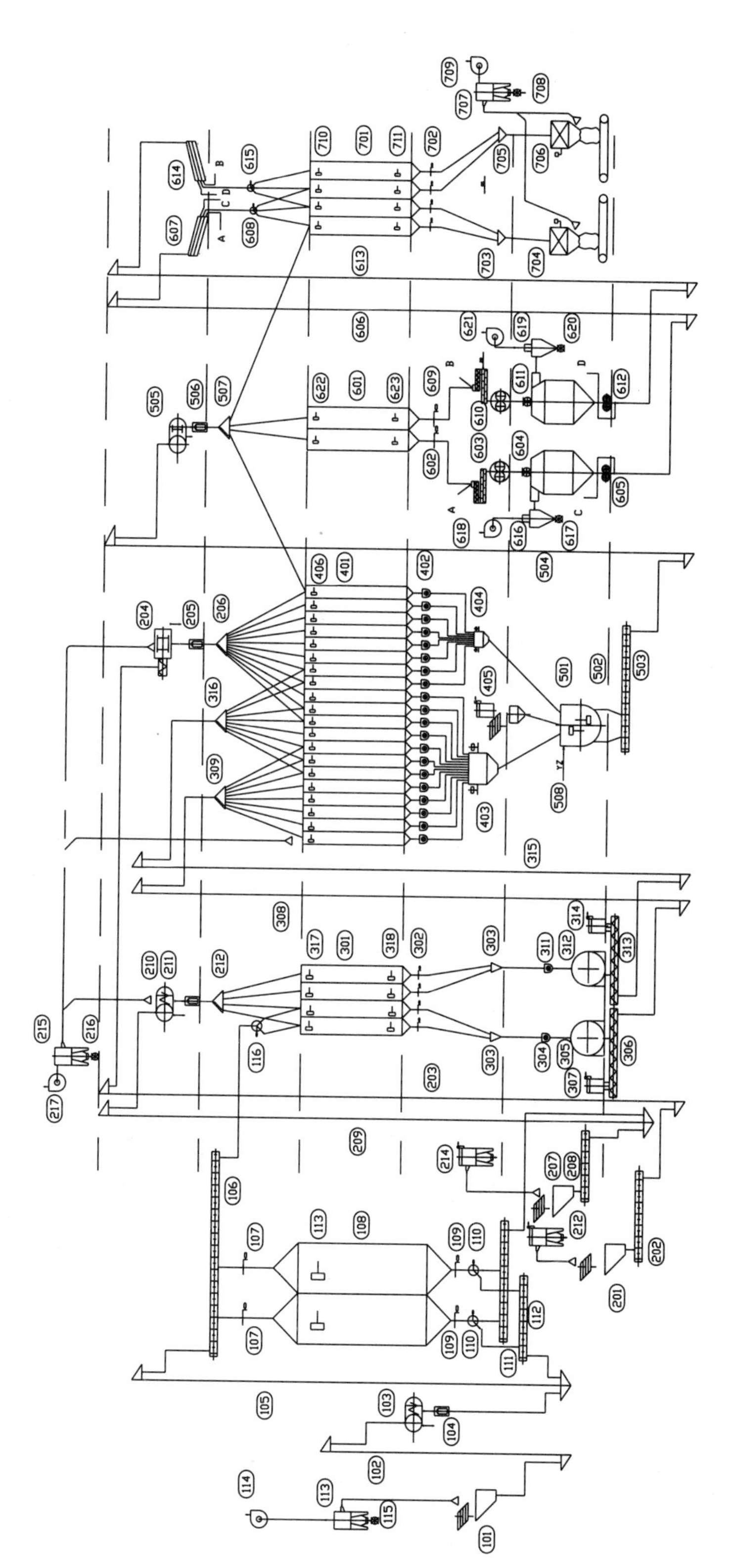

101～116. 粒装原料接收设备；201～212. 粉装原料接收设备；301～316. 粉碎工段设备；401～405. 配料工段设备；501～507. 混合工段设备；601～615. 制粒工段设备；701～711. 成品包装设备。

图13-3　时产20 t配合饲料的加工工艺流程

该套工艺流程较完整，有一定的适应性，能满足各种畜禽饲料的生产需要，也可生产一些普通水产饲料。在粉尘控制方面，生产工艺采用了多组通风除尘系统。除冷却风网选用旋风除尘器外，除尘器均选用布袋式除尘器，以保证粉尘排放浓度符合国家标准要求。

二、高档猪禽饲料的加工工艺流程

该工艺流程既可生产各种猪饲料产品，也可以生产各种禽饲料产品。猪饲料从小猪、中猪、大猪各个阶段的产品，禽饲料有蛋鸡料、肉鸡料、鸡花料。生产工艺灵活性大，可以全部生产猪料，也可以全部生产禽料。成品以散装发放为主，也可以包装形式发放。

二维码 13-6　高档膨化饲料、鱼蟹料、虾料生产工艺流程

该工艺流程为典型的先粉碎后配料的工艺类型。猪料生产配备了 3 t/批的混合机，可满足粉料或浓缩饲料 30 t/h 的生产能力要求。颗粒料的生产能力为 15 t/h。禽料生产线粉料生产能力同猪料线。颗粒料配备了 2 条 10 t/h 的生产线。蛋鸡料生产配备了一台 1 t/批混合机，生产能力可达 12 t/h。在生产仔猪料时，设置了原料膨化。原料膨化线主要用于玉米和大豆（豆粕），单一原料或混合物料的膨化处理。膨化后的原料经粉碎送到配料仓。

（一）原料投料清理系统

原料投料清理系统设置了 3 条粒料线（其中 1 条由立筒库进料）、2 条粉（辅）料线。

（二）粉碎系统

粉碎系统共设置了 4 条并列的一次粉碎线。猪料配备 2 台粉碎机，它们分别被用于玉米和饼粕类饲料原料的粉碎；禽料配备 2 台粉碎机，其中一台用于玉米粉碎，另一台用于肉鸡料的饼粕和玉米的粉碎。

（三）配料混合机系统

配料混合机系统设置了 3 条并列的配料混合机系统：①猪料 18 个配料仓，大小 2 台配料秤，1 台 20 位预混合饲料微量配料秤，另有 6 个（禽料共用）配料秤和小料手动添加口，秤式液体添加系统，配 1 台 3 吨双轴混合机；②肉鸡料 24 个配料仓，大小 2 台配料秤，1 台 20 位预混料微量配料秤，6 个（猪料共用）配料秤，小料手动添加口及秤式液体添加系统，配 1 台 3 吨双轴混合机；③蛋鸡料设置了 10 个配料仓，1 台配料秤，小料手动添加口以及秤式液体添加系统，1 台 1 吨混合机。

（四）制粒系统

制粒系统共配置了 3 台颗粒制粒机，其中 1 台制粒机供猪料生产，剩余 2 台供禽料生产。禽料后面配破碎机、3 层分级筛。颗粒状猪饲料以及禽饲料进成品仓之前都配有酶制剂喷涂机。

(五)打包系统

打包系统共设置了 5 条袋装打包系统,其中,浓缩料、蛋鸡料各 1 条,颗粒料 3 条。另配置了 8 个散装仓用于散装放发,仓下先计量,再进散装车。

三、膨化饲料加工工艺流程

该工艺流程采用了先配料后粉碎(图 13-4)。原料经人工称量后投入生产线,除杂后,进行第 1 次粗略混合,混合设备选用卧式桨叶混合机。粉碎选用了无筛式立轴超微粉碎机,粉碎物料由气力输送系统送入缓冲仓中,与经人工配料的微量成分一道进行第 2 次混合,混合设备选用双轴桨叶式混合机。微量成分不经微粉碎直接投入最终混合机,避免了残留和加工造成的损失。在膨化之前,设置了永磁筒磁选设备。膨化工序包括膨化、干燥、油脂喷涂、冷却和分级等。膨化机设置在一楼,借助气力输送完成提升作业。打包前的筛分是为了提高成品的均匀性,减少含粉率。

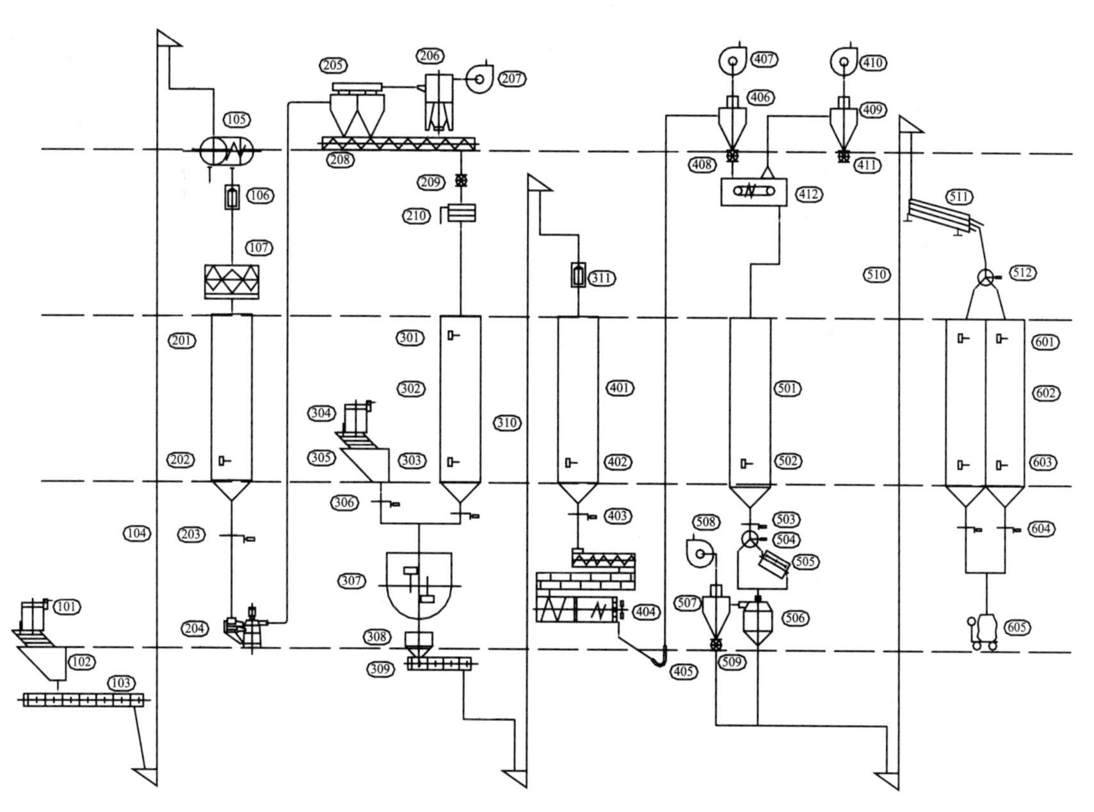

图 13-4 膨化饲料加工工艺流程

四、高档膨化饲料、鱼蟹料、虾料生产工艺流程

该工艺流程由原料接收与清理工序、粗粉碎工序、一次配料混合工序、预混合饲料系统、乌贼膏混合系统、超微粉碎系统、二次配料混合工序、虾料制粒系统、鱼蟹料制粒系统、鱼料膨化系统等组成,另配有预混合饲料生产系统。

(一)原料接收与清理工序

配置液压翻板，承载能力为100T。清理筛能够清理小麦、粕类等各种物料，杂质清除率≥99.5%。采用电磁滚筒除铁杂质，除铁杂质率不低于99%。共配置了小麦立筒库、菜粕立筒库和豆粕立筒库各5个。设计了4套投料线。其中，2套粒料线配TCQY100型圆筒初清筛；2套粉料线配SCQZ90×80×110A型圆锥粉料筛。每条线均在初清筛后设置了1台TCXT30型永磁筒，并设置了流量秤。其中一套投料线设置有块状饼破碎机，用于花生粕投料。

(二)粗粉碎工序

由于产品的粉碎粒度较细，本设计采用二次粉碎工艺。粗粉碎配置了3套粉碎系统。

(三)一次配料混合工序

一次配料混合工序配置了3套配料系统，分别用于一次虾料配料系统、一次鱼蟹料配料系统、一次高档膨化料配料系统。3套配料系统均为两秤式或三秤式配料工艺，并为其相应地配置了3台双轴桨叶式混合机。

(四)预混合饲料系统

为了提高自动化程度，小料系统均采用自动配料系统。虾料、鱼蟹料、高档膨化料分别配置1套150 kg/p的微量配料秤。

(五)乌贼膏混合系统

乌贼膏混合系统采用1台SLHSJ4双轴桨叶式混合机。乌贼膏混合阻力较大，其电机型号应加大，故采用37 kW电机，在原有混合机基础上加大桨叶、轴等强度设计。

(六)超微粉碎系统

二次粉碎配备了4台132 kW/SWFL130型超微粉碎机，7台160 kW/SWFL150型超微粉碎机，并预留2台160 kW/SWFL150型超微粉碎机。

(七)二次配料混合工序

二次配料混合工序共设置了5套系统。二次配料混合工序均采用一秤式和一台混合机的配备。混合采用双轴桨叶式混合机。5套系统分别用于虾料、不加药鱼蟹料、加药鱼蟹料、浮性膨化料和沉性膨化料。

(八)虾料制粒系统

配置了4套以MUZL600X制粒机为核心的虾料制粒生产线。制粒机均配置3层调质器；制粒后处理由稳定器、烘干机、冷却器和颗粒分级筛组成。进入成品仓之前，产品经由振动分级筛筛除产品中的细粉。生产破碎料由破碎机完成。

(九)鱼蟹料制粒系统

该系统配置了两大一小,共 3 台制粒机。其中,调质器配置 3 层调质器。后处理由稳定器、干燥器、颗粒机冷却器和颗粒分级筛组成,并配置振动分级筛筛除产品中的细粉。

(十)鱼料膨化系统

设计了 3 条鱼料膨化生产线:1 台双螺杆膨化机,2 条单螺杆膨化机。后续工艺由烘干、喷涂和冷却等工艺组成。成品发放由包装系统和散装发放组成,并为包装系统配置了智能码垛系统。

本章小结

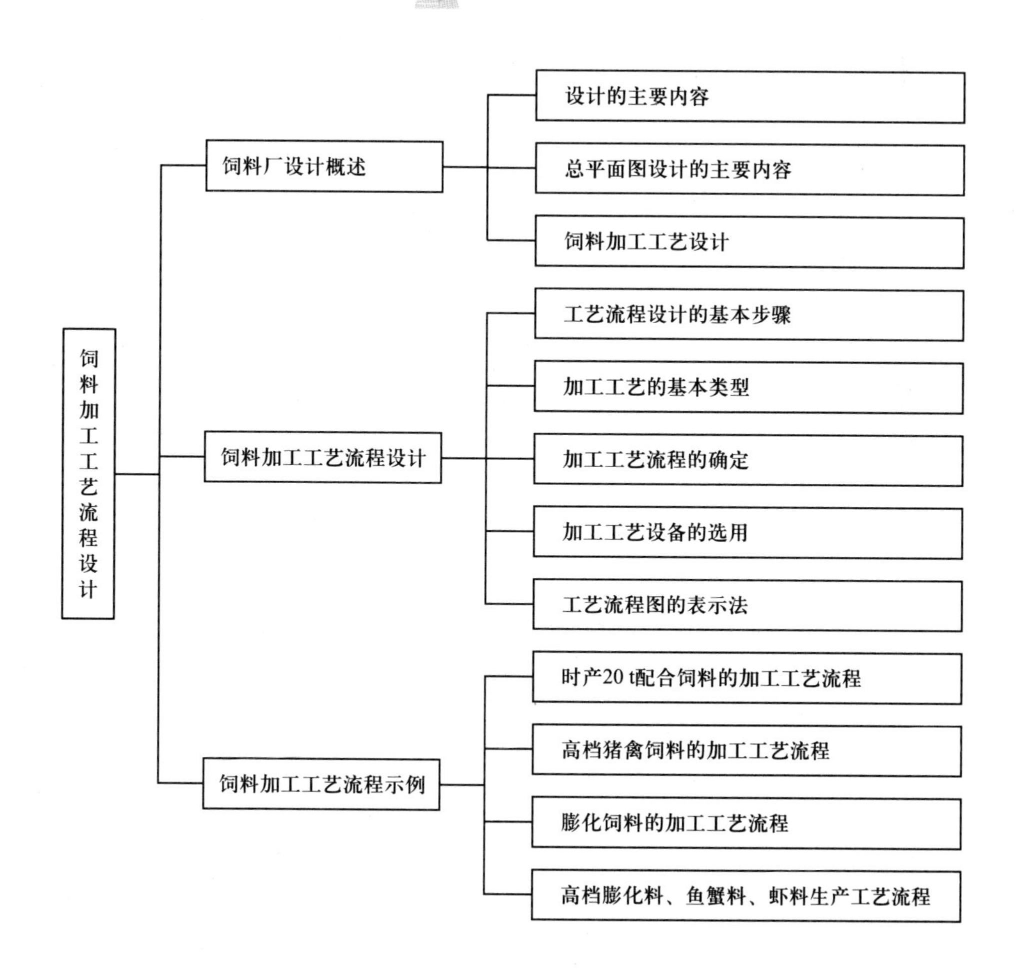

复习思考题

1. 简述饲料厂设计及饲料加工工艺设计的主要内容。
2. 简述饲料加工工艺设计的一般方法。
3. 简述饲料加工工艺类型及其特点。
4. 在工艺流程设计过程中，如何确定工艺流程方案？怎样选用工艺设备？

第十四章　饲料加工自动化控制技术

学习目标

- 了解基于 PLC 的饲料生产线自动化控制系统，工艺单元自动化控制要点；
- 了解饲料加工自动控制的基本要求和饲料加工智能化控制趋势。

主题词：饲料加工；自动化；数字化；智能化

第一节　饲料加工工艺自动化控制技术

一、饲料加工工艺的特征

饲料加工工艺是根据所生产饲料的要求，组合形成的生产过程。由于饲料的饲喂对象、最终物理性状、饲料厂规模不同，饲料加工工艺的差异也较大。根据饲料的分类一般将其分为配合饲料加工、浓缩饲料加工和预混合饲料加工等。其中，畜禽配合饲料加工工艺与水产配合饲料加工工艺最为常见，其加工工艺流程较为齐全；浓缩饲料加工工艺最为简单，添加剂预混合饲料加工较为精细，但工艺流程较短。饲料加工属于流程加工。

畜禽配合饲料加工工艺主要由原料接收与清理工段、原料粉碎工段、配料与混合工段、颗粒成型工段、液体添加工段以及成品包装与散装发放工段组成。生产粉状配合饲料则无须经过颗粒成型工段。

水产配合饲料加工工艺主要包括硬颗粒配合饲料与膨化颗粒配合饲料 2 种基本工艺，其加工工艺主要由原料接收与清理工段、原料二次粉碎工段、二次配料与混合工段、颗粒成型与干燥冷却工段、液体添加工段、成品分级与包装工段组成。普通淡水鱼硬颗粒配合饲料可参照畜禽饲料加工工艺生产。

二维码 14-1
饲料加工属于
流程加工

二维码视频 14-2
畜禽配合饲料
加工工艺

二维码视频 14-3
水产配合饲料
加工工艺

二、饲料加工自动化控制的技术要点

饲料加工自动化控制技术就是按照预先设定的作业规程、操作参数、质量和能效指标等对整个或部分饲料生产系统进行无人工干预的实时操作与监控，以实现预期生产目标。饲料加工自动化包括整个系统的自动化控制与各工段及其单机设备的自动化控制。

(一)饲料加工自动化控制的基本要求

根据生产工艺要求，按顺序控制电气设备的运行；程序化地完成对清理、粉碎、配料、混合等生产过程的控制；有效控制主要生产设备的工作负荷；具备完善的故障报警和自动处理功能。以 PLC 为核心，利用 PLC 强大的控制功能，实现对饲料加工全过程控制。结合工业控制计算机、组态软件的应用、现场总线与数据库以及网络通信等技术以实现多功能、全面的现代饲料加工生产自动化控制。

(二)基于 PLC 的饲料生产线自动化控制系统

1. PLC 的概念与基本组成

PLC(programmable logic controller)是“可编程序控制器”的简称。其基本组成包括中央处理器(CPU)、存储器、输入/输出接口(缩写为 I/O，包括输入接口、输出接口、外部设备接口、扩展接口等)、外部设备编程器及电源模块组成。PLC 内部各组成单元之间通过电源、控制、地址与数据总线连接，外部则根据实际控制对象配置相应设备与控制装置构成 PLC 控制系统。

2. 基于 PLC 的现代工业生产过程自动化控制原理

现代工业生产过程自动化控制的核心控制部件是 PLC。其采用模块化的编程思想，分离各子系统与相对独立的内部功能，并将各功能模块按照工业生产系统的工艺流程贯穿在一起形成整个系统的集散控制，并通过网络实现与生产管理的远程监控指挥。其中 PLC 负责控制现场设备的运行并获取其运行状态以及故障信息，传感系统采集现场信息数据，计算机利用网络通讯获取数据进行存储管理，动态显示工艺流程、设备运行状态 、生产数据、报警信息，并生成各类生产报表等。

二维码 14-4
PLC 的基本组成

(三)基于 PLC 的饲料生产过程自动化控制技术的基本应用

1. 组态软件的应用

组态软件是指一些数据采集与过程控制的专用软件。它们是在自动控制系统监控层一级的软件平台和开发环境下使用灵活的组态方式，为用户提供构建工业自动控制系统监控功能通用层次的软件工具。组态软件能支持各种工控设备和常见的通信协议，并且能提供分布式数据管理和网络功能。其预设置的各种软件模块可以实现和完成监控层的各项功能，并能同时支持各种硬件厂家的计算机和 I/O 产品。与工控计算机和网络系统结合，组态软件可向控制层和管理层提供软、硬件的接口，进行系统集成。

2.基于 PLC 的饲料加工自动化控制技术的基本应用

PLC、组态软件运用现场总线协议构建了一个分布式的 PLC 控制系统，实现了信号传输的数字化，扩展了传统的集散型控制系统功。其系统的总体控制功能如下。

（1）操作功能　控制中心的操作功能对被控设备进行在线实时控制，如在线设置 PLC 的相关参数来启、停某一设备，调节某些模拟输出量的大小等。

（2）显示功能　控制中心能实时显示各现场设备的运行工况以及状态参数，即工艺流程动态情况。

（3）数据管理　该系统运行参数的变化都会存储在生产历史数据库中。通过对历史数据的分析，可以有针对性维护、检修设备以提高设备运行效率。

（4）报警功能　当设备出现故障、模拟量（如电流）测量值超过给定范围、提升机失速、刮板输送机堵料等情况时，该系统将根据设定发出相应等级的报警。

（5）数据远程同步传输　借助现有的有线或无线通信线路将生产现场的数据进行采集、处理、发送，由远程服务器接收、处理、存储、管理，并可通过互联网发布至客户端显示，供客户浏览，快速实时共享远程现场的数据。

二维码 14-5
组态软件

第二节　饲料加工工艺单元自动化控制技术

一、饲料加工工艺单元的分类

饲料生产过程中的各生产环节是相对独立的生产工段，但又可细分为几个加工工艺单元。饲料加工工艺则由各个生产工段根据不同的生产产品要求，组合而成。

饲料加工工艺单元可分为原料自动计量系统，粉碎机自动控制系统，配料与混合自动控制系统，制粒自动控制系统，螺杆挤压膨化机自动控制系统，自动包装与码包系统，液体自动添加系统，干燥与冷却自动控制系统，质量自动化、数字化控制系统，物料输送自动控制系统，粉尘防爆自动控制系统等。

二、饲料加工工艺主要单元自动化控制技术

（一）原料自动计量系统

1.散装原料计量秤

电子散料秤是一种集称量、运输、仓储、结算于一体的计量器具。它由称量斗（称重传感器）、秤上斗与秤下斗、自动校秤装置、称重控制系统、计算机管理系统组成。

2. 汽车衡无人值守管理系统

汽车智能称重系统结合了微波射频识别技术、电子汽车衡技术、通信技术、自动控制技术、数据库技术以及计算机网络技术，自动记录进出装有电子标签的车辆车牌号、重量信息、时间信息等，并写入主机数据库，能有效杜绝人为误差，防止过衡堵塞、作弊等情况的发生。该系统采用主从结构，用以太网实现数据传输。该系统由 5 大部分组成：RFID 识别系统、红外定位系统、视频监控系统、声像提示系统、数据处理系统。该系统包括读写器、天线、标签卡（电子车牌）、电子汽车衡、主机、信号灯、自动道闸、地感线圈、红外仪和配套管理软件组成。

3. 自动多点监控 3D 扫描仓容测量技术

3D 料仓内物料平面测量传感器的工作原理是通过传感器发射一个极低频声学信号穿透粉尘，接触物料后返回到传感器的时间，来确定物料的高度计算仓容。其信号发射的角度为 70°，在其测量范围内的以多点 3D 的形式显示。大直径的料仓可以采用多个传感器确保测量范围覆盖整个料仓平面。

（二）粉碎机自动控制系统

1. 粉碎机自动负荷控制

通过测量粉碎机的工作电流与设置参数后，变频器自动调整其各项性能参数，以使粉碎机能处于最佳负荷状态。

二维码 14-6 粉碎机自动负荷控制仪

2. 粉碎机自动控制系统

根据粉碎机负荷，由数字传感器实时定量喂料，喂料电机采用伺服电机和 PLC 程序控制相结合，实现数字化数据传输。粉碎机负荷控制系统与中央控制室兼容，实现全自动远程智能控制。粉碎机自动控制系统可以扩展到对粉碎机喂料器磁体强度、粉碎机吸风量、粉碎机轴承温度、粉碎腔温度、粉尘爆炸安全等方面的监控和报警，并能提供锤片、筛网等易损件和通用件的使用、更换记录和统计等信息。该系统具有远程调阅的功能。

二维码视频 14-7 粉碎机自动控制系统

未来发展趋势是实时控制粉碎机吸风量的大小；粉碎机筛网的自动更换技术；实时控制粉碎物料的适宜粒度；发展粉碎粒度实时自动分析系统以实现现场采样分析、数据反馈；实时自动调节的闭环控制和多方位监控功能。

（三）配料与混合自动控制系统

1. 常用的配料与混合自动控制系统

配料与混合自动控制系统可实现按照设定的要求自动完成配料、混合（包括液体添加）作业。配料与混合自动控制系统为集自动控制技术、计量技术、传感器技术、计算机管理技术于一体的机电一体化系统；具有重量值数字显示、过程画面动态显示、配方修改管理、配料速度快、控制精度高等优点；采用上位计算机完全屏上控制系统；具有配料数据自动存储、配料过程清单查询和班、日、月、年报表统计及打印等功能。该系统采用开放的控制方式，兼容性强，开放的数据库。通过以太网可接入厂级局域网，实现管理控制一体化。

2. 微量组分自动配料系统

微量组分自动配料系统适用于饲料工业微量成分粉体物料，具有连续精准地完成全自动称重、全自动定量配料、全自动输送控制等功能。该系统设计有投料控制追溯系统，实现MFS(制造执行系统)自动配料过程监控和追溯功能。微量物质配料软件监控程序共有7个功能模块。“配方运行”为程序核心部分，“设备管理”“配方管理”“原料仓管理”“生产数据管理”“配方运行”为辅助模块，“配方批处理”“操作员管理”为管理不同操作员监控配料过程设定权限。

二维码 14-8 T-Good 专用配料软件

①该系统采用二层控制的体系架构，实现PC监控软件、嵌入式工控软件彻底分离，控制逻辑清晰。

②该系统采用控制器局域网络(controller area network，CAN)总线结构形式，既扩充了系统的容量，又使配料生产过程工况检测与控制结合于同一系统。

二维码视频 14-9 微量组分自动配料系统

③采用快慢进料速度的配料控制方式。当接近目标重量时，降低配料速度，既能提高配料速度，又能满足配料精度要求。

(四)制粒自动控制系统

1. 制粒机自动控制系统

基于PLC与组态嵌入式软件闭环控制方式和人机界面，制粒自动控制系统采用模糊逻辑控制算法，使用无级喂料调速和蒸汽调质的制粒机。该系统能自动控制制粒机的启动、运行和关闭，自动检测和稳定物料调质温度、主机电流负荷，自动调节喂料量、液体添加量和蒸汽添加量，控制调质温度，使制粒机整机始终处于最佳的工作状态，并可提高产量10%以上，降低电耗量10%～20%。

2. 制粒机与冷却器自动控制系统

将冷却系统的参数控制纳入制粒控制系统，实现制粒工段自动化控制。该系统可以控制单台或多台(目前最多6台)制粒机，实现远程通信、数据传输与共享。

二维码 14-10 颗粒压制机自动控制系统

(五)螺杆挤压膨化机自动控制系统

挤压膨化技术广泛应用于饲料生产和饲料原料的膨化预处理等。螺杆挤压膨化机的主要控制要点：①自变量是不因其他变量改变而变化的直接控制变量，主要包括干原料、干原料喂料速度；注入调质器的水与蒸汽、调质器转速、调质器的结构；注入膨化机的水及蒸汽、膨化机结构、膨化机转速、膨化腔温度、模板结构。②因变量是不能直接控制但随其他变化而变化的变量，主要包括调质器内滞留时间、调质温度、调质水分、膨化腔内滞留时间、膨化腔内物料温度、膨化腔内物料的水分、膨化腔内压力、机械能输入。③关键参数是自变量和因变量的函数的参数，主要包括水分、热能输入、机械能输入和滞留时间。④理化反应是原料或最终产品因自变量或因变量的改变而发生的物理或化学变化。

1. 螺杆挤压膨化机自动控制方式

目前，我国的螺杆挤压膨化机自动控制技术暂时停留在生产过程设备运行的监控和单机设备的控制，但已解决了系统生产的自动化和部分变量的智能控制问题。如基于 FIX (fully-integrated control system)工业组态软件的膨化控制系统实现了膨化工艺的可视化控制，采用多种称重传感器可对螺杆挤压膨化机进行现场检测和反馈控制，由计算机自动调整螺杆挤压膨化机的相关工作参数(可由操作员预先设定好)。该系统具有配方储存、报表打印、报警、工作参数动态显示和记录等功能，还可对多种液体和多路蒸汽实现控制以及同时控制干燥机和冷却器。

FIX 为用户提供一个可视化的窗口进行过程信息处理。原始数据、报警、计算数据、变量字符串、点信息、趋势报警或变量状态。图形应用程序链接可选择多种格式及配置，对系统或过程数据进行显示。操作人员使用链接也能向数据库写数据。数据源既可来自 FIX 数据库，也可以从其他 DDE(Dynamic Data Exchange)应用程序或 ODBC(Open Database Connectivity)数据库调阅，实现双向传输。

二维码 14-11
螺旋挤压膨化机自动控制系统

2. 螺杆挤压膨化机自动控制过程

在恰当的位置安装数字传感分析仪，并与控制设备连接，控制设备与螺杆挤压膨化机、原料进料设备和干燥器连接。分析仪用来测量原料和最终膨化产品的重要参数，并产生分析信号(超声波、近红外光谱、微波等)，然后将其传入控制设备，在控制设备接收信号后，控制螺杆挤压膨化机，使其工作参数调整到设定标准范围，并通过反馈提供实时的系统操作控制。整个生产过程由电脑单元控制向系统整合自动控制发展，由实地向中央控制室控制，并趋于远程实时监控与操作发展。计算机程序控制和机器运行的状况通过通信网络，实现在无人操作情况下自动完成设定的生产任务。使用一台控制中心控制多台螺杆挤压膨化机，并和前后道设备实现闭环。该控制系统能改变自变量，将控制职责从操作员转移给控制系统，采用加工过程控制和自动化加工过程控制相结合，使无人操作成为可能。

(六)自动包装与码包系统

饲料成品的包装、储存、转运和发放系统自动化发展迅速。成品包装由单秤趋于双秤或多秤。人工包装趋于自动包装，人工码包趋于自动智能码包，人工发放趋于机械化与人工结合发放，包装发放、吨袋包装与散装发放并存。目前采用的自动包装设备以自动供袋、自动套袋、自动计量、自动封包(缝包、覆胶纸带、折边、抽真空和封包)、自动压包、自动码包和自动覆盖 PVC 薄膜等系统自动化过程组合设备为主。

1. 伺服驱动上袋机器人自动包装系统

伺服驱动上袋机器人自动包装系统由供袋机、取袋器、拖袋器、袋子定心器、送袋器、开袋器、上袋机械手、夹袋装置、送包小车、导入装置、封口装置、输送机等组成。包装重量为 15～50 kg/包，最快包装速度为 1 000 包/h(其中双伺服上袋机速度：600～800 包/h，三伺服上袋机速度：800～1 000 包/h)。该系统实现了由电脑定量秤＋上袋机＋倒袋机＋检重秤＋剔除机＋自动托盘库＋码垛机＋缠绕机组合的无人化自动包装方案；实现了“按订单统筹、规划、决策”“包装秤尾料智能处理”“伺服给料高速包装技术”“伺服驱动高速上袋技术”构建的即时打包装车系统(定量秤＋上袋机＋

二维码视频 14-12
自动包装系统

输送转向矩阵＋自动装车机）和新型成品包装储运模式。

2. 机器人自动码包堆垛系统

二维码视频 14-13
自动码包堆垛系统

如 EC 系列机器人拥有高速机动能力，可充分适应对速度和柔性要求都较高的应用场合。微机控制系统利用了微机技术的各种优点，并具有远程诊断、Microsoft Windows 接口、现场总线、PLC 控制器、OPC[OLE(object linking and embedding) for process control]服务器等功能，能够方便地实现与饲料厂自动化系统的集成。该系统具有码垛高(最高可达 1600 包/h)；全部控制在触摸屏上显示，操作方便、直观；应用灵活；一台机器人能同时处理 6 条生产线的不同产品等特点。

(七)液体自动添加系统

液体添加是饲料生产过程的常用工段。液体添加系统由原料储存桶、液体接收与输送系统、电子称重配料系统、液体输送与喷涂系统、加热和保温装置等组成。计量方式可选择“零位法”或“减重法”等称重方式，具有单桶单液、单桶多液、多桶多液等多种工作模式。

液体添加计量秤控制系统可以与饲料厂配料系统组合，其控制方案可采用总线技术，以方便实现与 PLC 系统的数据交换。液体自动添加系统具有强大的数据存储和追溯功能，能够详细记录每批称重、喷涂添加信息，并能有效控制入库、消耗、原料使用率等各环节信息，从而实现液体原料使用的可追溯。

(八)干燥与冷却自动控制系统

干燥器与冷却器是饲料加工过程中常用的颗粒成形后处理设备，特别是水产膨化饲料成形颗粒水分较高，需配置干燥器降低湿度并配套冷却器降湿、降温。

1. 干燥器自动控制系统

影响干燥工艺的因素主要包括操作温度、空气湿度、空气分布、烘干时间、产品分布、产品种类、品质标准、空气流量、气流速度、气流的相对湿度与流量和加热空气的速度等。

典型 Smart DRY 控制系统主要由上位机(触摸屏)、下位机(PLC)以及现场 I/O 站组成。其控制模式分为手动操作与自动操作。参数设置采用配方功能，该系统 PID 具有自整定功能，能快速、智能地找到合理的参数。该控制系统配置温度传感器、排湿调节器、料层厚度传感器、能耗监控系统、天然气直燃控制装置、在线质量 NIR 与物理质量监测装置，从而实现系统自动化、数字化操作。

2. 冷却器自动控制系统

冷却器是对制粒成型的高温、高湿颗粒料进行冷却的设备。冷却器自动控制系统通常被纳入制粒、螺杆挤压膨化机、干燥器等自动控制系统。它们关联控制包括物料水分、温度、料位与风机风量。如某在线水分检测以及饲料品质优化系统是基于 PLC 与嵌入式组态软件和工控机自动控制系统。在生产过程中，该系统持续监测主机电流、调质温度、水分等参数，实时监控混合原料、冷却颗粒成品水分和温度，并调整混合机加水量、环模制粒机的工作参数和冷却器的冷却风量大小，以实现闭环智能自动控制。当出现故障时，冷却器自动控制系统自动排除并保存报警信息。冷却器自动控制系统配置 PLC 控制器、数字化水分测定传感器和气动执行部件。它具有报表生成、配方信息储存与电脑控制中心配料软件兼容、电脑控制中心与工厂管理系统数据共享等功能。

(九)质量自动化、数字化控制系统

1.散装原料全自动取样装置

该系统采用空气动力学原理，将系统设计成闭环系统，完成样品从取样点分区、分层采集，经过气力输送至离心式卸料器分离集料，完成样品的采集。取样装置配有专利取样扦样器，2～3轴变幅操作机构(3D-1750多点取样范围)。当定点垂直取样时，其具有底部到位传感功能，确保取样迅速、精准。该系统可以实现全自动取样、自动将样品送入化验室以及留样样品自动确认等功能。

二维码视频 14-14
散装原料全自动取样

2.在线自动取样与分析装置

在线自动取样与分析装置可以实现生产工艺过程多点监测，确保饲料产品质量。所有分析数据收集在一个共用的数据库，可以实现全部产品的质量可追溯。在线自动取样装置包括重力流管道气动控制在线取样装置、垂直逆流在线取样装置与内置式螺旋取样器等几种类型。在线自动取样与分析装置包括振实密度联合分析系统、全自动颗粒饲料粒度测定装置、烧焦颗粒自动检测装置、色差检测器、粉碎机筛网破损自动检测装置、水产饲料漂浮性测试系统、在线自动颗粒饲料耐久性指数(PDI)测量装置、近红外测定仪(NIR)自动采样与测定装置等。

在线自动取样与分析装置使用光学、微波技术、近红外传感器等技术，结合PLC程序控制器、嵌入式PC，采用以太网和数字模拟方式传输数据和通信。该数据记录系统将所有分析数据存储于同一数据库，记录生产过程中任何指定关键点的实际质量状况。该系统数据库内容也可以由监测实际配方、批号、订单号扩展到生成订单信息、产品分析编号和产品照片等全部报告。

(十)物料输送自动控制系统

物料输送自动控制系统是集合所有单机输送设备与系统输送设备主要监控单元装置的自动控制和监控。其主要监控系统包括监控报警装置、监控报警自动停机装置和监控报警与数据存储和远程传输监控系统。输送设备的主要监控单元包括轴承温度传感器、表面温度传感器、皮带跑偏接触传感器、感应接近开关、旋转轴编码器、速度开关传感器、接触式料位堵塞传感器、自动设置接触式堵塞传感器和常用的报警蜂鸣器、报警灯等。监控单元的先进性主要取决于稳定性、可靠性、安装操作方便和数字化程度等。这些监控单元组成的系统实现了对设备进行远程动态的监控。

1.输送设备主要自动监控点的布置

(1)斗式提升机　上下主轴承温度传感器、轴承座、电机表面与齿轮减速器表面温度传感器、皮带跑偏监控传感器、主轴转速测速传感器和排料管堵塞传感器。

(2)刮板输送机　传动主轴承和电机轴承温度传感器、轴承座、电机与齿轮减速器表面温度传感器、头部排料满载堵塞传感器、尾部主轴转速测速传感器、刮板链松紧和损坏(断

裂)传感器。

(3)螺旋输送机　主轴承和中间悬挂轴承温度传感器、电机与齿轮减速器表面温度传感器、满载堵塞传感器、主轴转速测速传感器和排料管堵塞传感器。

(4)皮带式输送机　主轴承温度和电机轴承温度传感器、电机与齿轮减速器和尾部机壳表面温度传感器、皮带跑偏监控传感器、尾部主轴转速测速传感器(敞开式皮带输送机可选用转轴编码器)。

2. 典型斗式提升机主要监控单元与自动监控

二维码 14-15
典型斗式提升机的主要监控单元与自动监控

美国 4B 公司生产的 T500 Elite-Hotbus™ 控制装置适用于斗式提升机和输送设备的监控,具有监控 256 个传感器的持续通讯功能,如轴承连续测温和皮带跑偏监控等。该控制装置基于先进的微处理器与 PLC/PC 兼容,具有自动停机功能;装置通用性强、系统功能易扩展;数据记录与趋势分析软件也可分析生产历史数据,提出机械预防与维修保养规划。

(十一)粉尘防爆自动控制系统

1. 在线粉尘浓度监测装置

粉尘浓度监控测定传感器可以进行在线、实时、实地监测粉尘浓度,具有如有异常就能报警的功能。通过监测粉尘浓度可以监控除尘设备的完好状态,监控作业环境和容器中的粉尘浓度状况,以避免发生粉尘爆炸事故。

2. 火花探测和熄灭系统

火花探测和熄灭系统可探测气力输送管道和输送设备中可能成为火灾或爆炸火源的热颗粒、火花和火焰。进入处理可燃粉尘除尘器中的一些热颗粒足以引发粉尘爆炸,如果它们被输送到筒仓的固体可燃物的阴燃中,则会成为引起大火的潜在火源。

火花探测和熄灭系统具有火花探测和熄灭功能以及热颗粒的检测功能。该系统能在生产不停止的情况下灭火,并防止下游设备出现火灾和爆炸风险。火花探测和熄灭系统能自动触发报警和控制,允许通过模块扩展,监控多达 34 个系统,其运行温度为 70～200℃。

3. 抑爆系统

二维码视频 14-16
火花探测和熄灭系统

抑爆系统使用轻质量模块化设计,提供灭火剂至快速蔓延的火中,并在火源具有破坏力之前抑制它。抑爆系统由通用传感器、电源模块、系统监控器和几个抑爆"枪"组成。

通用传感器模块用来监控工艺压力,该模块包括 3 个单独的传感器和电子逻辑以触发枪模块。一旦 3 个传感器中的 2 个显示的压力上升到足够发生爆炸时,逻辑电路就会提供触发信号。单个传感器是被编程为在预先确定的压力上升(通常为爆炸)而不是在缓慢的工作压力上升基础上触发系统。

第三节　饲料加工自动化控制技术展望

国务院办公厅于 2006 年 5 月、2015 年 5 月和 2016 年 7 月印发了《2006—2020 年国家信息化发展战略》《中国制造 2025》《国家信息化发展战略纲要》，提出大力推进信息化、数字化与智能化是覆盖我国现代化建设全局的战略举措。经过数十年的发展，我国饲料加工生产在自动化、信息化、数字化与智能化方面取得了较大的进步，但在单机设备的数字控制单元、生产设备远程操作与控制、数据共享平台组成以及系统集成数字化和智能化等方面与发达国家相比仍存在较大的差距。

一、饲料加工数字化控制技术

自动化是企业升级换代的基本标志，是实现企业信息化的基础；数字化是饲料企业活动的全面信息化；智能化是规模饲料企业未来发展的高级阶段。实现饲料加工过程全自动数字化不仅有利于提高饲料厂的生产效率和生产管理水平，而且有利于改善产品质量，降低生产成本，减轻劳动强度和增加产量。

饲料加工过程全自动数字化是精细化管理和精益生产等现代企业管理的基础。数字化制造的特征是采用数学化仿真手段对制造过程中的制造装备、制造系统以及产品性能进行定量描述，使工艺设计从基于经验试错向基于科学推理转变。

(一)数字化控制技术概念模型

数字化控制技术体系包括产品表达数字化、制造装备数字化、制造工艺数字化、制造系统数字化。其核心概念模型是一个在笛卡尔坐标系中的球体(图 14-1)。由图 14-1 可见，X 坐标为物料的加工制造，即物质形态的增值过程。从原料到产品过程包括供应链管理(SCM)和客户关系管理(CRM)。Y 坐标为企业的生产组织管理，从企业资源计划(ERP)到制造执行系统(MES)和工作地的信息化。Z 坐标为从新产品快速开发(C3P)到产品生命周期管理(PLM)。围绕的这个球体就是买方。

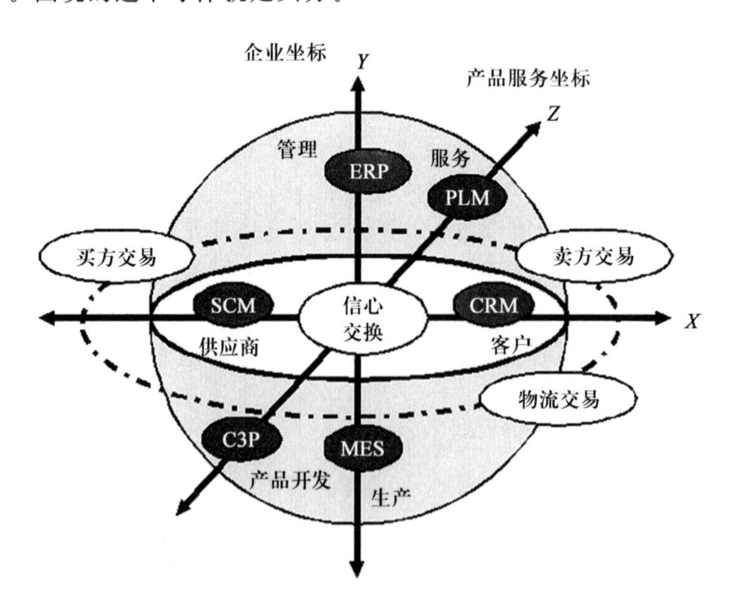

图 14-1　数字企业的概念模型

(二)数字化控制技术总体应用框架

二维码 14-17 SAP-IT 总体应用架构的 5 个层级系统

饲料企业数字化控制技术系统包括生产流、物流、资金流、贸易、人力资源和决策支持系统等集成系统或独立系统。以 SAP-IT 总体应用架构为例。

SAP-IT 总体应用架构系统共分为 5 个层级,即一级系统(设备控制)、二级系统(过程控制)、三级系统(车间级管理系统)、四级系统(企业级管理系统-ERP)和五级系统(企业间管理系统以及决策支持系统)。

(三)数字化控制技术总体应用实例

WinCoS 模块化控制系统由设备级、控制级、运营级和企业资源规划(ERP)级 4 个层级的管理系统组成。该系统结合完整的自动化控制技术、系统管理软件和强大的数据库等资源系统,实现饲料厂数字化自动监控管理。

在饲料厂中,应用较为广泛的系统模块包括工厂控制系统、能源管理系统、产品追溯管理系统、设备保养管理系统、秤量控制器管理系统等。这些系统模块可以独立或组合模块进行应用。

1. 工厂控制系统

工厂控制系统是集加工技术和自动化于一体的生产过程控制系统,可兼容所有常用接口。工厂控制系统具有集成式 MES(制造执行系统)功能,可对连续和间歇生产进行控制和监测。

2. 能源管理系统

能源管理系统通过其趋势功能、智能评估和报告功能,在工厂分析方面持续提供支持。

3. 质量追溯性系统

质量追溯性系统是通过质量追溯和记录功能,将相关数据直观、完整地保存。通过过滤和搜索功能,质量追溯系统甚至能够清晰显示原料和成品流。

4. 保养管理系统

保养管理系统是一个独立系统模块,根据日程表的时间间隔来精确地规划、管理、预定和维护任务。每台机器均有特定的保养卡,并对必需的维护任务有具体的描述。

5. 称量控制系统

称量控制系统是适用于打包生产线(从打包仓到码垛)的高效集中控制系统。通过图形用户界面和触摸屏,即可在一台工业用 PC 机上配置和控制打包生产线操作。

二、饲料加工智能化控制技术展望

二维码 14-18 WinCoS 模块化控制系统

智能化制造的特征是工艺设计智能化与知识化(制造工艺的智能设计、实时规划),传感检测信息化与实时化(装备运行环境检测、制造质量的检测),控制执行柔性化与自动化(装备自动控制、柔性操作)。饲料加工智能化是自动化、信息化、数字化发展的高度集成。

(一)智能化控制技术的概念

1. 智能化

智能化是由现代通信与信息技术、计算机网络技术、行业技术、智能控制技术汇集而成的针对某一个方面应用的智能集合。

2. 智能化技术

智能化技术在性能、功能和体系结构方面的重点发展方向是性能高速化、高精度、高效化、柔性化、工艺复合性和多轴化、实时智能化;功能用户界面图形化、科学计算可视化、插补和补偿方式多样化、内装高性能 PLC、多媒体技术应用;体系结构集成化、模块化与网络化。人工智能技术的发展为生产数据与信息的分析和处理提供了有效方法,尤其适合于解决特别复杂和不确定的问题。制造过程的各个环节可广泛应用人工智能化技术。

3. 专家系统技术

专家系统技术可以用于工程设计、工艺设计、生产调度、故障诊断等,也可以将神经网络和模糊控制技术等先进的计算机智能方法应用于产品配方、生产调度等,以实现制造过程智能化。

4. 信息物理系统

信息物理系统(cyber-physical systems,CPS)是智能制造的本质。其核心是信息计算、系统通讯、物理控制。

5. 关键支撑技术

关键支撑技术是将传感器以及智能决策软件与装备集成,实现感知、分析、推理、决策、控制功能,使工艺能适应制造环境的变化。

二维码视频 14-19
饲料加工智能化
控制技术

(二)智能化应用实例

以西门子工厂为例,经过 25 年的数字化发展,工厂的自动化程度达到 75%左右,150 名员工主要从事计算机操作和生产流程监控。其产能提升了 8 倍,每天采集 5 000 万个数据,产品合格率达到 99.9988%,每月生产约 100 万件产品,每年服务全球 60 000 个客户。

我国饲料加工企业自动化与信息化的建设经历了导入期、发展期、持续发展期和集成发展期几个发展阶段。现代饲料加工自动化控制涉及饲料生产自动化与信息化、饲料加工主机操作自动化与信息化、饲料加工品控自动化与信息化、饲料加工能源监控的自动化与信息化、现代饲料加工安全自动监控与抑爆自动化与信息化。最终实现饲料企业数字化管理系统(生产流、物流、资金流、贸易、人力资源和决策支持系统等集成系统或独立系统)智能化是发展的高级阶段。

1. 通过国际合作提升自动化控制水平

二维码 14-20 MyWEM 生产线控制系统

江苏丰尚智能科技有限公司与美国 WEM 公司合作开发 MyWEM 控制系统，使用 PC/PLC 分布结构，实现了对整个饲料工厂范围内的工艺过程、工段与控制单元的自动化和数字化控制，初步达成智能化控制的基础。

该控制系统采用 PC/PLC 分布结构、WindowsNT 操作系统、Wonder Ware GUI（应用软件）、Allen-Bradley PLCS、完整的库存控制系统、微量组分添加连锁操作系统。使用 WEMSpeak 工具软件实现以配方、工厂管理、办公系统即时账单、库存管理、客户身份和其他所需功能（包括采购订货系统、业务和财务决算系统、饲料订货和交货系统）双向沟通。

该控制系统实现汽车衡无人值守管理系统；无线移动电脑实现远程监视与控制功能。PDA 掌上电脑可以实现无线连接 MyWEM 配料系统、手加料系统，并配有专用生产制造管理信息系统 Wonderware GUI（图形用户界面）；WEM PDA 配料报警软件可以让操作员根据远程报警确认或重启配料，中止或恢复生产运行、混合机与配料秤保持或排空。WEM PDA 也可以用来确认人工加料和制粒系统报警提示。WEM PDA 配有声光信号报警系统，其与工业、非工业无线网络兼容。MyWEM 生产线控制系统还配有条形码扫描器、原料接收、微量成分原料的正确进仓和原料储存管理控制、手加料控制、成品运输控制、多方位使用摄像机，其中多方位使用摄像机可用于观察和记录饲料加工活动的全过程。

电子“白板”能动态显示料仓中原料的品种和数量；关键绩效指标模块实现了动态监控，优化了过程性能，提高了生产效率和产品质量；饲料安全追溯模块提供了简单、有效、准确的跟踪方案，并实现了从原料运输接收、饲料加工、饲料成品发运至农场料仓的过程追溯。

2. 未来发展趋势

饲料加工自动化、数字化与智能化控制技术覆盖了饲料加工工艺过程、生产工段和单元，实现了以节约劳动力、生产过程高效、节能、环保、安全为前提的自动化、智能化操作过程及其动态、柔性化管理，实现了实时在线数字化信息的自动采集，形成了以信息远程共享为前提的新型饲料加工工程生产与管理体系。总体而言，从车间单机、车间系统扩展到整个饲料工厂物流过程的自动化、数字化、智能化是未来的发展方向。

二维码视频 14-21 饲料加工智能化应用实例

在信息技术领域，以互联网为代表的信息技术产业呈现几何级数、爆发式发展，大数据、云计算、云存储，5G 等正在影响着我们的生活。以智能机器人和网络信息技术融合为特征的第 4 次工业革命正在向我们走来，饲料加工技术从自动化到智能化的进程任重而道远。智能化制造工厂给所有产业带来的转型与冲击也将引领全球制造业发展模式的前进与革新。对于中国饲料工业自动化控制技术而言，选择智能化是未来的发展趋势。

本章小结

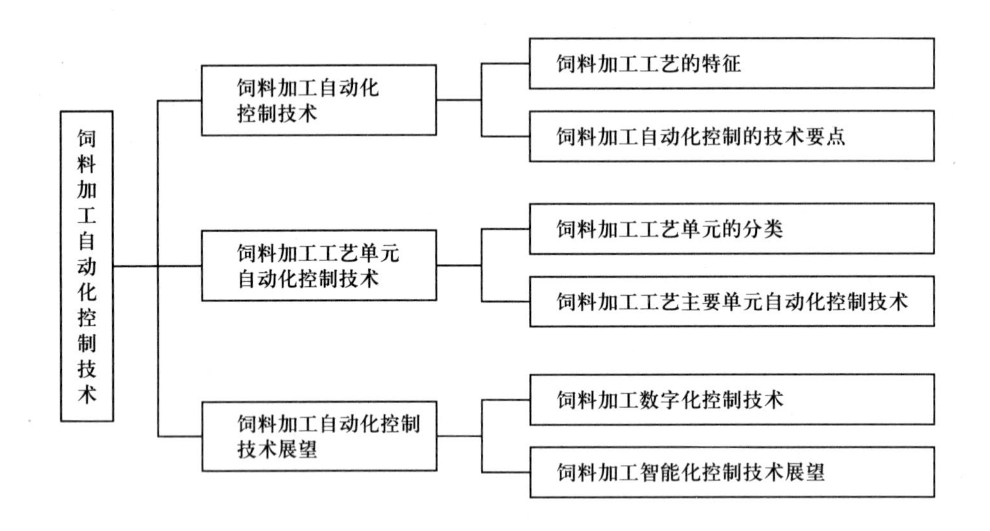

复习思考题

1. 饲料加工自动化控制技术的要点与发展趋势是什么?
2. 饲料加工工艺的特征是什么?
3. 饲料加工生产自动控制的基本要求有哪些?
4. 主要饲料加工工艺单元有哪些?
5. 基于 PLC 的饲料生产过程自动控制技术的本质是什么?
6. 数字化与智能化饲料加工自动化控制系统架构主要由哪几个部分组成?

参考文献

Schofield Eileen K. ,Feed Manufacturing Technology. American Feed Industry Association,Inc. ,2005.

曹康,郝波.中国现代饲料加工程学.上海:上海科学技术出版社,2014.

曹康,金振宇.现代饲料加工技术.上海:上海科学技术文献出版社,2003.

曹康,李秀刚.现代饲料加工自动化和数字化控制技术的发展趋势.粮食与饲料工业,2014(2):39-43.

曹康,李秀刚.现代饲料加工自动化和数字化控制技术的发展趋势.粮食与饲料工业,2014(3):38-41.

曹康,李秀刚.现代饲料加工自动化和数字化控制技术的发展趋势.粮食与饲料工业,2014(4):45-50.

陈代文,吴德.饲料添加剂学.2版.北京:中国农业出版社,2011.

陈代文.饲料安全学.北京:中国农业出版社,2010.

龚利敏,王恬.饲料加工工艺学.北京:中国农业大学出版社,2010.

谷文英.配合饲料工艺学.北京:中国轻工业出版社,1999.

过世东.饲料加工工艺学.北京:中国农业出版社,2010.

黄涛.饲料加工工艺与设备.北京:中国农业出版社,2016.

李德发,范石军.饲料工业手册.北京:中国农业大学出版社,2002.

李德发.中国饲料大全.北京:中国农业出版社,2001.

李建文,王春维.饲料加工工艺与设备.武汉:湖北科学技术出版社,2017.

刘超,程国华.饲料加工过程自动化系统的体系结构研究.饲料工业,2012(7):5-7.

刘继业,苏晓欧.饲料安全工作手册.北京:中国农业科技出版社,2001.

刘建平.饲料厂噪声危害及治理.粮食与饲料工业,2001(1):23-24.

刘天齐.三废处理工程技术手册.北京:化学工业出版社,1999.

毛新成.饲料加工工艺与设备.北京:中国财政经济出版社,1998.

庞声海,郝波.饲料加工设备与技术.北京:科学技术文献出版社,2001.

庞声海,饶应昌.饲料加工机械使用与维修.北京:中国农业出版社,2000.

权伍荣,崔福顺,金光哲,等.锤片式粉碎机主要参数对粉碎效率的影响.延边大学农学学报,2000(4):293-296.

饶应昌.饲料加工工艺与设备.北京:中国农业出版社,1996.

王春维.水产饲料加工工艺学.湖北:湖北科学技术出版社,2002.

杨在宾.饲料配合工艺学.北京:中国农业出版社,1997.

于翠平.饲料加工工艺设计原理.郑州:郑州大学出版社,2016.

张曙.数字设计、数字制造和数字企业.数字化制造与数字化装备,2005(6):167-169.

张裕中.食品加工技术装备.北京:中国轻工业出版社,2000.